新农村住宅建设指南丛书

弘扬中华文明 / 建造时代农宅 / 展现田园风光 / 找回梦里桃源

助您科学建房

15种施工图

骆中钊　骆 毅　涂远承/主编

中国林业出版社

图书在版编目(CIP)数据

助您科学建房：15种施工图／骆中钊，骆毅，涂远承主编. —北京：中国林业出版社，2012.10
（新农村住宅建设指南丛书）
ISBN 978-7-5038-6607-4

Ⅰ. ①助… Ⅱ. ①骆… ②骆… ③涂… Ⅲ. ①农村住宅-建筑工程-工程施工-图集 Ⅳ. ①TU241.4-64

中国版本图书馆CIP数据核字(2012)第097053号

中国林业出版社·环境园林图书出版中心
责任编辑：何增明　张华
电话：010-83229512　传真：010-83286967

出版　中国林业出版社
（100009　北京西城区刘海胡同7号）
E-mail　shula5@163.com
网址　http://lycb.forestry.gov.cn
发行　新华书店北京发行所
印刷　北京卡尔富印刷有限公司
版次　2012年10月第1版
印次　2012年10月第1次
开本　710mm×1000mm　1/16
印张　17.5
字数　438千字

定价　39.00元

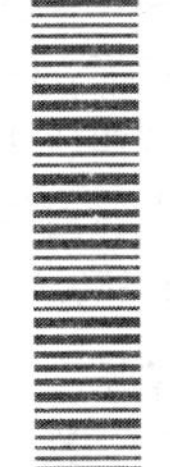

“新农村住宅建设指南”丛书 总前言

中共中央十一届三中全会以来，全国农村住宅建设量每年均保持6.5亿m^2的水平递增，房屋质量稳步提高，楼房在当年的新增住宅中所占比例逐步增长。住宅内部设施日益配套，功能趋于合理，内外装修水平提高。一批功能比较完善、设施比较齐全、安全卫生、设计新颖的新型农村住宅相继建设起来。但从总体上来看，由于在相当一段时间里，受城乡二元结构和管理制度差异的影响，对农村住宅的设计、建设和管理的研究缺乏足够的重视和投入。因此，现在全国农村住宅的建设在功能齐备、施工质量以及与自然景观、人文景观、生态环境等相互协调方面，都还有待于进一步完善和提高。

当前，有些地方一味追求大面积、楼层高和装饰的“现代化”，也有个别地方认为新农村住宅应该是简陋的傻、大、黑、粗，这些不良的倾向应引起各界的充分重视。我们要从实际出发，加强政策上和技术上的引导，引导农民在完善住宅功能质量和安全上下工夫；要充分考虑我国人多地少的特点，充分发挥村两委的作用，县(市、区)和镇(乡)的管理部门即应加强组织各方面力量给予技术上和管理上的支持引导，以提高广大农民群众建设社会主义新农村的积极性。改革开放30多年来，随着农村经济的飞速发展，不少农村已建设了大量的农村住宅，尤其是东南沿海经济比较发达的地区，家家几乎都建了新房。因此，当前最为紧迫的任务，首先应从村庄进行有效的整治规划入手，疏通道路、铺设市政管网、加强环境整治和风貌保护。在新农村住宅的建设上，应从现有住宅的改造入手；对于新建的农村住宅即应引导从分散到适当的集中建设，合理规划、合理布局、合理建设；并应严格控制，尽量少建低层独立式住宅，提倡推广采用并联式、联排式和组合的院落式低层住宅，在具备条件的农村要提倡发展多层公寓式住宅。要引导农民群众了解住宅空间卫生条件的基本要求，合理选择层高和合理间距；要引导农民群众重视人居环境的基本要求，合理布局，选择适合当地特色的建筑造型；要引导农村群众因地制宜，就地取材，选择适当的装修。总之，要引导农村群众统筹考虑农村长远发展及农民个人的利益与需求。还要特别重视自然景观和人文景观等生态环境的保护和建设，以确保农村经济、社会、环境和文化的可持续发展。努力提高农村住宅的功能质量，为广大农民群众创造居住安全舒适、生产方便和整洁清新的家居环境，使我国广大的农村都能建成独具特色、各放异彩的社会主义新农村。

2008 年，中国村社发展促进会特色村专业委员会启动了“中国绿色村庄”创建活动，目前全国已经有 32 个村庄被授予“中国绿色村庄”，这些“绿色村庄”都是各地创建绿色村、生态文明村、环保村的尖子村，有的已经创建成国家级生态文明村，更有 7 个曾先后被联合国环境规划署授予“全球生态 500 佳”称号。具有很高的先进性和代表性。

我国 9 亿农民在摆脱了温饱问题的长期困扰之后，迫切地要求改善居住条件。随着农村经济体制改革的不断深化，农民的物质和精神文化生活质量有了明显的提高，农村的思想意识、居住形态和生活方式也正在发生根本性的变化。由于新农村住宅具有生活、生产的双重功能，它不仅是农民的居住用房，而且还是农民的生产资料。因此，新农村住宅是农村经济发展、农民生活水平提高的重要标志之一，也是促进农村经济可持续发展的重要因素。

新农村住宅建设是广大农民群众在生活上投资最大、最为关心的一件大事，是“民心工程”，也是“德政工程”，牵动着各级党政领导和各界人士的心。搞好新农村住宅建设，最为关键的因素在于提高新农村住宅的设计水平。

新农村住宅不同于仅作为生活居住的城市住宅；新农村住宅不是“别墅”，也不可能是“别墅”；新农村住宅不是“小洋楼”，也不应该是“小洋楼”。那些把新农村住宅称为“别墅”、“小洋楼”的仅仅是一种善意的误导。

新农村住宅应该是能适应可持续发展的实用型住宅。它应承上启下，既要适应当前农村生活和生产的需要，又要适应可持续发展的需要。它不仅要包括房屋本身的数量，而且应该把居住生活的改善紧紧地和经济的发展联系在一起，同时还要求必须具备与社会、经济、环境发展相协调的质量。为此，新农村住宅的设计应努力探索适应 21 世纪我国经济发展水平，体现科学技术进步，并能充分体现以现代农村生活、生产为核心的设计思想。农民建房资金来之不易，应努力发挥每平方米建筑面积的作用，尽量为农民群众节省投资，充分体现农民参与精神，创造出环境优美、设施完善、高度文明和具有田园风光的住宅小区，以提高农村居住环境的居住性、舒适性和安全性。推动新农村住宅由小农经济向适应经济发展的住宅组群形态过渡，加速农村现代化的进程。努力吸收地方优秀民居建筑规划设计的成功经验，创造具有地方特色和满足现代生活、生产需要的居住环境。努力开发研究和推广应用适合新农村住宅建设的新技术、新结构、新材料、新产品，提高新农村住宅建设的节地、节能和节材效果，并具有舒适的装修、功能齐全的设备和良好的室内声、光、热、空气环境，以实现新农村住宅设计的灵活性、多样性、适应性和可改性，提高新农村住宅的功能质量，创造温馨的家居环境。

2010 年中央一号文件《中共中央国务院关于加大统筹城乡发展力度，进一步夯实农业农村发展基础的若干意见》中指出：“加快推进农村危房改造和国有林区（场）、垦区棚户区改造，继续实施游牧民定居工程。抓住当前农村建房快速增长和建筑材料供给充裕的时机，把支持农民建房作为扩大内需的重大举措，采取有效措施推动建材下乡，鼓励有条件的地方通过各种形式支持农民依法依规建设自用住房。加强村镇规划，引导农村建设富有地方特点、民族特色、传统风貌的安全节能环保型住房。”

为了适应广大农村群众建房急需技术支持和科学引导的要求，在中国林业出版社的大力支持下，在我2010年心脏搭桥术后的休养期间，为了完成总结经验、服务农村的心愿，经过一年多的努力，在适值我国“十二五”规划的第一年，特编著“新农村住宅建设指南”丛书，借迎接新中国成立63周年华诞之际，奉献给广大农民群众。

“新农村住宅建设指南”丛书包括《寻找满意的家——100个精选方案》、《助您科学建房——15种施工图》、《探索理念为安居——建筑设计》、《能工巧匠聚智慧——建造知识》、《瑰丽家园巧营造——住区规划》和《优化环境创温馨——家居装修》共六册，是一套内容丰富、理念新颖和实用性强的新农村住宅建设知识读物。

“新农村住宅建设指南”丛书的出版，首先要特别感谢福建省住房和城乡建设厅自1999年以来开展村镇住宅小区建设试点，为我创造了长期深入农村基层进行实践研究的机会，感谢厅领导的亲切关怀和指导，感谢村镇处同志们常年的支持和密切配合，感谢李雄同志坚持陪同我走遍八闽大地，并在生活上和工作上给予无微不至的关照，感谢福建省各地从事新农村建设的广大基层干部和故乡的广大农民群众对我工作的大力支持和提供很多方便条件，感谢福建省各地的规划院、设计院以及大专院校的专家学者和同行的倾心协助，才使我能够顺利地进行实践研究，并积累了大量新农村住宅建设的一手资料，为斗胆承担“新农村住宅建设指南”丛书的编纂创造条件。同时也要感谢我的太太张惠芳抱病照顾家庭，支持我长年累月外出深入农村，并协助我整理大量书稿。上初中的孙女骆集莹，经常向我提出很多有关新农村建设的疑问，时常促进我去思考和探究，并在电脑操作上给予帮助，也使我在辛勤编纂中深感欣慰。

“新农村住宅建设指南”丛书的编著，得到很多领导、专家学者的支持和帮助，原国家建委农房办公室主任、原建设部村镇建设试点办公室主任、原中国建筑学会村镇建设研究会会长冯华老师给予热情的关切和指导，中国村社发展促进会和很多村庄的村两委以及专家学者都提供了大量的资料，借此一并致以深深地感谢。并欢迎广大设计人员、施工人员、管理人员和农民群众能够提出宝贵的批评意见和建议。

骆中钊

2012年夏于北京什刹海畔滋善轩

前　言

住宅是人类赖以生存的基本条件之一，因此住宅就必然成为人类关心的永恒主题。

新农村住宅不仅要为广大农民群众提供居住的空间和场所，还需要创造良好的生活和生产环境，以满足广大农民群众的社会和心理需求。因此，改善居住环境，提高居住质量，创造广大农民群众心目中的理想家园始终是不懈追求的目标。在我国，随着农村经济的迅猛发展和广大农民群众生活水平的不断提高，居住条件日趋改善。目前，在新农村住宅小区的规划设计中，正积极推进“以人为核心”的设计理念和“可持续发展”的方针。新农村住宅建设也已步入由“数量型”转向“质量型”、由“粗放型”转向“集约型”的开发建设阶段，并已进入了低层、多层、高层并举的多元化发展时期。

二三层的低层住宅以其接地性好、邻里交往密切、出行方便、通风采光好、使用灵活以及与自然环境结合较好而备受广大农民群众的青睐。

在新农村住宅的建设热潮中，许多地方的主管部门纷纷组织编制新农村住宅的通用施工图集，为广大农民群众提供及时的服务。为了适应经济迅猛发展的需要，并及时地为广大农民群众提供符合现代生活和居住形态所急需的具有代表性的新农村住宅施工图作为参考，我们从近几年一些地方编制的具有代表性的新农村住宅施工图集中，选编了15种具有代表性的新农村住宅施工图实例，加以整理、汇编成《助您科学建房——15种施工图》。图册中不仅有建筑、结构施工图，而且多数还有水、电配套施工图，用于三北和西部地区的还配套编入采暖施工图，以满足广大农民群众以及设计人员、管理人员和施工人员多方面的要求。

本图册只能作为编制正式施工图的参考。选用施工图时，应在本图册的基础上，由当地设计单位对围护结构的热工性能、抗震要求以及工程地质等实际情况和使用要求，进行全面的复核和补充，并编制正式施工图报主管部门批准后，方可施工。

本图册是“新农村住宅建设指南”丛书中的一书。在本册汇编过程中，得到了社会各界的大力支持，不少建筑界同行为本图册提供了大量宝贵的资料，并对编选工作给予了具体的指导和帮助。参加本图册编选工作的还有张惠芳、骆伟、陈磊、冯惠玲、蒋万东、郭炳南、宋煜等，在此表示衷心的感谢。由于篇幅所限，还有很多素材未能编入，借此特致歉意。鉴于时间和水平所限，不妥之处，敬请批评指正。

骆中钊

2012 年夏于北京什刹海畔滋善轩

目　录

1　G 系新农村住宅 ………………………………（1）

2　J 系新农村住宅 ………………………………（17）

3　L 系新农村住宅 ………………………………（42）

4　M 系新农村住宅 ………………………………（103）

5　N 系新农村住宅 ………………………………（212）

6　S 系新农村住宅 ………………………………（229）

7　Z 系新农村住宅 ………………………………（243）

1 G系新农村住宅

G 赣

方案设计：江西省丰城市规划局罗桂英、陈珺

建筑施工图设计：江西省丰城市规划局罗桂英、陈珺

结构施工图设计：江西省南昌市湾里区建筑设计院刘水林等

资料提供：陈珺

本设计在江西省南昌市湾里区罗亭镇岭口村试建落成，荣获中央电视台经济频道《点亮空间——2006 全国家居设计电视大赛》金奖。适用于我国南方、西南和中部地区。

建筑设计总说明

一、本建筑图中尺寸以毫米为单位计，标高以米为单位计。本工程设计总建筑面积约为 209.6m^2(阳台按一半计算面积)，各层平、立、剖面及大样所注楼地面标高均指结构层面标高。本工程等级为四级，本工程设计合理使用年限为 50 年，耐火等级为二级。

二、本工程构配件除特殊说明及绘有大样者外，其余均按江西省通用建筑标准设计图集相应编号做法施工。本工程施工时，施工单位对施工图纸不清楚或发现问题，以及选用的构配件与设计要求不符时，请及时与设计人员联系解决或绘制修改补充图后方可施工，不得任意更改。钢筋砼柱和梁位置及标高详见结施图所示。

三、土建施工必须和各有关工种施工密切配合，凡需预埋或预留管、构件或孔洞时，应事先预埋或预留，不得事后开槽打洞影响工程质量。门洞和经常易碰撞部位的阳角，一律用 1:2.5 水泥砂浆粉(其中阳角粉 2000mm 高，每边宽 50mm)，面层粉刷同相邻墙面。砌体墙除特别注明外，其余均 240mm，抗震设防烈度为 6 度。

四、凡图中所使用的装饰材料质量色彩规格等必须选出或制作样品，经有关单位和设计人员共同协商确定后，才能大批量购买或大面积施工。

五、土建部分主要说明：(凡图面尺寸与图形比例不符时，以所注尺寸为准)

1. 屋面　防水等级为三级，保温隔热屋面，请结合 99J201－1 及 00J202－1 图集施工。
2. 外墙　外保温做法详赣 02SJ102－1 图集第 15 页 A6，各部位构造详见赣 02J102－1 图集 A 体系构造相应部位。
3. 内墙　除厨房及卫按赣 02J802 图集 1/49 做白瓷砖墙裙 2.1m 高外；其余均为 12 厚 1:3 水泥砂浆打底，6mm 厚 1:2.5 石灰砂浆粉面。室内顶棚为 6 厚 1:3:9 水泥石灰膏打底 3 厚麻刀石灰砂浆罩面。室外墙线角、雨蓬、挑檐、阳台、窗台、压顶等粉刷，均应做好流水坡或滴水线(深度不小于 15)。
4. 楼地面　除一层地面采用赣 01J301 图集第 10 页 31a 外，其余楼层楼面均按赣 01J301 图图集第 36 页 1 施工。卫生间楼面比相应室内低 50mm，卫生间楼面增设一层沥青玻璃布油毡作隔离层；楼板四周除门洞边外，均做高于 150(厚 120)砼翻边。所有厨卫均向地漏做坡 1%。厨房楼面比相应室内低 20mm。
5. 门窗　门窗尺寸数量及选型详见门窗表，门窗制作安装等必须符合国家有关技术规程。窗为白色硬聚氯乙烯塑料框白色中空玻璃窗；门窗保温性能为Ⅴ级，外窗空气渗透性能为Ⅲ级节能型门窗。外窗的传热系数为 K＝3.2。
6. 油漆　所有的一层门窗的防盗及其余楼层窗防护由建设单位自理；栏杆为木栏杆，栏杆及扶手油本色聚脂漆。
7. 其他　室内 ±0.000 标高相当于黄海高程 32.00m。墙身防潮层：在室内地面下一皮砖处用 20mm 厚 1:2 水泥砂浆掺 5% 防水剂。
8. 节能　窗墙面积比：东向 0.01，西向 0.03，南向 0.35，北向 0.15；节能措施：屋面－40 厚挤塑聚苯乙烯泡沫塑料板保温；外墙－30 厚聚苯颗粒保温；外门窗－硬聚氯乙烯塑料中空玻璃窗 60 系列。
外墙传热系数 K＝1.030[W/m^2·K]，外墙热惰性指标 D＝4.560。
屋顶传热系数 K＝0.697[W/m^2·K]，屋顶热惰性指标 D＝2.565。

门窗表

类别	设计编号	洞口尺寸(mm)		数量	采用标准图集及编号		备注
		宽	高		图集代号	编号	
门	M－1	2400	2400	1	赣 98J606	MSPB－2424	硬聚氯乙烯塑料安全玻璃门
	M－2	900	2400	5	赣 98J741	PJM2a－0921	木门
	M－3	800	2100	3	赣 98J741	PJM2a－0821	木门
	M－4	800	1800	1	赣 98J741	仿 PJM2a－0821	木门
	M－5	2100	2400	1	赣 98J606	MCSBP1－2124	硬聚氯乙烯塑料安全玻璃门
	M－6	4560	2400	1	赣 98J606	仿 2MSPB－2424	硬聚氯乙烯塑料安全玻璃门
窗	C－1	1500	1500	5	赣 98J606	CSP－1515	硬聚氯乙烯塑料中空玻璃窗
	C－2	1200	1500	1	赣 98J606	CSP－1215	硬聚氯乙烯塑料中空玻璃窗
	C－3	900	1500	4	赣 98J606	CSP－0915	硬聚氯乙烯塑料中空玻璃窗
	C－4	600	600	7	赣 98J606	CSP－0606	硬聚氯乙烯塑料中空玻璃窗

注：窗均带纱，底层窗及门亮子均设防盗栅，型式自理。

G-建筑	建筑设计总说明	建1

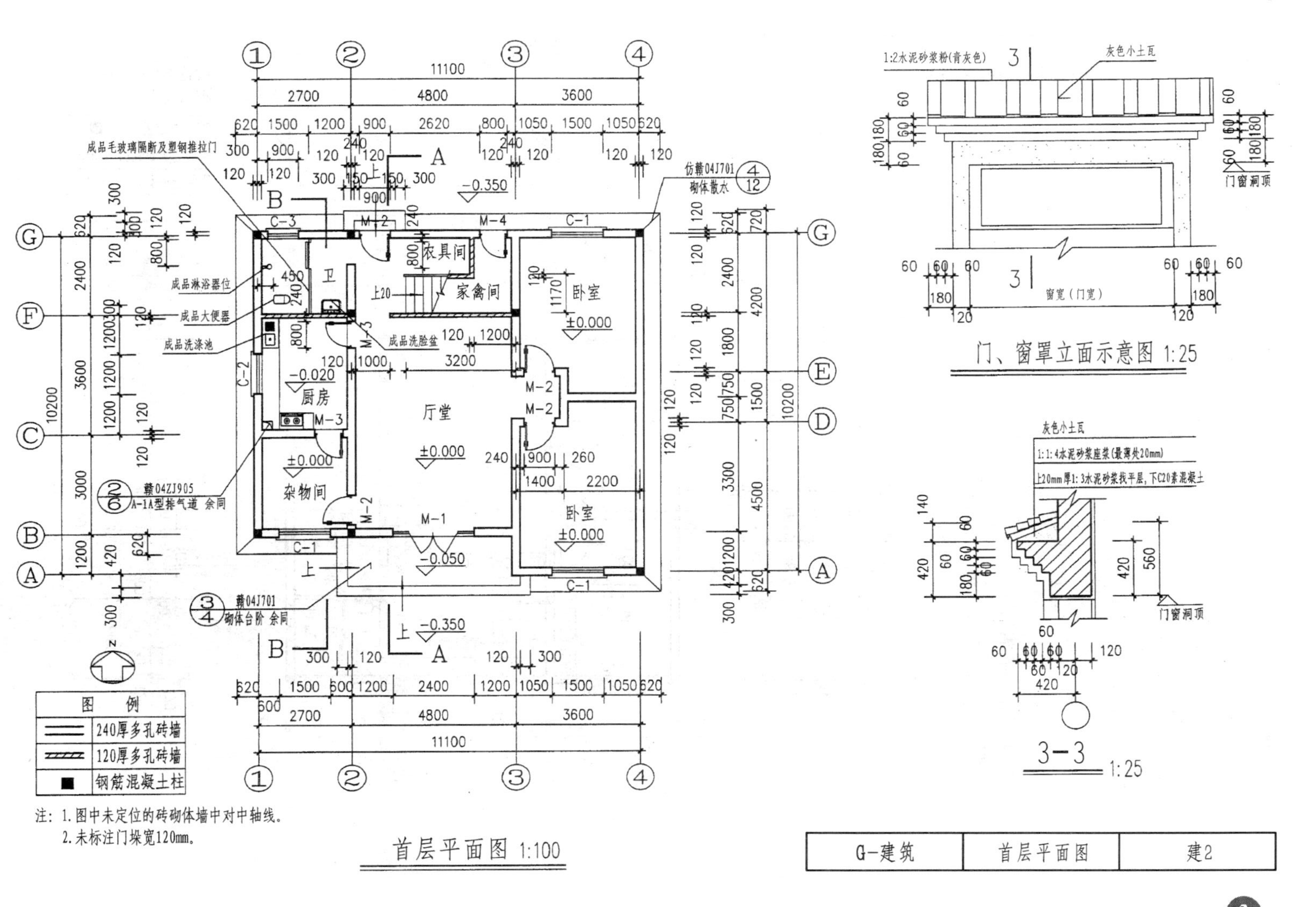

注：1.图中未定位的砖砌体墙中对中轴线。
2.未标注门垛宽120mm。

首层平面图 1:100

门、窗罩立面示意图 1:25

3—3 1:25

G-建筑	首层平面图	建2

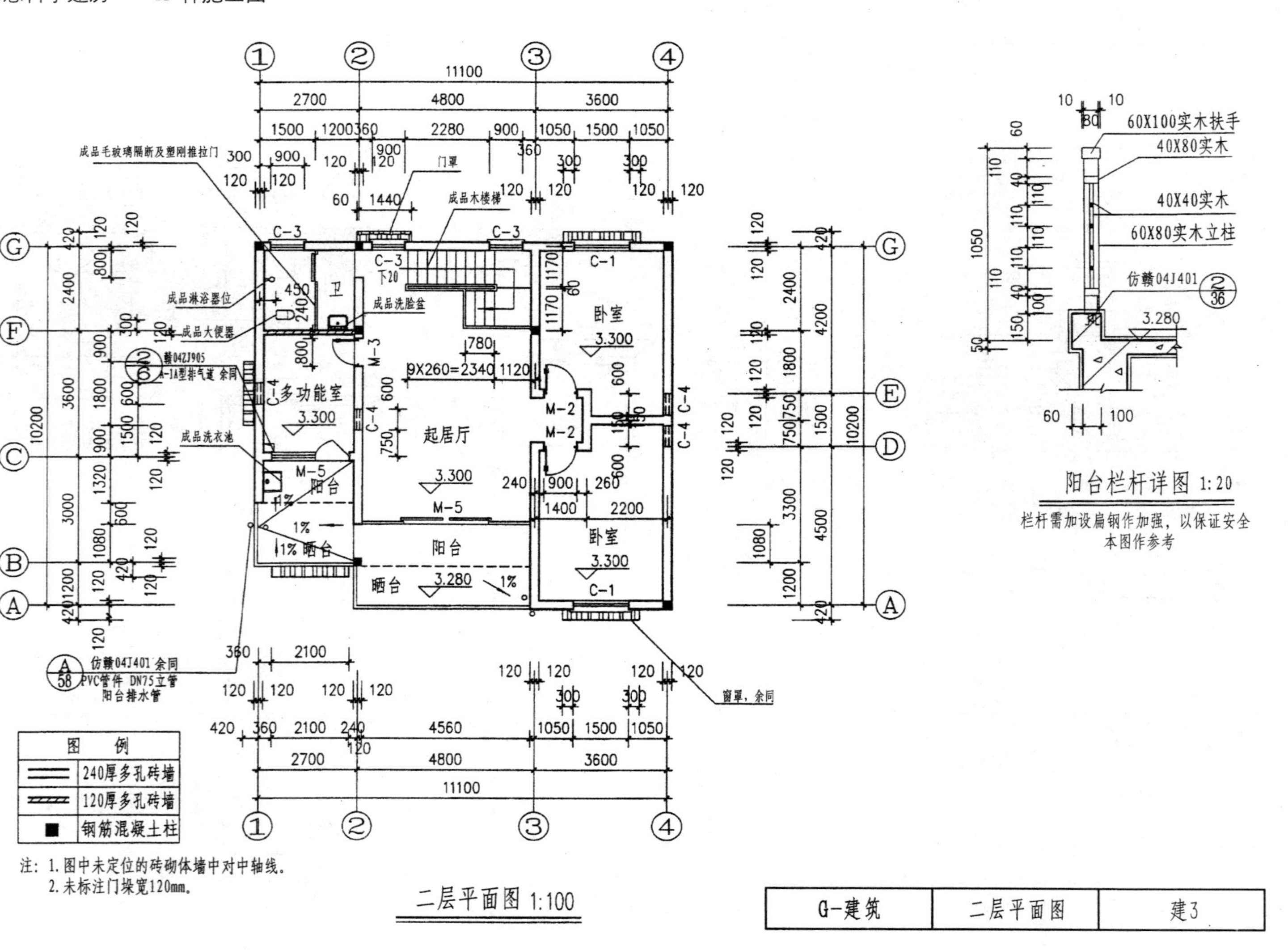

图例	
═	240厚多孔砖墙
▨	120厚多孔砖墙
■	钢筋混凝土柱

注：1. 图中未定位的砖砌体墙中对中轴线。
2. 未标注门垛宽120mm。

G-建筑	二层平面图	建3

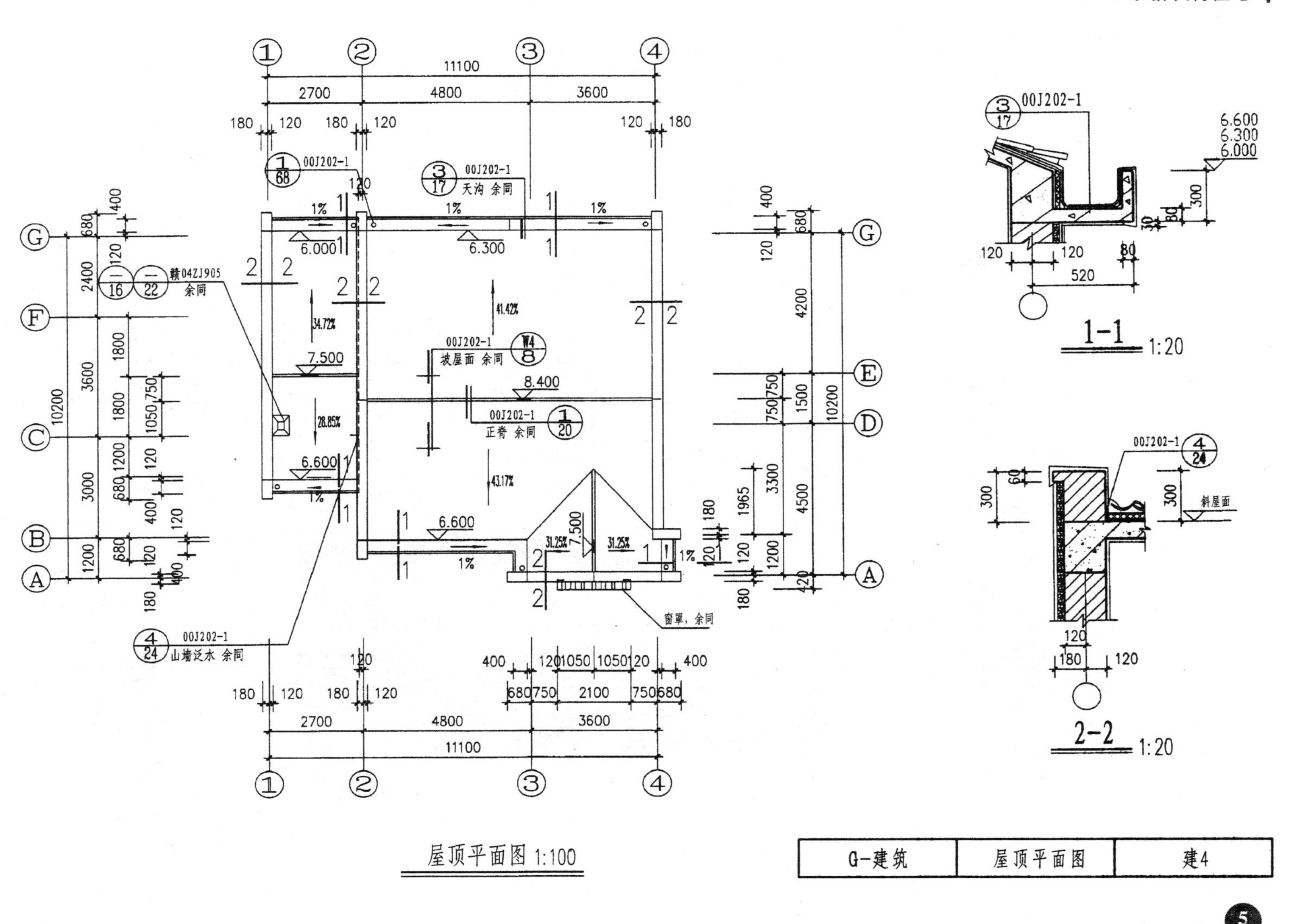
00J202-1
天沟 余同
00J202-1
坡屋面 余同
00J202-1
正脊 余同
赣04ZJ905
余同
00J202-1
山墙泛水 余同
窗罩，余同
斜屋面
6.000
6.300
7.500
8.400
6.600
6.600
6.300
6.000
1-1 1:20
2-2 1:20
屋顶平面图 1:100

G-建筑	屋顶平面图	建4

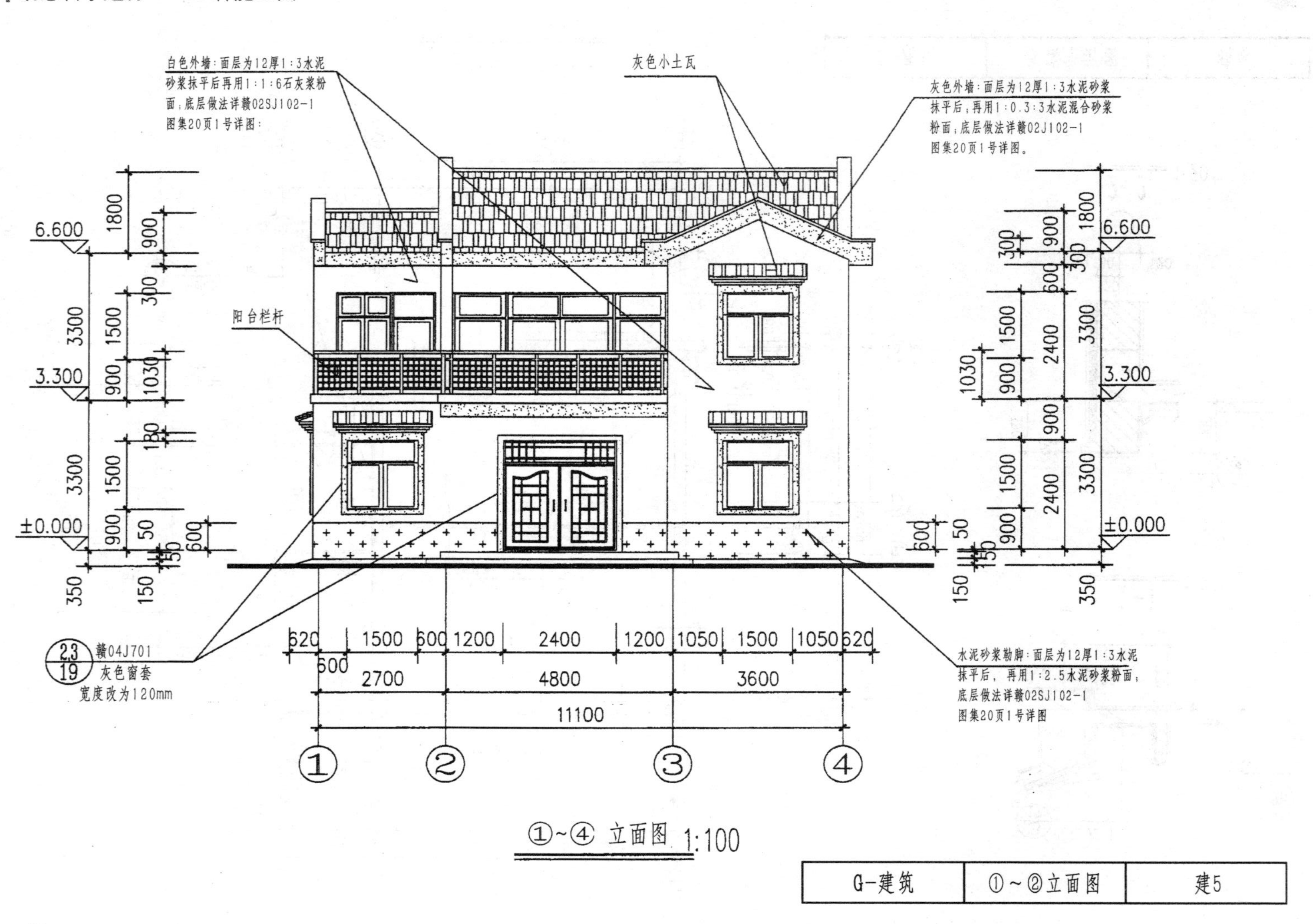

①~④ 立面图 1:100

G-建筑	①~②立面图	建5

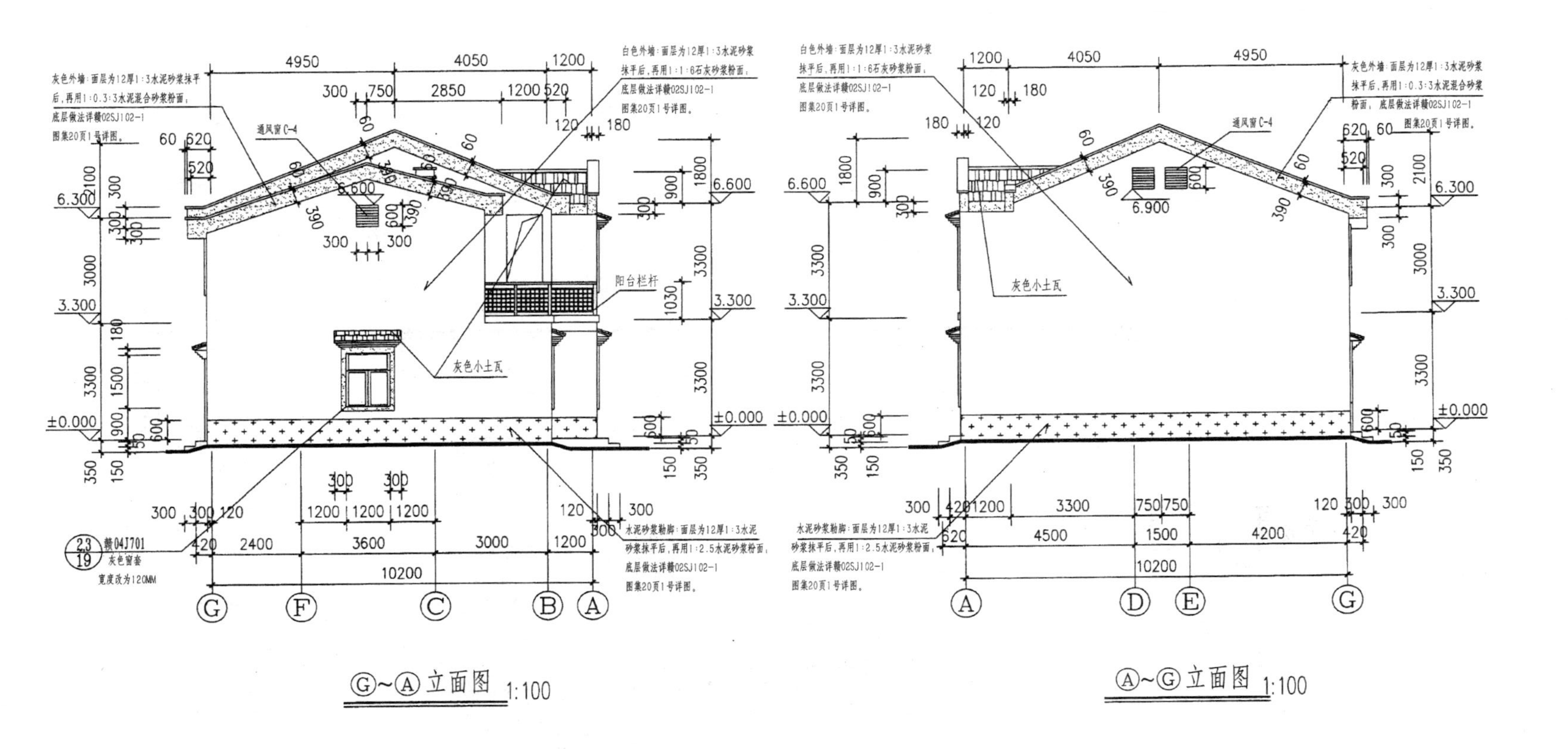

G-建筑	G~A、A~G 立面图	建6

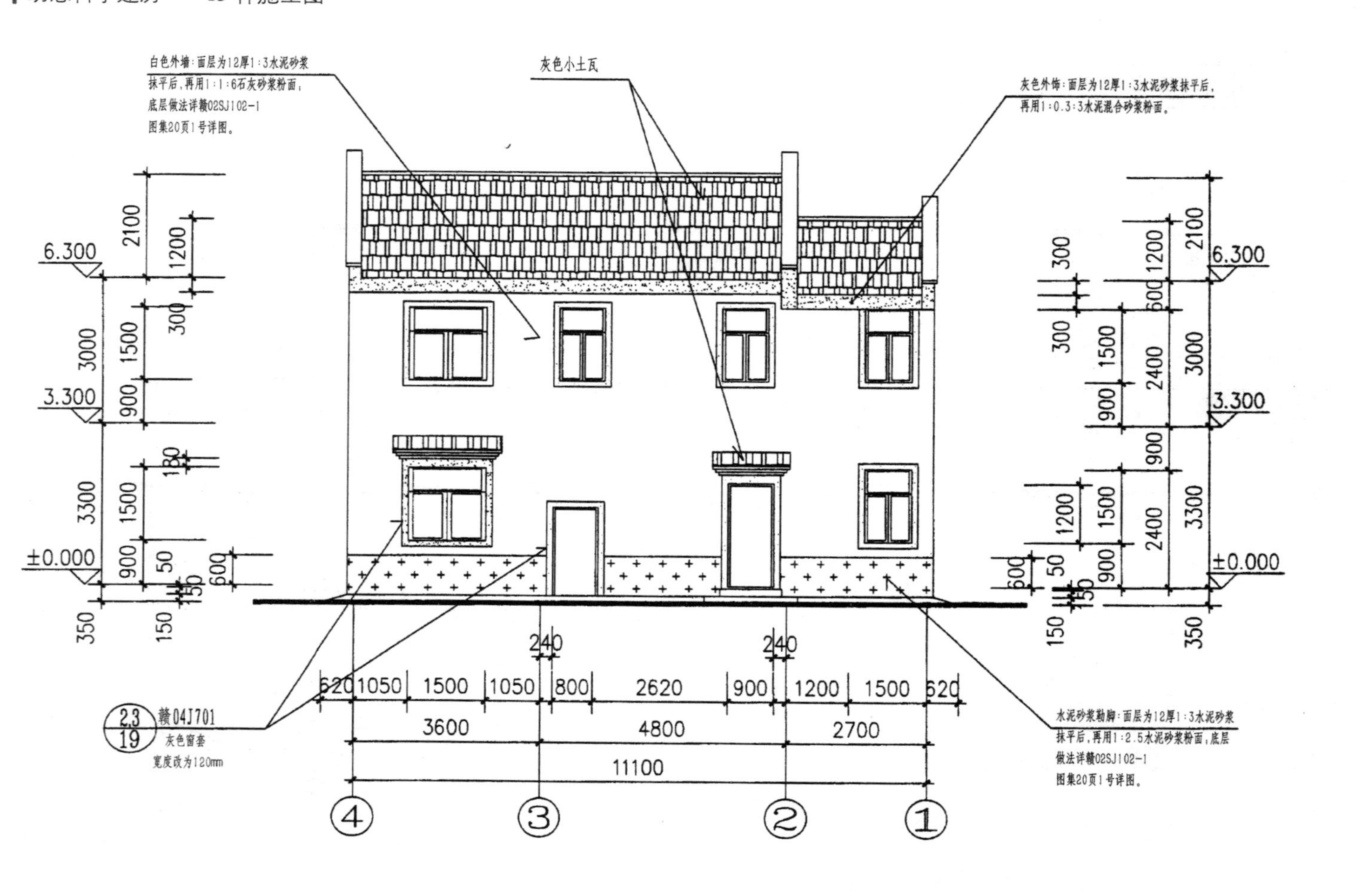

④~① 立面图 1:100

G-建筑	④~①立面图	建7

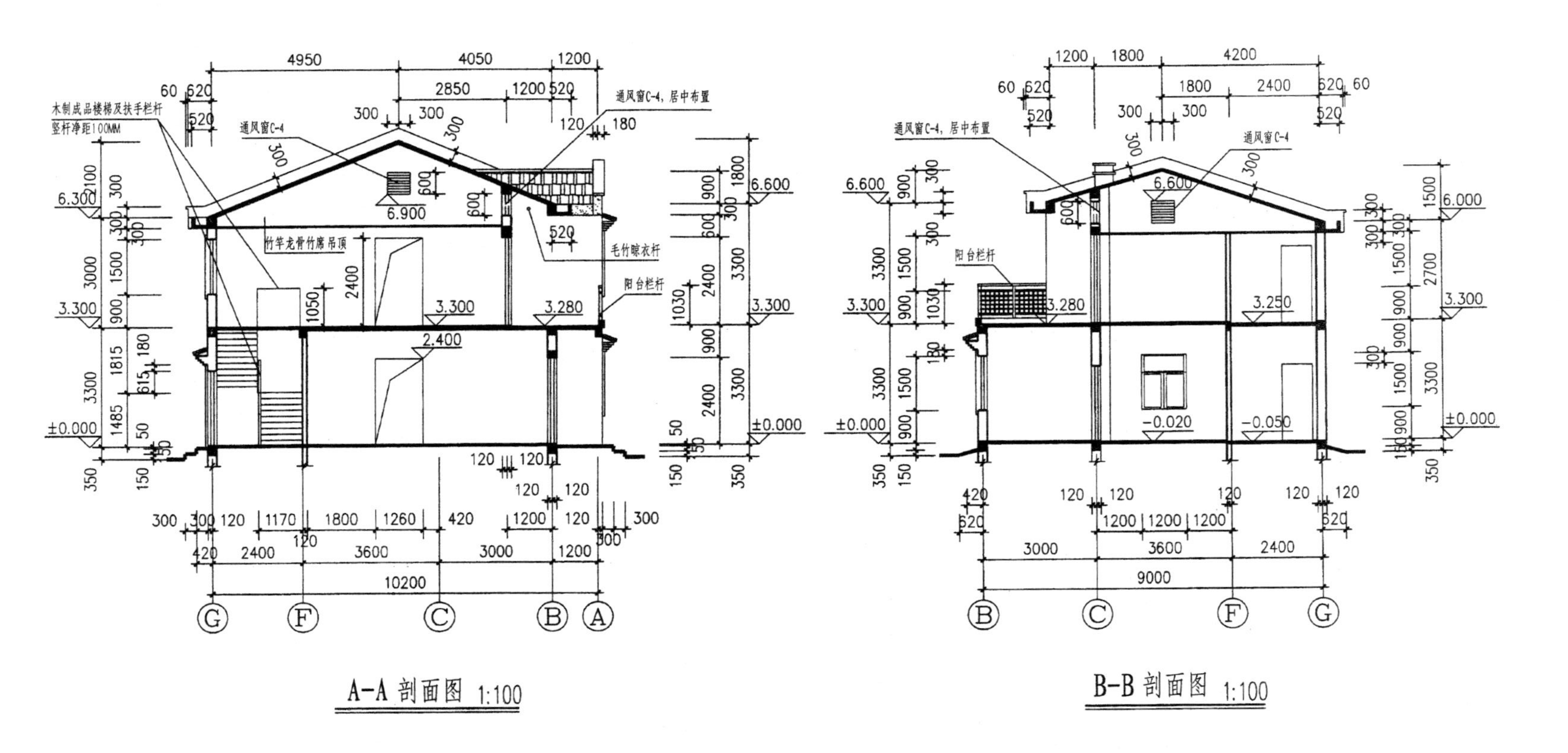

A-A 剖面图 1:100

B-B 剖面图 1:100

G-建筑	A-A、B-B剖面图	建8

结构总说明

一、一般说明

1. 本工程采用砖混结构，主体结构层数为两层。
2. 全部尺寸单位除注明外，均以毫米(mm)为单位，标高则以米(m)为单位。
3. 本工程施工质量控制等级为 B 级、安全等级为二级；设计合理使用年限为 50 年。
4. 本工程应严格遵守现行国家标准有关工程施工及验收规范、规程。

二、设计依据

1.《混凝土结构设计规范》 GB 50010－2002
2.《建筑结构荷载规范》 GB 50009－2001
3.《建筑地基基础设计规范》 GB 50007－2002
4.《建筑抗震设计规范》 GB 50011－2001
5.《砌体结构设计规范》 GB 50003－2001
6.《混凝土结构施工图平面整体表示法制图规则和构造详图》03G101－1

三、抗震设计

1. 本工程抗震类别为丙类；地震烈度为 6 度，按 6 度抗震设防：钢筋砼结构部分抗震等级为四级。
2. 基本风压标准值：0.45kN/m² 基本雪压为 0.45kN/m²(南昌地区)。

四、地基及基础

1. 地基及基础的设计说明详见结 5；本工程地基基础设计等级为丙级。

五、钢筋混凝土结构部分

1. 结构构件主筋保护层厚度(已注明者除外)
   a. 室内正常环境：板 15、梁 25、柱 30；
   b. 室内潮湿环境；非严寒和非寒冷地区的露天环境、与无侵蚀性水或土壤直接接触环境；板 20、梁及柱 30、基础梁及桩基周侧 50。
2. 现浇结构各部件设计材料：
   a. 混凝土强度等级(已注明者除外)：为 C20。
   b. 钢筋：Φ－HPB235 级钢，Φ－HRB335 级钢。
3. 楼(屋)面板：
   a. 板负筋的分布筋，除结构图中注明外，均为Φ6@200。
   b. 双向板之底筋，对于一般楼板，其短向筋放于下层，长向筋放于短向筋之上。
   c. 所有受力或非受力筋其搭接部位：正筋于支座处，负筋于跨中 L/3 范围内。在同一截面内搭接的钢筋截面面积不得超过钢筋总截面面积的 25%。
   d. 跨度大于 4m 的板，要求板跨中起拱 L/400。
   e. 开洞楼板除注明做法外，当洞宽≤300 时不设附加筋，板筋绕过洞边，不需切断。当楼板孔洞 300＜D(B)＜800 时，孔洞周边加强筋布置详图一。
   f. 主体屋、楼面板的所有阳角处，应在板的 1/3 短跨范围内采用双向面筋、底筋Φ8@200 加强，此加强面筋分别与图纸上所标注的同方向板筋间隔放置，其角部加强筋详见图二。
   g. 板内预埋管线，须敷设在板内上下两层钢筋网之间；当埋管处无板面筋时，须沿管长方向加Φ8@200，详见图三。
4. 梁(有关构造要求详见国标 03G101－1)
   a. 梁平面图钢筋双排含义：

   梁上皮筋：$\frac{\text{第一排钢筋根数，直径}}{\text{第二排钢筋根数，直径}}$ 梁下皮筋：$\frac{\text{第二排钢筋根数，直径}}{\text{第一排钢筋根数，直径}}$

   b. 跨度 L≥4m 的支承梁及 L≥2m 的悬臂梁，应按施工规范要求起拱。
   c. 井式梁相交处梁每侧均设 3 根附加箍筋(如梁配筋图中所示)，附加箍筋直径及肢数同相应梁箍筋。
5. 钢筋混凝土柱(有关构造要求详见国标 03G101－1)
   a. 钢筋混凝土构造柱 GZ 布置详见各层结构平面图，构造柱施工时须先砌墙体而后浇柱，砌墙时，墙与构造柱联接处要砌成马牙槎，并沿墙高每 500 设 2Φ8 拉结筋，每边伸入墙内 1000，详见图四。
   b. 构造柱支承于钢筋砼梁或基础上时，钢筋应锚入梁或基础内 45d，详见图五。
   c. 在构造柱与圈梁相交的节点处上、下各 500 或上、下各 1/6 层高范围内箍筋加密为 100。
   d. 层层设置钢筋混凝土圈梁，圈梁顶标高原则上同相应现浇板面平。圈梁的转角及丁字接头加强筋处理详见图六；楼梯间平台处圈梁的高低搭接的加强筋的设置请按现行施工规范执行。圈梁配筋大样详见本说明，QL 用于 1B 砖墙上，QL′用于 1/2B 砖墙上。

六、砌体部分

1. 第一层采用 MU10 烧结多孔黏土砖，M7.5 混合砂浆眠砌，墙厚为 240；
   第二层采用 MU10 烧结多孔黏土砖，M5.0 混合砂浆眠砌，墙厚为 240；
2. 砌体墙中的门、窗洞及设备预留孔洞，其洞顶均需设钢筋砼过梁。过梁除图中另有注明外，统一按如下规定处理：(L 为洞口净宽)
   a. 当 L≤1200 时，过梁宽度同墙厚，梁高取 120，梁底放 2Φ12 钢筋，箍筋Φ8@200，梁支座长度不小于 240mm。
   b. 当 1200＜L≤2400 时，过梁梁宽同墙厚，梁高取 240。
   梁底筋：当 L≤1500 时，用 2Φ12；当 L＞1500 时，用 2Φ14，架立筋均用 2Φ10 箍筋Φ8@200，梁支座长度不小于 250，砼用 C25。
   c. 当洞边为混凝土柱时，须在过梁标高处的柱内预埋过梁钢筋，待施工过梁时，将过梁底筋及架立筋与之焊接。
   d. 当洞顶与结构梁(或板)底的距离小于上述各类过梁高度时，过梁须与结构梁(或板)浇成整体，如图七。

七、楼面活荷载取用如下：

卧室：2.0kN/m²， 客厅、餐厅、楼梯、厨卫：2.0kN/m²，
挑出阳台：2.5kN/m， 不上人屋面：0.5kN/m²，
装修荷载：＜1.0kN/m²， 上人屋面：2.0kN/m²。

八、其他

1. 本图应配合建筑、水、电等专业图纸施工，图中未注明的细部尺寸详见建施图。
2. 本工程未经技术鉴定或设计许可，不得改变结构的用途和使用环境。
3. 凡本图未尽事宜请遵照国家有关现行规范执行。

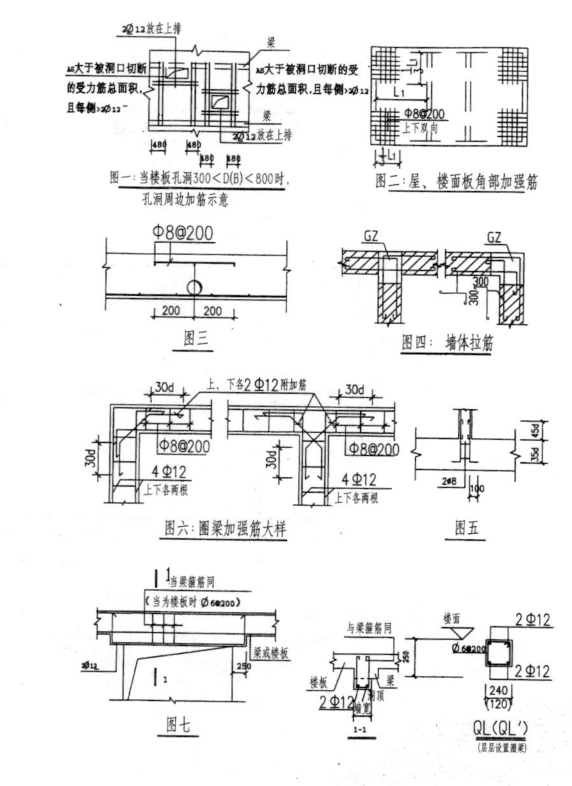

图一：当楼板孔洞300＜D(B)＜800时，孔洞周边加筋示意

图二：屋、楼面板角部加强筋

图三

图四：墙体拉筋

图六：圈梁加强筋大样

图五

图七

G－结构	结构总说明	结1

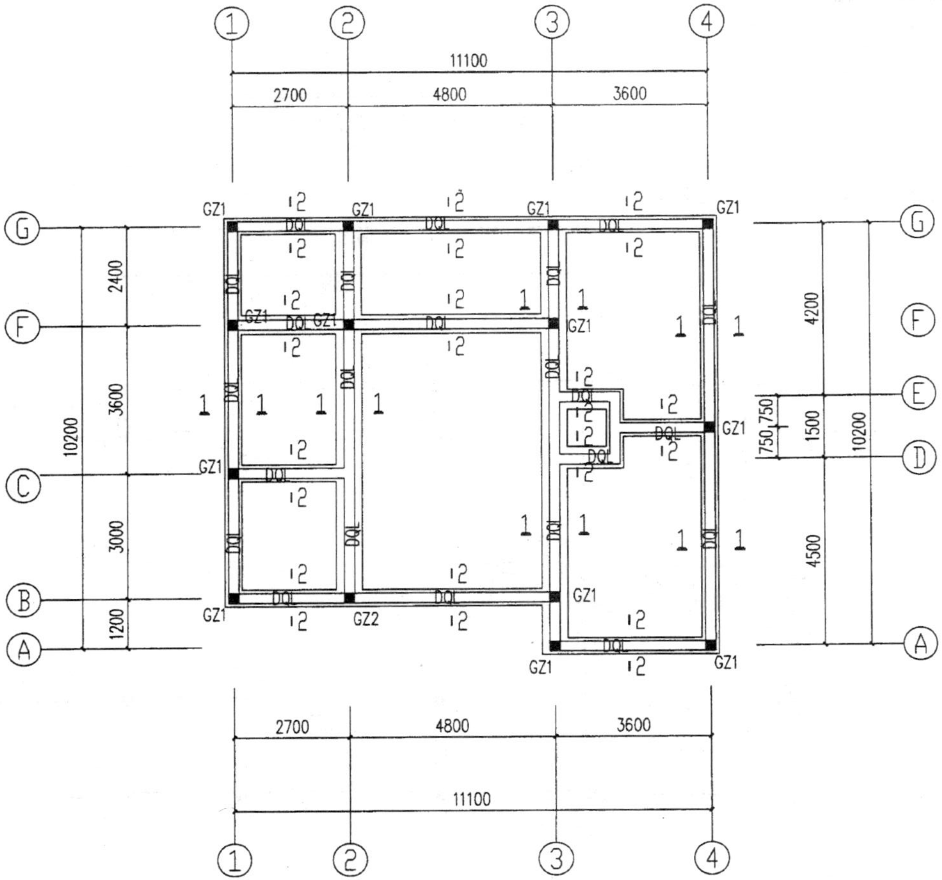

基础平面图1:100

G-结构	基础平面图	结2

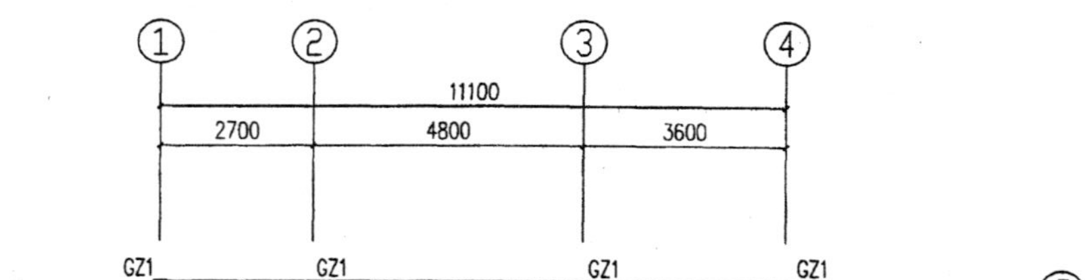
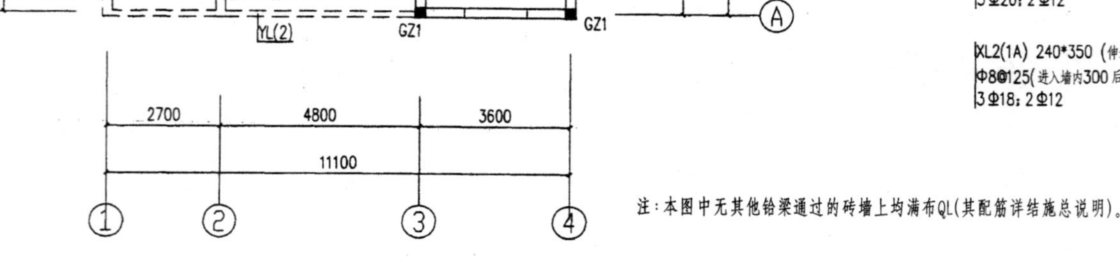

L1(1) 240*250
Φ8@125/150(2)
2Φ12; 2Φ14

L2(1) 240*250
Φ8@150/200(2)
2Φ12; 2Φ14

L3(2) 120*350
Φ8@150/200(2)
2Φ14; 2Φ14
G2Φ12

YL(2) 240*350
Φ8@150/200(2)
2Φ14; 2Φ14

XL1(1A) 240*350（伸进砖墙内3500且与QL联接）
Φ8@100(进入墙内300后改配Φ8@200)
3Φ20; 2Φ12

XL2(1A) 240*350（伸进砖墙内2000且与QL联接）
Φ8@125(进入墙内300后改配Φ8@200)
3Φ18; 2Φ12

注：本图中无其他铪梁通过的砖墙上均满布QL(其配筋详结施总说明)。

一层楼面结构平面布置图 1:100
（3.300 处）

G-结构	一层楼面结构平面布置图	结3

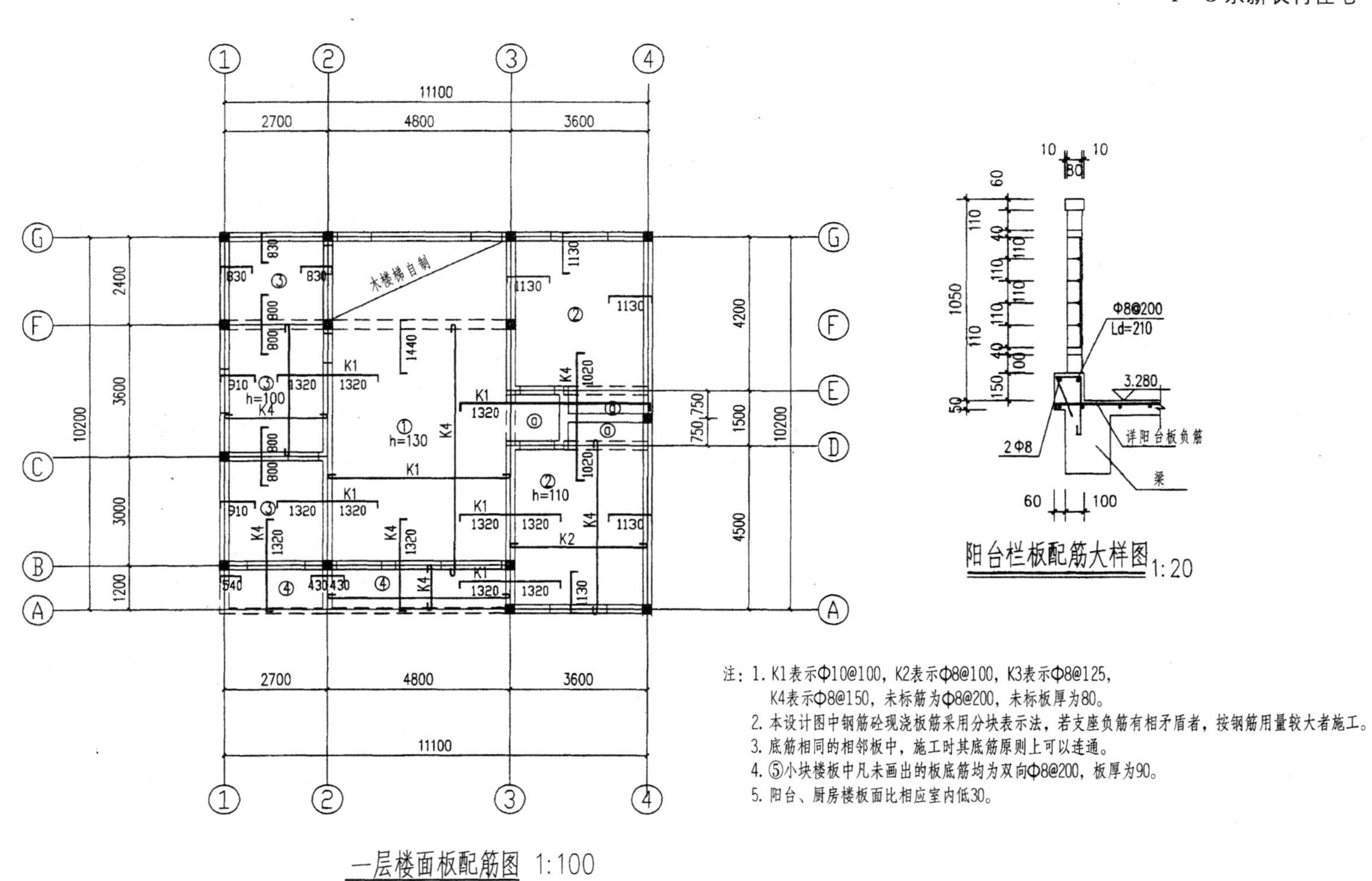

一层楼面板配筋图 1:100

（3.300 处）

注：1. K1表示Φ10@100，K2表示Φ8@100，K3表示Φ8@125，
K4表示Φ8@150，未标筋为Φ8@200，未标板厚为80。
2. 本设计图中钢筋砼现浇板筋采用分块表示法，若支座负筋有相矛盾者，按钢筋用量较大者施工。
3. 底筋相同的相邻板中，施工时其底筋原则上可以连通。
4. ⑤小块楼板中凡未画出的板底筋均为双向Φ8@200，板厚为90。
5. 阳台、厨房楼板面比相应室内低30。

G-结构	一层楼面板配筋图	结4

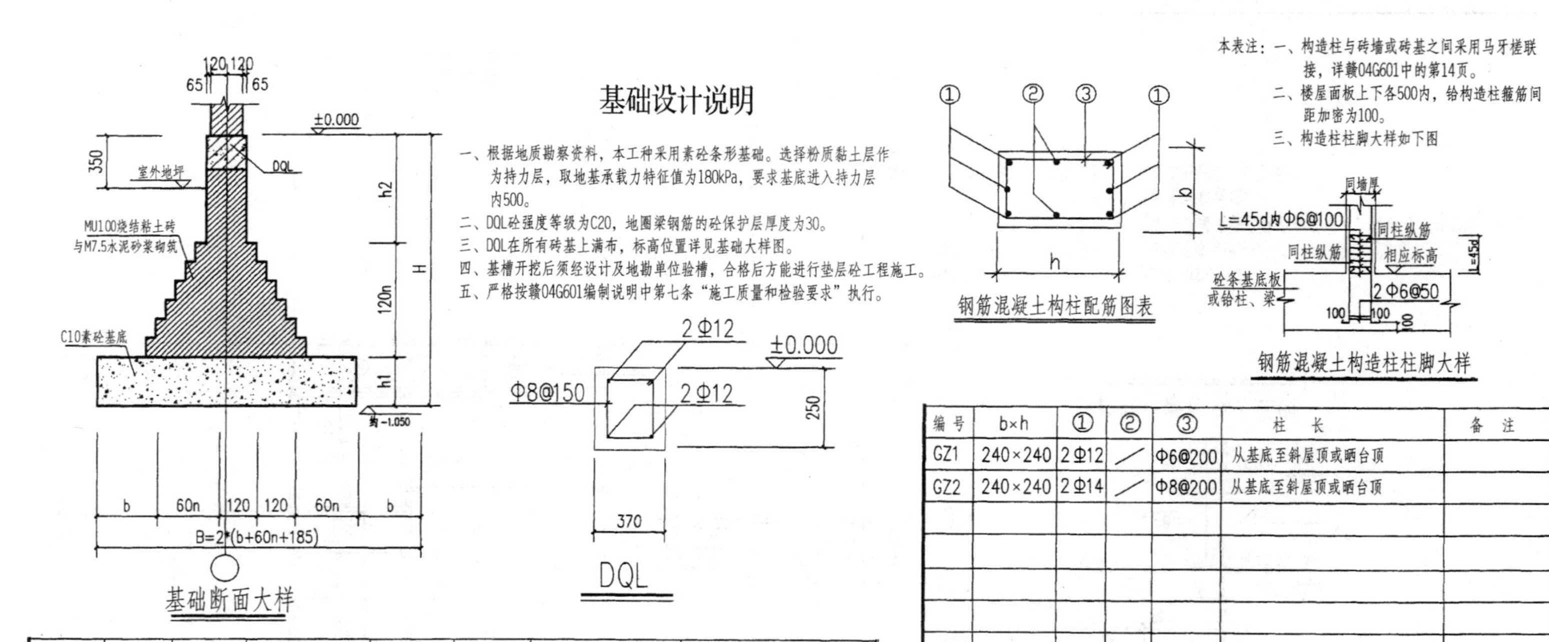

基础断面大样

DQL

基础设计说明

一、根据地质勘察资料，本工种采用素砼条形基础。选择粉质黏土层作为持力层，取地基承载力特征值为180kPa，要求基底进入持力层内500。

二、DQL砼强度等级为C20，地圈梁钢筋的砼保护层厚度为30。

三、DQL在所有砖基上满布，标高位置详见基础大样图。

四、基槽开挖后须经设计及地勘单位验槽，合格后方能进行垫层砼工程施工。

五、严格按赣04G601编制说明中第七条"施工质量和检验要求"执行。

编号	n	b	B=2×(b+60n+185)	h1	h2	H=h1+120n+h2	备注
1-1	2	100	810	100	按实际尺寸	700	
2-2	1	100	690	100	按实际尺寸	700	

钢筋混凝土构柱配筋图表

本表注：一、构造柱与砖墙或砖基之间采用马牙槎联接，详赣04G601中的第14页。
二、楼屋面板上下各500内，给构造柱箍筋间距加密为100。
三、构造柱柱脚大样如下图

钢筋混凝土构造柱柱脚大样

编号	b×h	①	②	③	柱长	备注
GZ1	240×240	2Φ12	/	Φ6@200	从基底至斜屋顶或晒台顶	
GZ2	240×240	2Φ14	/	Φ8@200	从基底至斜屋顶或晒台顶	

G-结构	基础图、构造柱配筋图	结5

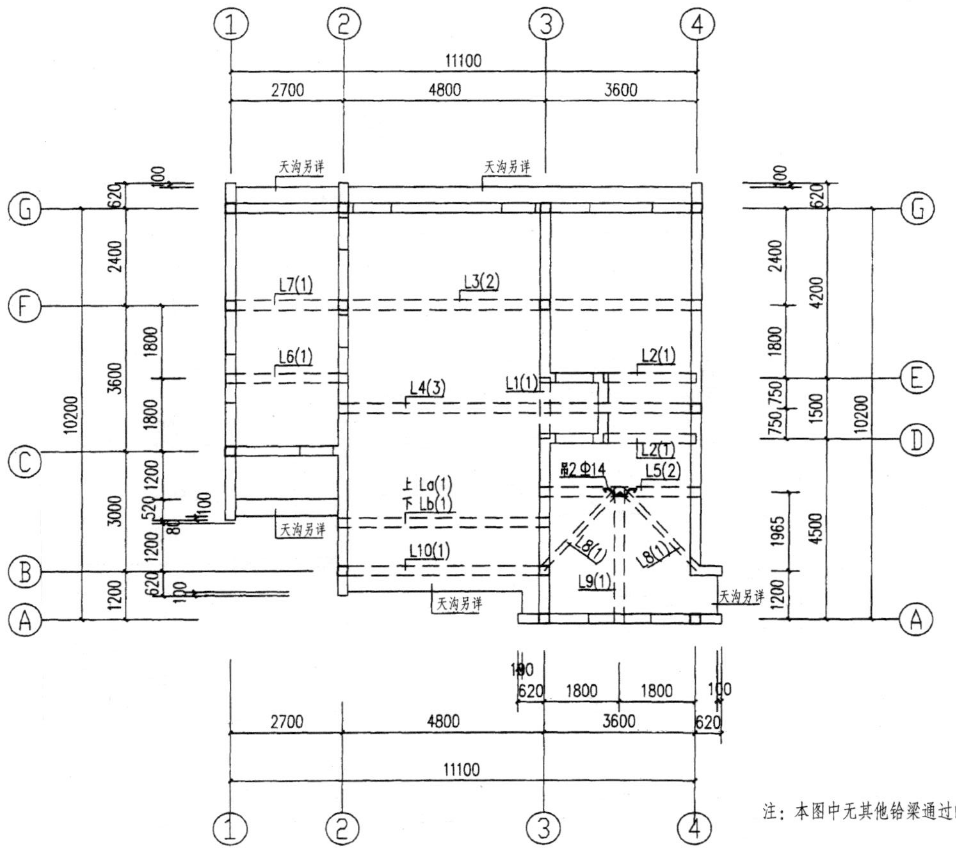

L1(1) 240×250
Φ8@125/150(2)
2Φ12；2Φ14

L2(1) 240×250
Φ8@150/200(2)
2Φ12；2Φ14

L3(2) 180×350
Φ8@150/200(2)
2Φ14；2Φ14
G2Φ12

L4(3) 180×350
Φ8@150/200(2)
2Φ14；2Φ14
G2Φ12

L5(2) 180×350
Φ8@100/150(2)
2Φ16；2Φ16
G2Φ12

上 La(1) 240×350
Φ8@125/200(2)
2Φ12；2Φ14

L6(1) 150×250
Φ8@125/150(2)
2Φ12；2Φ14

L7(1) 150×250
Φ8@125/150(2)
2Φ12；2Φ14

L8(1) 120×200 (斜梁)
Φ8@125/150(2)
2Φ12；2Φ14

L9(1) 120×200
Φ8@125/150(2)
2Φ12；2Φ14

L10(1) 240×350
Φ8@100/150(2)
2Φ12；3Φ16
G2Φ12

下 Lb(1) 240×350
Φ8@100/150(2)
2Φ12；2Φ16
梁底为门顶标高

注：本图中无其他铪梁通过的砖墙上均满布QL(其配筋详结施总说明)。

斜屋顶结构平面布置图 1:100
(6.000~8.400 处)

G-结构	斜屋顶结构平面布置图	结6

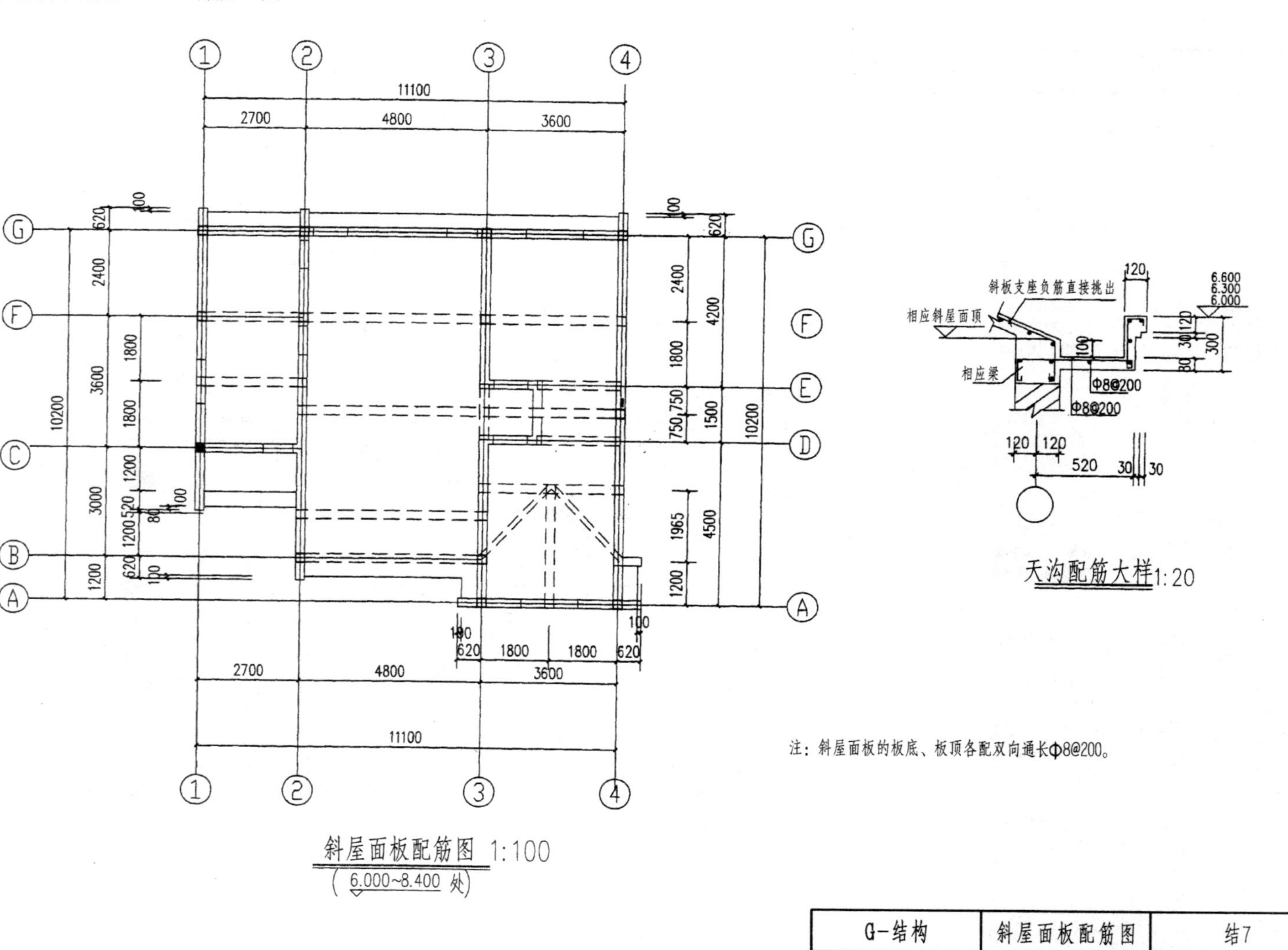

斜屋面板配筋图 1:100

(6.000~8.400 处)

天沟配筋大样1:20

注：斜屋面板的板底、板顶各配双向通长Φ8@200。

G-结构	斜屋面板配筋图	结7

2 J系新农村住宅

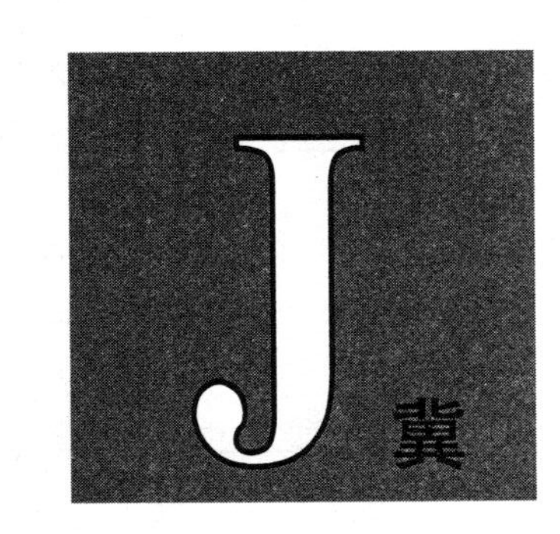

方案设计：河北省保定市建筑设计院　滕云

施工图设计：河北省保定市建筑设计院

建筑施工图设计：滕云、李玮

结构施工图设计：马兴龙

水暖施工图设计：杨雷

电气施工图设计：郭新路

资料提供：滕云

本设计在河北省保定市清苑县冉庄试建落成，交由抗日战争地道战英雄冉庄妇联主任王霞的孙子李红旗居住。荣获中央电视台经济频道《点亮空间——2006全国家居设计电视大赛》银奖。适用于我国华北地区。

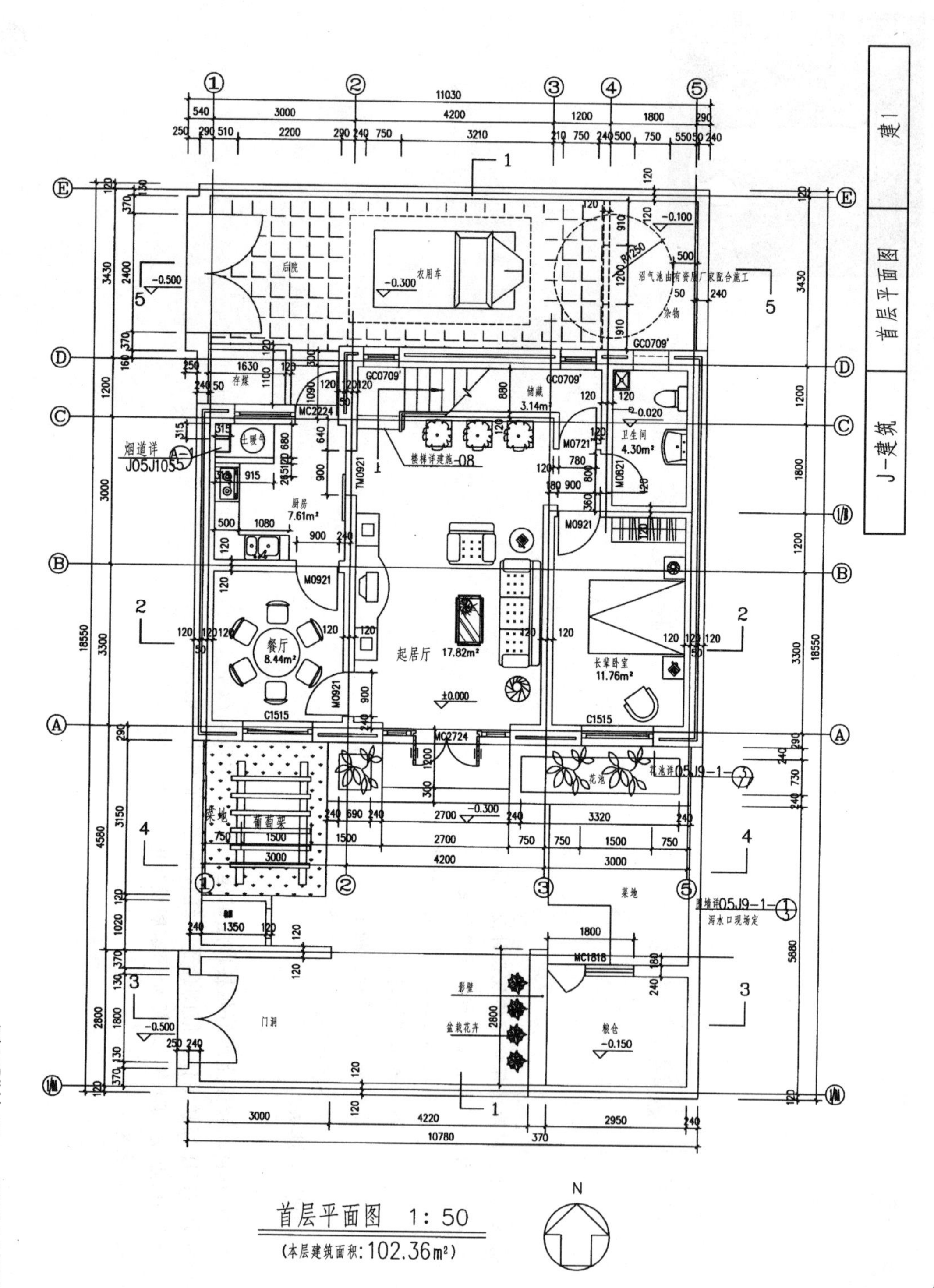

首层平面图 1:50

(本层建筑面积:102.36m²)

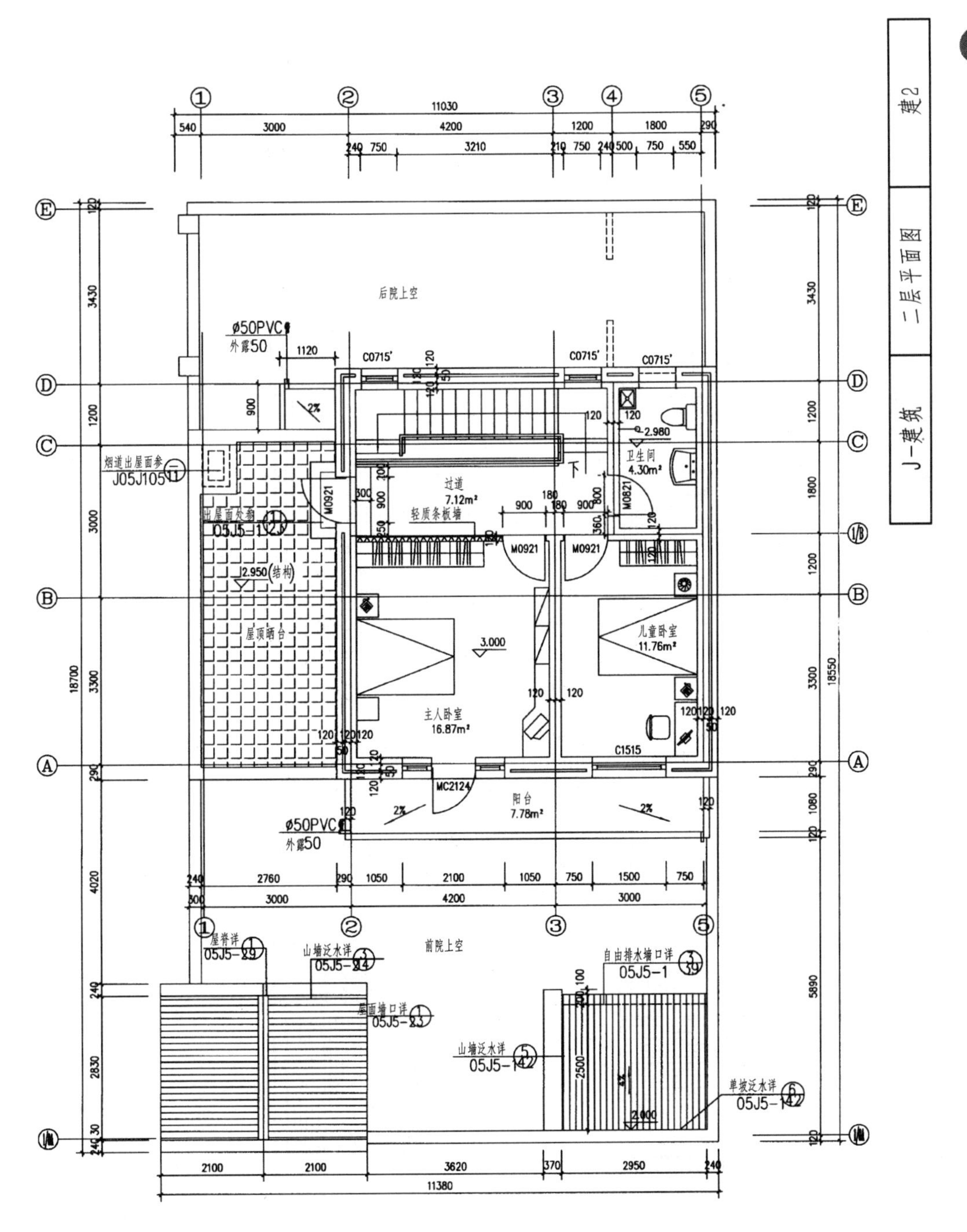

二层平面图 1:50

(本层建筑面积:62.86m²)

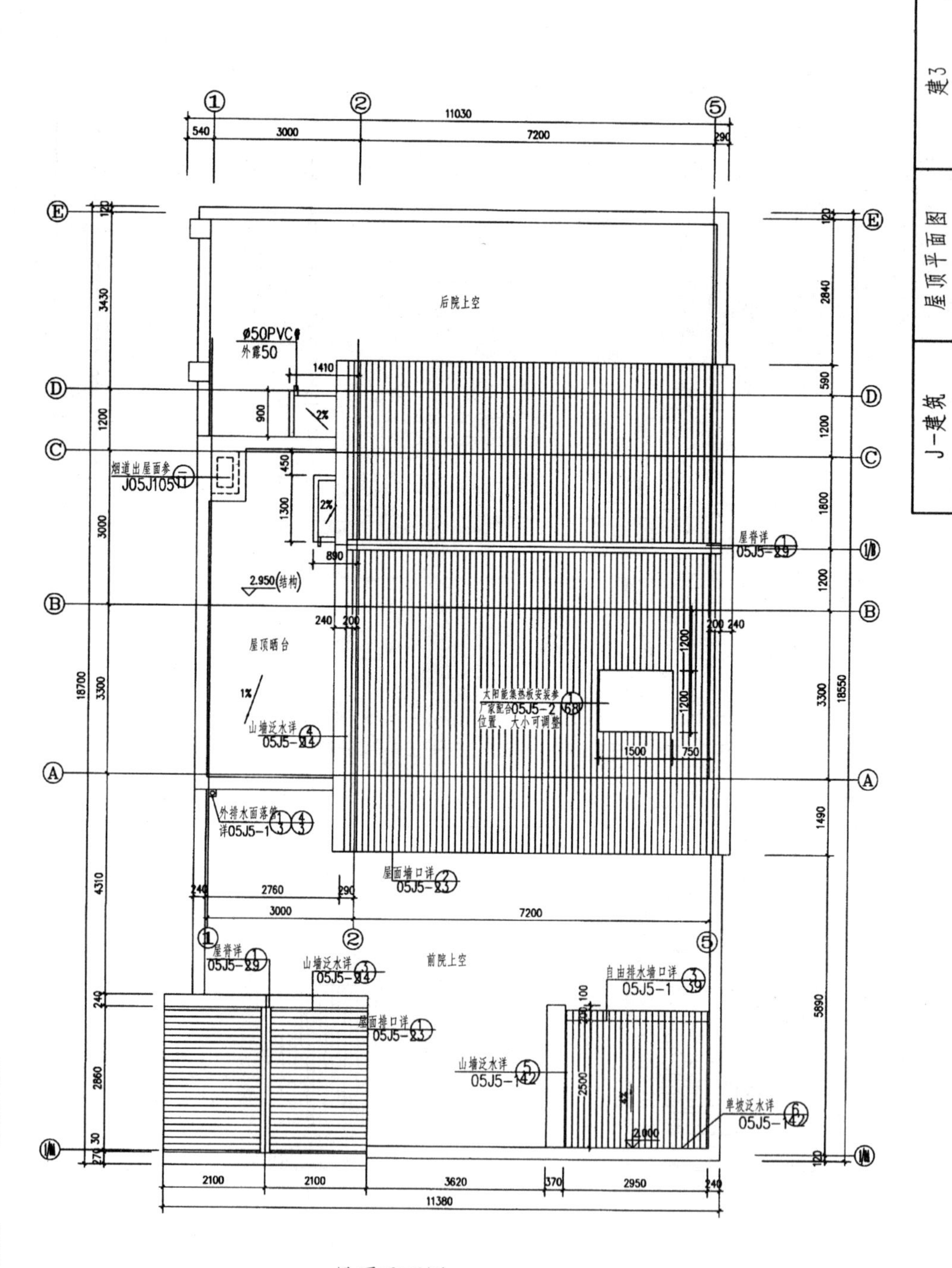
后院上空
ø50PVC管
外露50
烟道出屋面参
J05J105
2.950(结构)
屋顶晒台
山墙泛水详
05J5-24
外排水面落管
详05J5-1
屋脊详
05J5-29
太阳能集热板安装参
厂家配合05J5-2
位置、大小可调整
屋面墙口详
05J5-23
前院上空
自由排水墙口详
05J5-1
屋面排口详
05J5-23
山墙泛水详
05J5-142
单坡泛水详
05J5-142
11030
11380
18700
18550
J-建筑
屋顶平面图
建3

屋顶平面图 1:50

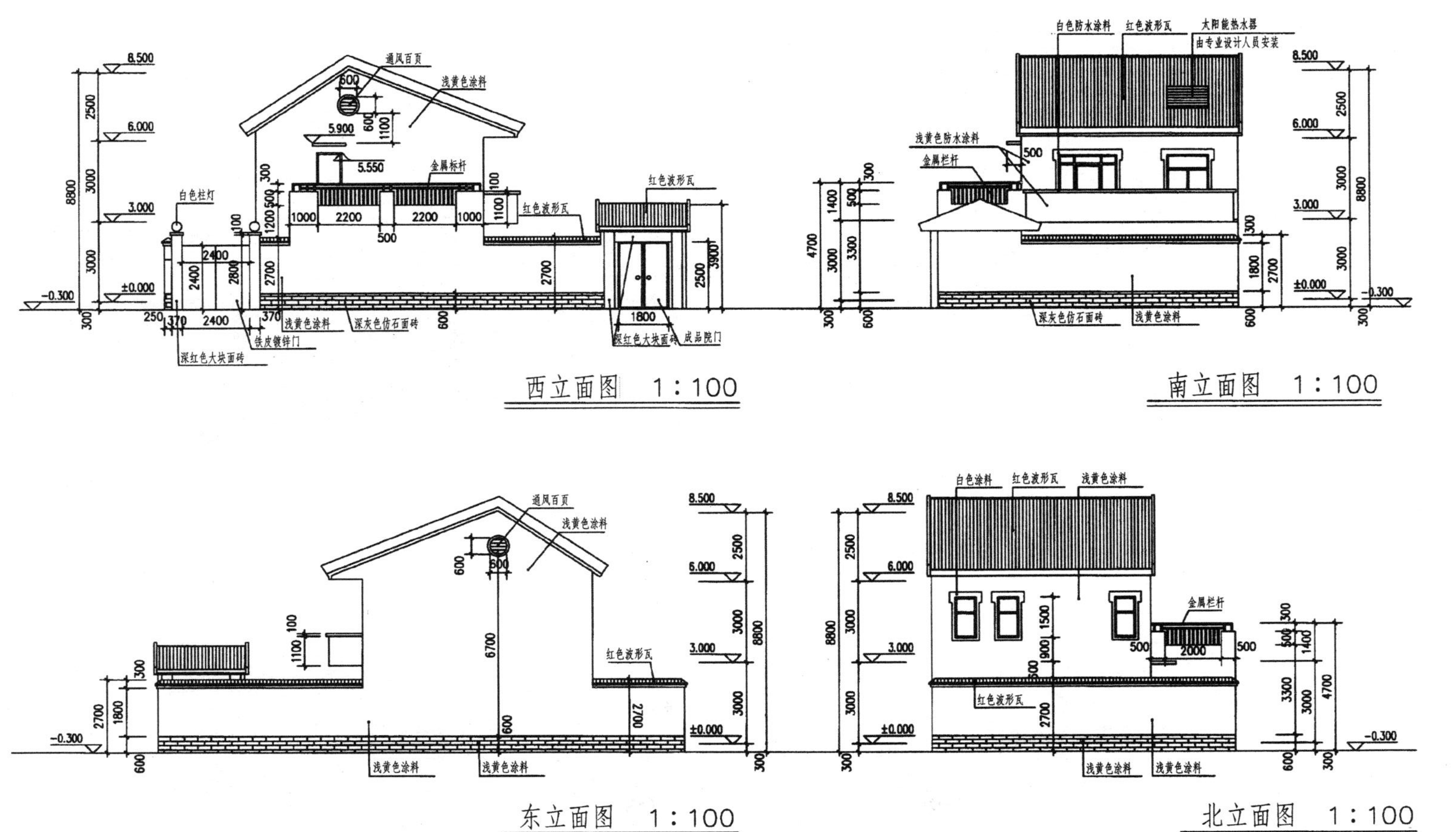

西立面图 1:100

南立面图 1:100

东立面图 1:100

北立面图 1:100

注：1. 主体及院墙外刷防水涂料，深灰色沟缝，同距600。
2. 屋顶晒台的金属栏杆水平间距不超过110。
3. 前后院门按当地传统成品自购。

J-建筑	立面图	建4

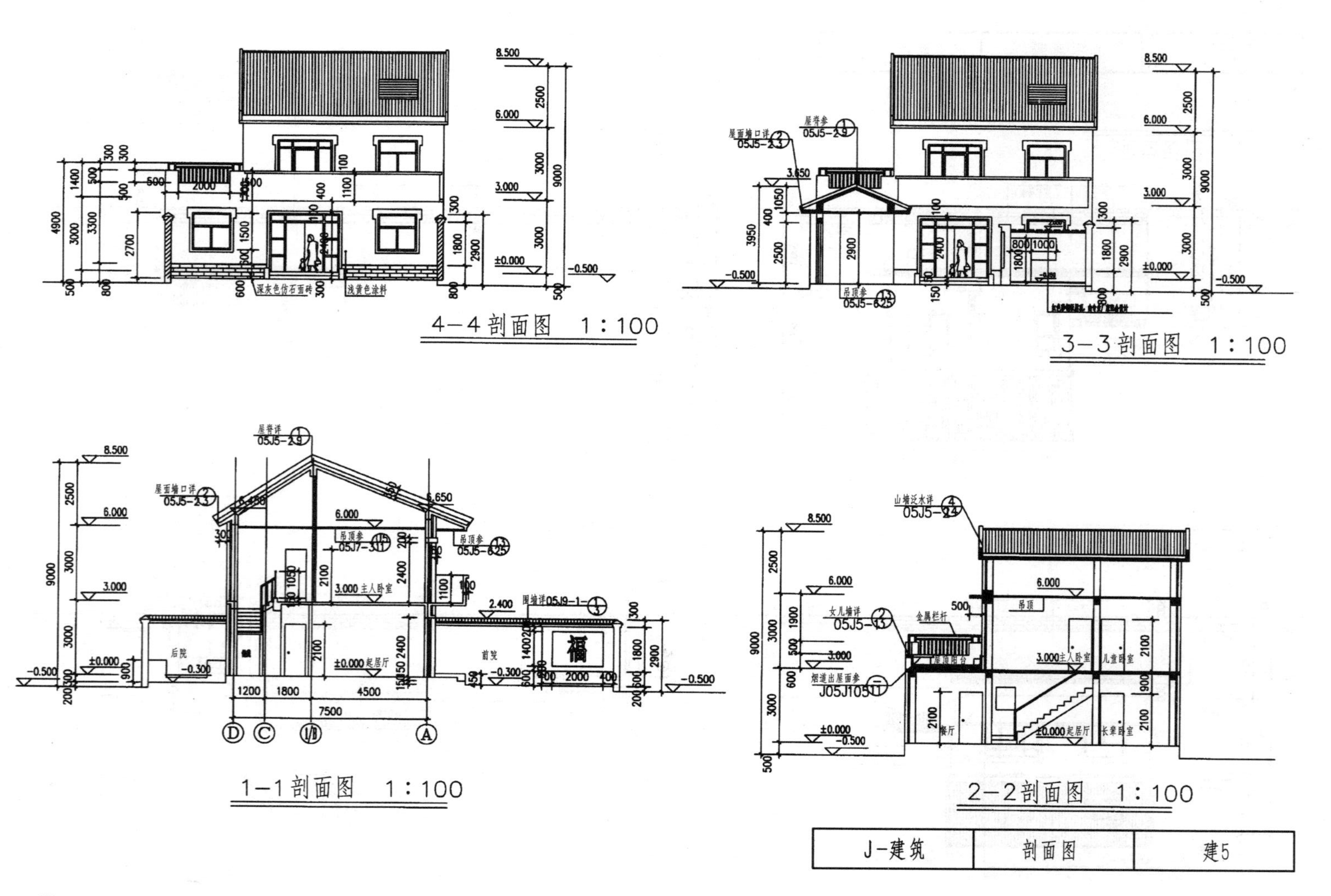
4—4 剖面图　1：100
3—3 剖面图　1：100
1—1 剖面图　1：100
2—2 剖面图　1：100
深灰色仿石面砖
浅黄色涂料
屋面檐口详
05J5-2-3
屋脊参
05J5-2-9
吊顶参
05J5-6-25
屋脊详
05J7-3-11
3.000 主人卧室
±0.000 起居厅
后院
前院
围墙详 05J9-1-
福
山墙泛水详
05J5-2-4
女儿墙详
05J5-13
金属栏杆
吊顶
烟道出屋面参
J05J105-1
屋顶阳台
餐厅
儿童卧室
长辈卧室
8.500
6.000
3.000
±0.000
-0.500
9000
7500
J-建筑
剖面图
建5

5-5剖面图 1:100

MC2724

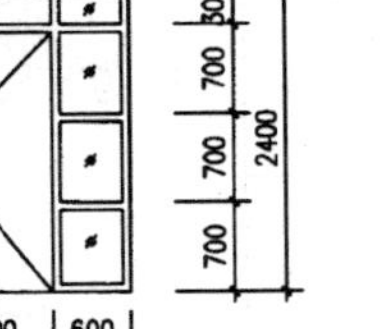

MC2124

门窗表

类型	设计编号	洞口尺寸（mm）	数量			备 注
			首层	二层	合计	
中空玻璃塑钢推拉窗	C1515	1500×1500	2	1	3	详 05J4-1-负 82TC-1515
中空玻璃塑钢平开窗	C0715′	750×1500		3	3	参 05J4-1-负 3-1PC1-0614
	GC0709′	750×900	3		3	参 05J4-1-负 3-1PC1-0609
n	M0721	700×2100	1		1	参 05J4-1-$91PM-0821
	M0821	800×2100	1	1	2	参 05J4-1-$91PM-0821
	M0921	900×2100	3	3	6	详 05J4-1-$91PM-0921
门联窗	MC1818	1800×1800	1		1	参 05J4-1-1Q7MPC1-1821
	MC2124	2100×2400		1	1	详见门窗大样
	MC2224	2200×2400	1		1	参 05J4-1-Q7MPC1-2124
	MC2724	2700×2400	1		1	详见门窗大样
推拉门	TM0921	900×2100	1		1	详 05J4-1-1Q21TM1

注：

1. 表示面积大于$1.5m^2$的窗玻璃或玻璃底边高最终装修面小于800mm的落地窗设置为钢化玻璃。
2. 外窗开启扇处均设纱窗。
3. 门窗分格所标注尺寸按照洞口尺寸，门窗尺寸应按洞口尺寸减去墙面装修相关尺寸，洞口尺寸应以现场度量为准。
4. 在工程预算、招标、备料时，应具体核实门窗表中统计的类型及数量。
5. 前后院门选购成品。

J-建筑	5-5剖面图及门窗表	建6

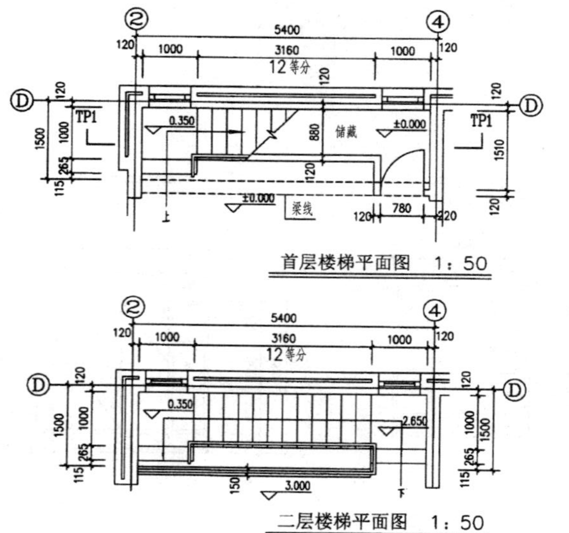

首层楼梯平面图 1：50

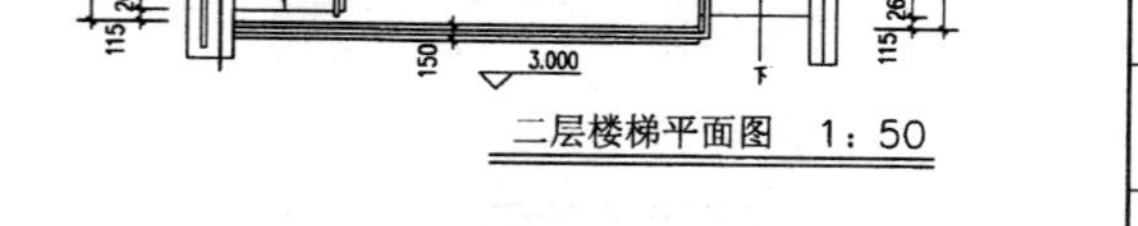

二层楼梯平面图 1：50

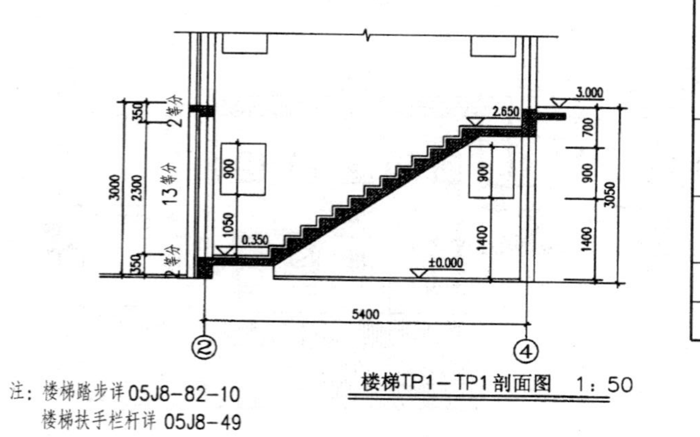

楼梯TP1—TP1剖面图 1：50

注：楼梯踏步详 05J8-82-10
楼梯扶手栏杆详 05J8-49

工程作法

序号	项目	作法编号	面层材料	工程做法
1	屋面	屋-1	保温、不上人坡屋面	05J1-105 页-屋 26(B2-80-F6)，用于主楼坡屋面。
		屋-2	保温、上人平屋面	05J1-94 页-屋 6(B2-85-F6)，用于屋顶晒台。
		屋-3	不保温、不上人坡屋面	05J5-1-38～42 页，用于粮仓屋面。
2	地面	地-1	铺地砖地面(防水)	05J1-14 页-地 52。用于厨房、卫生间。
		地-2	水泥砂浆地面	05J1-12 页-地 1。用于粮仓、储藏、杂物。
		地-3	铺地砖地面(无防水)	05J1-14 页-地 19。用于其他房间。
3	内墙面	内-1	粉刷石膏砂浆墙面	05J1-42 页-内墙 20。用于厨房外其他房间。
		内-2	水泥砂浆墙面	05J1-39 页-内墙 6、7，用于厨房、卫生间。
4	外墙	外-1	涂料外墙面	05J1-51 页-外墙 21。
		外-2	面砖外墙面	05J1-48 页-外墙 12。
5	墙脚	踢-1	地砖踢脚	05J1-61 页-踢 21、23，高 100，用于面砖地面房间。
6	顶棚	顶-1	水泥砂浆顶棚	05J1-67 页-顶 4 用于厨房。
		顶-2	吊顶 1	05J7-3-11 页-U 用于二层卧室及过道。
		顶-3	吊顶 2	05J1-73 页-顶 25，用于卫生间。
		顶-4	混合砂浆顶棚	05J1-67 页-顶 3 用于其他房间。
7	油漆	涂-1	木材面	05J1-77 页-涂 1。
		涂-2	金属面	05J1-80 页-涂 12。
8	墙裙	裙-1	面砖墙裙	05J1-55 页-裙 9，1800 高，用于厨房、卫生间。
9	散水	散-1	混凝土散水	05J1-113 页-散 1，900 宽。
10	台阶	台-1	水泥台阶	05J1-115 页-台。

J-建筑	楼梯图及工程作法	建7

结构设计总说明

一、工程概况

本工程为清苑县冉庄村李红旗住宅楼工程，结构体系为砌体结构，地上两层，一层为厨房、餐厅、客厅。二层为卧室、卫生间。地基采用天然地基，基础型式灰土基础。

二、设计依据

1. 设计规范

建筑结构荷载规范 （GB50009-2004）	建筑工程抗震设防分类标准 （GB50223-2004）
混凝土设计规范 （GB50010－2004）	建筑地基基础设计规范 （GB50007－2002）
建筑抗震设计规范 （GB50011－2001）	物体结构设计规范 （GB50003-2001）
建筑设计可靠度设计统一标准 （GB50068-2001）	
落压灰砂砖砌体结构技术规程 （DB13(J)65-2006）	

2. 其他

河北省建筑结构设计统一技术措施	本工程建筑及设备专业提供的资料
本院建筑结构设计统一技术规定	全国民用建筑工程设计技术措施(结构)
(02系列结构标准设计图集)	

3. 自然条件

基本风压	基本雪压	标准冻深	地面粗糙度类别
0.40kN/m²	0.35kN/m²	0.60#	B

4. 工程地质条件：本工程根据保定九华工程堪察有限责任公司提供的清苑县冉庄村李红旗住宅楼岩土工程勘察报告，工程编号：2006-124，基础以第2层土为排力层。

地基承载力特征值为 fakk = 130kPa，土层分布详见地址报告。

三、结构设计

1. 图中标高以米为单位，其他尺寸以毫米为单位。

2. 建筑场地地基土属不流化土。

3. 本工程结构体系为砌体结构，覆盖为全现浇梁板结构，抗震设防烈度7度。

设计基本地震加速度值为0.10g，设计地震分组为第一组，建筑抗震设防类别为两类，施工质量控制等级为B类。使用年限为50年，建筑结构设计安全等级为二级。

4. 本工程结构重要性系数为1.0，地基基础设计等级为丙级。地面以下的结构混凝土所处环境为二(b)类。其余为一类，二类工程应严格控制混凝土碱集料含量。

5. 楼面设计活荷载

不上人屋面	0.5 kN/m!	楼梯、卫生间	2.5 kN/m!
上人屋面	2.0 kN/m!	卧室、客厅	2.0 kN/m!
屋面板、钢筋混凝土挑檐、雨篷，施工或检修集中荷载(人和小工具的自重)取1.0kN			
楼梯、阳台和上人屋面等的栏杆顶部水平荷载取0.5kN/m			
使用及施工堆料重量不得超过以上值。			

四、主要结构材料

1. 混凝土：基础、圆梁、构造柱、楼板、楼梯均为C20。

2. 钢筋：**Φ**为HPB235，**Φ**为HRB335。

构件：基压灰砂砖(普通实心砖)，防潮层以下应用一等品以上质量等级MU15灰砂砖(实心砖)，有侵蚀性介质的地基土不得在基础和地下砌体中使用灰砂砖。防潮层以上砌体强度MU10。承重墙的砖质量等级应用一等品或优等品。

砂浆：±0.000以下M7.5水泥砂浆，±0.000以上M7.5混合砂浆。

3. 型钢钢板：Q235B。

4. 焊条：E43用于^级钢筋及钢板，E50用于&级钢筋。

5. 受力预埋件的钢筋应采用HPB235级、HRB335级钢筋，严禁采用冷加工钢筋。

6. 钢筋的强度标准应具有不小于95%的保证率。钢筋的强度标准值见规范《GB50010－2002》第4.2.2条。

五、钢筋混凝土结构构造

1. 纵向受力钢筋混凝土保护层

环境类别	楼板、墙		梁		柱	
	? C20	C25～C45	? C20	C25～C45	? C20	C25～C45
一	20	15	30	25	30	30
二(b)	—	25	—	35	—	35

除应符合本表中的规定外，还不应小于受力钢筋的直径，钢筋的保护层不应小于15mm。

2. 受拉钢筋的最小锚固长度

纵向受拉钢筋的最小锚固长度 la(mm)				
钢筋种类	混凝土强度等级			
	C20	C25	C30	C35
HPB235	31d	27d	24d	22d
HRB335	39d	34d	30d	27d
HRB400	46d	40d	36d	33d

注：在任何情况下，锚固长度不得小于250mm，当HRB335，HRB400级钢筋的直径大于25mm时，其锚固长度应乘以修正系数1.1。

对梁类，板类小于25%搭接长度为1.2la；小于50%搭接长度为1.4la。

3. 板

a. 现浇钢筋混凝土楼板的板底钢筋不得在跨中搭接，其在支座的锚固长度为15d，且应伸过梁中心线。板顶钢筋不得在支座搭接，在非支座处板顶钢筋的下弯长度比板厚小15，在边支座的锚固长度为la，见图1。

b. 双向板内主筋短跨在下，长跨在上。

c. 楼板上的孔洞应预留，当洞口尺寸不大于300时，不另加钢筋，板内钢筋洞边绕过，不得截断；当洞口尺寸大于300小于1000时，应在洞边设置附加钢筋，每边附加钢筋截面不小于洞口宽度内被截断的受力钢筋截面总和的一半，且不应少于2**Φ**14，伸入两端支座。

d. 凡板上后砌 120 厚小墙下，均加设钢筋 2 Φ14，伸入两端支座。

e. 板内分布钢筋，凡详图未注明者见下表

板厚(mm)	h < 100	100? h < 120	120? h? 160
板内分布钢筋	ˆ6@200	ˆ6@150	ˆ8@200

4. 梁柱

构造柱和梁及过架应满足《02 系列结构标准设计图集》的要求，并补充说明如下：

a. 构造柱与墙连接处应砌成马牙槎，并应沿墙高每隔 500mm 设拉结钢筋，240 墙设 2ˆ6，370 墙设 3ˆ6，每边伸入墙 1000 或至洞边。

b. 构造位与圆梁连接处。构造位的钢筋应穿过圆梁，保证构造柱纵筋上下贯通，且在距地面上下各 600m 及墙高范围内，柱钢筋加宽为 100mm。

c. 最下部钢筋锚入支座长度≥15d，装上部钢筋锚入支座长度≥40d，架支承长度≥200 主次架梁底标高的同时，次梁底座置于主梁底座之上，并锚入主架内 15d，见图 3。

d. 当圆梁与梁相交时圆梁钢筋锚入梁 35d。

e. 后砌非承重 120 属地沿墙高每 500mm 设 2ˆ6 通长拉结篇与承重接结。

f. 星项女儿墙沿墙高每 500mm 设 2ˆ6 通长拉结篇，且与女儿地小柱接结。

g. 后砌非承重，一般地下无梁加篇见图 4。

h. 过梁遇构造柱政现浇，当为非标准过梁均由高一级跨度同级荷载的过梁减短制作使用。

i. 配电箱上加过梁 SGLA24XX. 3 位置均详见建筑图，若平面间距小于 360，则两洞口上应加一通长过梁。

六、施工要求

1. 悬挑梁、雨篷等梁、板的底模，只有在确保其混凝土完全达到设计强度后，方可拆除。

2. 当梁跨度大于 5m 时，梁底模及梁顶面应起拱，与之相关的梁、板顶面标高随之变动。

3. 当本说明与后续施工图有矛盾时，以后者为准。

4. 本工程施工时，须严格执行国家现行各种施工及验收规范。

5. 本图应与建筑及水、暖、电各专业配合施工，并注意预留楼板及墙上的孔洞。

6. 开挖前应查明地下管网的布设，如有管网应做好保护措施。

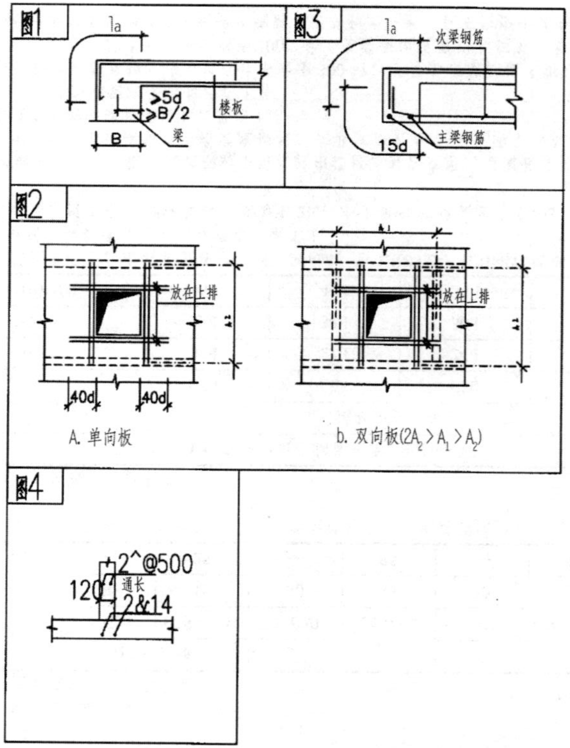

图1

la
>5d
>B/2
楼板
梁
B

图3

la
次梁钢筋
主梁钢筋
15d

图2

放在上排
40d
40d
A. 单向板

放在上排
b. 双向板($2A_2 > A_1 > A_2$)

图4

2ˆ@500
120
通长
2&14

J-结构	结构设计总说明	结1

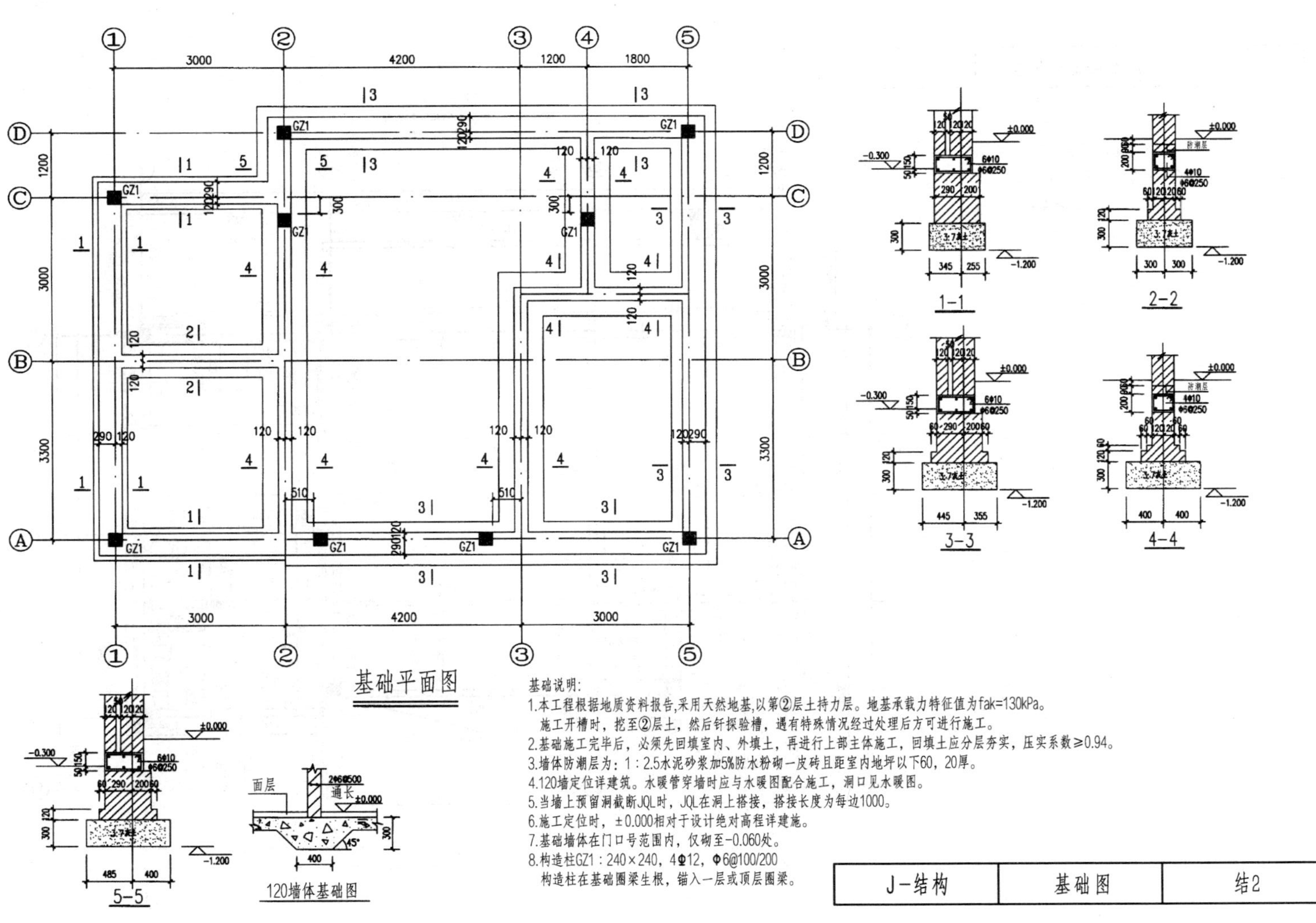

基础说明：

1.本工程根据地质资料报告,采用天然地基,以第②层土持力层。地基承载力特征值为fak=130kPa。
  施工开槽时，挖至②层土，然后钎探验槽，遇有特殊情况经过处理后方可进行施工。
2.基础施工完毕后，必须先回填室内、外填土，再进行上部主体施工，回填土应分层夯实，压实系数≥0.94。
3.墙体防潮层为：1：2.5水泥砂浆加5%防水粉砌一皮砖且距室内地坪以下60，20厚。
4.120墙定位详建筑。水暖管穿墙时应与水暖图配合施工，洞口见水暖图。
5.当墙上预留洞截断JQL时，JQL在洞上搭接，搭接长度为每边1000。
6.施工定位时，±0.000相对于设计绝对高程详建施。
7.基础墙体在门口号范围内，仅砌至-0.060处。
8.构造柱GZ1：240×240，4Φ12，Φ6@100/200
  构造柱在基础圈梁生根，锚入一层或顶层圈梁。

J-结构	基础图	结2

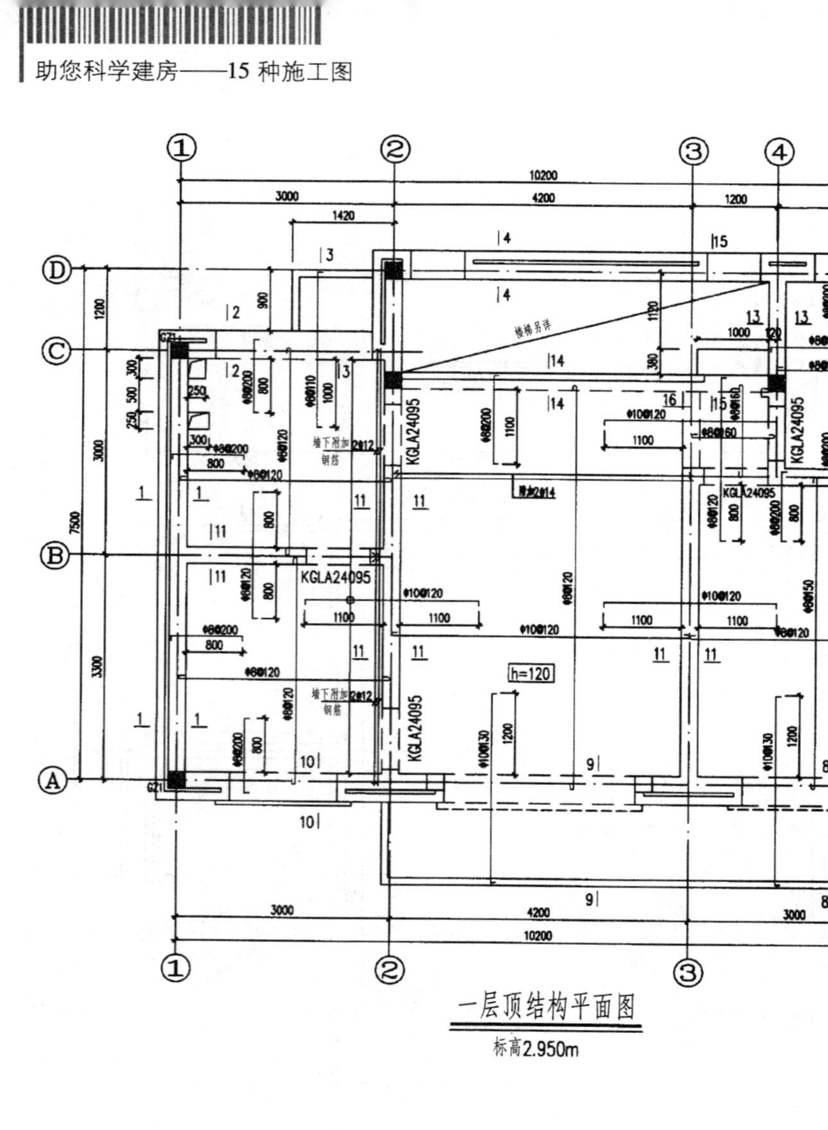

一层顶结构平面图

标高2.950m

说明：

1.本层未注明的板厚为100mm。

2.GZ1:240×240,配筋同一层，顶标高4.100m,其余未注明构造柱详基础图。

J-结构	一层结构平面图	结3-1

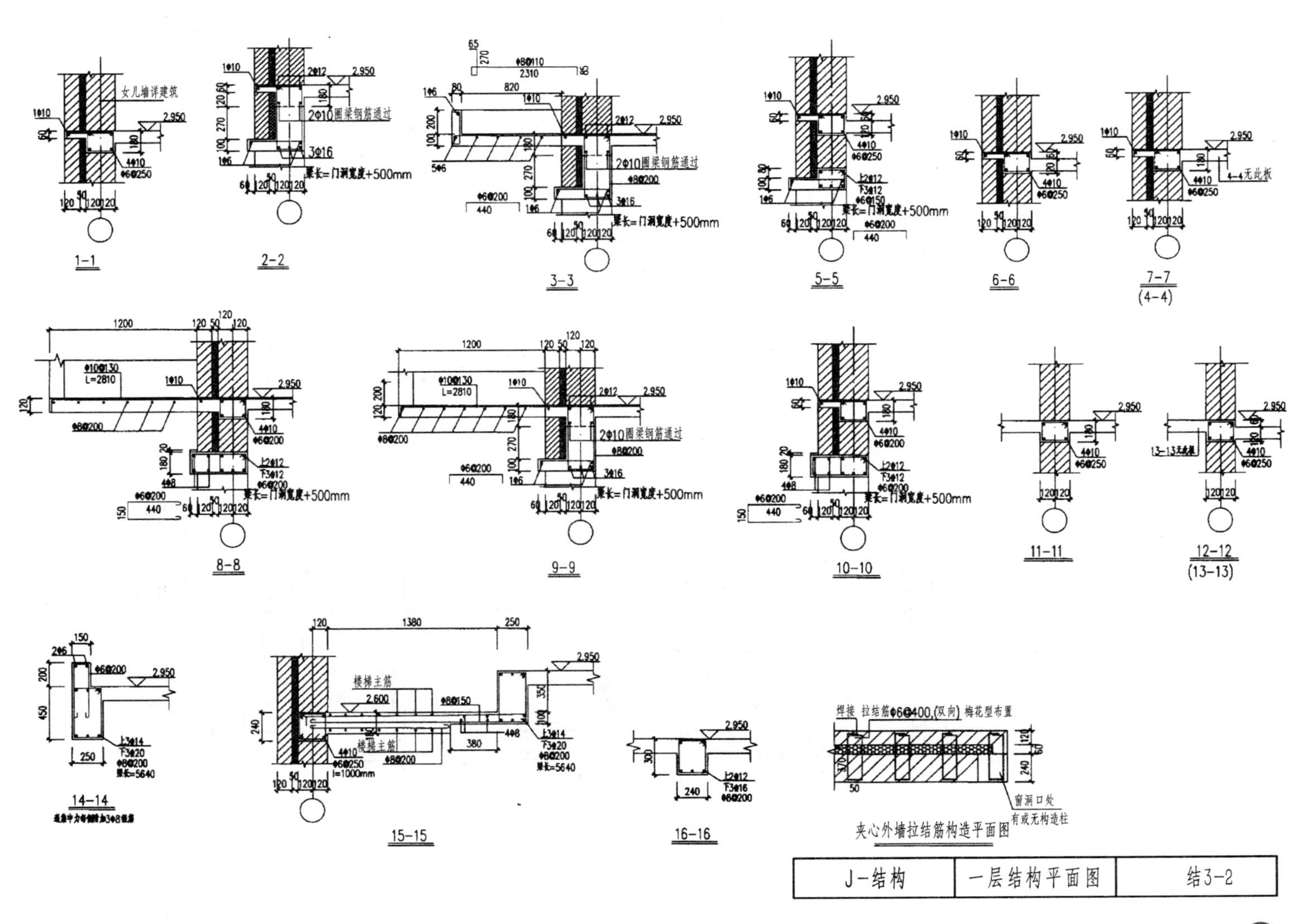

J-结构	一层结构平面图	结3-2

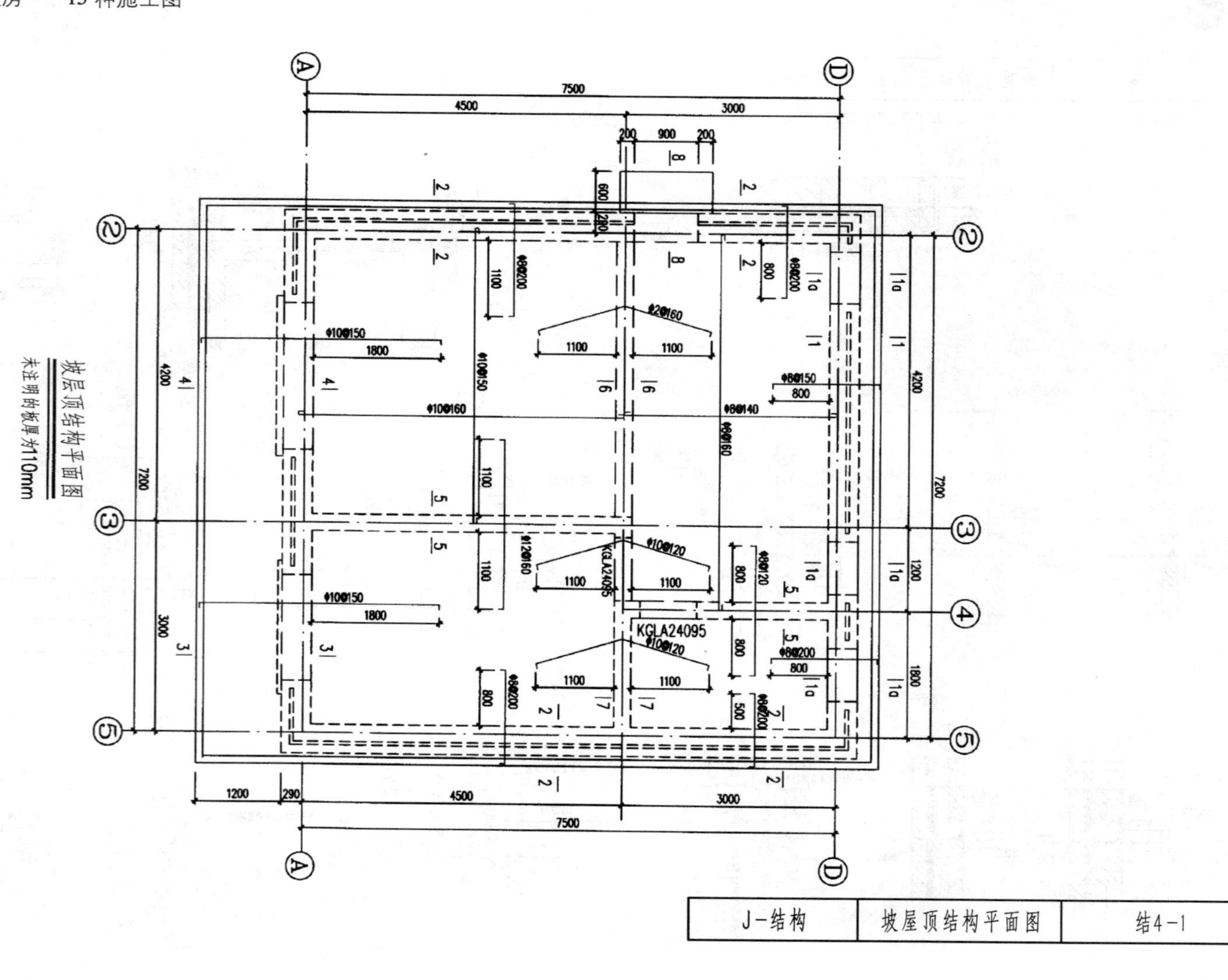

坡层顶结构平面图

未注明的板厚为110mm

J-结构	坡屋顶结构平面图	结4-1

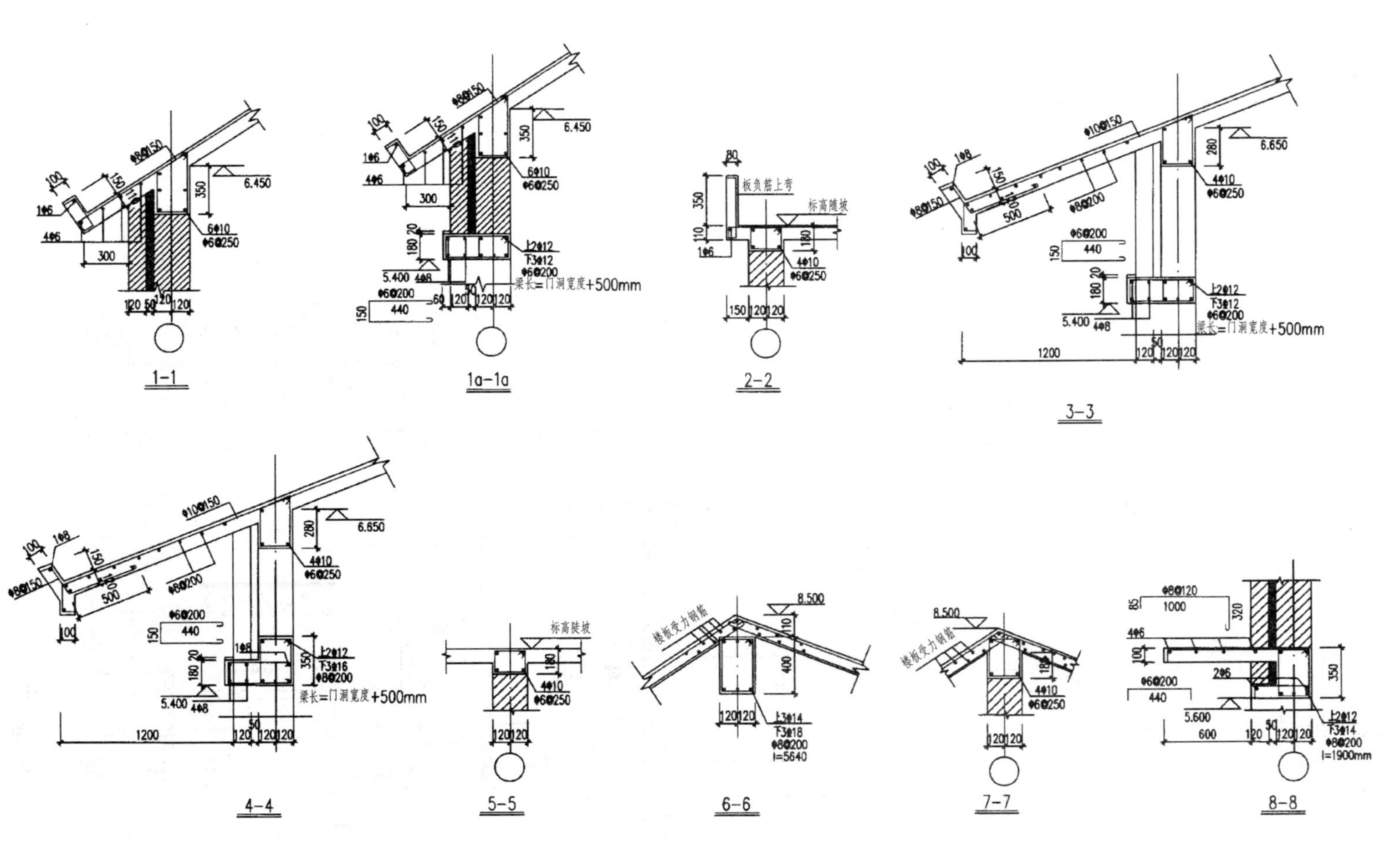
1-1
1a-1a
2-2
3-3
4-4
5-5
6-6
7-7
8-8
板负筋上弯
标高随坡
楼板受力钢筋
梁长=门洞宽度+500mm
J-结构
坡屋顶结构平面图
结4-2

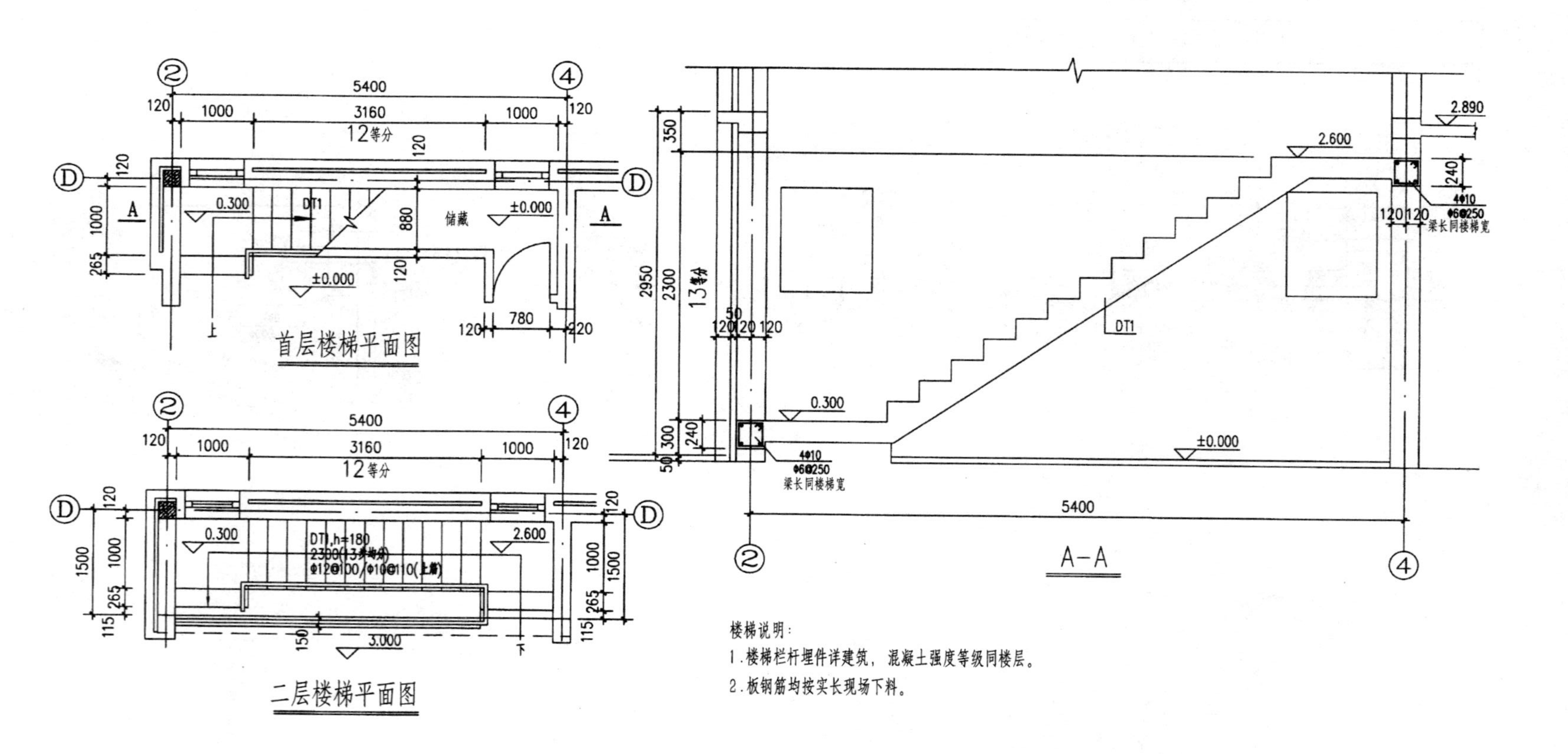

楼梯说明：

1. 楼梯栏杆埋件详建筑，混凝土强度等级同楼层。
2. 板钢筋均按实长现场下料。

J-结构	楼梯图	结5

设计与施工说明

一、设计依据
1. 建设单位提供的设计要求和原始资料。
2. 建筑专业的作业图和其他专业提供的设计资料。
二、设计执行规范
1.《采暖通风与空气调节设计规范》(GB50019-2003)。
2.《建筑给水排水设计规范》(GB50015-2003)。
3.《建筑给水排水及采暖工程施工质量验收规范》(GB50242-2002)。
4.《建筑给排水及塑料管道工程技术规程》DB13(J)23-2002。
5.《住宅设计规范》GB50096-1999(2005 版)。
三、设计内容：采暖设计、给排水设计
四、采暖设计
(一)采暖设计参数
室外设计计算参数：冬季采暖室外计算温度 -9℃。
室内设计温度：卧室、起居室 18℃；餐厅 18℃；卫生间 20℃
(二)采暖系统
1. 本工程采暖为热水采暖，供回水温度 80/60℃，热源为家用燃煤采暖炉。
2. 本工程采暖总耗热量 620.0W。
3. 室内采暖管道布置在一层顶板下，管材采用焊接钢管。
4. 本采暖工程散热器采用铸铁柱散热器，型号 TTZY3-6-6，标准散热量 127W。铸铁散热器均采用无砂工艺制造。
5. 管径 <DN32 的管道上安装的截止阀均为铜截止阀。所有阀门工作压力 >0.8MPa。
6. 除注明外，连接散热器的支管管径同立管管径。连接三通调节阀的旁通管管径均为 DN20。
7. 采暖管道的标高为相对于 ±0.00 的绝对标高。
8. 图中自动排气阀的管径均为 DN15。
(三)通风设计
本工程中卫生间均安装卫生间通风器，用户自理。其余房间利用可开启外窗进行自然通风。
(四)采暖施工说明：
1. 采暖系统所采用的焊接钢管 DN <32 采用丝扣连接。
2. 起居室散热器均挂装，底边距地面 0.200m，其余房间散热器均为足片落地安装。试压合格后散热器刷防锈底漆两遍及色漆两遍，颜色由用户定。
3. 采暖管道穿楼板、砌块墙、剪力墙及穿梁敷设时需预留套管。穿楼板套管应高出地面 20mm(卫生间高出 50mm)，套管直径比穿管管径大 2 号，管子与套管之间用石棉绳填充。所有套管需在土建施工时预留。
4. 管道防腐：采暖普及管道附件(截止阀除外)清污除锈调直后刷防锈漆两道，不保温管道再刷热色漆两道。
5. 管道试压及冲洗：实验压力为 0.6MPa，系统顶点压力不得小于 0.3MPa，10 分钟内压力降不大于 0.02MPa 为合格。散热器实验压力为 0.8MPa，2~3 分钟不渗漏为合格。
6. 除本设计说明外，施工时还应遵守《建筑给水排水及采暖工程施工质量验收规范》GB50242-2002。
六、给排水设计
1. 本工程由村给水管网直接供给，管网供水压力不应小于 0.15MPa。
2. 本工程地面以上排水方式为重力自流式，厕所污水排至室外经化粪池处理后排入村排水管网。
3. 排水立管采用通气管，末端装通气阀。
4. 管材及接口
(1)生活给水管道采用无规聚丙烯(PP-R)塑铝稳态复合管，热熔连接，管材系列号为 S5。PR-R 管的管径应以外径 De 表示，图中管径 DN 为公称直径。公称直径与外径 De 管径对应如下：

管径(mm)	DN15	DN20	DN25	DN32
规格(mm)	De20	De25	De32	De40

(2)污水管用 UPVC 管，黏接，UPVC 管规格如下：

管径(mm)	DN75	DN100	DN150
规格(mm)	DN75	DN110	DN160

5. 阀门及其附件
(1)给水管 DN <50mm 者，采用钢芯截止阀。
(2)地漏水封高度不小于 50mm，地漏箅子采用镀铬制品，地漏箅子表面应低于该处地面 10mm 所有地漏除注明外均为 DN50mm。其他排水设施的水封高度也不小于 50mm。
(3)所有阀门及附件应根据管径大小和所承受的压力选用。给水管材及附件器满足卫生要求。
6. 卫生器具
由业主确定，其五金配件应符合国家或部级现行标准的技术质量鉴定文件，并应属节水型产品。
7. 管道敷设
(1)给水管穿混凝土墙和楼板时应设套管，套管内径应比管子外径大 10mm，穿卫生间楼板时下面与楼板齐，上面比建筑地面高 50mm，管间空隙用防水油膏填平。
(2)排水立管检查口距地面(或楼板面)1.0m。
(3)所有管道穿混凝土楼板、墙、梁、水池及安装在墙槽内的管道施工时应与土建密切配合。
8. 管道试压
各种管道根据系统进行水压试验。
(1)生活给水管，其试验压力为 0.60MPa，系统按照 GB50242-2002 的要求试压。
(2)隐蔽或埋地的生活污水管在隐蔽前必须做灌水实验，其灌水高度应不低于底层卫生器具上的边缘。检验方法：满水 15 分钟水面下降后，再灌满观察 5 分钟，液面不降，管道及接口无渗漏为合格。
9. 给水管道入户阀门井内加设水表及关断阀门。
10. 敷设在吊顶内的生活给水管、生活热水道做 20mm 的橡塑保温。
七、其他
1. 图中所注尺寸，除标高以米计外，其余均以毫米计。
2. 本图所注管道标高：给水管道指管中心，污水、雨水等重力流管道指管内底。本工程管道标高为相对于室内 ±0.000 而定，室内外高差为 0.300m。
3. 卫生设备安装应以到货尺寸为准，本图及《国标》仅供安装管道时参考。
脸盆安装详 05S1/37，拖布池安装详 05S1/2，
管道保温做法详 05S8/27，坐便器安装见 05S1/114，
U-PVC 排水塑料管伸缩节安装详 05S1/312、313，
U-PVC 排水塑料管防火套管及阻火圈安装详 05S1/317、318，
U-PVC 排水塑料管穿楼板、屋面板、混凝土内外墙做法详 05S1/314、316。

图例

图例	名称	图例	名称
	采暖供水管		生活给水管
	采暖回水管		生活污水管
DY	采暖定压管		生活热水管
i=xxxx	管道坡度及坡向		地漏
	水路自动排气阀		立管检查口
	截止阀		地面清扫口
	进水丝堵　进水阀		给水立管
Dxx　DWxx	水管公称直径		污水立管
	散热器		生活水进户管
	三通调节阀		生活污水出户管
			水龙头
			角阀

J-水暖	设计与施工说明	水暖1

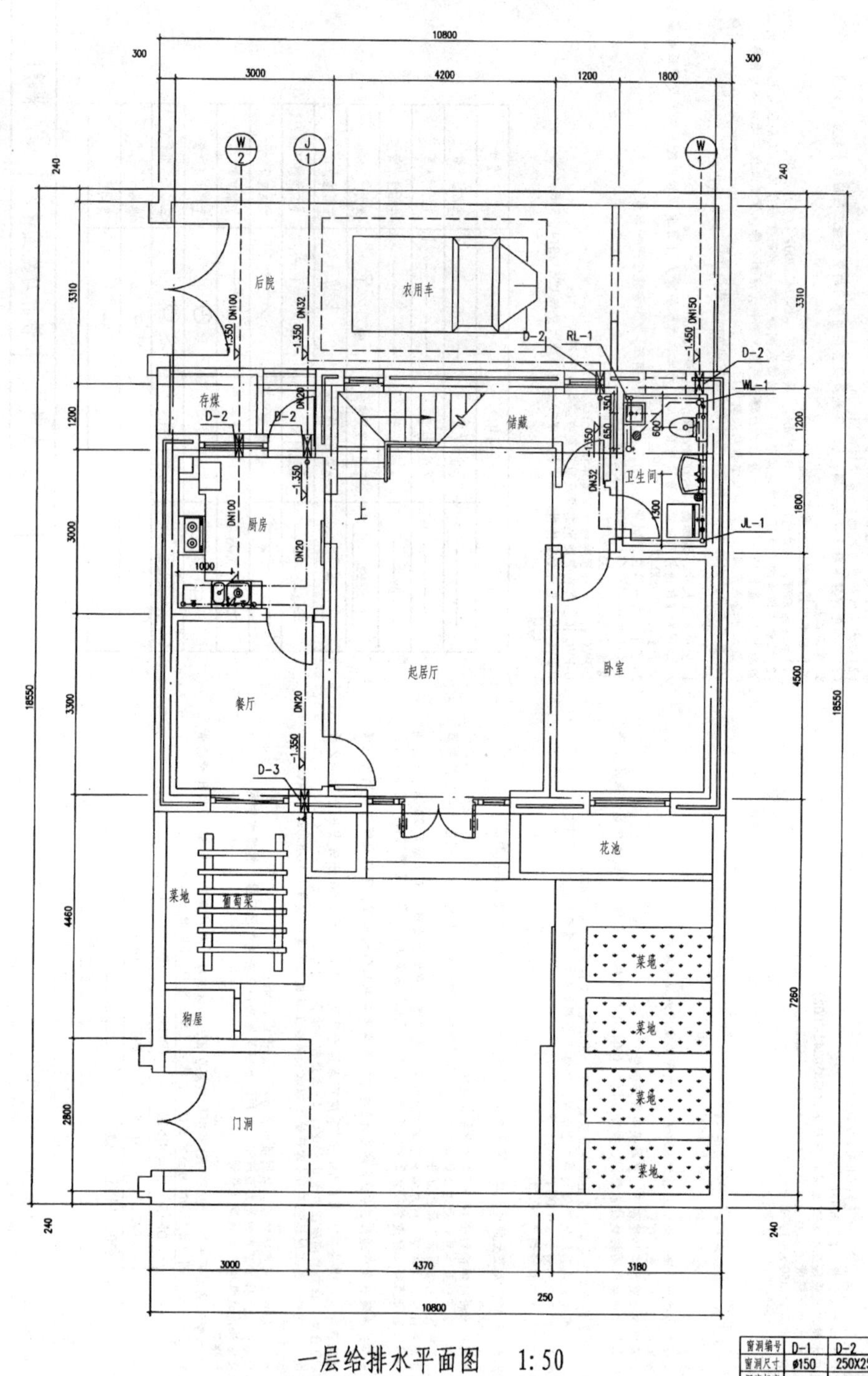

一层给排水平面图　1:50

窗洞编号	D-1	D-2	D-3
窗洞尺寸	ø150	250X250	ø100
洞底标高		-1.450	
洞中标高	5.600		-0.500

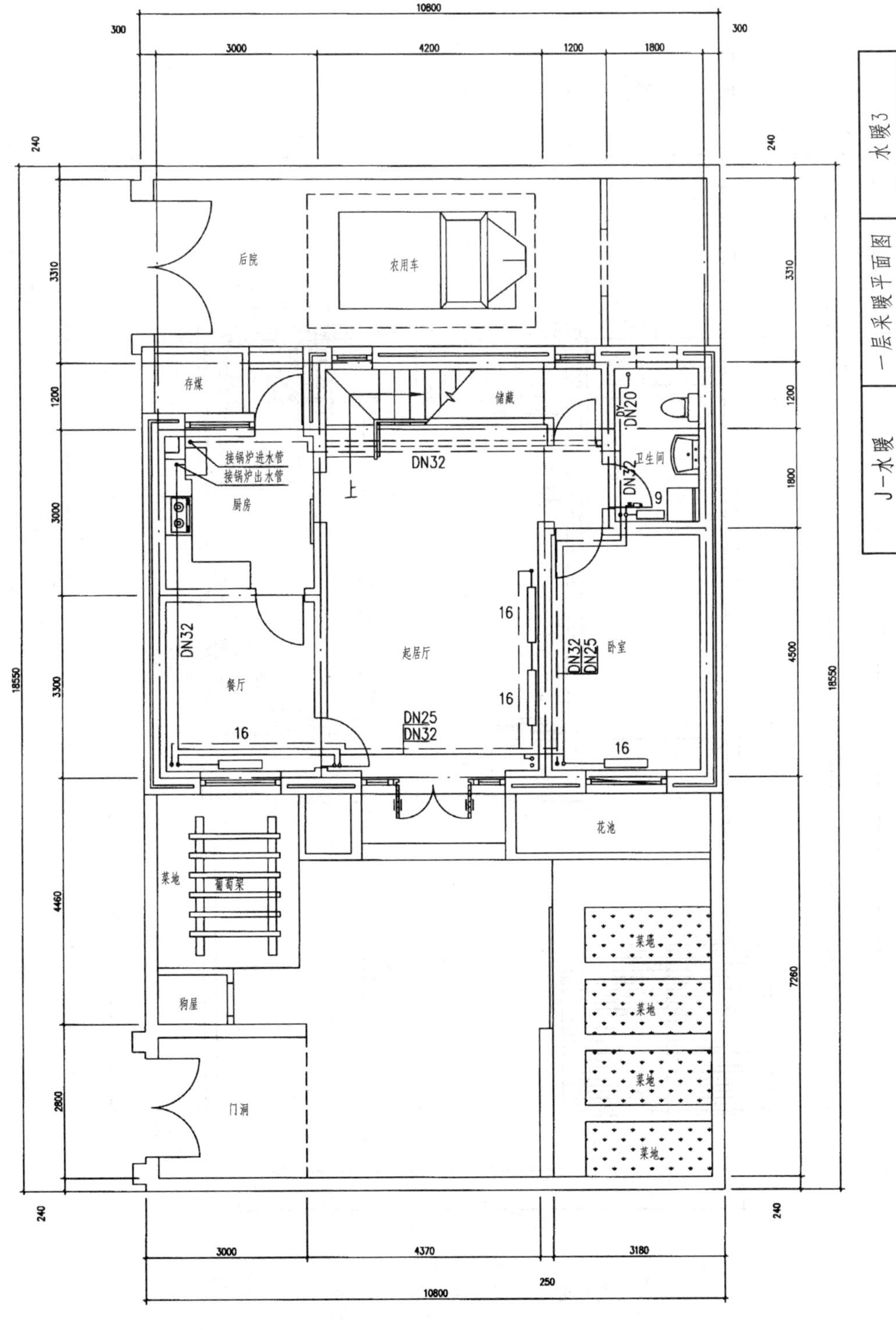

J-水暖	一层采暖平面图	水暖3

一层采暖平面图 1:50

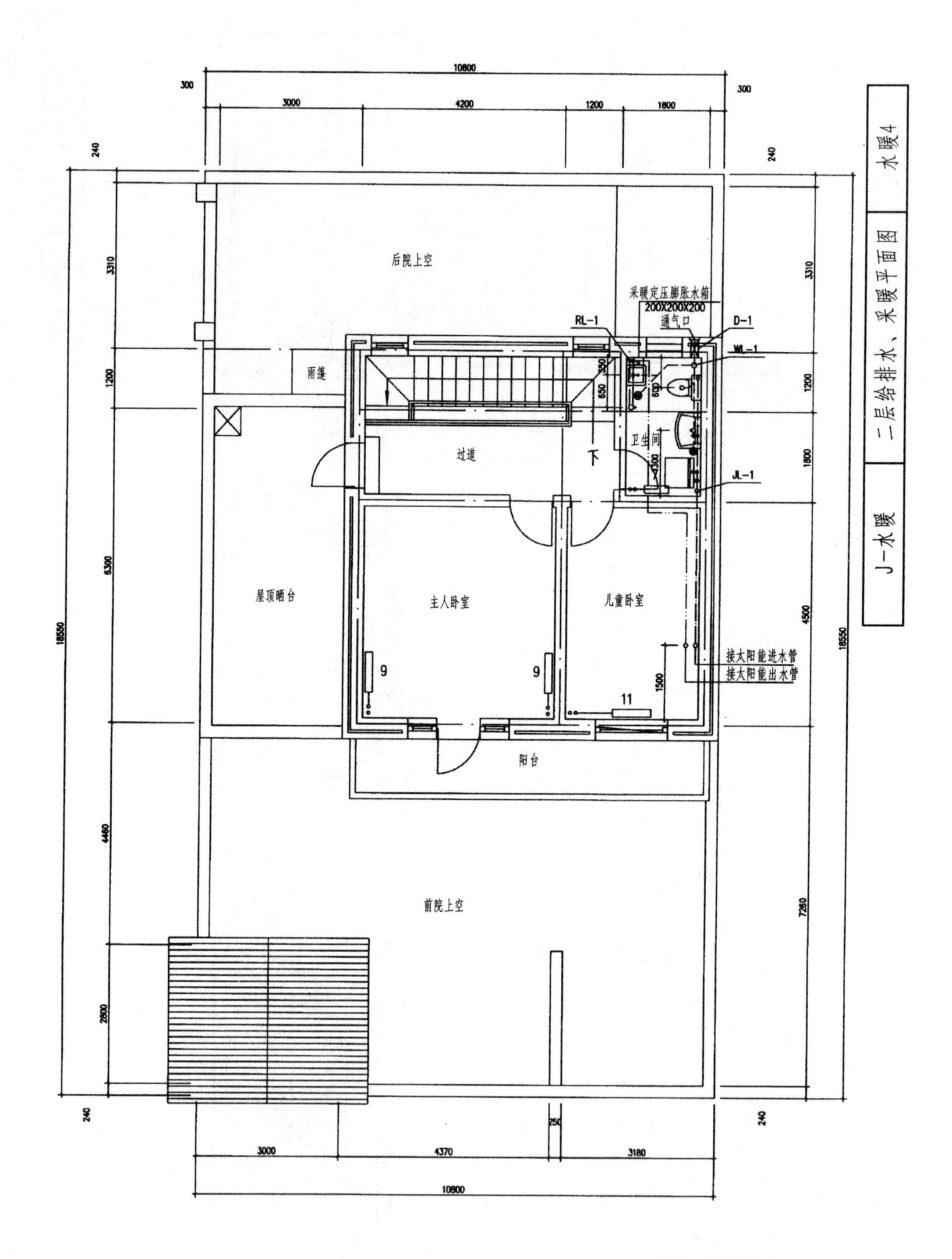

二层给排水、采暖平面图　1:50

窗洞编号	D-1	D-2
窗洞尺寸	ø150	250X250
洞底标高		-1450
洞中标高	5.600	

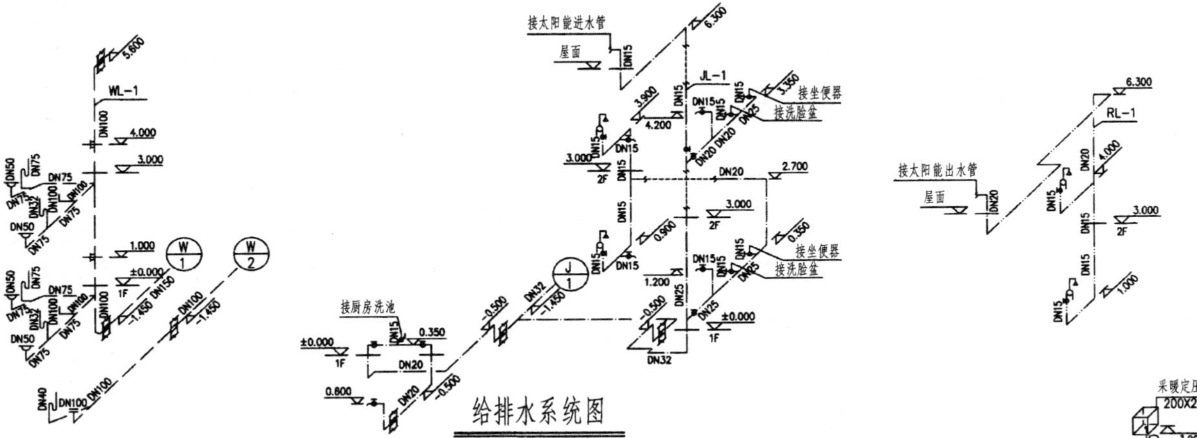

给排水系统图

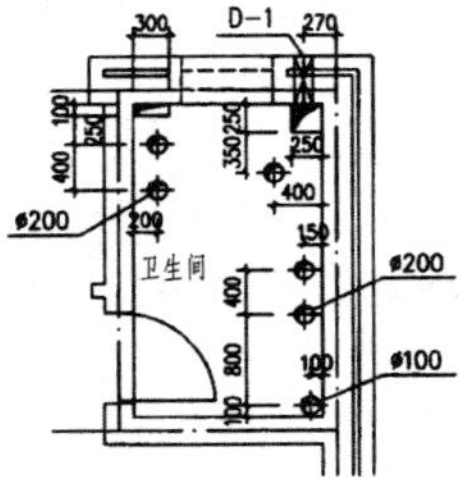

二层卫生间楼板预留洞图 1:50

注：图中孔洞除注明外均为 ø150.

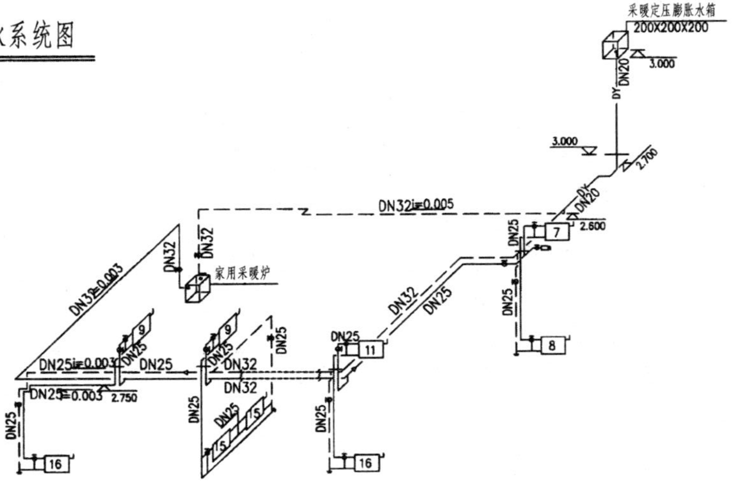

采暖系统图

J-水暖	给排水、采暖系统图	水暖5

电气设计说明

一、建筑概况：本工程为河北省油苑县冉庄村的新农村住宅。
二、设计标准
1.《建筑照明设计标准》GB50023-2004。
2.《民用建筑电气设计规范》JGJ/T16-92。
3.《住宅设计规范》GB50096-1999。(2003 年版)
4.《住宅建筑规范》GB50368-2005。
5.《供配电系统设计规范》GB50052-95。
6.《低压配电设计规范》GB50054-95。
7.《建筑物电子信息系统防范与技术规范》GB50343-2004。
8.《有线电视系统工程规范技术》GB50200-94。
9. 其他有关国家及地方现行规程、规范。
10. 建筑专业提供的作业图及各专业提供的设计资料。
三、设计范围
强电部分：
1. 照明。 2. 建筑总等电位联结及局部等电位联结。
弱电部分：
1. 有线电视系统。 2. 电话系统。
四、供配电设计
1. 本工程供电电压为 220V。
2. 单相二线制供电，电源由室外架空引入，低压架空引入线高度为 3.0m，安装作法见《05D5》P2～4。
3. 低压配电的接地型式为：TN-C-S 系统。
4. 电表架设在户外便于查表的位置，用户配电箱设在户内，各户的照明、插座分回路供电。
5. 照明、插座分别由不同的支路供电，照明为单相二线，TV-2×2.5mm²，插座为单相三流，TV-3×2.5mm²，平面图中不再标注，照明分支线路均穿于结构板内或墙内。插座线路均暗藏于地板内。所有插座回路均设溺电断路器保护，溺电电流均为 30mA。其余未注明的管线均按 PC16，2×2.5，PC20，3×2.5，PC25，4×2.5 架设。
6. 高度低于 2.4m 的灯具，均增加一根保护接地线，平面图及系统图中不再标注，请施工时注意。
7. 本工程除进户管选用 PC 管外，其余的配管适用聚氯乙烯硬质电线管(PVC)。
8. 进入灯头盒的线管，不应超过 4 根。
六、接地系统
1. 本工程采用总等电位联结，端子板由钢板制成，应将建筑物内保护干线、设备进户总管、建筑物金属构件进行联结。总等电位联结线采用 -40×4 镀锌扁钢。总等电位联结均采用各种型号的等电位卡子，不允许在管道上焊接。总等电位联结的作法详《05D10》-136。
2. 凡正常不带电，而当绝缘破坏有可能呈现电压的一切电气设备金属外壳，均应可靠接地。
3. 在每个带淋浴的卫生间的结构墙上或附近的结构墙上设置 EB 局部等电位端子箱，-25×4 镀锌扁钢作为卫生间局部等电位联结的接地引下线，引下线下端与接地网焊接。端子箱底边距地 0.3m，卫生间局部等电位联结的作法详《05D10》-133，平面位置见电气圈。
4. 本工程所有镀锌扁钢均采用热镀锌工艺。
5. 本工程接地电阻 R<4 欧姆。
6. 外墙引下线距地 0.5m 处作接地测试板。
七、有线电视系统，电话系统
1. 有线电视系统：本工程只做预埋管及预留箱位，电缆入户做保护接地。电视出线口底距地均为 0.3m。暗装。
2. 电话系统：本工程只做预埋管及预留箱位，电缆入户做保护接地。电话出线口底距地为 0.3m。暗装。

电话系统图
RC25 电话进户管
T 暗装 300X300 (宽X高)
RVS-2X0.5 PVC16 TP RVS-2X0.5 PVC16 TP RVS-2X0.5 PVC16 TP RVS-2X0.5 PVC16 TP

有线电视系统图
RC25 有线电视进户管
TV 暗装 300X300 (宽X高)
SYV-75-5 PVC16 TV SYV-75-5 PVC16 TV

供电系统图
RC25 进户线由供电局定
AW 暗装 300X500 (宽X高)
单相表 电表型号及规格由供电局定 Wh
C65N-C25/1P
C65H-C20/1P
PRD40KA/2P275 SPD
BV-3X6 PVC20
AL 暗装 300X300 (宽X高)
C65N-C25/2P
Pe=4KW
Kx=1
cosø=0.9
Ij=20.2A
C65N-C16/1P BV-2X2.5 PVC16 ① 灯
DPN VIGI C16/1P+N Id=30mA BV-3X2.5 PVC16 ② 普通插座
DPN VIGI C16/1P+N Id=30mA BV-3X2.5 PVC16 ③ 卫生间插座
DPN VIGI C16/1P+N Id=30mA BV-3X2.5 PVC16 ④ 厨房插座
C65N-C16/1P ⑤ 备用

图例及主要设备材料表

符号	意义	备注
→	进户线	架空引入，做法见<<05D5>>P2~4
	照明配电箱	铁制，暗装，底板距地1.5m
	电表箱	铁制，暗装，底板距地2.2m
	电话细线箱	铁制，暗装，底板距地1.5m
	电视前端箱	铁制，暗装，底板距地1.5m
	半圆吸顶灯	1X32W，吸顶安装
○	节能灯	1X32W，吸顶安装
⊗	瓷灯座灯口	1X32W，吸顶安装
	壁灯	1X32W，壁装，距地2.5m
◎	球形灯(防雨型)	1X32W，门梁上安装
	暗装单二三联单控开关	250V-10A，暗装，距地1.3m
	两控单极开关	250V-10A，暗装，距地1.3m
	单相二、三极双联插座	250V-10A，暗装，距地0.3m(安全型)
	单相二、三极双联插座(防潮防溅型)	250V-16A，暗装，距地1.5m(安全型)
	电话插座	暗装距地0.3m
	有线电视插座	暗装距地0.3m
	引向符号	
	引向符号	
	总等电位联结箱	明装距地0.3m(500x300x150)mm
	局部等电位联结箱	暗装距地0.3m(250x150x100)mm
⊙	接地测试点	(图集) 05D10-P31

J-电气	电气设计说明及供电系统图	电1

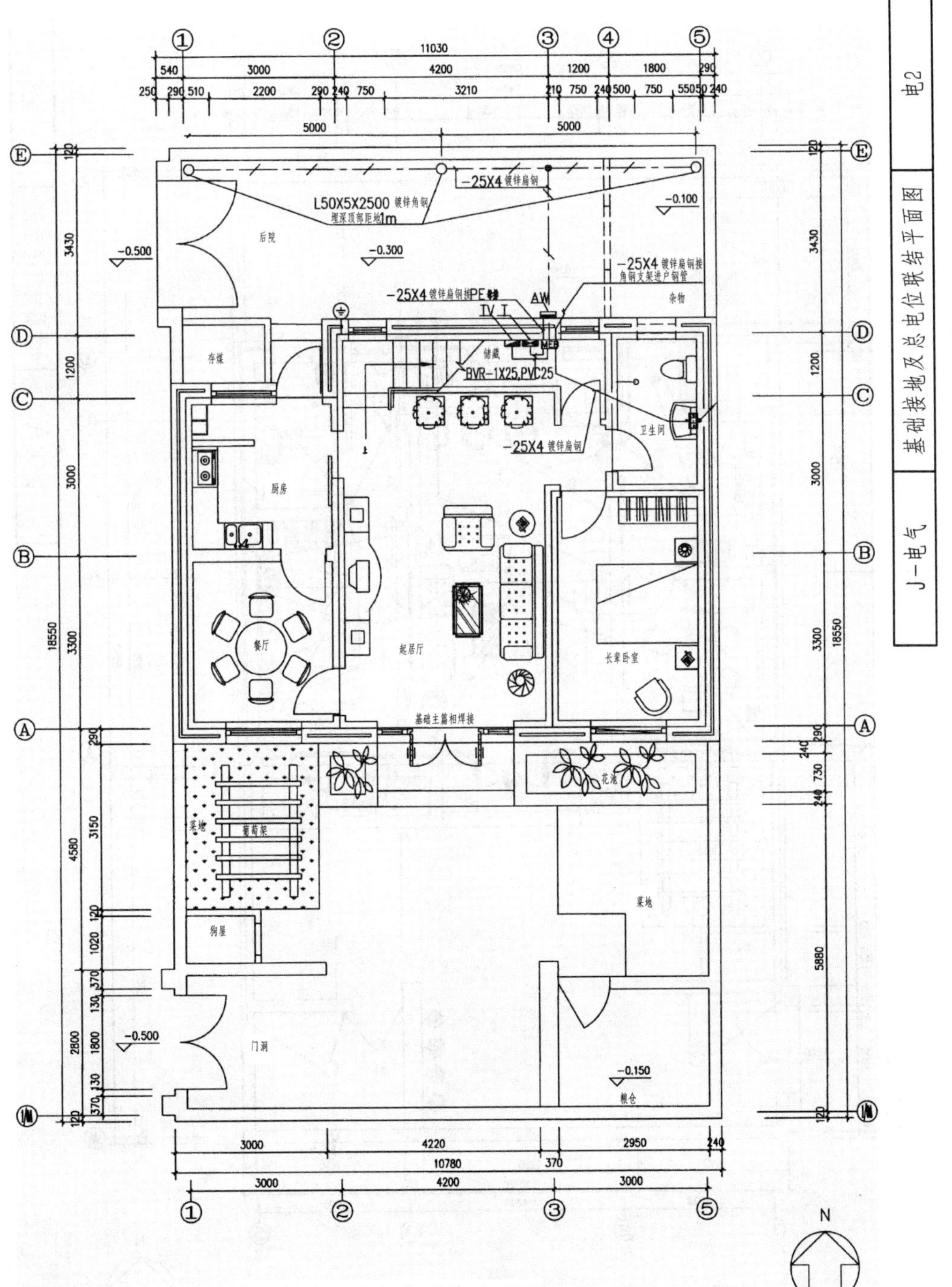

基础接地及总电位联结平面图 1：50

（本层建筑面积：83.53 平方米）

J-电气	首层电气平面图	电3

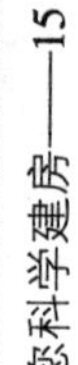

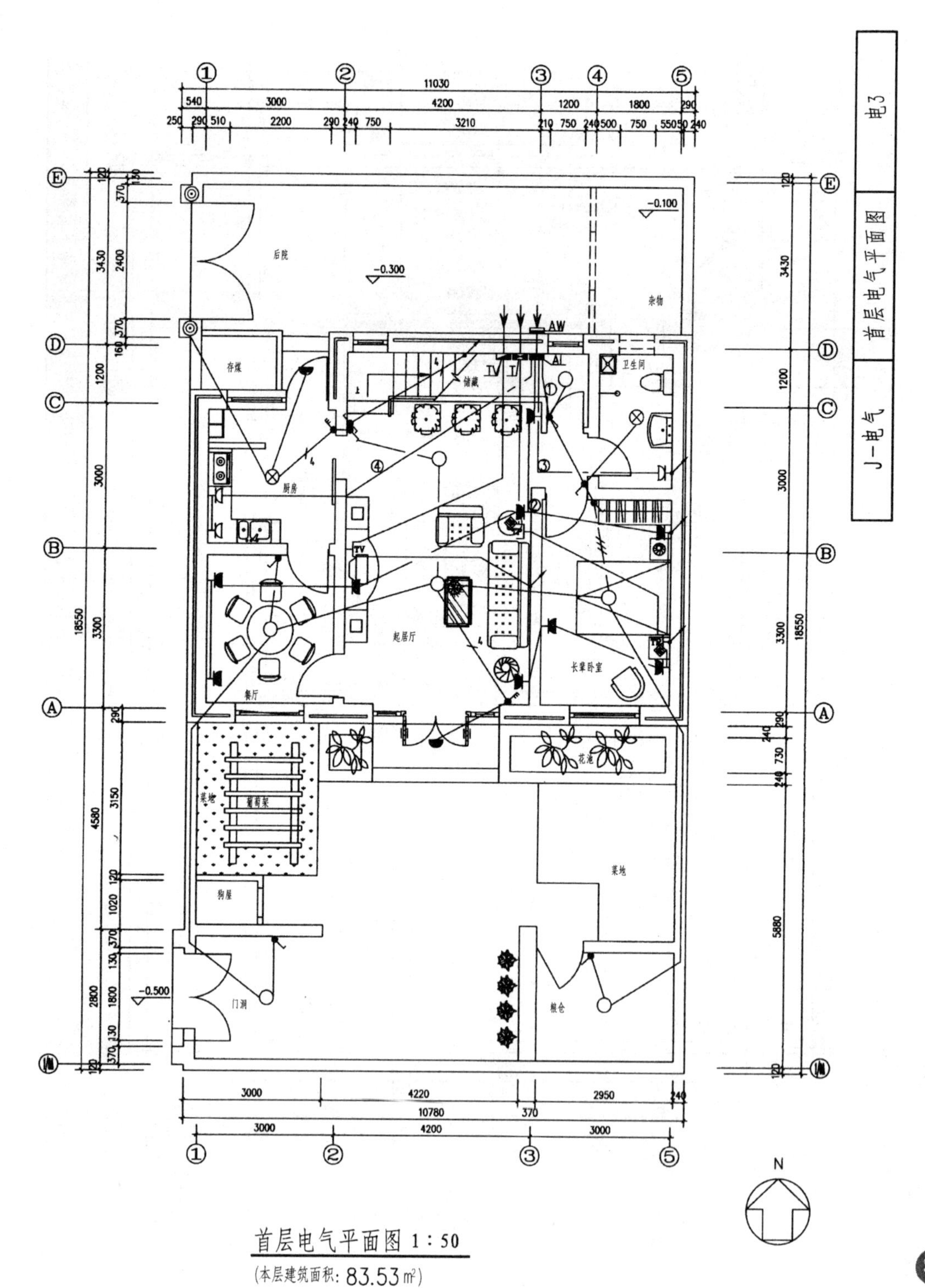

首层电气平面图 1：50

(本层建筑面积：83.53㎡)

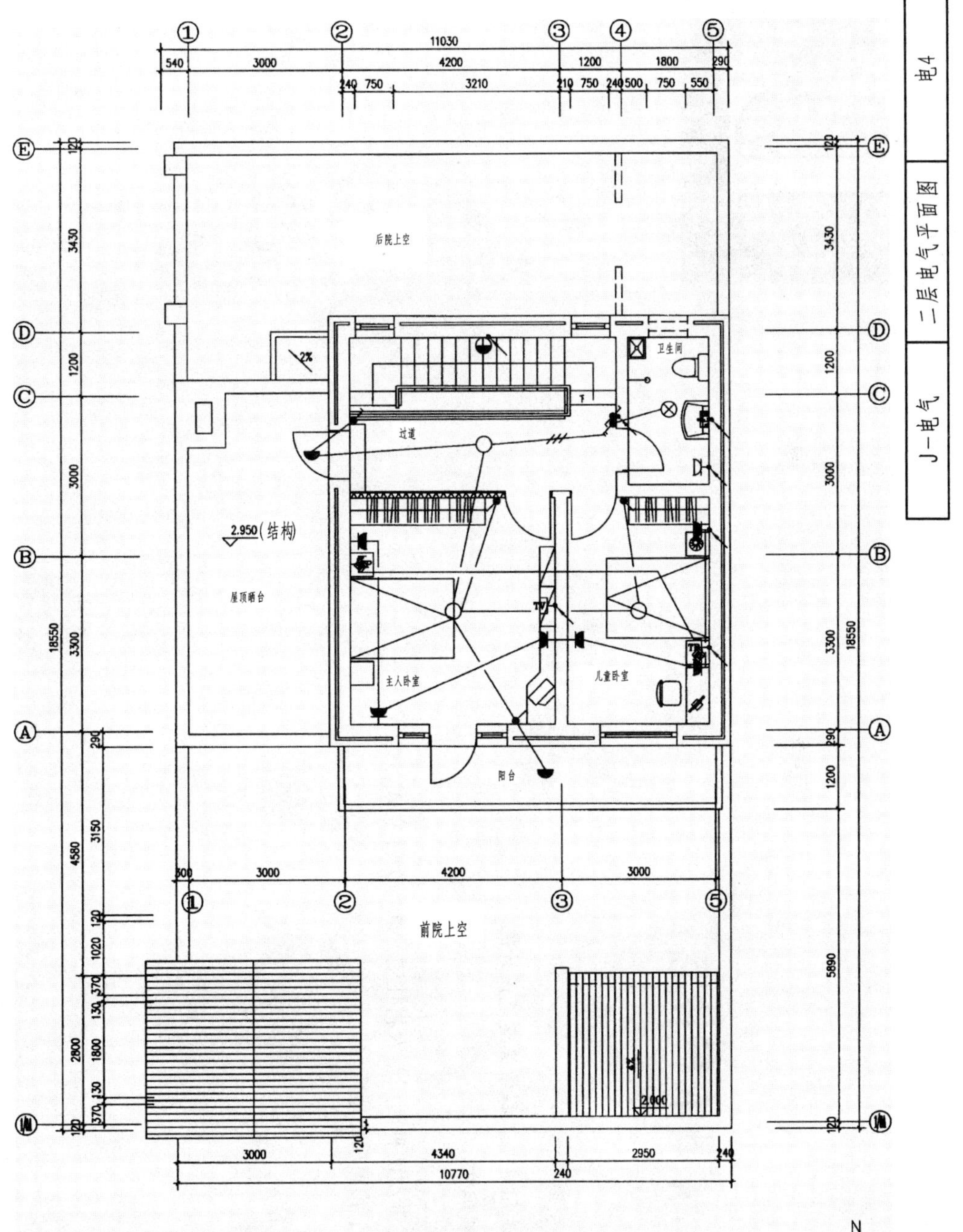

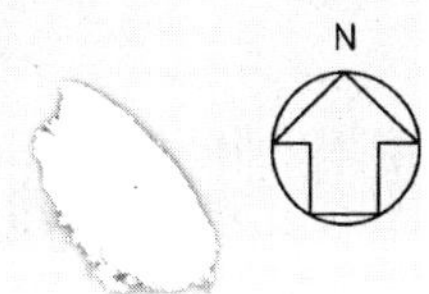

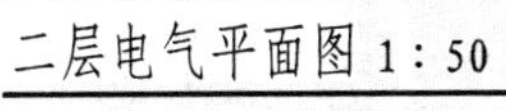
二层电气平面图 1：50

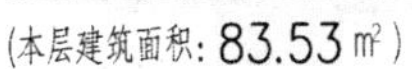
(本层建筑面积：83.53㎡)

3 L系新农村住宅

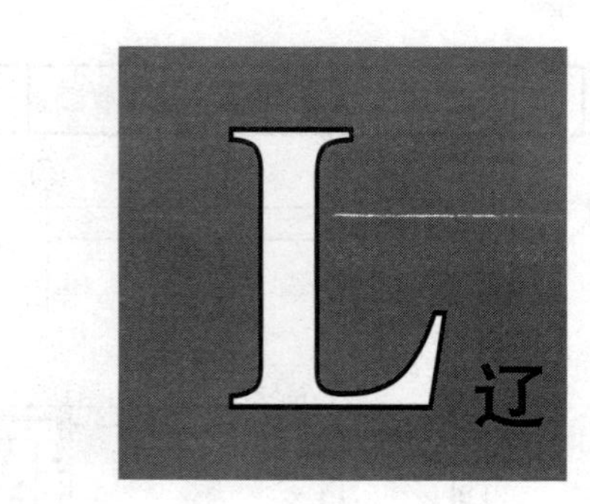

设计单位：沈阳建筑工程学院建筑设计院

资料提供：鲍继峰

L系包括A、B型两种两层新农村住宅，既可为独立式，也可为拼联式。适用于我国东北地区。

建筑装修一览表

类别	名称	构造详图	构造作法	部位
地面	水泥		1:2 水泥砂浆抹面压实赶光 20 厚 素水泥浆结合层一道 C10 混凝土垫层 80 厚 碎(卵)石灌 M2.5 混合砂浆 100 厚 素土夯实	门厅 库房
地面	铺地砖		铺地砖纯水泥浆勾缝 1:1 水泥砂浆结合层 5 厚 1:3 水泥砂浆找平 20 厚 素水泥浆结合层一道 C10 混凝土垫层 80 厚 碎(卵)石灌 M2.5 混合砂浆 100 厚 素土夯实	卫生间 淋浴间 餐厅 厨房
楼面	铺地砖		铺地砖纯水泥浆勾缝 1:1 水泥砂浆结合层 5 厚 1:3 水泥砂浆找平 20 厚 改性沥青防水卷材(卫生间淋浴间处设) 1:3 水泥砂浆找平 20 厚 结构层	卫生间 淋浴间 餐厅 厨房
楼面	铺硬木地板		铺地板漆三道 80×20 硬木长条企口木板 50×70 木龙骨，中距 400，50×50 横撑，中距 800(满涂沥青或防腐剂)，楼板中预留 12 号镀锌铁丝(双股)间距 600 钢筋混凝土楼板	卧室 客厅
内墙面	刮腻子喷大白浆		满刮大白腻子三遍(包括找腻子砂纸打磨)喷大白浆； 配比为大白:滑石粉:聚醋酸乙烯乳液:纤维素 =50:25:1:0.5，适当加水 1:3 混合砂浆打底 16 厚 砖基层	楼梯间 餐厅 厨房 卧室 客厅
内墙面	面瓷砖		白水泥擦缝 贴面瓷砖 5 厚 1:0，1:2.5 水泥石灰膏砂浆结合层 8 厚 1:3 水泥砂浆打底扫毛或画出纹道 12 厚 砖基层	卫生间
踢脚	地砖踢脚	9 8~10 120(150)	地砖踢脚 8~10 厚 1:2.5 水泥砂浆 8~10 厚 砖基层	卫生间 餐厅 厨房
踢脚	水泥砂浆	15 10 120~180	1:2 水泥砂浆罩面压实赶光 10 厚 1:3 水泥砂浆打底扫毛或画出纹道 15 厚 砖基层	门厅 库房
踢脚	木踢脚	15 12 60(75) 120(150) 压条	油漆(颜色自定) 木踢脚板 15×30 通长防腐木条 120×120×60 防腐木砖@600 砖基层(通气孔 φ12@1000)	卧室 客厅

L-通用	地面、楼面、内墙面、踢脚	建1

建筑装修一览表

类别	名称	构造详图	构造作法	部位
天棚	麻刀白灰	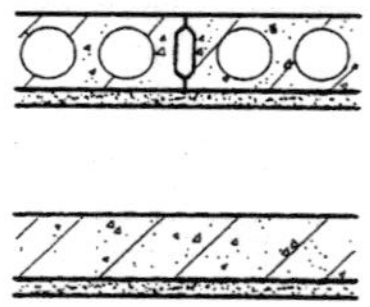	喷大白浆两道 麻刀白灰罩面2厚 1:3:9 水泥白灰膏砂浆打底10厚 刷素水泥浆一道 (内掺水重3%~5%的107胶) 钢筋混凝土板底用水加10% NaOH清洗油腻	门厅 库房 楼梯间
天棚	混合砂浆	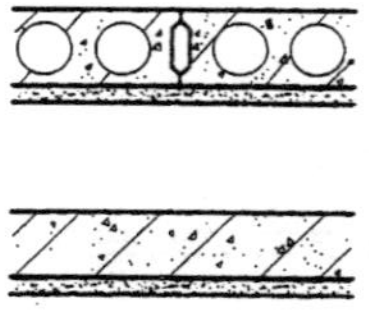	刷无光漆两遍 1:0.3:2.5 水泥白灰膏砂浆罩面5厚 1:0.3:3 水泥白灰膏砂浆打底扫毛10厚 刷素水泥浆一道 (内掺水重3%~5%的107胶) 钢筋混凝土板底用水加10% NaOH清洗油腻	卫生间 淋浴间 餐厅 厨房
墙裙	面瓷砖	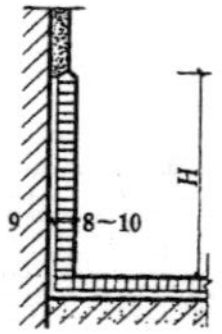	白水泥擦缝 贴面瓷砖5厚 1:0.1:2.5 水泥石灰膏砂浆结合层8厚 1:3 水泥砂浆打底扫毛或画出纹道12厚 砖基层(颜色高度见单体设计)	厨房 卫生间 车库
墙裙	油漆墙裙	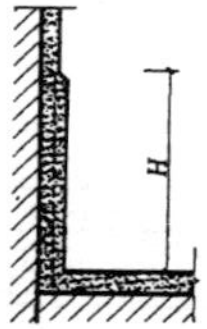	刷无光油漆 1:2.5 水泥砂浆压实赶光 1:3 水泥砂浆打底扫毛或画出纹道12厚 砖基层(颜色高度见单体设计)	厨房 卫生间 车库
勒脚	水刷石	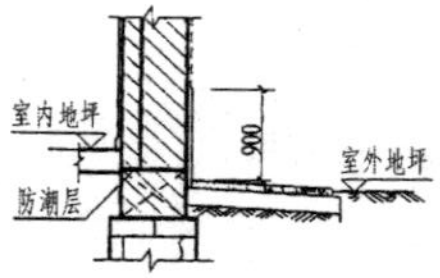	1:1.5 水泥石子8~12厚 刷素水泥浆一道 (内掺水重3%~5%的107胶) 1:3 水泥砂浆打底扫毛或画出纹道 12~15厚，两遍成活 砖基层	
勒脚	面砖贴面	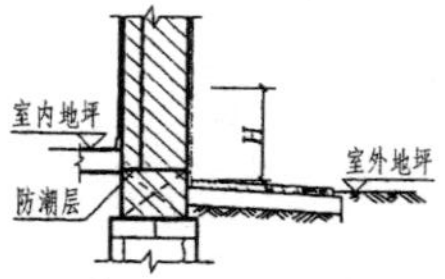	面砖8~12厚1:1水泥砂浆勾缝(细砂) 1:2 水泥砂浆(内掺水重5%的107胶)6~10厚 刷素水泥浆一道 1:3 水泥砂浆打底扫毛或画出纹道12厚 砖基层	
外墙	水泥砂浆罩面	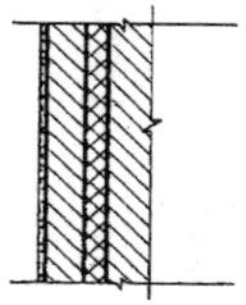	外墙涂料两遍(颜色见单体设计) 1:2.5 水泥砂浆8~10厚 1:3 水泥砂浆打底扫毛或画出纹道 12~15厚，两遍成活 砖基层	
外墙	贴面砖	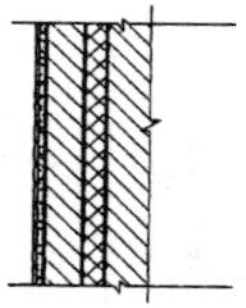	面砖8~10厚1:1水泥砂浆勾缝(细砂) 1:2 水泥砂浆(内掺水重5%的107胶) 6~10厚 刷素水泥浆一道 1:3 水泥砂浆打底扫毛或画出纹道12厚 砖基层	

L-通用	天棚、墙裙、勒脚、外墙	建2

建筑装修一览表

类别	名称	构造详图	构造作法	部位
平屋顶	非上人屋面	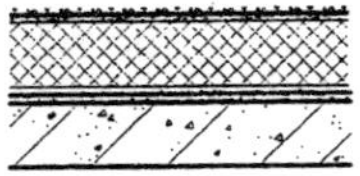	保护层 APP改性沥青防水层(或其他) 1:3水泥砂浆找平25厚 1:10水泥再生苯板100厚 1:8白灰炉渣找坡最薄处30厚 改性沥青防水层(或其他) 1:3水泥砂浆找平20厚 钢筋混凝土层面板	
平屋顶	上人屋面	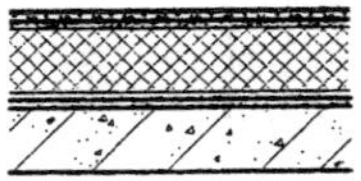	地红砖10厚 水泥搓缝每3000×6000留10宽缝填嵌缝膏 1:3水泥砂浆找平25厚 APP改性沥青防水层(或其他) 1:3水泥砂浆找平25厚 1:10水泥再生苯板100厚 1:8白灰炉渣找坡最薄处30厚 B级隔气层 1:3水泥砂浆找平20厚 钢筋混凝土面板	
坡屋顶	瓦屋面	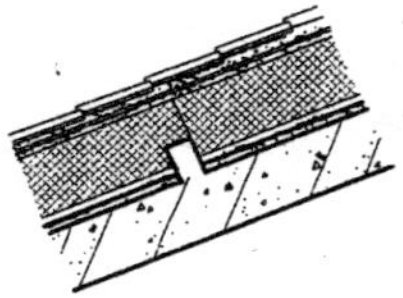	商曲瓦(或其他) 1:2水泥砂浆粘结(加5%防水剂) 1:3水泥砂浆找平20厚 APP改性沥青防水层(或其他) 1:3水泥砂浆找平25厚 1:10水泥再生苯板100厚 钢筋混凝土屋面板上30×40肋中距3000	

类别	名称	构造详图	构造作法	部位
散水	水泥砂浆	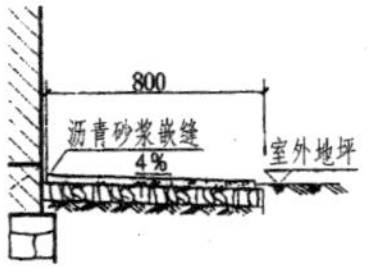	1:2水泥砂浆20厚抹面 碎石灌M2.5水泥砂浆150厚 填粗砂或炉渣300厚(防冻层) 素土夯实(每隔6m留缝灌沥青砂浆)	
散水	水泥砂浆	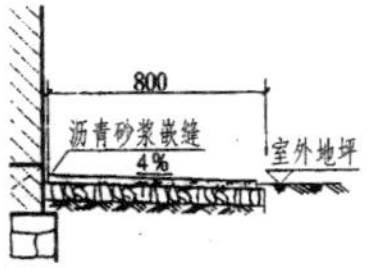	50厚C15混凝土撒1:1水泥砂子压实赶光 3:7灰土150厚 填粗砂或炉渣300厚(防冻层) 素土夯实(每隔6m留缝灌沥青砂浆)	
坡道	水泥砂浆	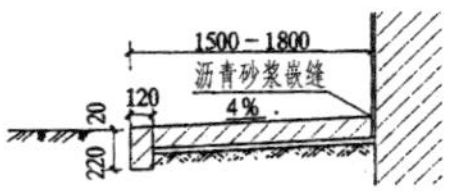	1:3水泥砂浆25厚 C15混凝土80厚 碎石灌M2.5水泥砂浆150厚 填粗砂或炉渣>300厚(防冻层) 素土夯实	车库
台阶	水泥砂浆	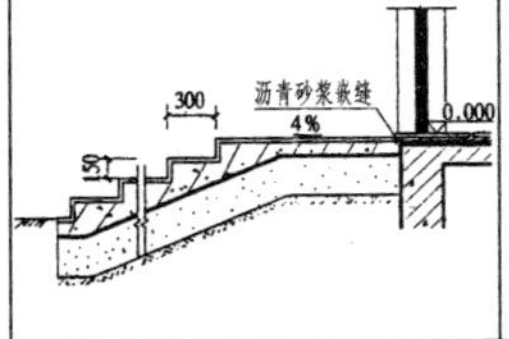	1:3水泥砂浆20厚 C15混凝土80厚，内配φ6钢筋@300双向碎石灌M2.5水泥砂浆150厚 填粗砂或炉渣300厚(防冻层) 素土夯实(注：面层可改做1:3水泥石屑斩假石20厚)	
台阶	花岗岩条石	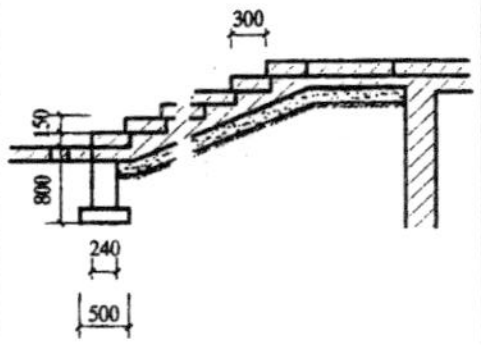	花岗石条石 1:3干硬性水泥砂浆结合层30厚 素水泥浆结合层一道 C15现浇混凝土100厚 3:7灰土150厚 素土夯实	

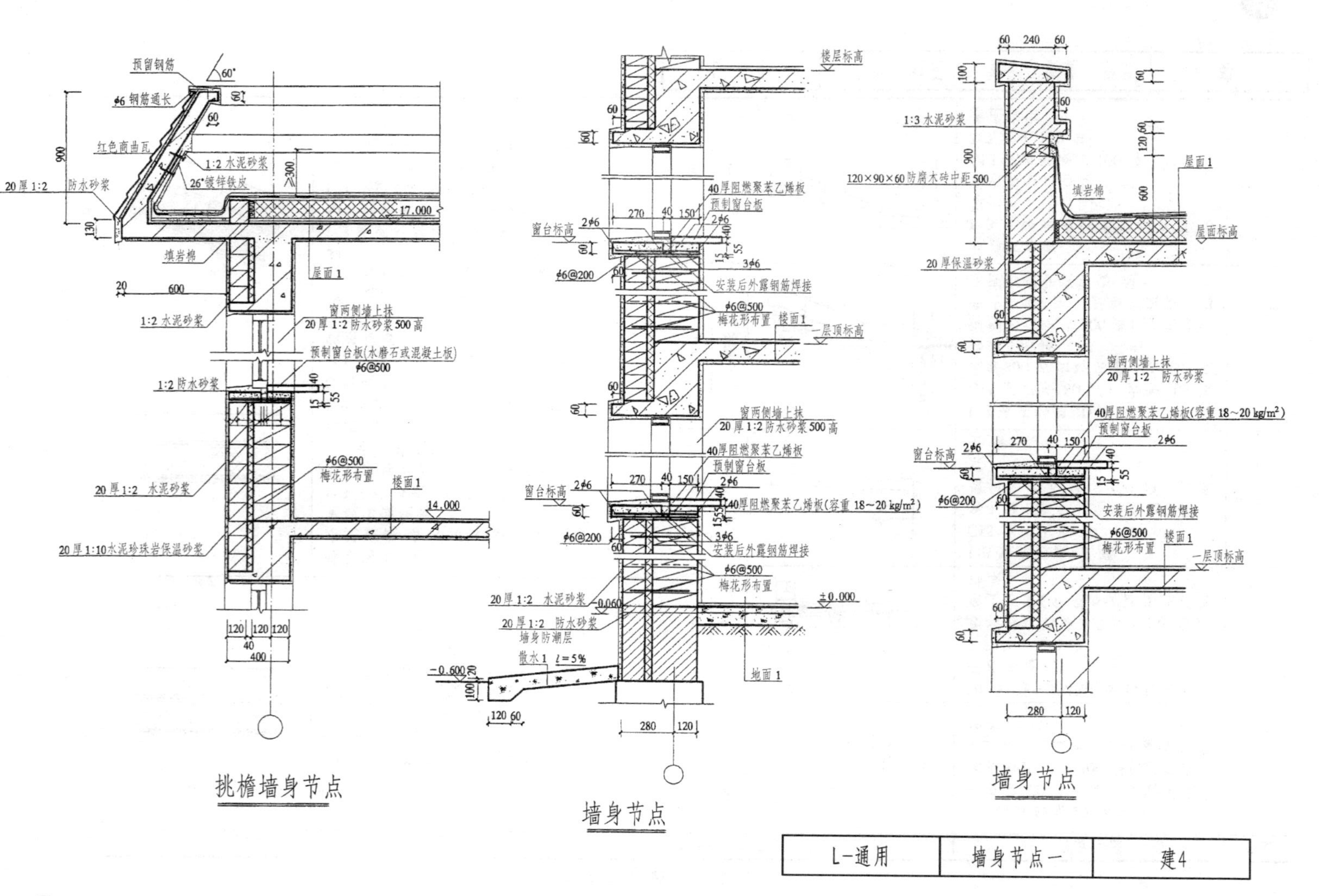

预留钢筋
60°
ϕ6 钢筋通长
红色商曲瓦
1:2 水泥砂浆
26°镀锌铁皮
20 厚 1:2 防水砂浆
≥300
17.000
填岩棉
屋面 1
600
1:2 水泥砂浆
窗两侧墙上抹
20 厚 1:2 防水砂浆 500 高
预制窗台板(水磨石或混凝土板)
ϕ6@500
1:2 防水砂浆
梅花形布置
楼面 1
14.000
20 厚 1:2 水泥砂浆
20 厚 1:10水泥珍珠岩保温砂浆
挑檐墙身节点
楼层标高
40厚阻燃聚苯乙烯板
预制窗台板
窗台标高
ϕ6@200
安装后外露钢筋焊接
一层顶标高
40厚阻燃聚苯乙烯板(容重 18~20 kg/m²)
±0.000
20 厚 1:2 水泥砂浆
20 厚 1:2 防水砂浆
墙身防潮层
散水 1 i=5%
-0.600
地面 1
墙身节点
1:3 水泥砂浆
120×90×60 防腐木砖中距 500
屋面标高
20 厚保温砂浆
窗两侧墙上抹
20 厚 1:2 防水砂浆
墙身节点

L-通用	墙身节点一	建4

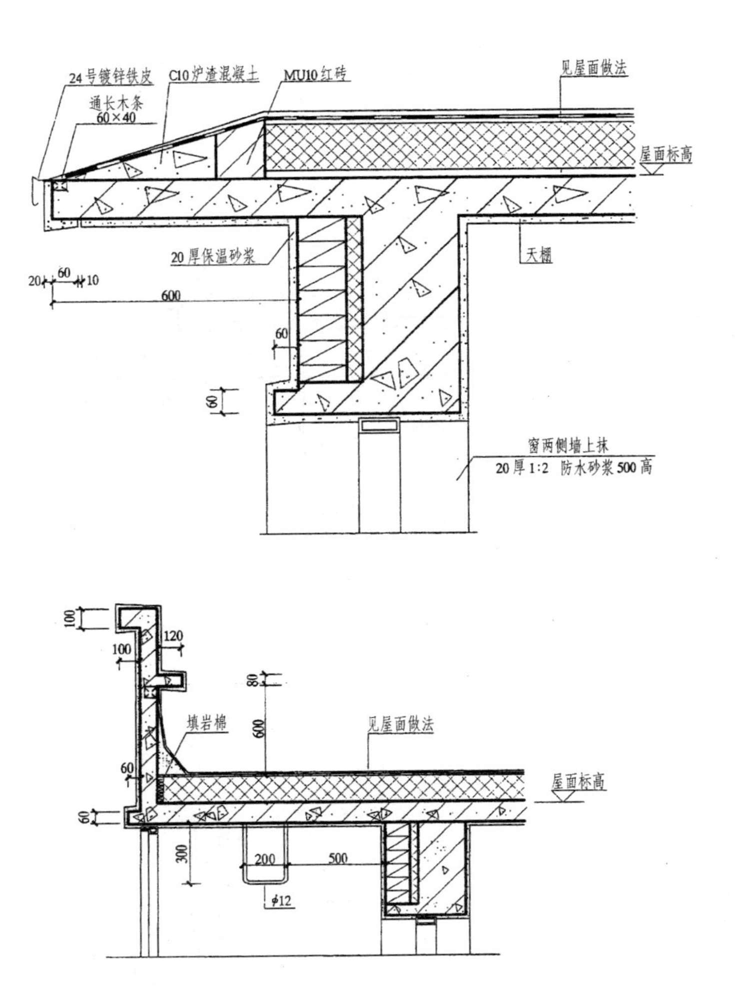

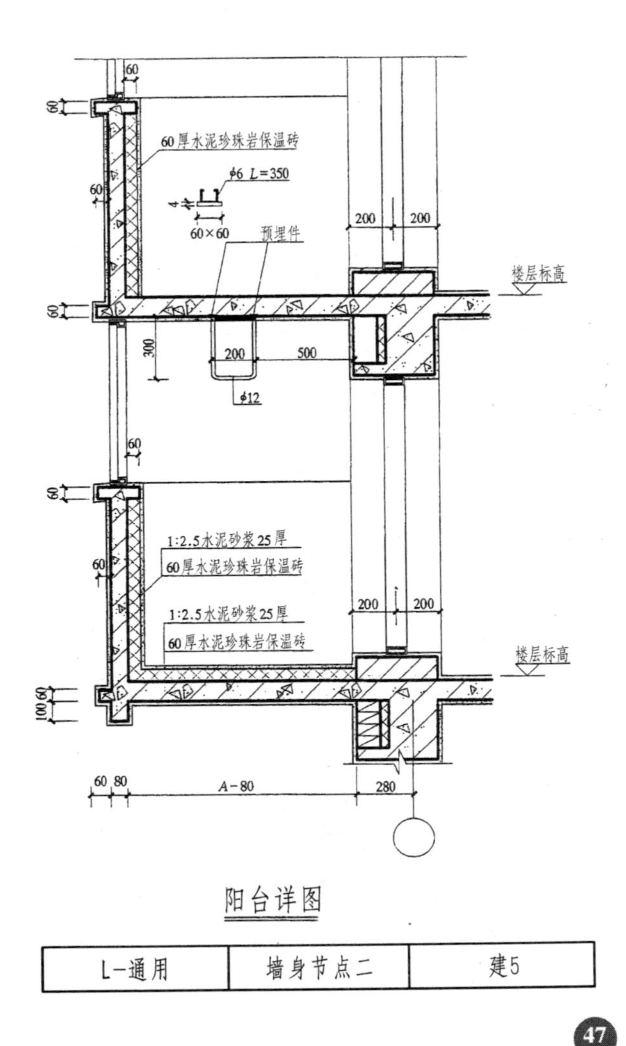

阳台详图

L-通用	墙身节点二	建5

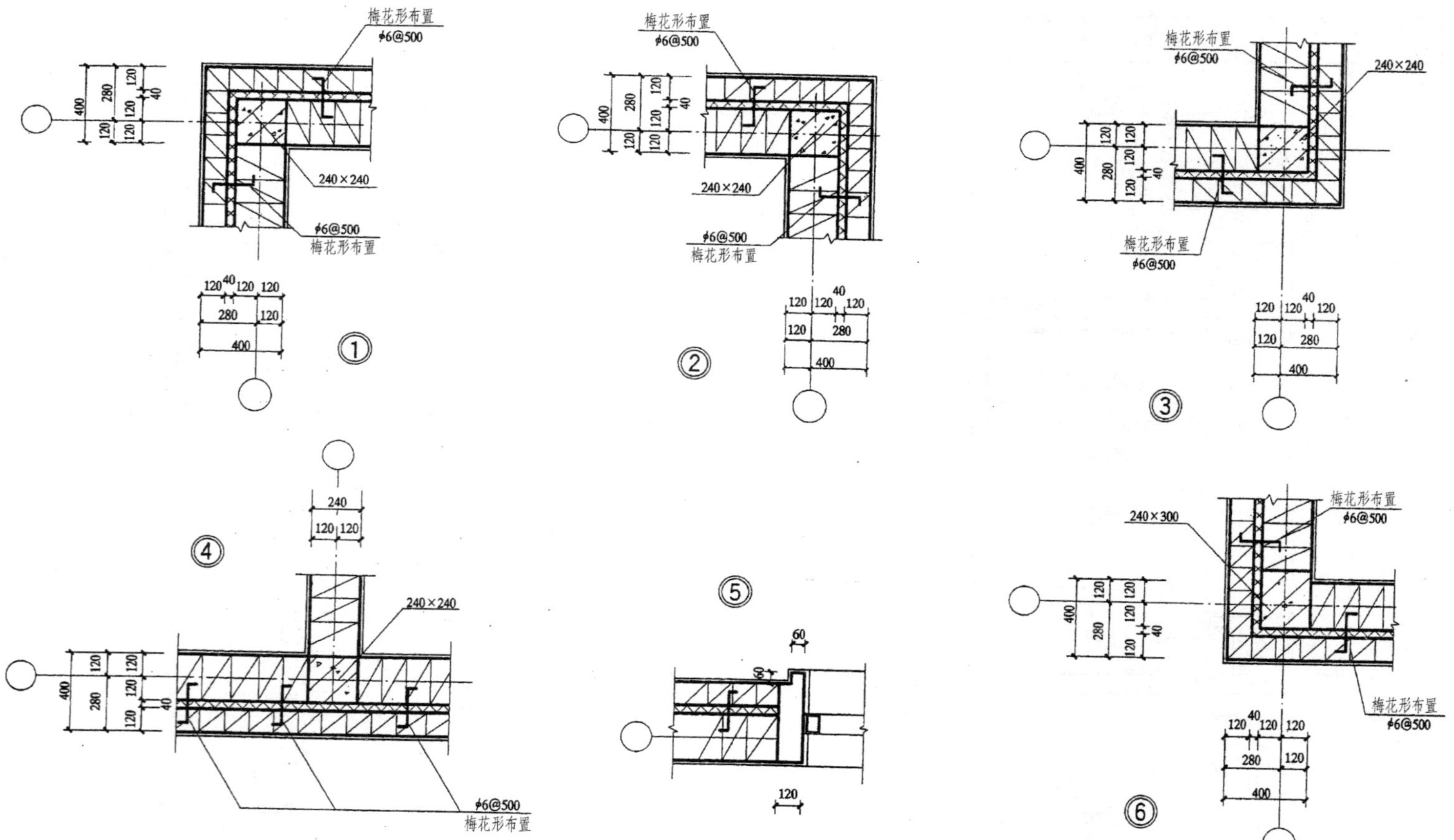

梅花形布置
φ6@500
240×240
φ6@500
梅花形布置
120 40 120 120
280 120
400
①

梅花形布置
φ6@500
240×240
φ6@500
梅花形布置
120 120 40 120
120 280
400
②

梅花形布置
φ6@500
240×240
梅花形布置
φ6@500
120 120 40 120
120 280
400
③

240
120 120
240×240
φ6@500
梅花形布置
④

60
60
120
⑤

平面窗口做法

240×300
梅花形布置
φ6@500
梅花形布置
φ6@500
120 40 120 120
280 120
400
⑥

L-通用	墙体平面节点	建6

建筑设计说明

设计单位：沈阳建筑工程学院建筑设计院

一、图中尺寸

以毫米为单位，标高以米为单位。

二、室内外高差

室内地坪设为±0.000m，室外地坪标高为－0.450m。相当于绝对标高由现场确定。

三、墙体

1. 外墙采用

(1) ±0.000m 以下采用 MU10 机制红砖，M5 水泥砂浆砌筑，400 厚砖墙。

(2) ±0.000m 以上采用 MU10 承重空心砖，M5 混合砂浆砌筑，400 厚砖墙。

2. 内墙采用

(1) ±0.000m 以下采用 MU10 机制红砖，M5 水泥砂浆砌筑，240 厚砖墙。

(2) ±0.000m 以上采用 MU10 承重空心砖，M5 混合砂浆砌筑，240 厚砖墙。

3. 墙体节能做法详见本图集通用图。

四、墙身防潮

所有内、外墙均在－0.060m 处抹 1：2 水泥砂浆 20 厚内掺 5% 防水剂。

五、屋面

屋面构造及做法详见室内外装修表。

六、室内外装修

详见本图集通用图室内外装修表。

七、防腐

1. 所有预埋木制构件均做防腐处理后方可使用。

2. 所有预埋铁构件均先除锈。刷防锈漆一道。

八、门窗

1. 外门采用实木艺术门。

2. 内门采用胶合板门。

3. 外窗均采用单框中空玻璃塑钢窗。

九、专业配合

关于土建预留洞请设备专业工程师密切配合施工。

十、其他

未尽事宜请执行国家有关规范。

门窗明细表

序号	类别	工程编号	洞口尺寸(宽×高)	数量	备　注
1	门	M0920	900×2000	2	木　门
2		M0919	900×1900	4	木　门
3		M0924	900×2400	9	木　门
4		M1224	1200×2400	1	木　门
5	窗	C0615	600×1500	2	单框双玻塑钢窗
6		C1215	1200×1500	4	单框双玻塑钢窗
7		C1515	1500×1500	5	单框双玻塑钢窗
8		C1815	1800×1500	2	单框双玻塑钢窗
9		C1821	1800×2100	1	单框双玻塑钢窗
10		TLC1524	1500×2400	1	单框双玻塑钢窗

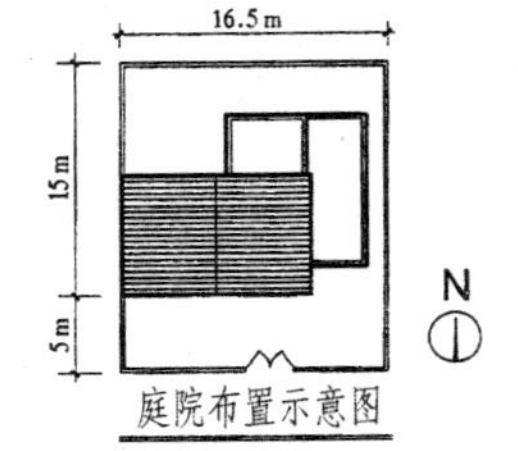

庭院布置示意图

经济技术指标

占地面积	330.0m²
建筑面积	220.68m²
使用面积	158.87m²
使用面积系数	72%

L-A型	设计说明、门、窗表	建1

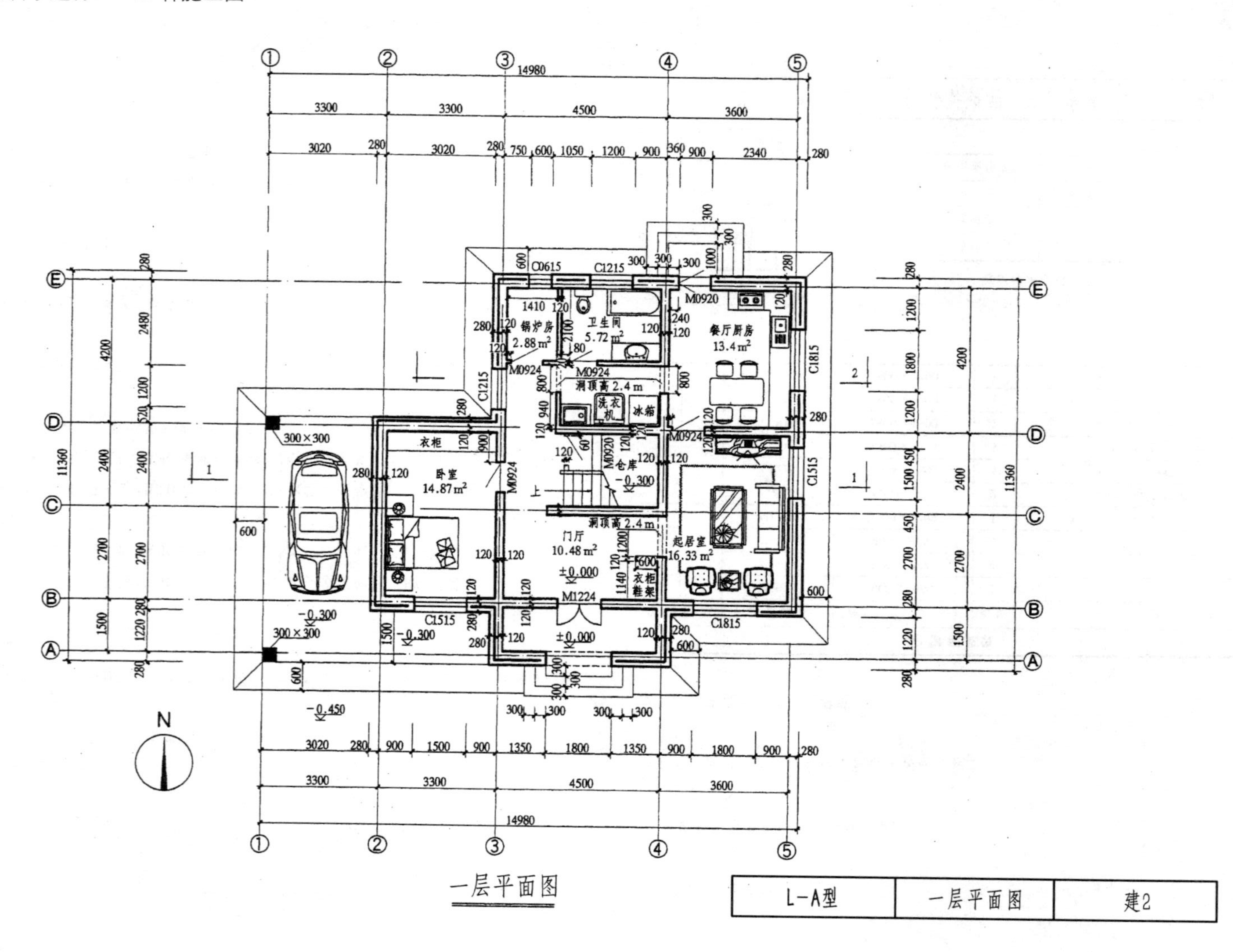

一层平面图

L-A型	一层平面图	建2

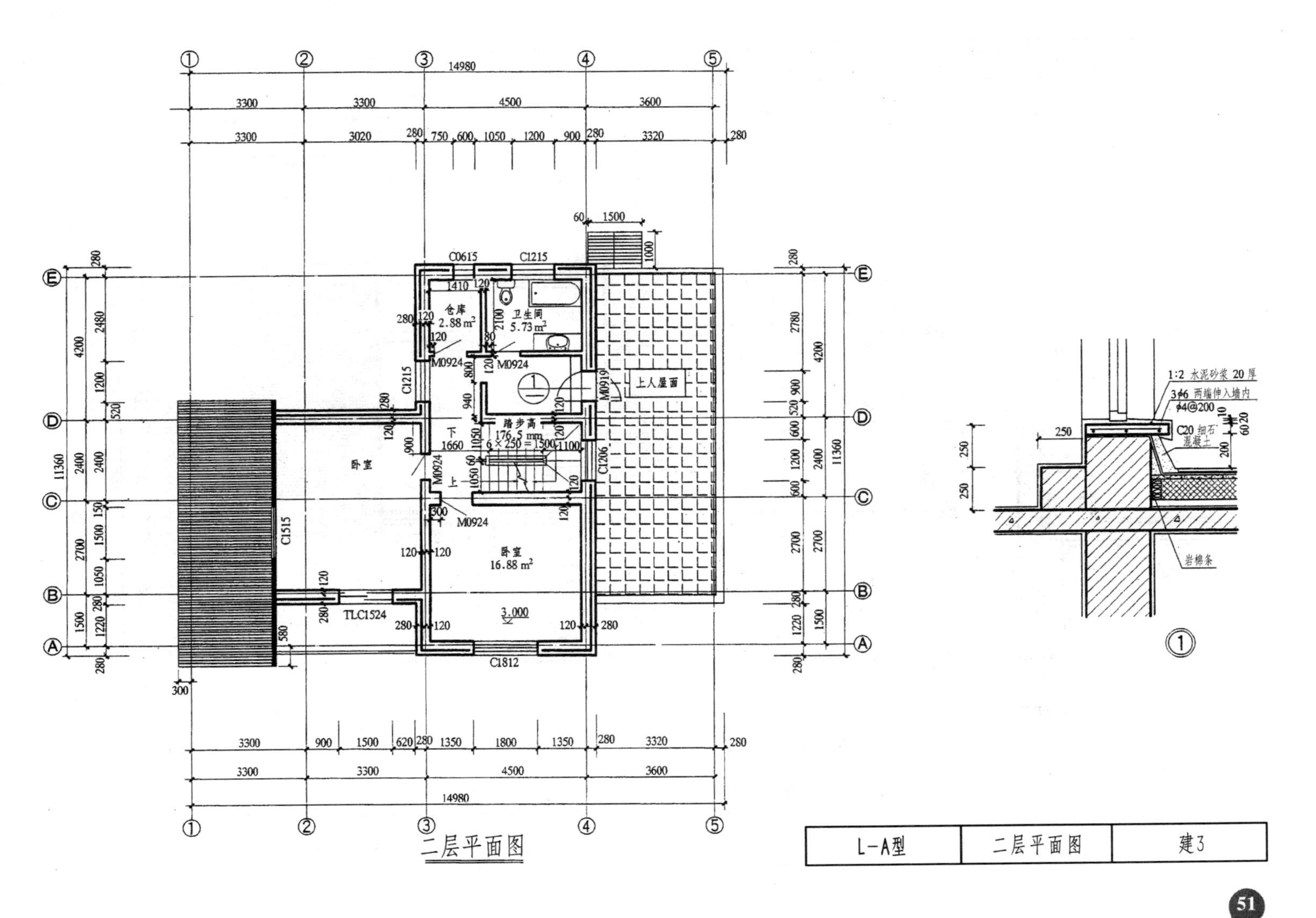

二层平面图

L-A型	二层平面图	建3

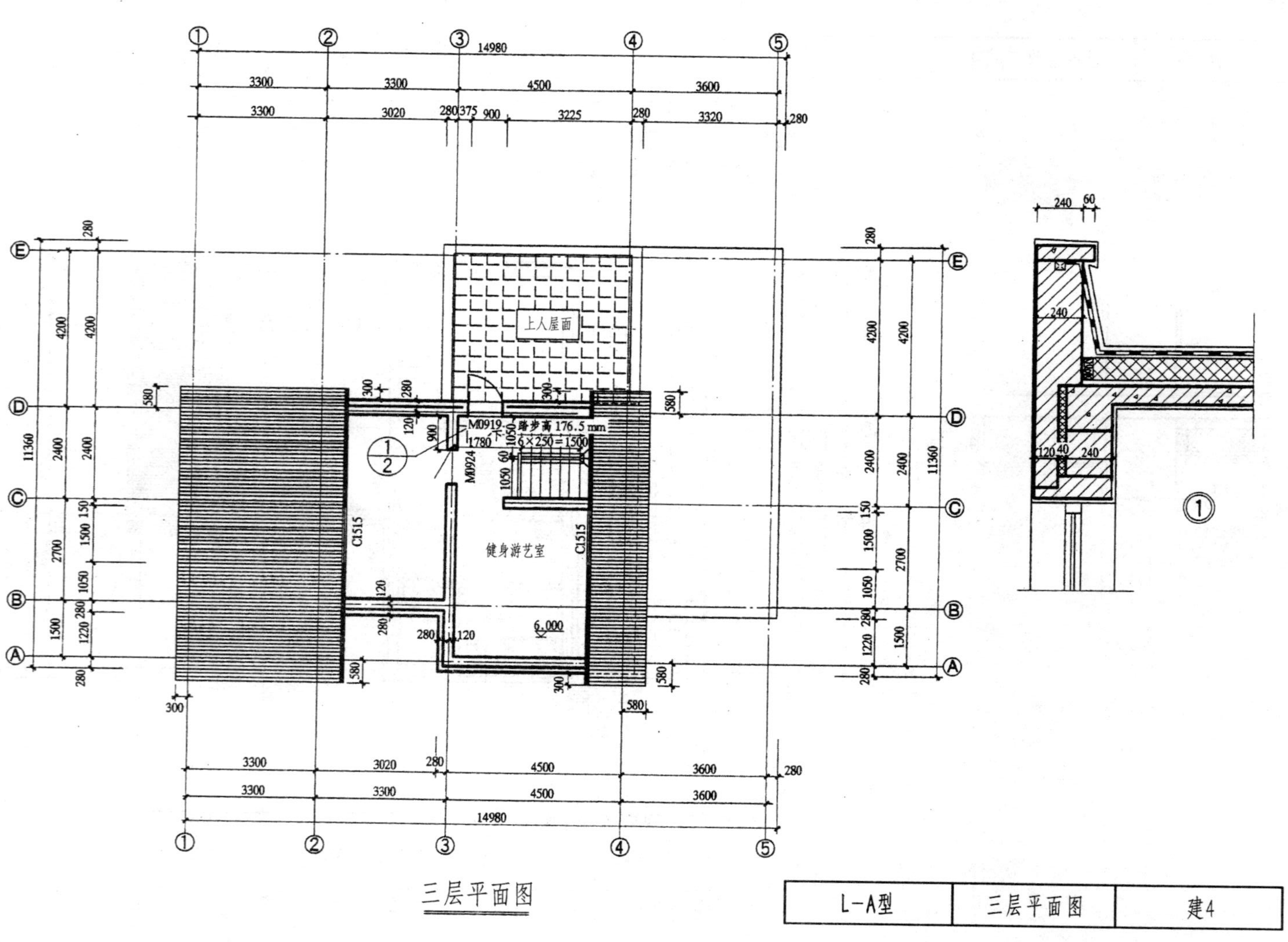

三层平面图

L-A型	三层平面图	建4

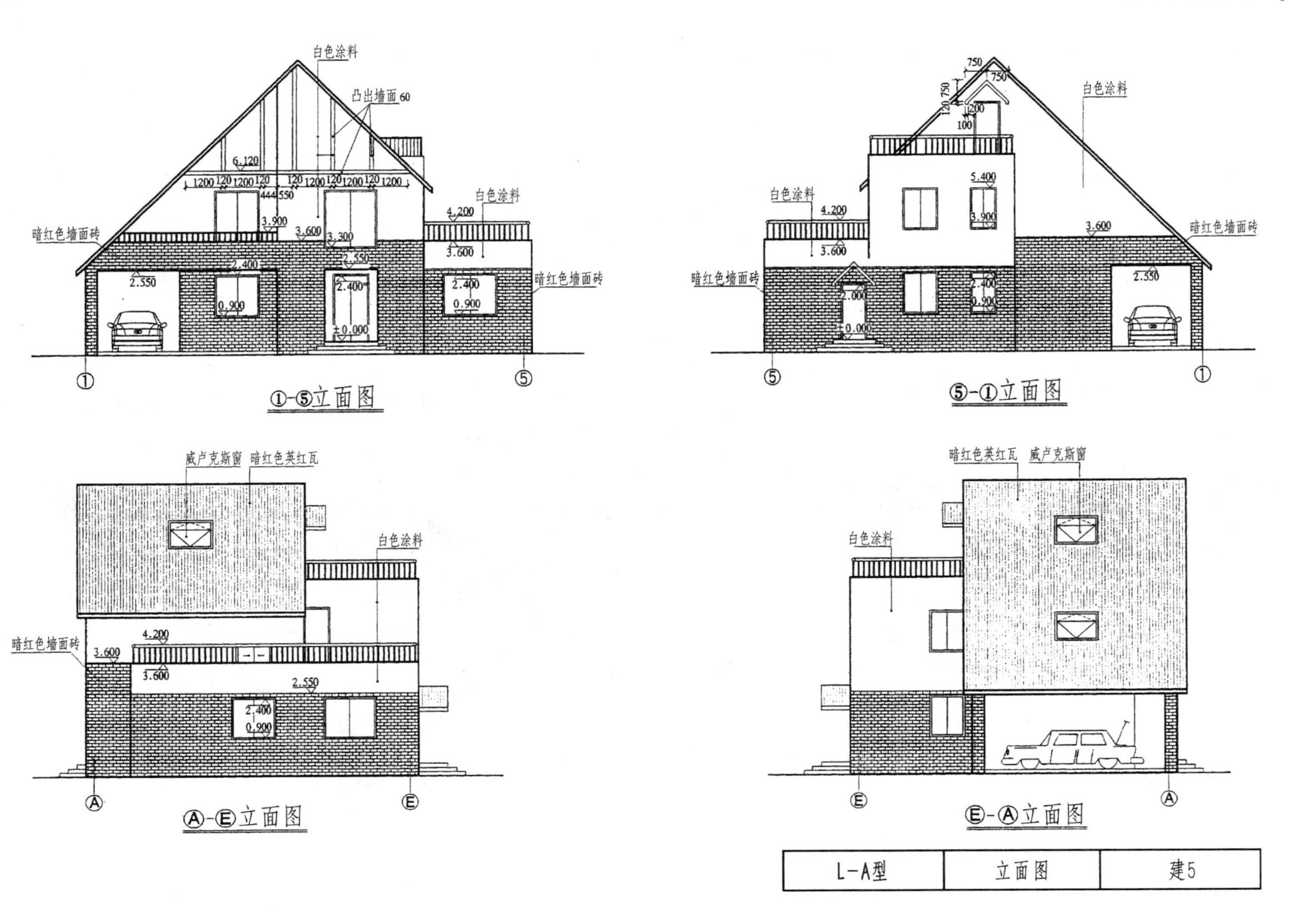

白色涂料
凸出墙面60
6.120
1200 120 1200 120 120 1200 120 1200 120 1200
444 550
3.900
3.600
3.300
暗红色墙面砖
2.400
2.550
2.550
2.400
0.900
±0.000
4.200
3.600
2.400
0.900
①
⑤
①-⑤立面图
750
750
120 750
200
100
5.400
3.900
4.200
3.600
3.600
2.000
2.400
0.900
±0.000
2.550
⑤
①
⑤-①立面图
威卢克斯窗
暗红色英红瓦
4.200
3.600
3.600
2.550
2.400
0.900
Ⓐ
Ⓔ
Ⓐ-Ⓔ立面图
Ⓔ
Ⓐ
Ⓔ-Ⓐ立面图

L-A型	立面图	建5

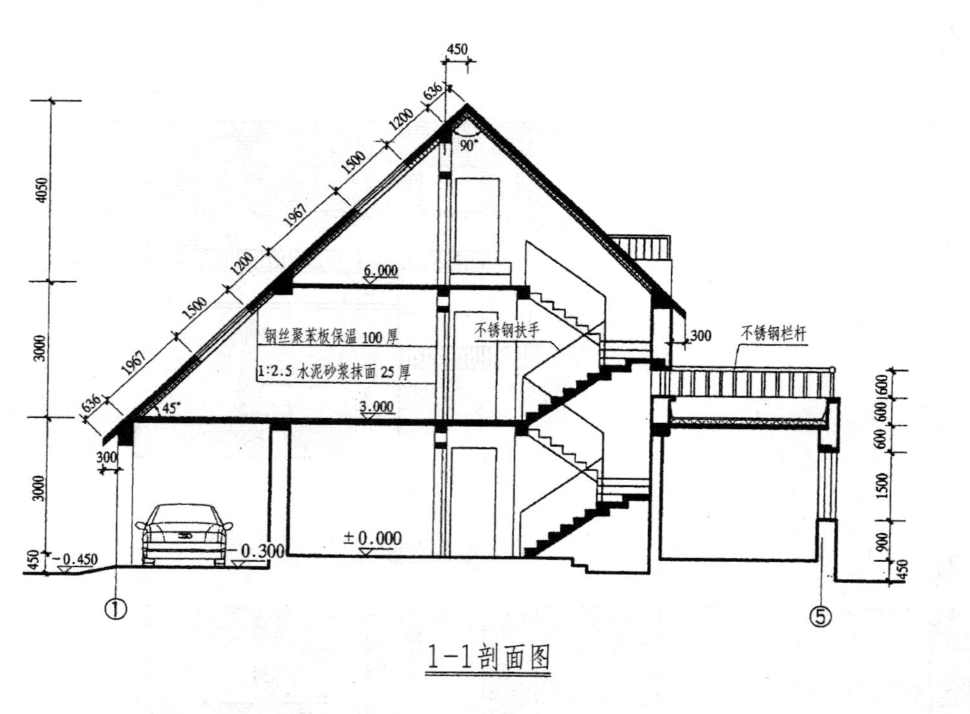

1-1剖面图

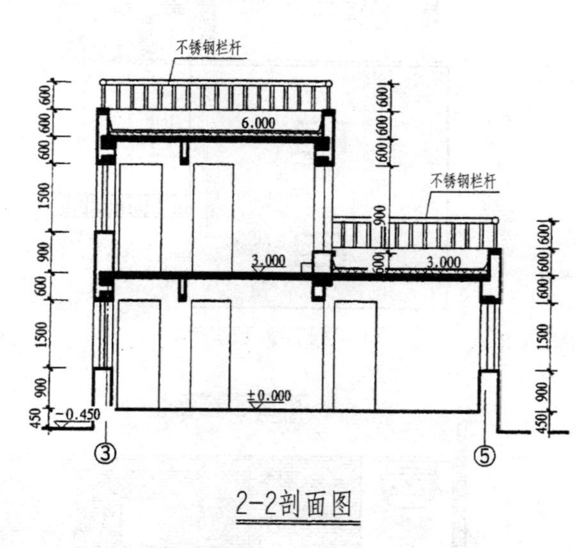

2-2剖面图

L-A型	1-1、2-2剖面图	建6

结构设计说明

一、设计依据

1. 国家现行各有关规范，规定及结构设计手册，建筑结构构造资料集等。

2. 本工程适用于沈阳地区。

二、自然条件及荷载取值

1. 基本风压：0.5kN/m^2。

2. 基本雪压：0.5kN/m^2。

3. 抗震设防烈度为七度。

4. 本工程按假定地基承载力标准值 F_k =120kPa 进行基础设计，基础置放于未扰动的天然土层。如果实际土层承载力不符时，其埋深及基础宽度应予调整。地基开挖时，如地下水位较高，应做好排水工作。开挖后，应及时施工，并分层回填夯实。

三、代号说明

GZ——构造柱　XB——现浇板　XL——现浇梁　TL——梯梁

GL——过梁　TB——梯板　GB——地沟盖板　YP——雨篷

四、砌体工程

1. ±0.000 以下墙体用 MU10 红砖，M5 水泥砂浆砌筑。

2. ±0.000 以上墙体用 MU10 承重空心砖和 M5 混合砂浆砌筑。

3. 60 隔墙用 MU10 红砖和 M10 水泥砂浆砌筑。

4. 120 隔墙用空心砖或轻质砌块和 M5 混合砂浆砌筑。

五、混凝土工程

1. 构造柱与墙体之间设置拉结筋，其具体构造见右图，或参见图集《辽 92G801》第 12～14 页。

2. 构造柱必须先砌砖埋入拉筋后再浇注混凝土，砌筑时留马牙槎（详见《辽 92G801》第 7 页）。

3. 未注明强度等级的构件其强度等级均为 C20。

4. 未注明分布筋均为Φ6@200。

5. 构造柱、圈梁、女儿墙构造柱、压顶梁必须遵守 JGJ 13－82，辽 92G801，CG 329(一)(二)中的规定。

六、构造要求

1. 本工程所用红砖进场后必须取样试压。

2. 构造柱主筋锚入地梁内 35d(d 为钢筋直径)。

3. 本设计未考虑冬季施工，如冬季施工，应按冬季施工有关规定执行。

4. 全部节点构造及本图未尽事宜，均按 7°设防有关规定及标准图集 CG 329 及辽 92G801 执行。

七、其他

1. 过梁选自《辽 92G307》，地沟选自《辽 92G304》，空心板选自《辽 93G401》。

2. 当楼板需开洞口时，应预先留设，不得后凿。

3. 室内过梁底标高按建施图施工，当遇混凝土构造柱时，与柱一起浇注，另加 2Φ8 负筋，Φ6@200 箍筋。

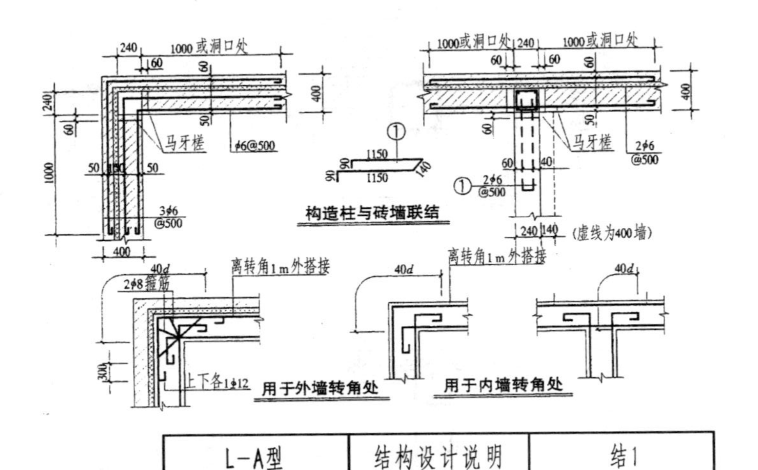

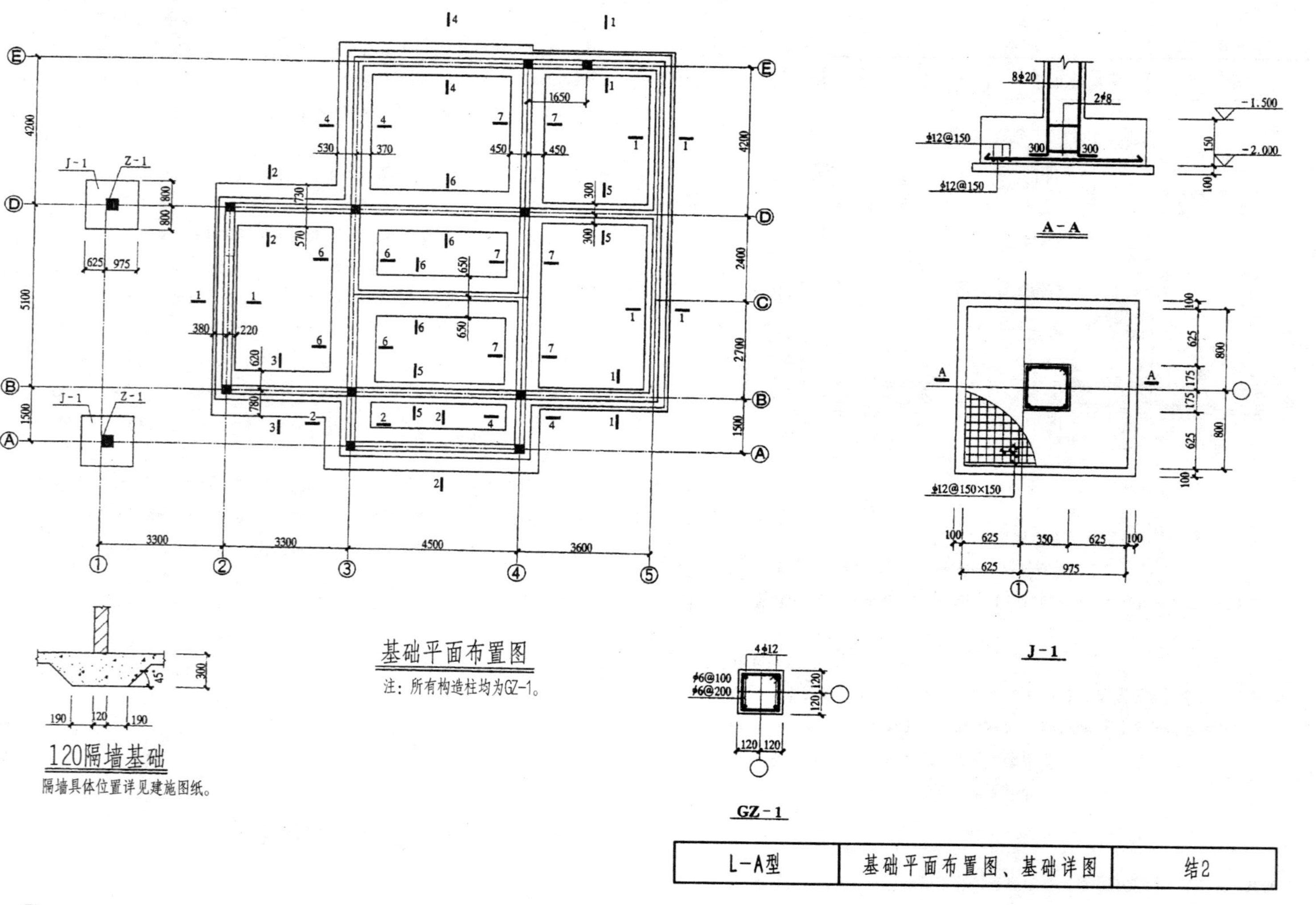
基础平面布置图
注：所有构造柱均为GZ-1。
120隔墙基础
隔墙具体位置详见建施图纸。
A-A
J-1
GZ-1
8ϕ20
2ϕ8
ϕ12@150
ϕ12@150×150
4ϕ12
ϕ6@100
ϕ6@200
-1.500
-2.000
J-1
Z-1
3300
3300
4500
3600
4200
5100
1500
2400
2700
L-A型
基础平面布置图、基础详图
结2

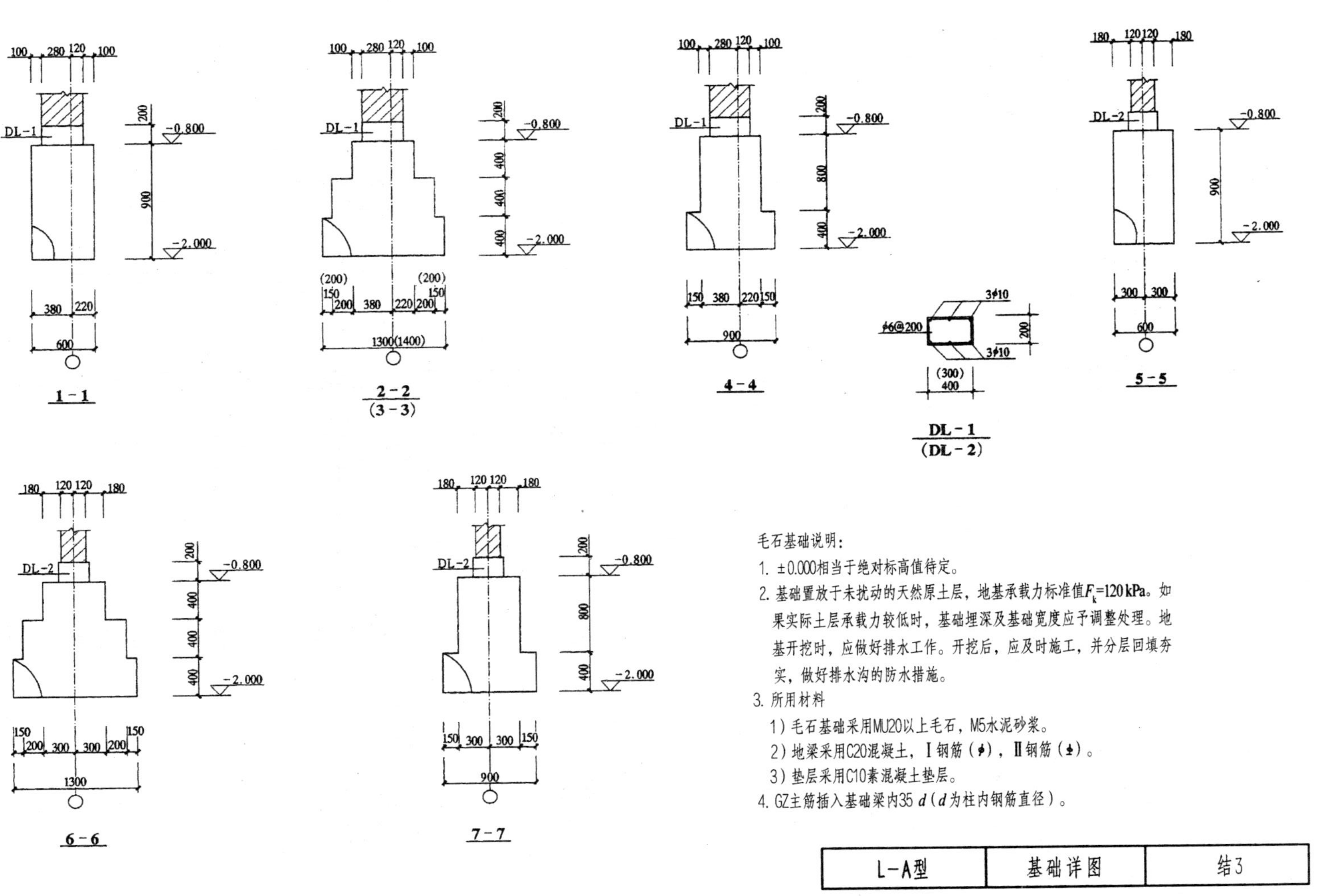

毛石基础说明：

1. ±0.000相当于绝对标高值待定。
2. 基础置放于未扰动的天然原土层，地基承载力标准值F_k=120 kPa。如果实际土层承载力较低时，基础埋深及基础宽度应予调整处理。地基开挖时，应做好排水工作。开挖后，应及时施工，并分层回填夯实，做好排水沟的防水措施。
3. 所用材料
   1）毛石基础采用MU20以上毛石，M5水泥砂浆。
   2）地梁采用C20混凝土，Ⅰ钢筋（ϕ），Ⅱ钢筋（ϕ）。
   3）垫层采用C10素混凝土垫层。
4. GZ主筋插入基础梁内35 d（d为柱内钢筋直径）。

L-A型	基础详图	结3

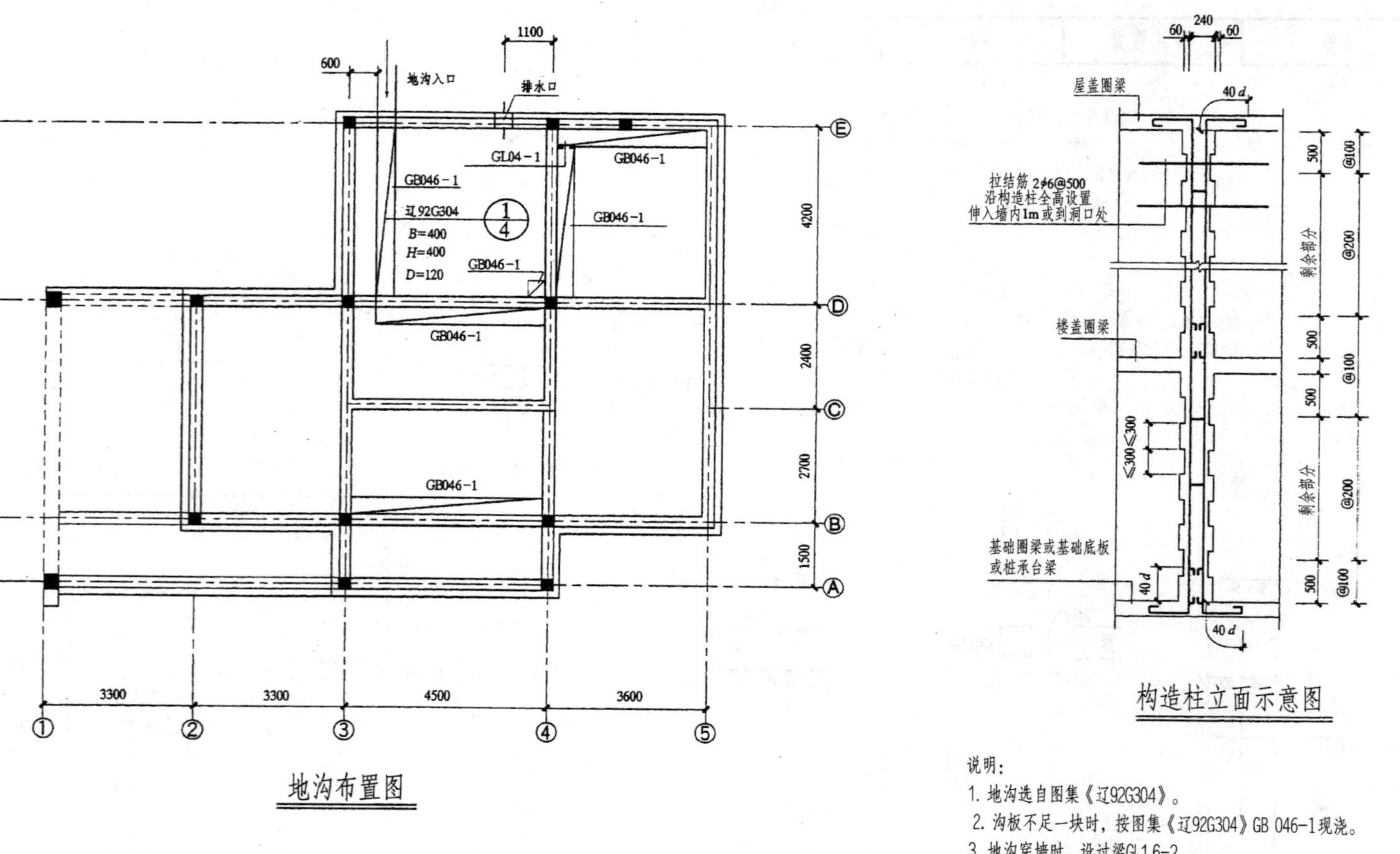

说明：

1. 地沟选自图集《辽92G304》。
2. 沟板不足一块时，按图集《辽92G304》GB 046-1现浇。
3. 地沟穿墙时，设过梁GL1.6-2。
4. 排水口为400×300($b \times h$)，底标高为-1.350。

L-A型	地沟布置图	结4

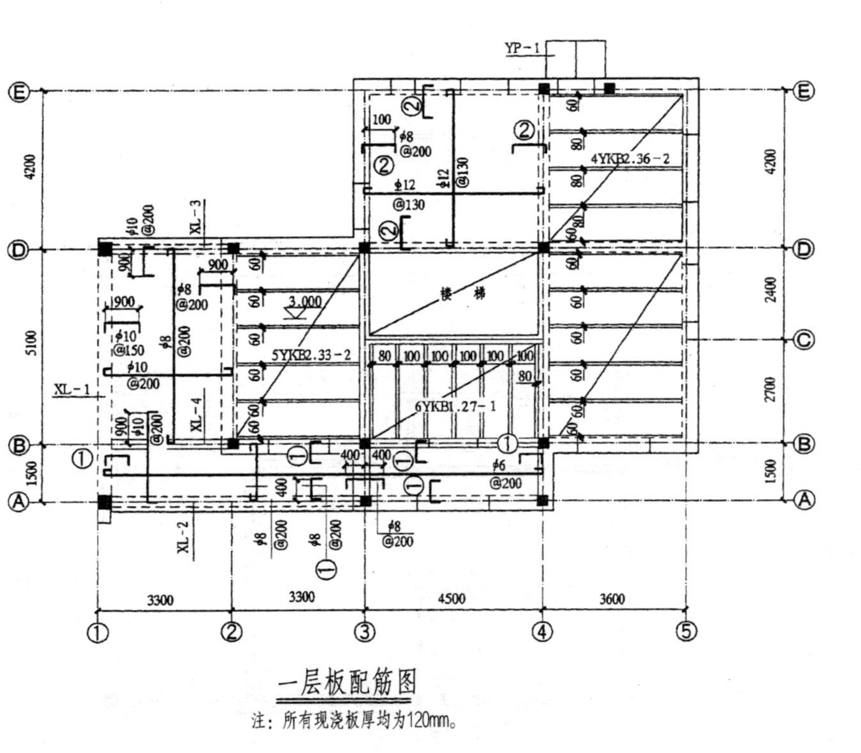

一层板配筋图

注：所有现浇板厚均为120mm。

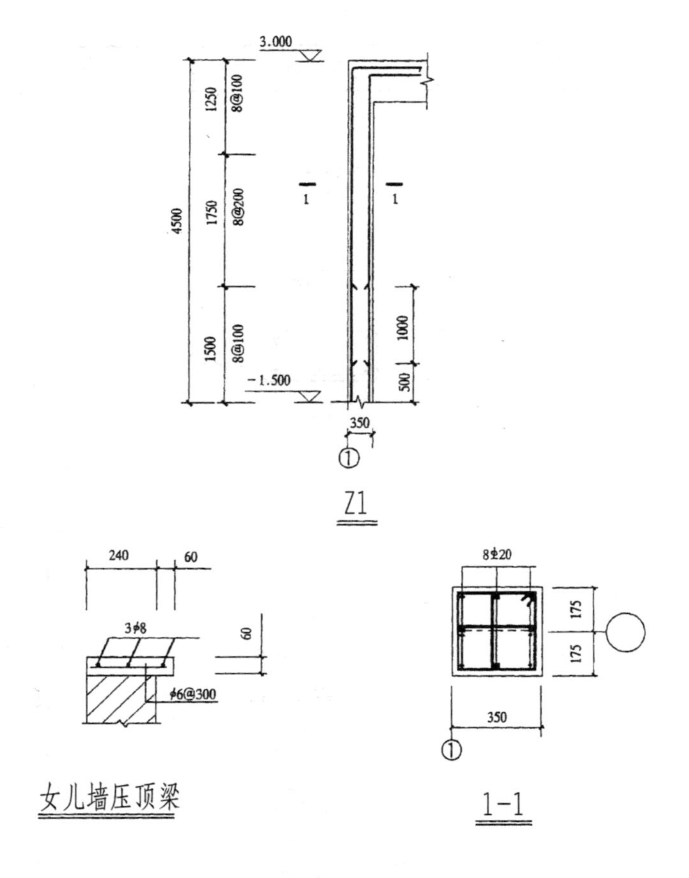

女儿墙压顶梁

1-1

L-A型	一层板配筋图	结5

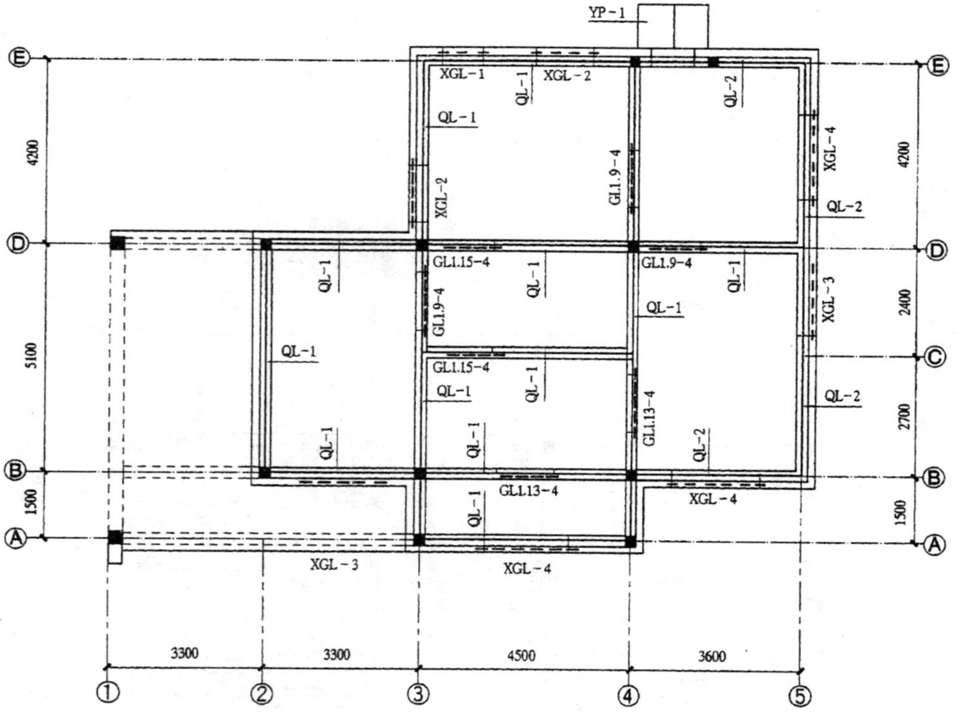

YP-1
XGL-1 QL-1 XGL-2 QL-2
QL-1
XGL-4
4200
GL1.9-4
XGL-2
QL-2
GL1.15-4 QL-1 GL1.9-4 QL-1
QL-1
GL1.9-4
QL-1
XGL-3
5100
QL-1 2400
GL1.15-4
QL-1 QL-1
QL-2
QL-1 QL-1
GL1.13-4 QL-2 2700
GL1.13-4
1500 QL-1
XGL-4 1500
XGL-3 XGL-4
3300 3300 4500 3600
① ② ③ ④ ⑤
Ⓐ Ⓑ Ⓒ Ⓓ Ⓔ

一层圈梁、过梁布置图

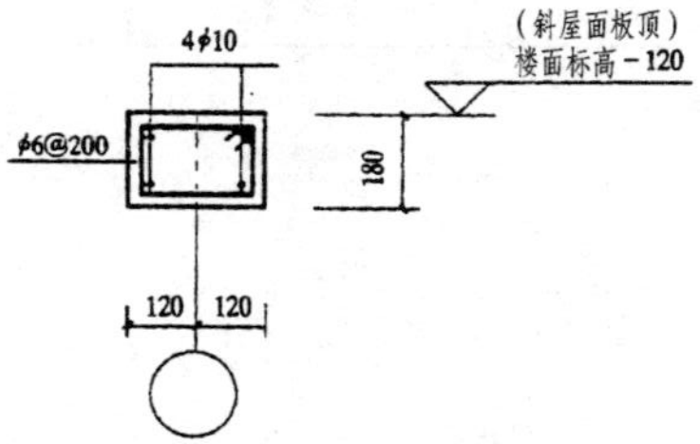

4ϕ10
ϕ6@200
(斜屋面板顶)
楼面标高-120
180
120 120
QL-1
(QL-3)
QL-3 随斜板走

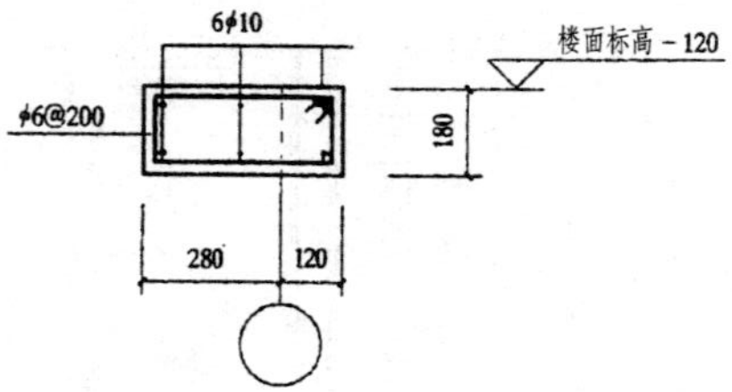

6ϕ10
ϕ6@200
楼面标高-120
180
280 120
QL-2

L-A型	一层圈梁、过梁布置图	结6

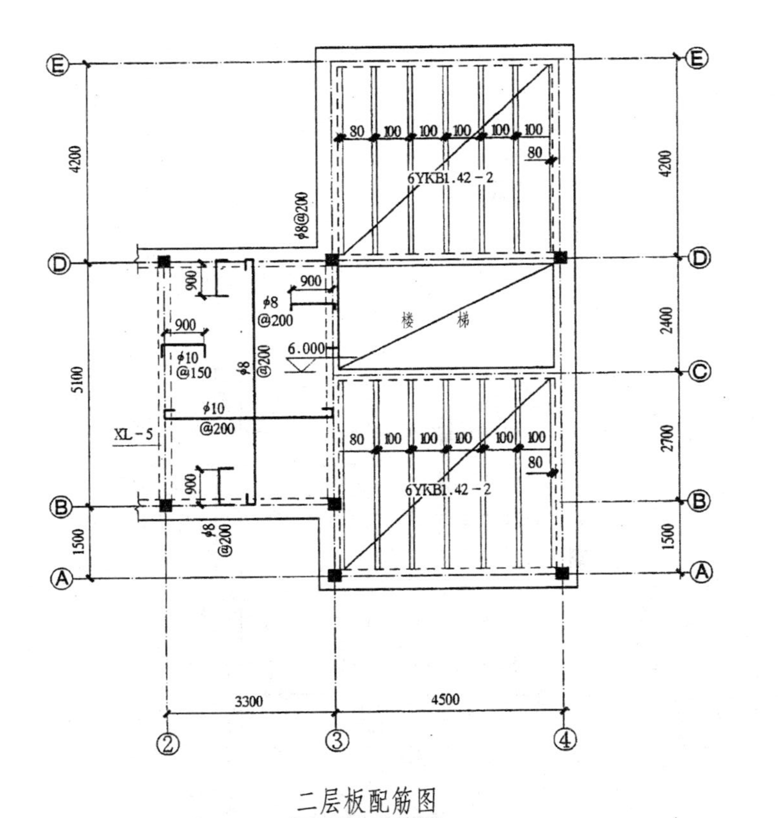

二层板配筋图

注：所有现浇板厚均为120mm。

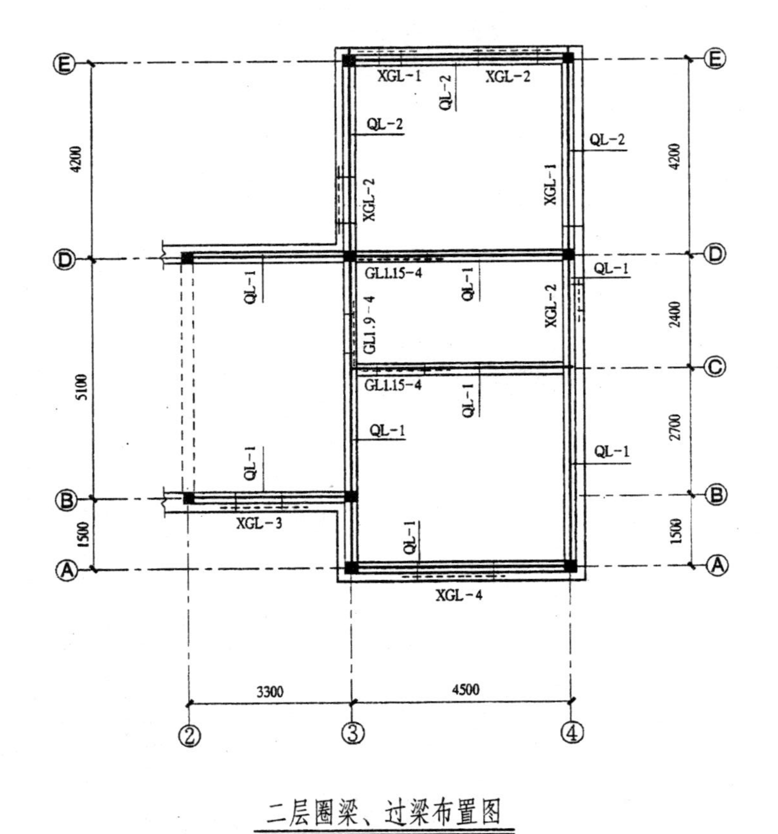

二层圈梁、过梁布置图

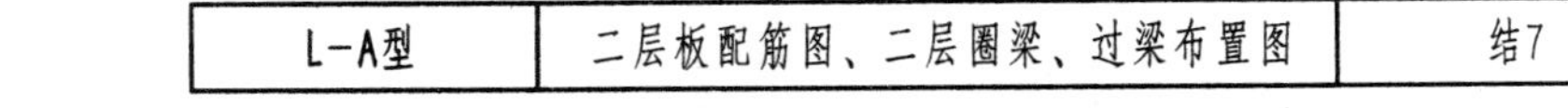

L－A型	二层板配筋图、二层圈梁、过梁布置图	结7

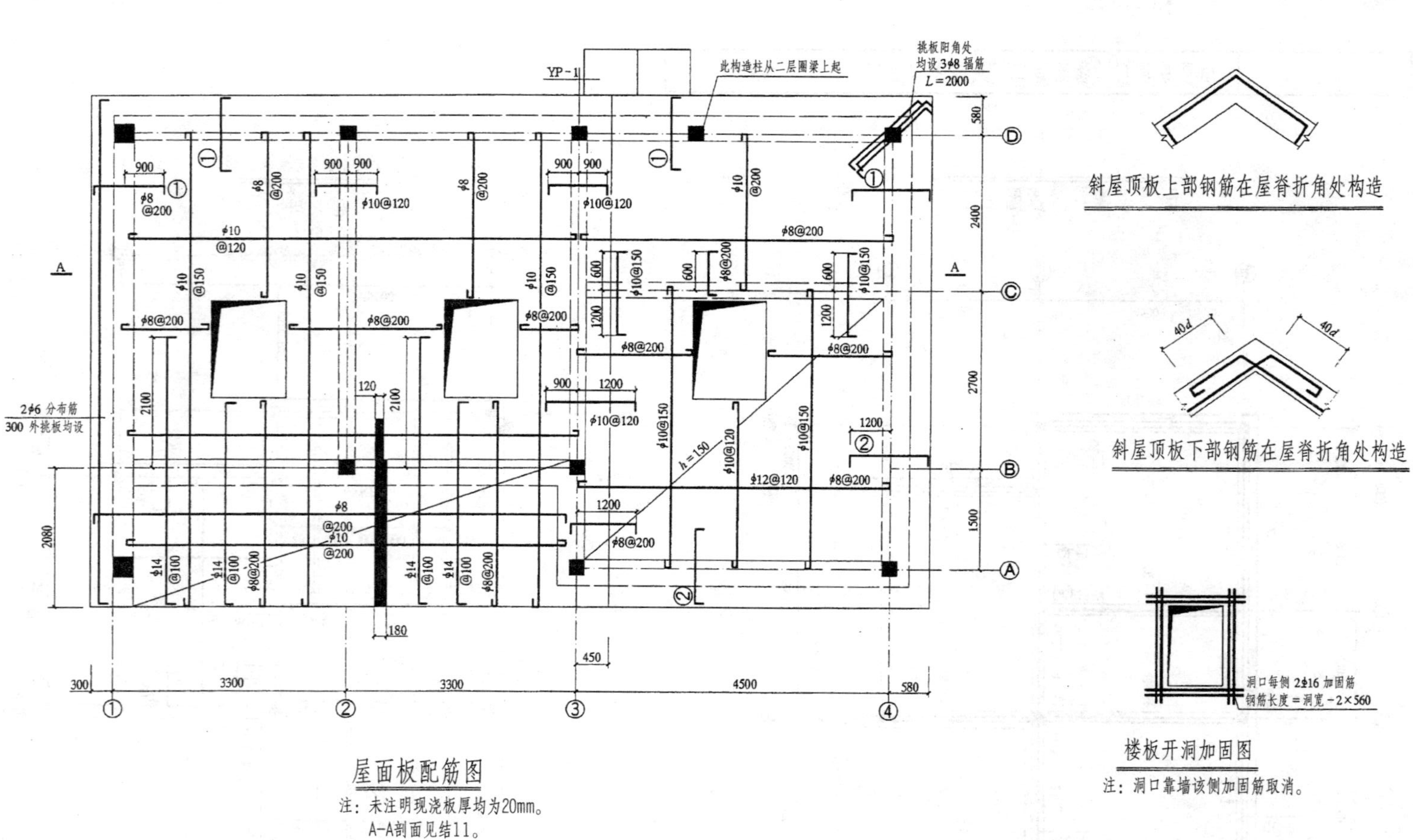

屋面板配筋图

注：未注明现浇板厚均为20mm。
A-A剖面见结11。

楼板开洞加固图

注：洞口靠墙该侧加固筋取消。

L-A型	屋面板配筋图	结8

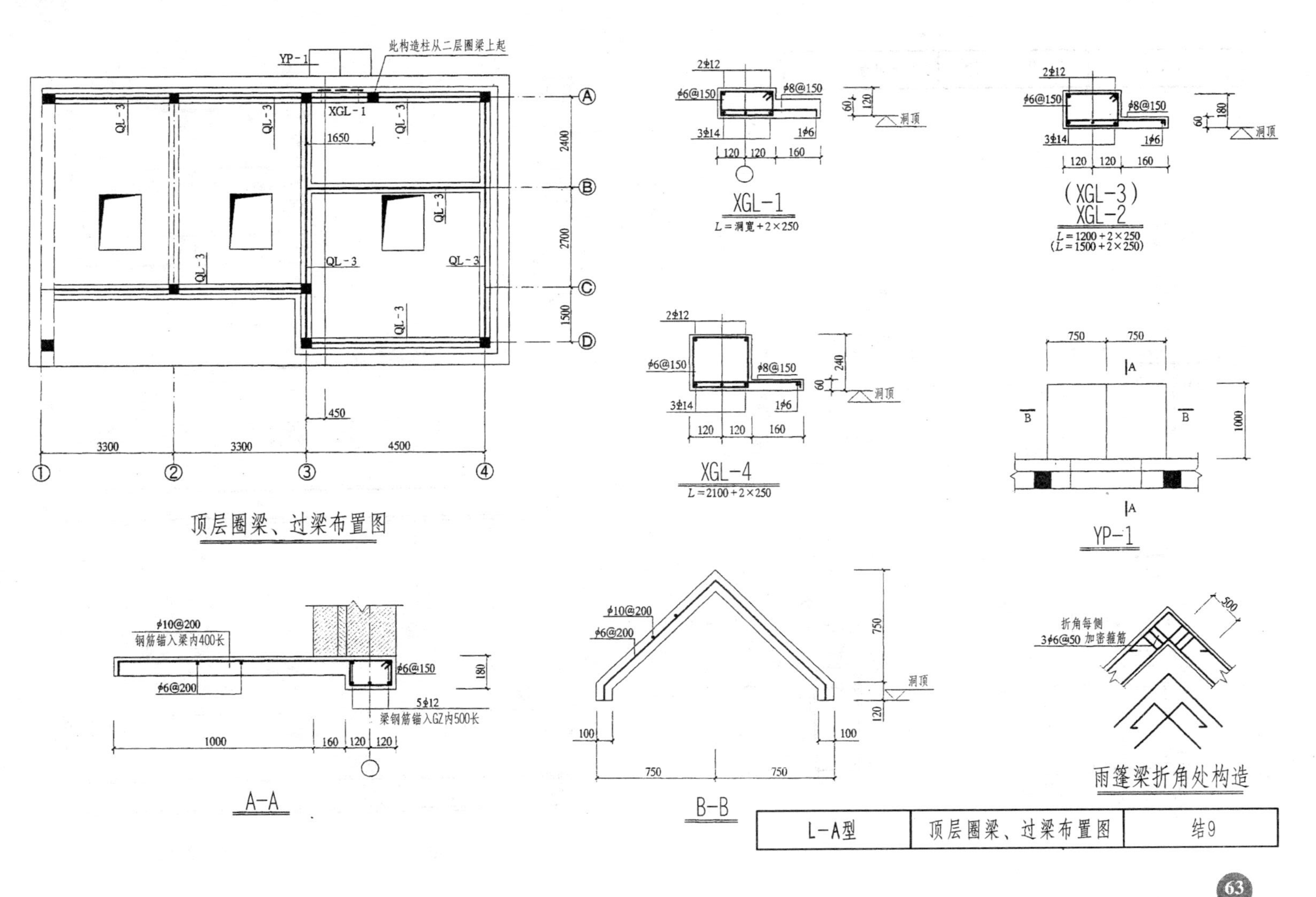

L-A型	顶层圈梁、过梁布置图	结9

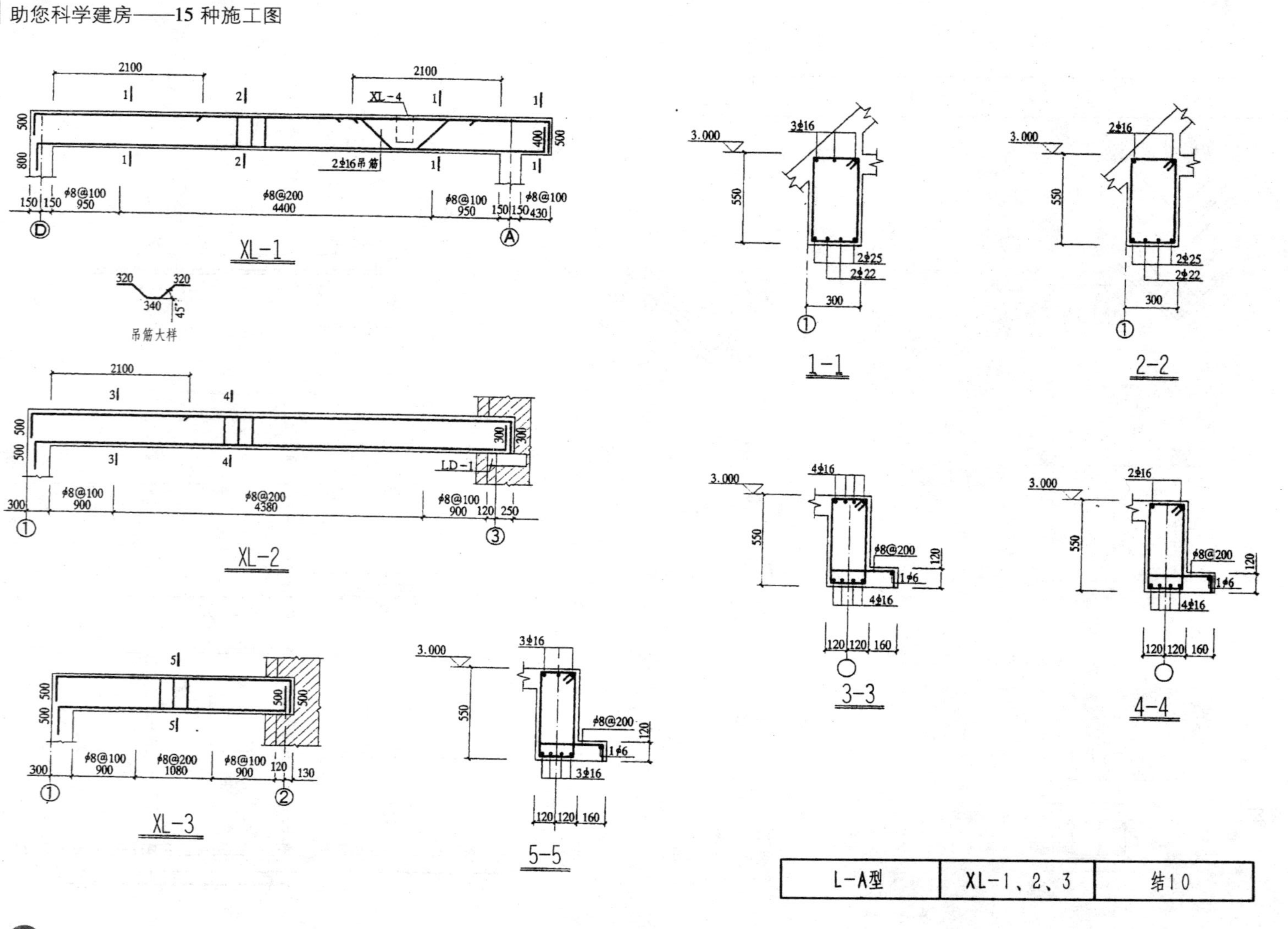

L-A型	XL-1、2、3	结10

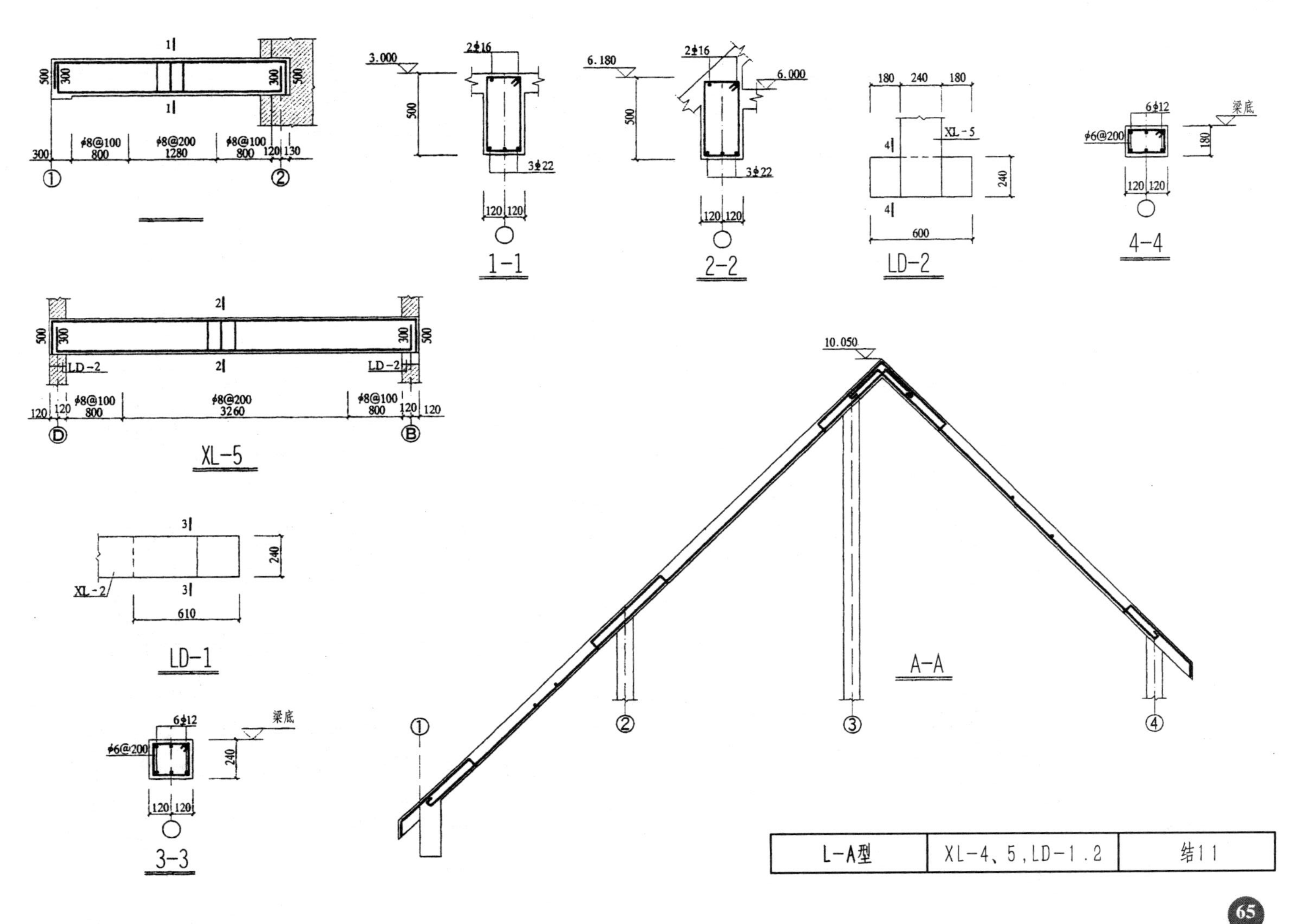

L-A型	XL-4、5，LD-1.2	结11

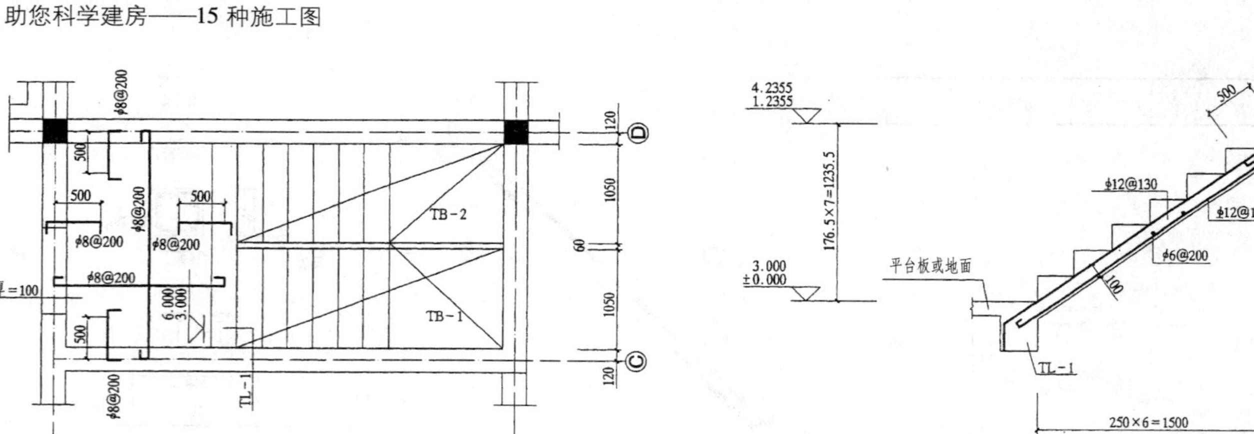

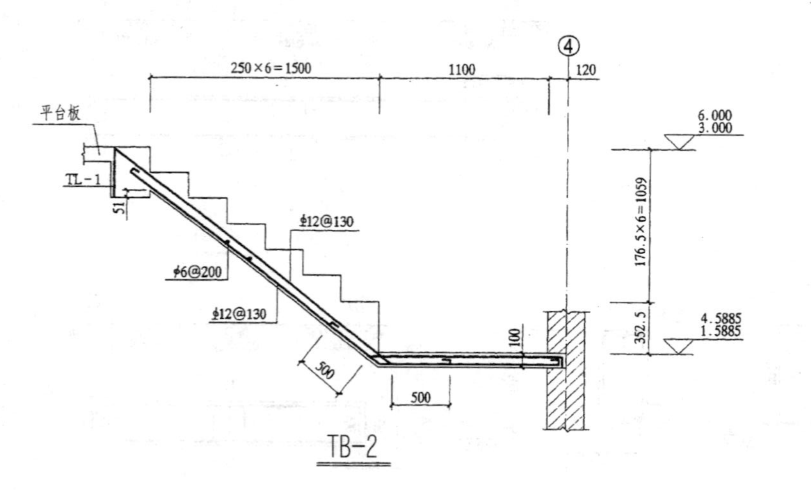

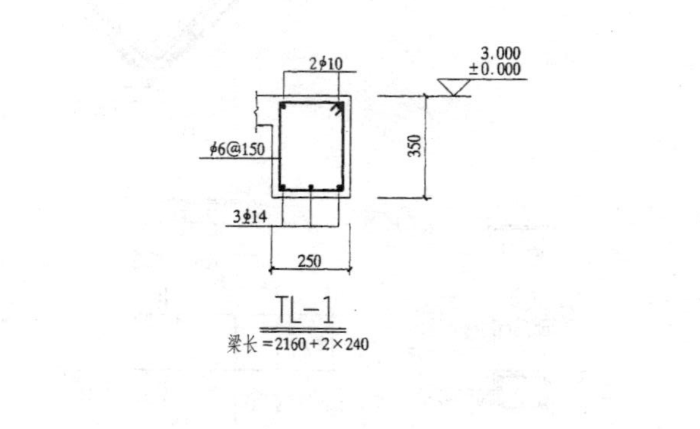

L-A型	楼梯配筋图	结12

给排水设计说明

1. 本工程生活给水设计流量及水压为：$G=0.57\text{L/s}$，$H=0.16\text{MPa}$。
2. 室内给水管采用给水 UPVC 管粘接或管件连接。水表采用 LXS 叶轮湿式水表。
3. 排水管采用排水 UPVC 管，粘接连接，每层设伸缩节一个。出屋面部分用镀锌钢管。
4. 给水管道安装在吊顶内，过门、过方厅或暗装时，应用毛毡进行防露。
5. 排水管的横管与横管，横管与立管的连接，应采用 45°三通或四通，90°斜三通或斜四通。
6. 立管与排出管端部连接宜采用两个 45°弯头。
7. 室内排水管坡度按下列数值：

DN50	0.035	DN75	0.025
DN100	0.02	DN150	0.01

8. 排水立管管底回填土必须夯实，并垫以 300×300×150 的混凝土块以防下沉。
9. 检查井为Φ1000 的砖砌圆形检查井。
10. 给水管道阀门采用调节阀。
11. 管道穿墙或穿楼板时，均设钢管套管，卫生间内的穿楼板立管应加设刚性防水套管。
12. 图中除标高以米计外，其于均以毫米计，给水管道标高以管中心计，排水管道标高以管底计。
13. 未尽事宜，请按《采暖与卫生工程施工及验收规范》和《标准图集》的有关规定执行。

给排水采暖图例

排水		给水		大便器低水箱	
水嘴		地漏		大便器存水弯	
清扫口		阀门		排水井	
检查口		水表井		止回阀	
通气帽		立管编号	JL-1PL-1	洗手盆存水弯	
供水管		回水管		自动排气阀	
立管标号		固定支架		手动放风阀	
坡度坡向	$i=0.003$	立管		760 散热器	10
泄水阀				浴盆	YP

采暖设计说明

1. 设计参数

供暖冬季室外计算温度：-19℃。

供暖冬季室内计算温度：

居室 18℃，厨房 16℃，

浴室 25℃，客厅 18℃。

2. 供暖热媒采用 95~70℃热水。
3. 建筑物采暖由锅炉房供给，热负荷和压力损失分别为：$Q=29.3\text{kW}$，$H=0.011\text{MPa}$。本建筑内设采暖定压水箱不便，应在锅炉房设压力传感器及补水泵解决。
4. 散热器选用 760 型散热器，明装、落地安装，供暖方式为水平串联式。
5. 供暖管道采用水煤气输送钢管，管径 DN≤32 采用螺纹连接，DN>32 采用焊接，阀件处可采用法兰连接，阀门采用闸阀。
6. 管道穿墙穿楼板时，均设镀锌铁皮套管或钢管套管。
7. 明装的采暖管道、散热器及支架，除锈后均刷防锈漆一遍，银粉两遍，安装在地沟内。楼梯间及不采暖房间的采暖管道，除锈后刷防锈漆两遍，然后采用矿棉进行保温。
8. 采暖系统应做水压试验，其试验压力为 0.60MPa，5 分钟内压力降不大于 0.02MPa 为合格。
9. 散热器组装后，应做水压试验，其试验压力为 0.60MPa，3 分钟不渗漏为合格。
10. 管道支架及安装间距见下表：

公称直径 DN(mm)		15	20	25	32	40	50	70	80	100	125	150
支架最大间距	保温管	1.5	2	2	2.5	3	3	4	4	4.5	5	6
	不保温管	2.5	3	3.5	4	4.5	5	6	6	6.5	7	8

11. 未尽事宜，请按《采暖与卫生工程施工及验收规范》及《标准图集》的有关规定执行。

L-A型	给排水设计说明、采暖设计说明	水暖1

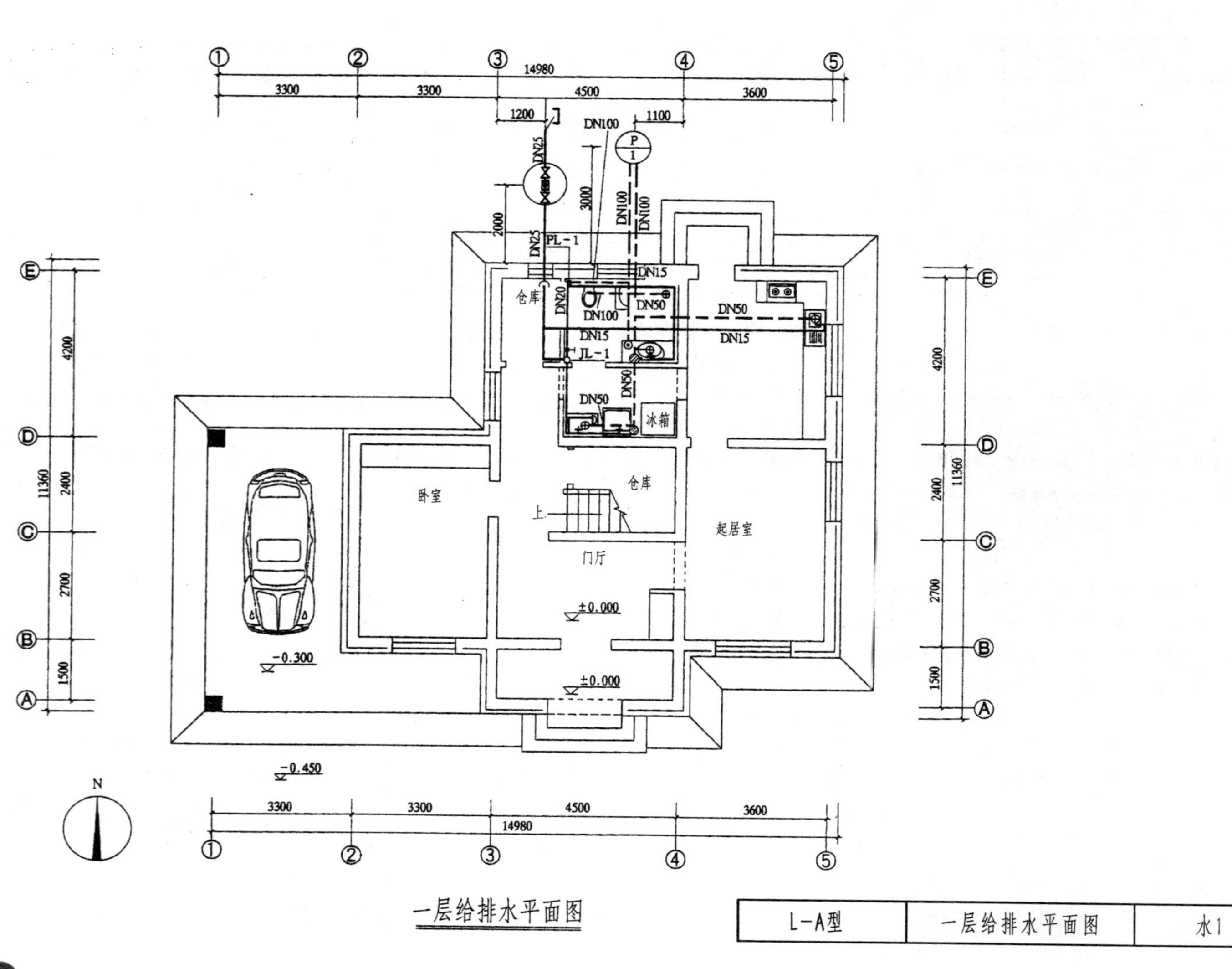

一层给排水平面图

L-A型	一层给排水平面图	水1

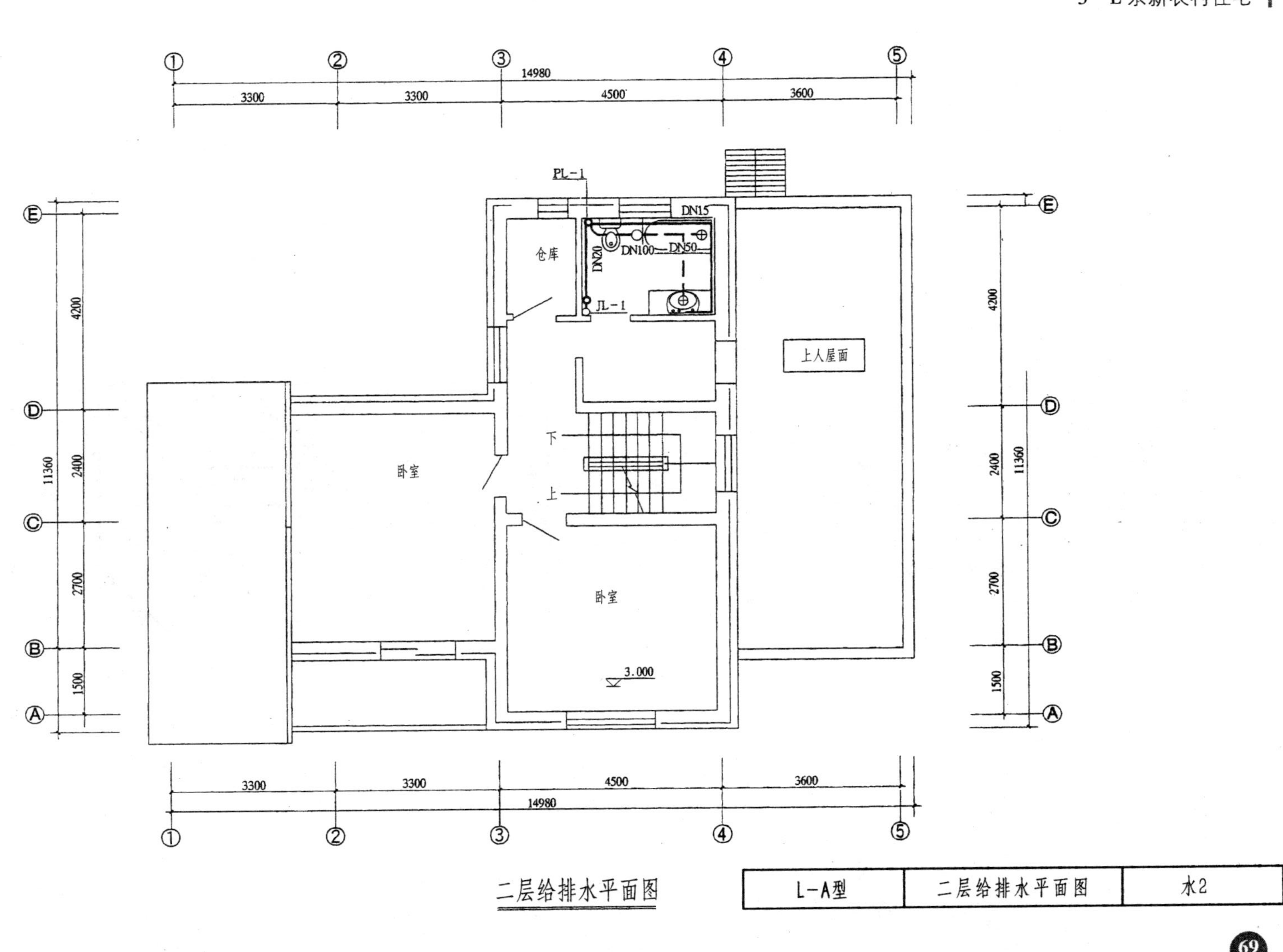

二层给排水平面图

L-A型	二层给排水平面图	水2

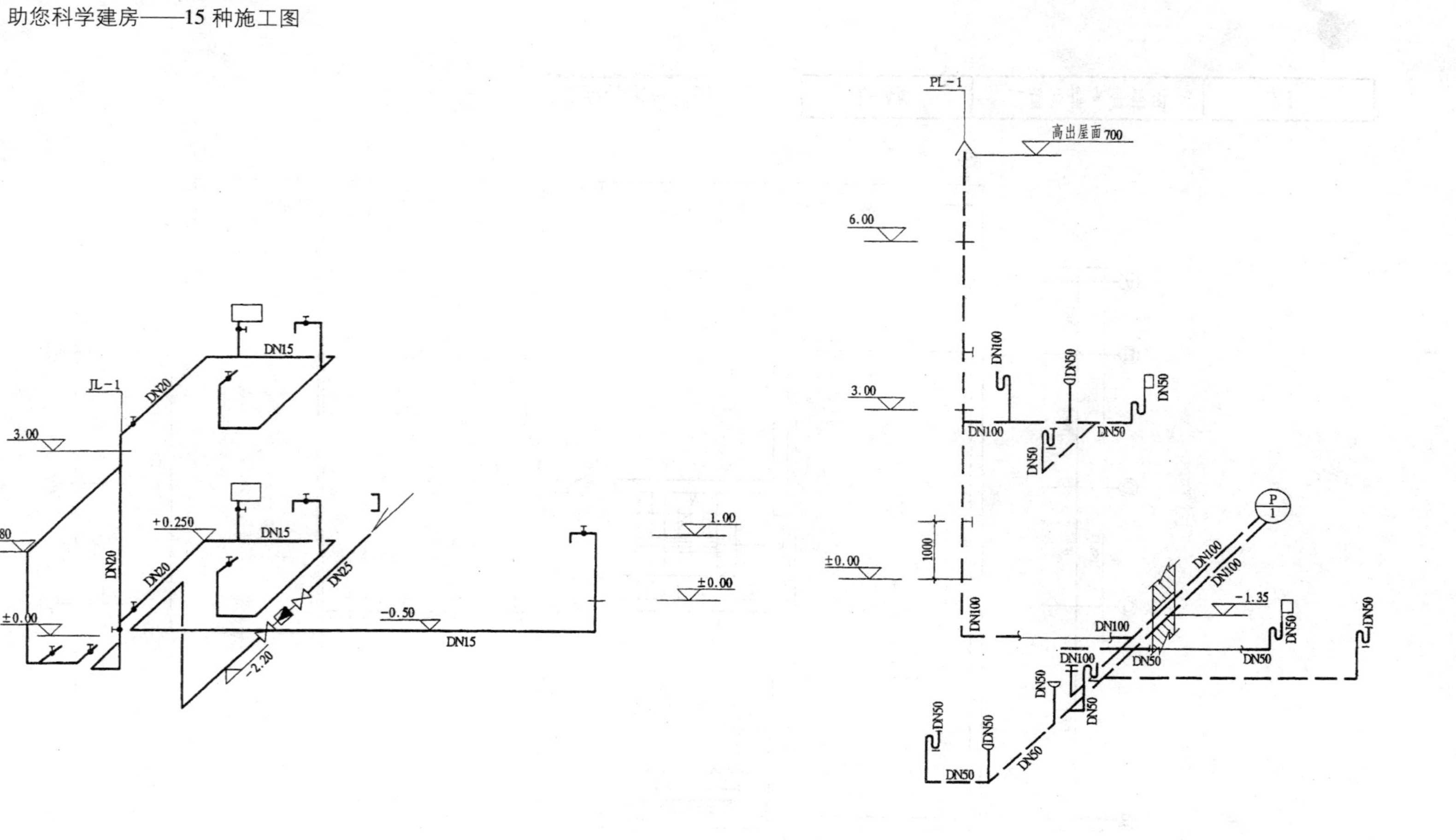

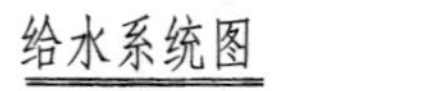
给水系统图

排水系统图

L-A型	给排水系统图	水3

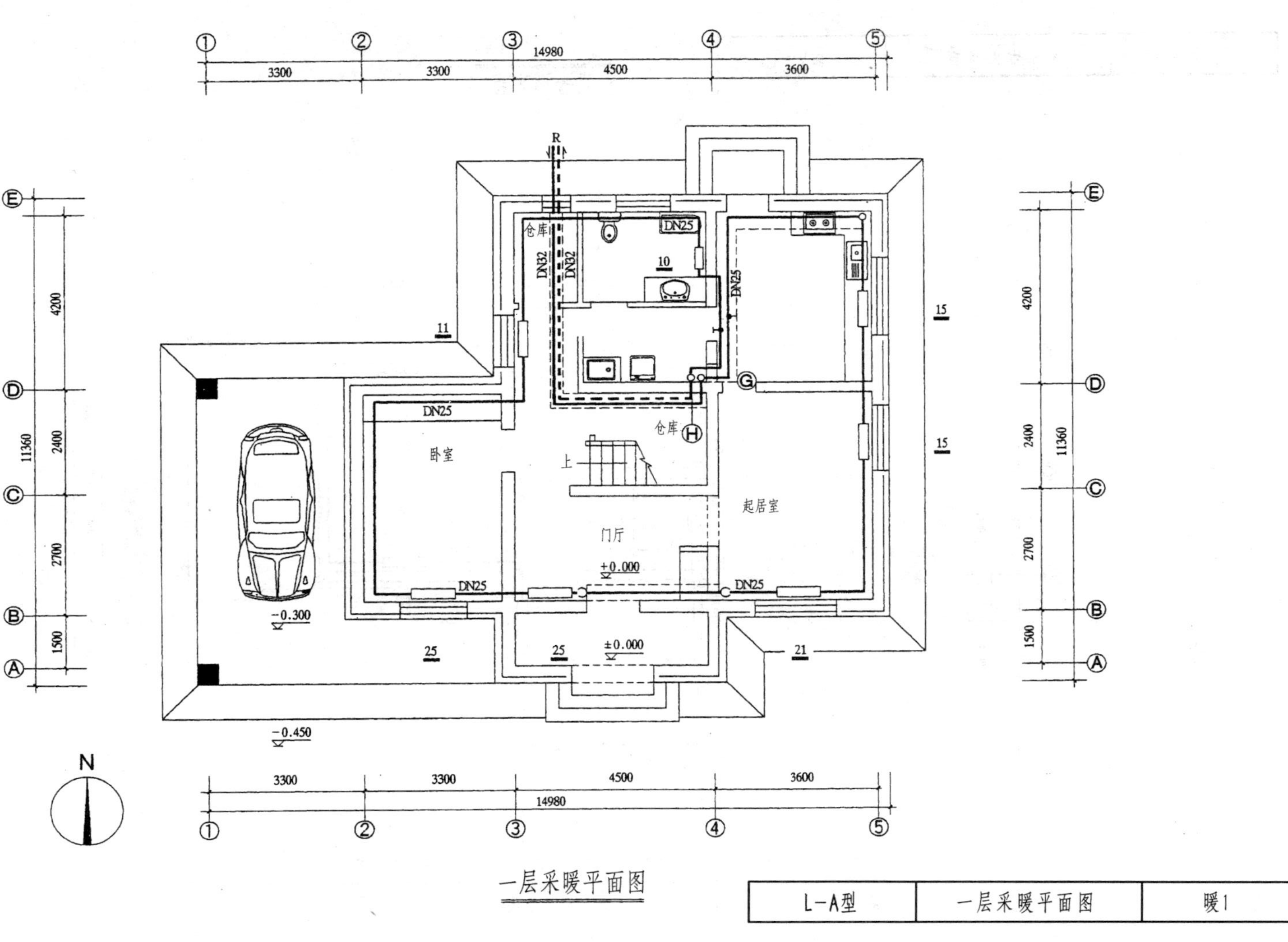

一层采暖平面图

L-A型	一层采暖平面图	暖1

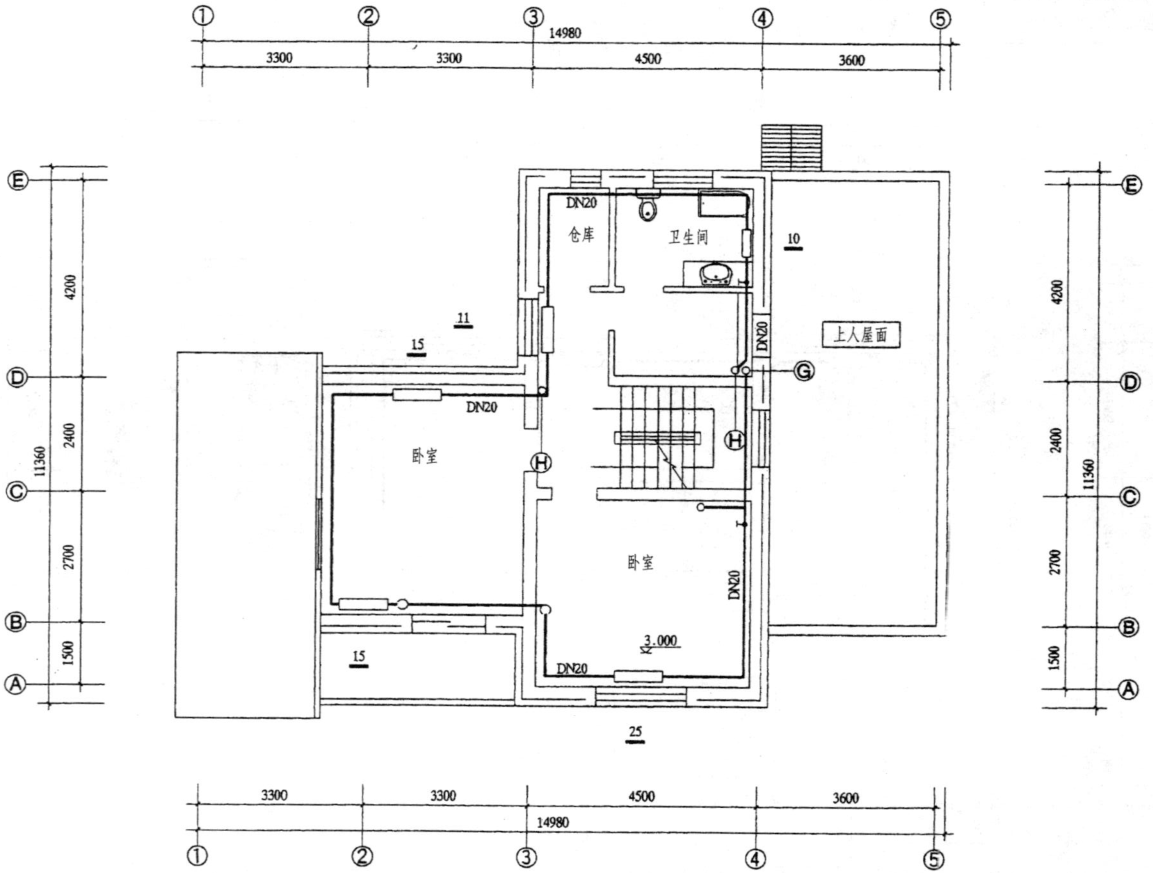

二层采暖平面图

L-A型	二层采暖平面图	暖2

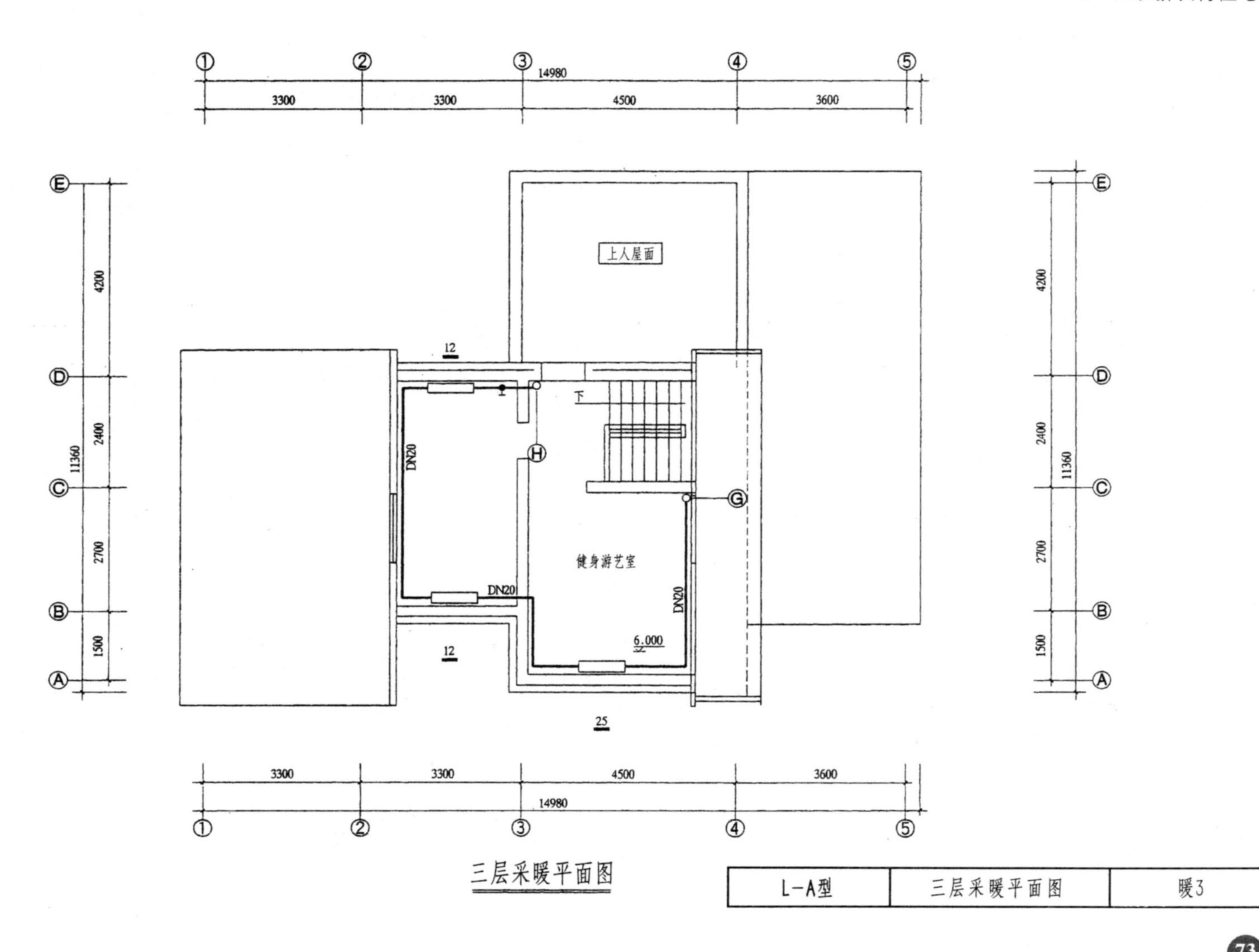

三层采暖平面图

L-A型	三层采暖平面图	暖3

采暖系统图

L-A型	采暖系统图	暖4

电气设计说明

1. 本工程电源单相进户线架空引入，架空高度为3.0m，电压为220V，采用TN－C－S接地系统，在入户处做重复接地，接地电阻不大于10Ω，插座设PE专用线。PE线与N线互相绝缘不应混接。进户线保护采用钢管，伸出墙外150mm，距支撑物250mm，并应做防水处理。

2. 配电箱底边距地1.6m，采用墙内暗敷设，开洞尺寸按箱体实际尺寸预留，施工时，请土建专业配合施工。

3. 导线沿墙，现浇层暗敷设时，穿钢性阻燃PVC管；沿板孔暗敷设时，穿阻燃波纹管；沿地面暗敷时，穿镀锌钢管。室内配电线路插座与照明回路分开，照明线路采用BV－500V，$2\times2.5mm^2$ P20，插座线路采用BV－500V，$3\times4mm^2$，地面暗敷时采用S20，其余采用P20。

4. 墙壁开关安装高度中心距地1.4m，普通插座中心距地0.3m，排油烟机、卫生间、锅炉房插座中心距地2.0m，冰箱、洗衣机插座中心距地1.4m，灯具安装高度由甲方自定。

5. 本工程电话、有线电视均从入户处做起，进户采用架空，架空高度为3.0m，电话分线盒、有线前端箱底边距地0.5m，电话用户盒、有线电视用户接收终端盒中心距地0.3m，室内电话支线采用RVB－$2\times0.3mm^2$导线，地面暗敷采用S15，其余采用P16，室内电视电缆采用SYKV－75－5同轴电缆，地面暗敷采用S20，其余采用P20。

6. 其他未尽事宜请参照电气施工安装工程的有关规定执行。

图　例

序号	图例	名称	型号及规格	备注
1		电表箱	见系统图	
2		单管荧光灯	1×40W	
3	⊗	防水圆球吸顶灯	1×40W	
4		小花灯	4×40W	
5		大花灯	6×40W	
6		暗装单相二、三极插座	250V　16A	安全型
7		暗装单相三极插座	250V　16A	排油烟机、卫生间插座（防水防溅安全型）
8		暗装单相三极插座	250V　16A	冰箱、洗衣机插座（防水防溅安全型）
10		暗装单、双三极开关	250V　10A	
11		有线电视前端箱		
12		电话交接箱		
13	TV	电视用户出线盒		
14	TP	电话用户出线盒		
15	①	白炽灯	1×40W	
16	○	吸顶灯	1×40W	
17		接线盒		
18	Ⓑ	壁灯	1×40W	
19		暗装单极双控开关	250V　10A	
20		接地极		∠50×50×5　－40×4　－25×4
21		进户线	见系统图	
22		板孔暗配线		
23	P	塑料管		
24	S	钢管		

L－A型	电气设计说明、图例	电1

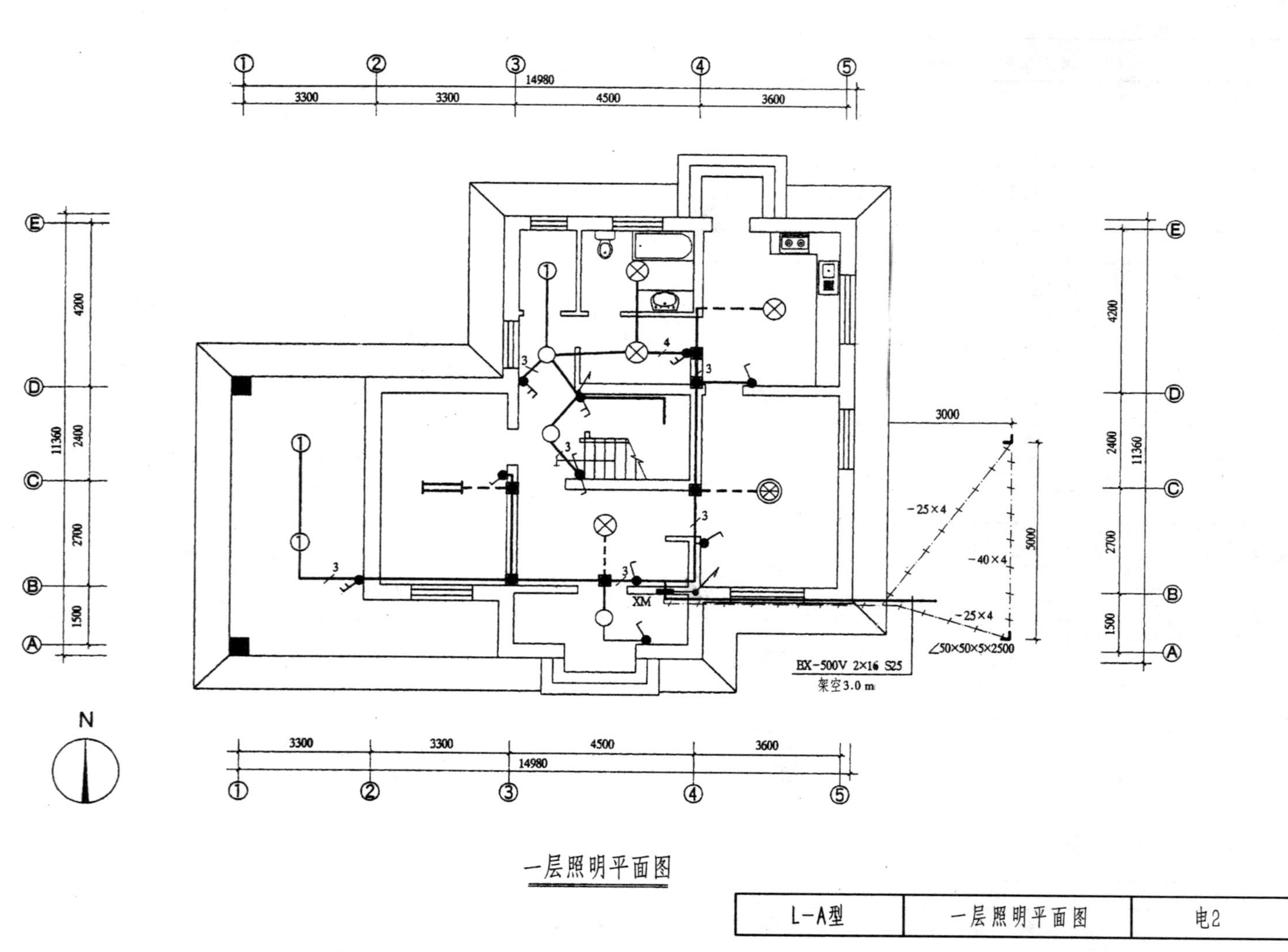

一层照明平面图

L−A型	一层照明平面图	电2

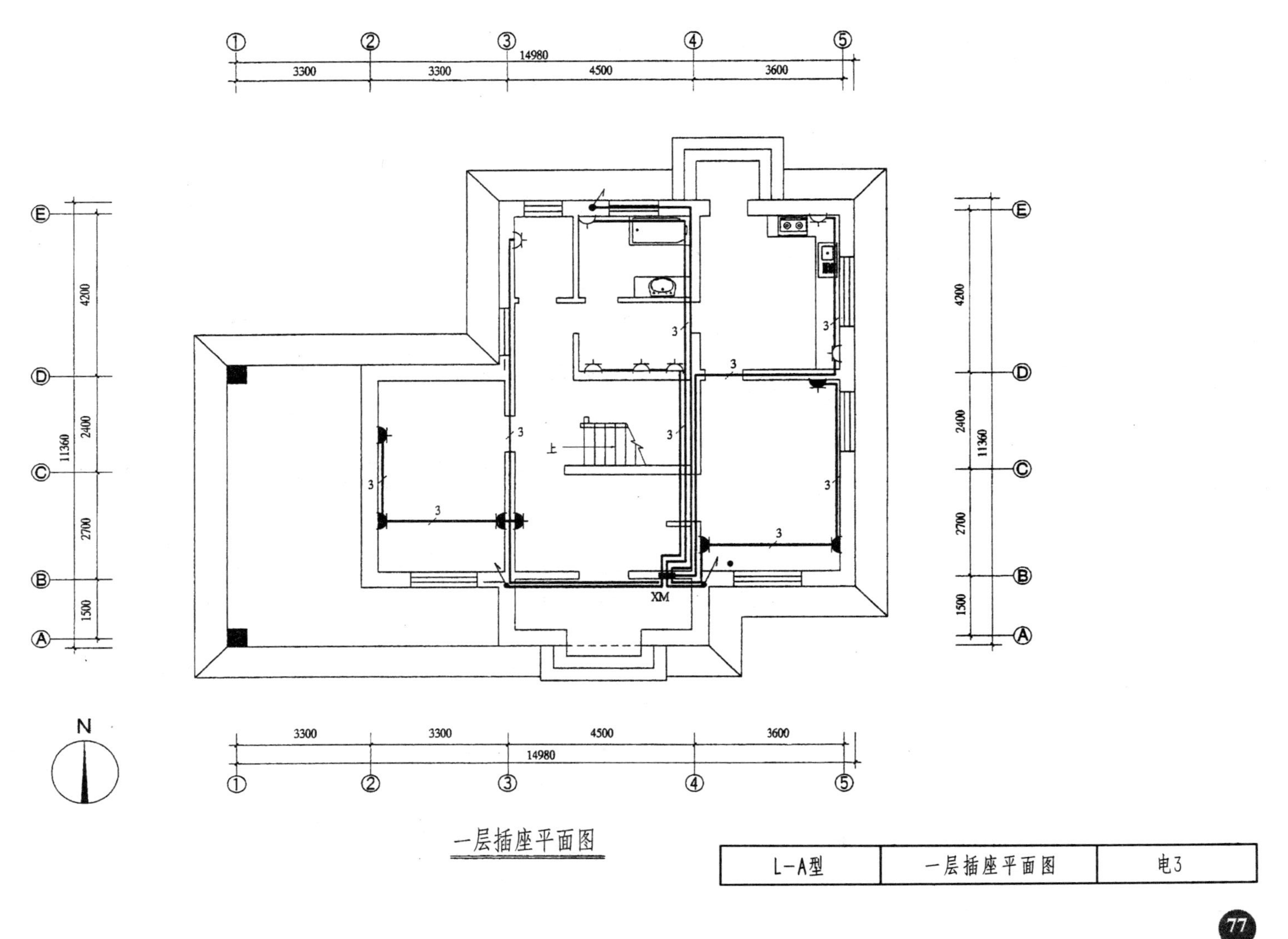

一层插座平面图

L-A型	一层插座平面图	电3

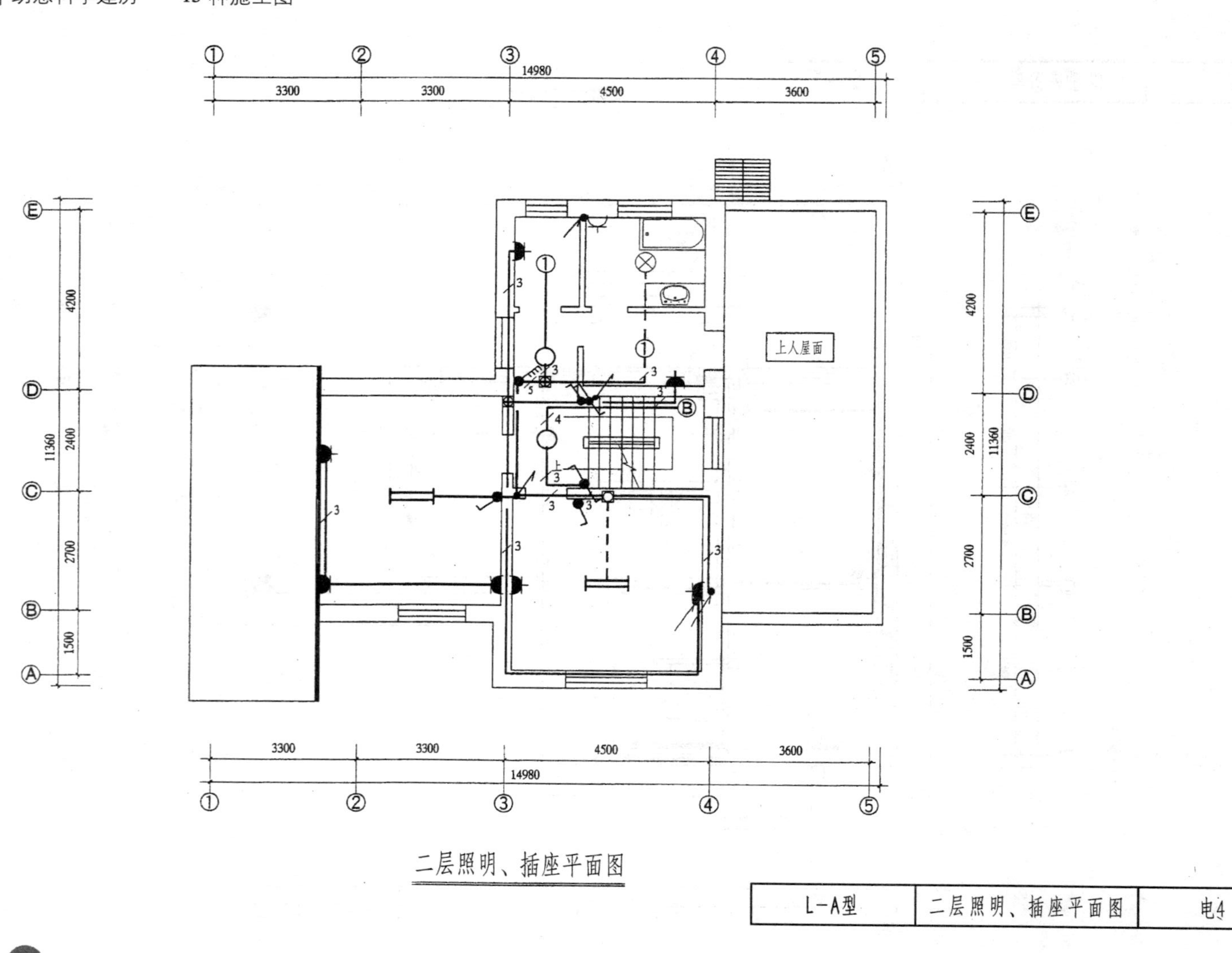

二层照明、插座平面图

L-A型	二层照明、插座平面图	电4

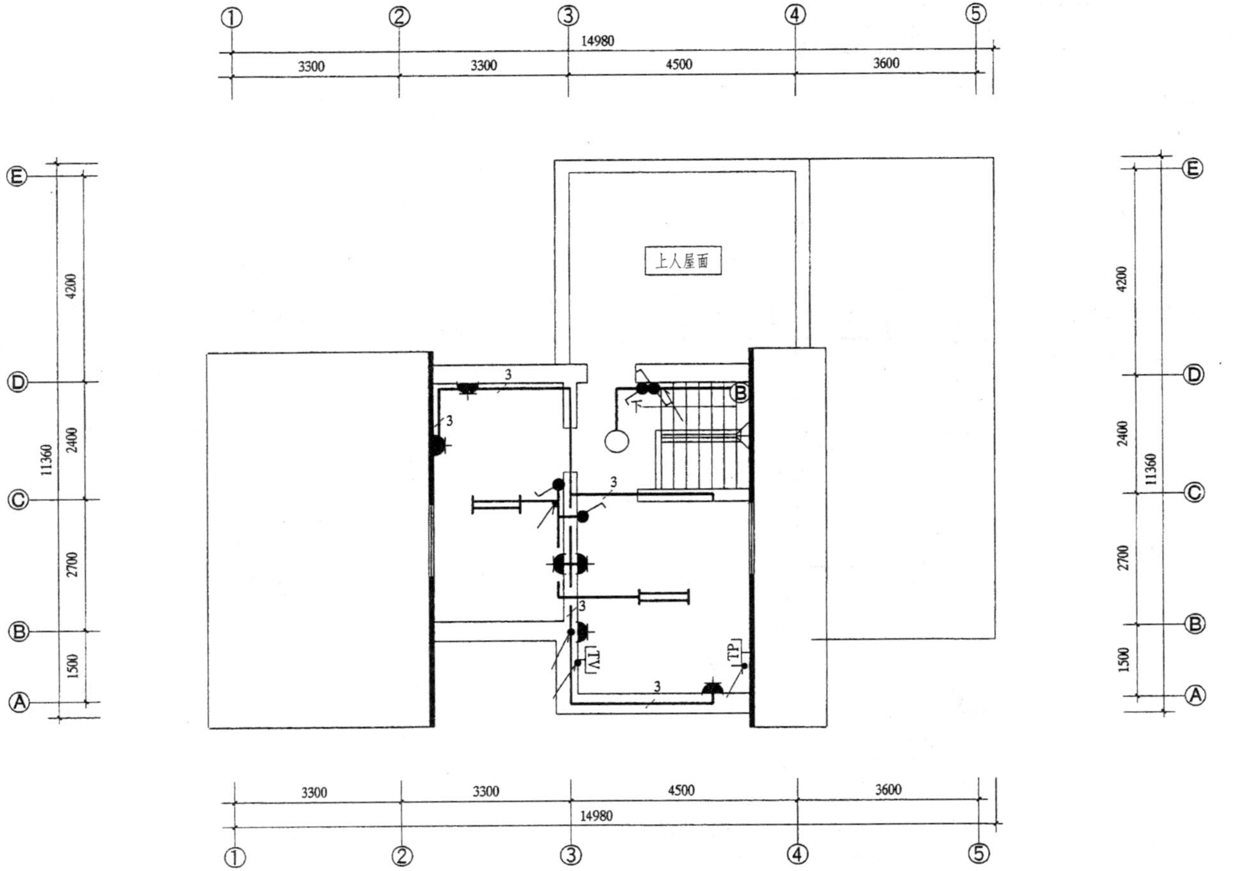

三层照明、插座平面图

L-A型	三层照明、插座平面图	电5

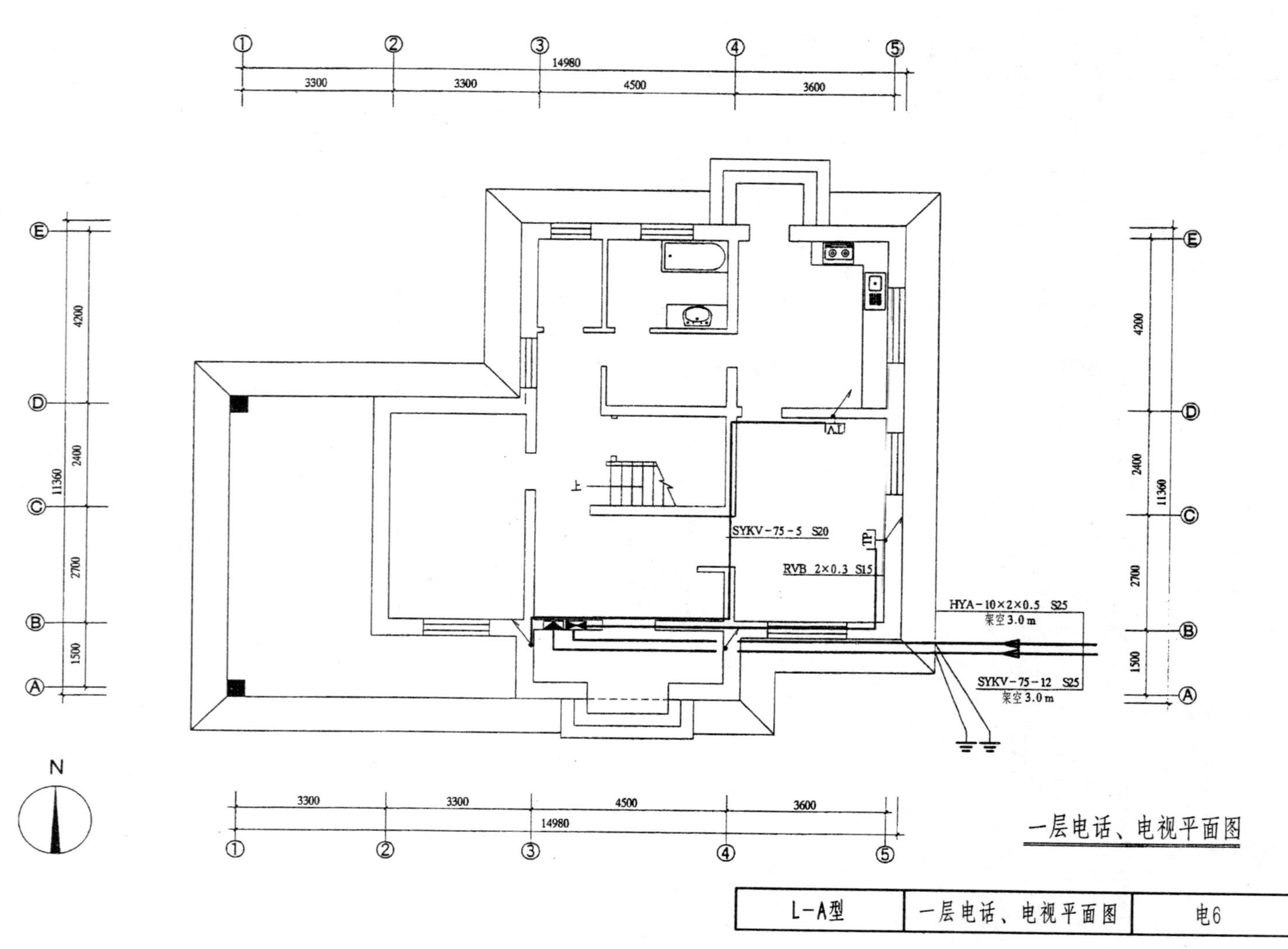

一层电话、电视平面图

L-A型	一层电话、电视平面图	电6

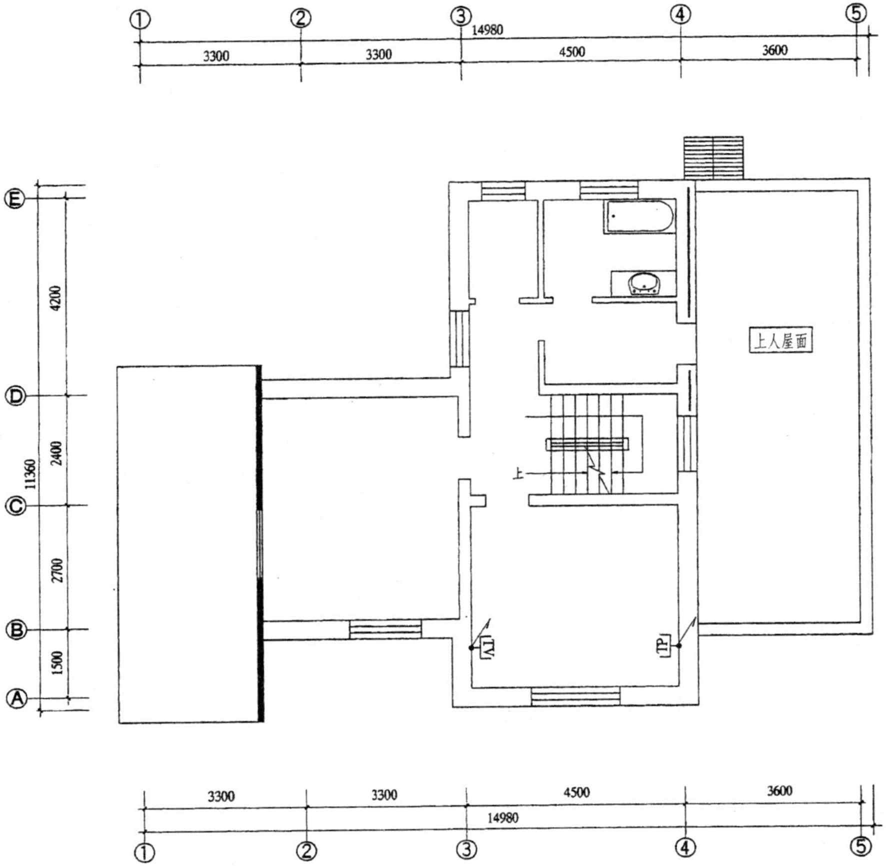

二层电话、电视平面图

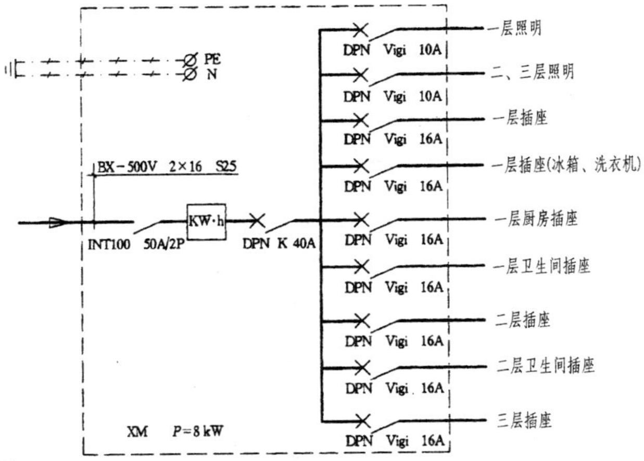

配电系统图

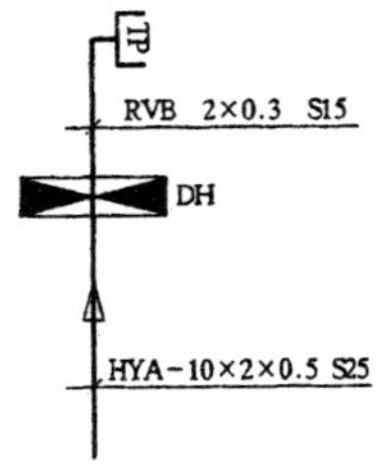

电话系统图

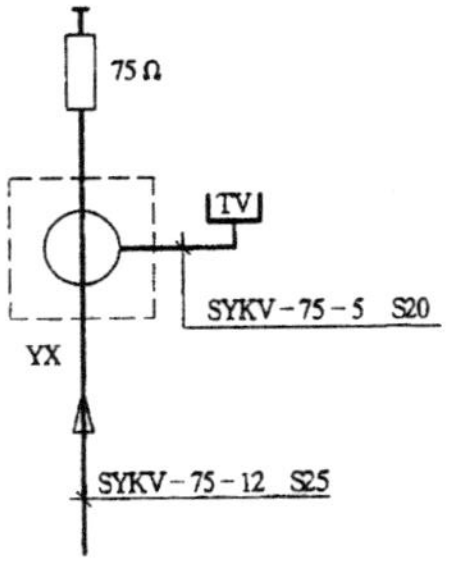

有线电视系统图

L-A型	二层电话、电视平面图、强弱电系统图	电7

建筑设计说明

设计单位：沈阳建筑工程学院设计院

一、图中尺寸

以毫米为单位，标高以米为单位。

二、室内外高差

室内地坪设为 ±0.000m，室外地坪标高为 -0.450。相当于绝对标高由现场确定。

三、墙体

1. 外墙采用

(1) ±0.000m 以下采用 MU10 机制红砖，M5 水泥砂浆砌筑，400 厚砖墙。

(2) ±0.000m 以上采用 MU10 承重空心砖，M5 混合砂浆砌筑，400 厚砖墙。

2. 内墙采用

(1) ±0.000m 以下采用 MU10 机制红砖，M5 水泥砂浆砌筑，240 厚砖墙。

(2) ±0.000m 以上采用 MU10 承重空心砖，M5 混合砂浆砌筑，240 厚砖墙。

3. 墙体节能做法详见本图集通用图。

四、墙身防潮

所有内、外墙均在 -0.060m 处抹 1:2 水泥砂浆 20 厚内掺 5% 防水剂。

五、屋面

屋面构造及做法详见室内外装修表。

六、室内外装修

详见本图集通用图室内外装修表。

七、防腐

1. 所有预埋木制构件均做防腐处理后方可使用。

2. 所有预埋铁构件均先除锈，刷防锈漆一道。

八、门窗

1. 外门采用实木艺术门。

2. 内门采用胶合板门。

3. 外窗均采用单框中空玻璃塑钢窗。

九、专业配合

土建预留洞请设备专业工程师密切配合施工。

十、其他

未尽事宜请执行国家有关规范。

门窗明细表

序号	类别	工程编号	洞口尺寸(宽×高)	数量	备注
1	门	M-1321	1300×2100	1	木门(外门做保温，内门半玻门)
2		M-0921	900×2100	7	木门(外门做保温)
3		M-0821	800×2100	3	(推拉门)
4		MC-1521(15)	1500×2100	1	单框双玻塑钢窗
5	窗	C-2115	2100×1500	2	单框双玻塑钢窗
6		C-1515	1500×1500	1	单框双玻塑钢窗
7		C-1215	1200×1500	5	单框双玻塑钢窗
8		C-1015	1000×1500	1	单框双玻塑钢窗
9		C-1006	1000×600	1	单框双玻塑钢窗
10		C-0615	600×1500	2	单框双玻塑钢窗

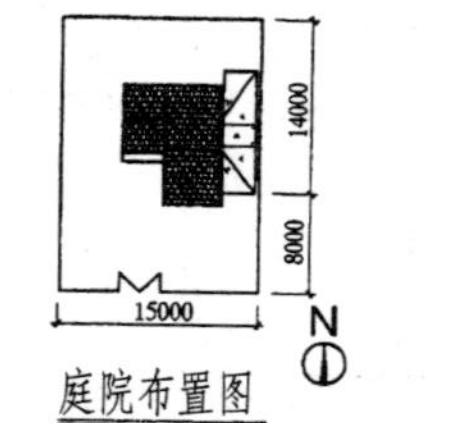

庭院布置图

经济技术指标

占地面积	330.00m²
建筑面积	158.7m²
使用面积	121.5m²
使用面积系数	76.0%

L-B型	设计说明、门窗表	建1

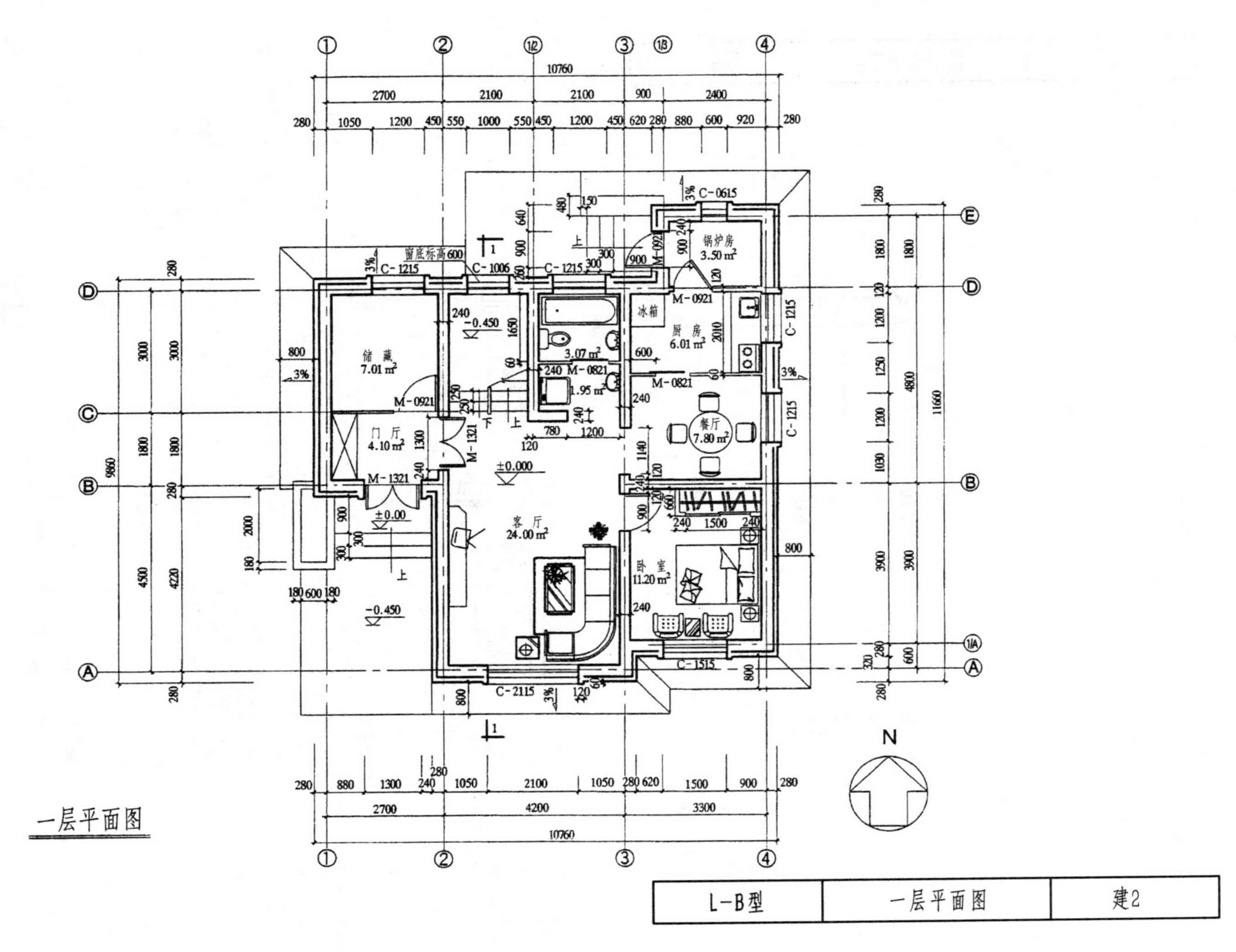

一层平面图

L-B型	一层平面图	建2

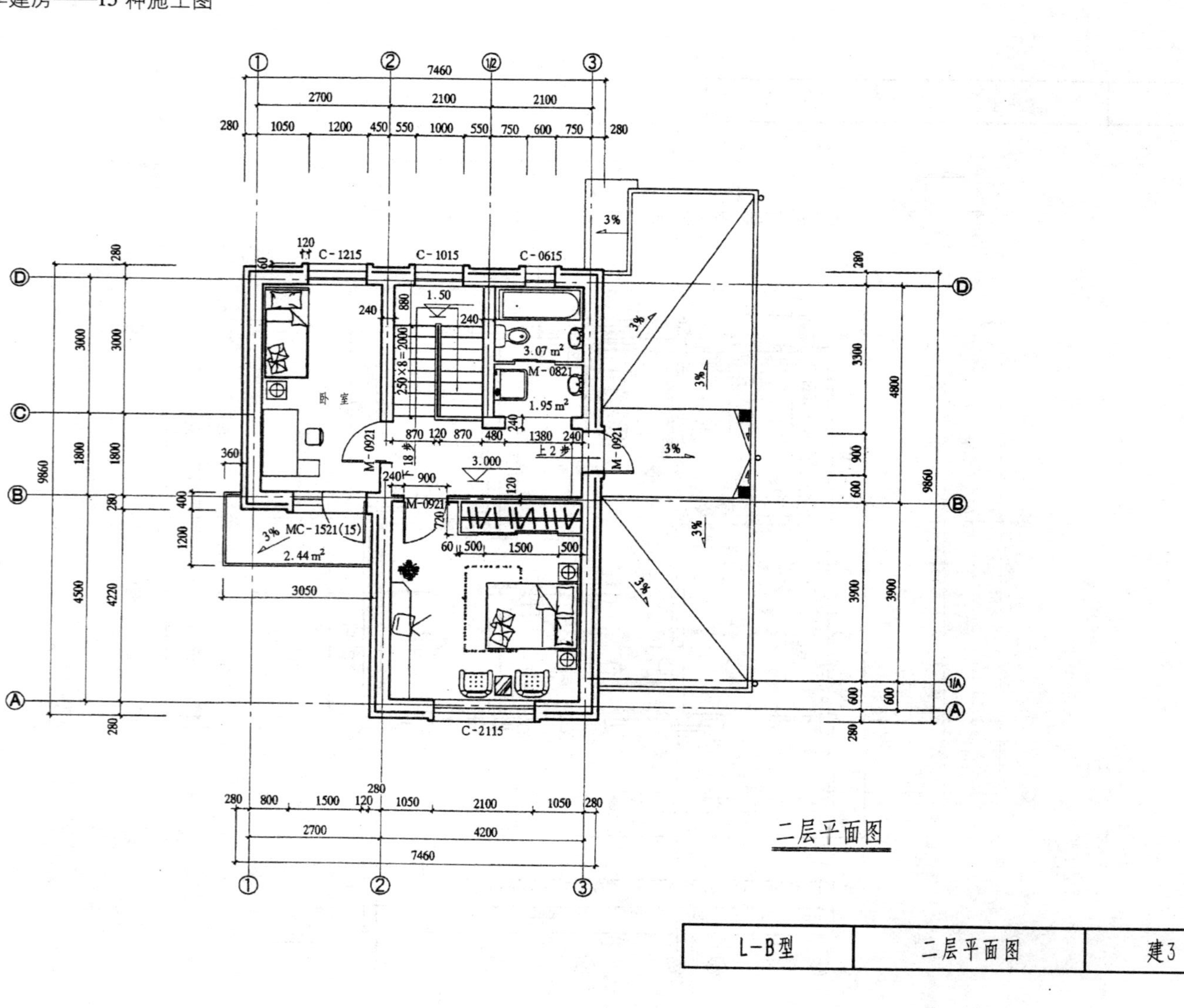

二层平面图

L-B型	二层平面图	建3

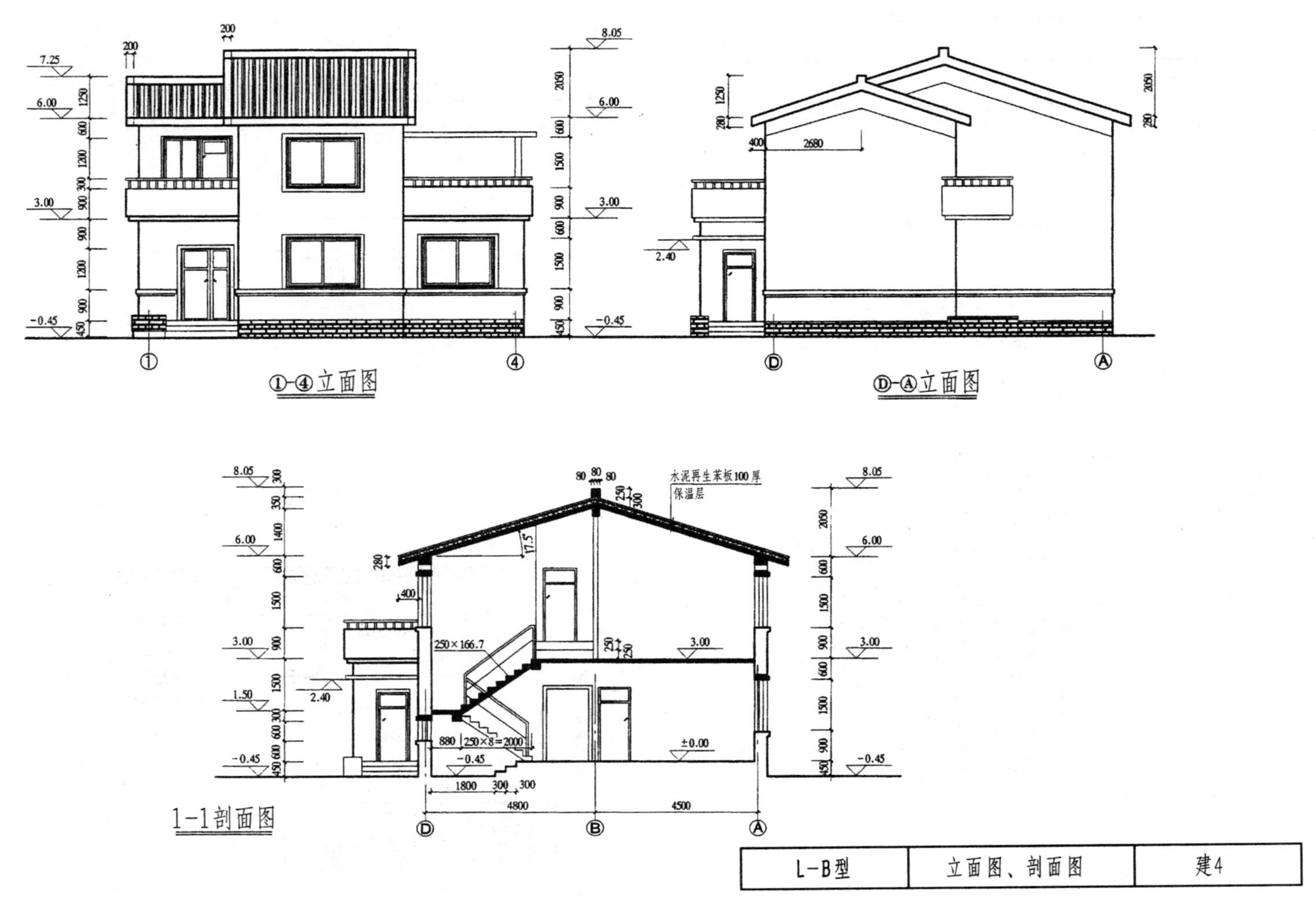

L-B型	立面图、剖面图	建4

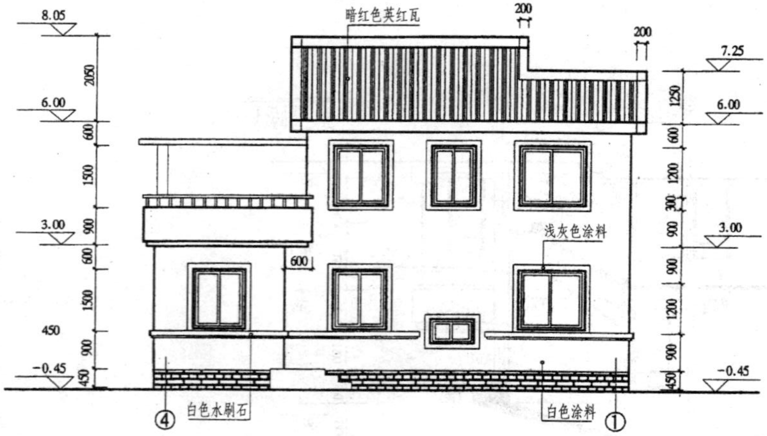

暗红色英红瓦

浅灰色涂料

白色水刷石

白色涂料

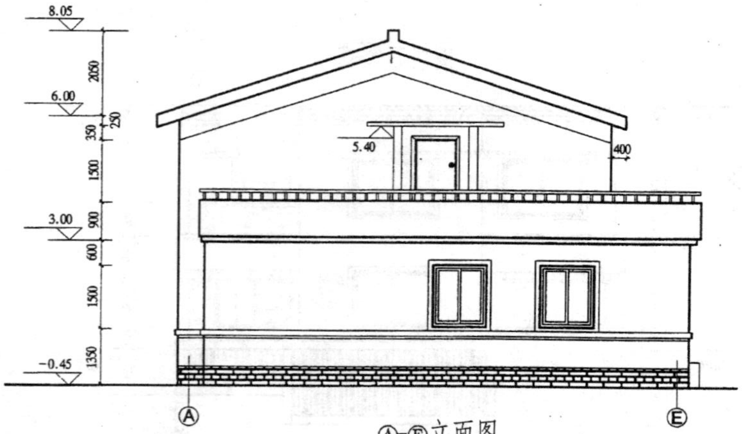

④-①立面图

Ⓐ-Ⓔ立面图

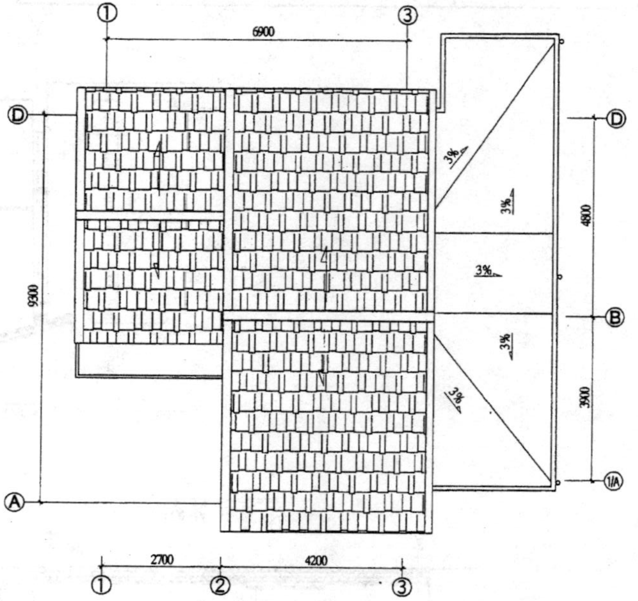

屋顶平面图

L-B型	屋顶平面图、立面图	建5

结构设计说明

一、设计依据

1. 国家现行各有关规范、规定，结构设计手册及建筑结构构造资料集等。

2. 本工程适用于沈阳地区。

二、自然条件及荷载取值

1. 基本风压：0.5kN/m^2。

2. 基本雪压：0.4kN/m^2。

3. 抗震设防烈度为7度。

4. 本工程按假定地基承载力标准值 F_k = 120kPa 进行基础设计，基础置放于未扰动的天然土层，如果实际土层承载力不符时，其埋深及基础宽度应予调整。地基开挖时，如地下水位较高，应做好排水工作。开挖后，应及时施工，并分层回填夯实。

三、代号说明

GZ——构造柱	XB——现浇板	XL——现浇梁	TL——梯梁
GL——过梁	TB——梯板	GB——地沟盖板	YP——雨篷

四、砌体工程

1. ±0.000 以下墙体用 MU10 红砖，M5 水泥砂浆砌筑。

2. ±0.000 以上墙体用 MU10 承重空心砖和 M5 混合砂浆砌筑。

3. 60 隔墙用 MU10 红砖和 M10 水泥砂浆砌筑。

4. 120 隔墙用空心砖或轻质砌块和 M5 混合砂浆砌筑。

五、混凝土工程

1. 构造柱与墙体之间设置拉结筋，其具体构造见右图，或参见图集《辽 92G801》第 12～14 页。

2. 构造柱必须先砌砖埋入拉筋后再浇注混凝土，砌筑时留马牙槎（详见《辽 92G801》第 7 页）。

3. 未注明强度等级的构件，其强度等级均为 C20。

4. 未注明分布筋均为Φ6@200。

5. 构造柱、圈梁、女儿墙构造柱、压顶梁必须遵守 JGJ 13—82，辽 92G801，CG 329(一)(二)中的规定。

六、构造要求

1. 本工程所用红砖进场后，必须取样试压。

2. 构造柱主筋锚入地梁内 35d(d 为钢筋直径)。

3. 本设计未考虑冬季施工，如冬季施工，应按冬季施工有关规定执行。

4. 全部节点构造及本图未尽事宜，均按 7°设防有关规定及标准图集 CG 329 及辽 92G801 执行。

七、其他

1. 过梁选自《辽 92G307》，地沟选自《辽 92G304》，空心板选自《辽 93C401》。

2. 当楼板需开洞口时，应预先留设，不得后凿。

3. 室内过梁底标高按建施图施工，当遇混凝土构造柱时，与柱一起浇注，另加 2Φ8 负筋Φ6@200 箍筋。

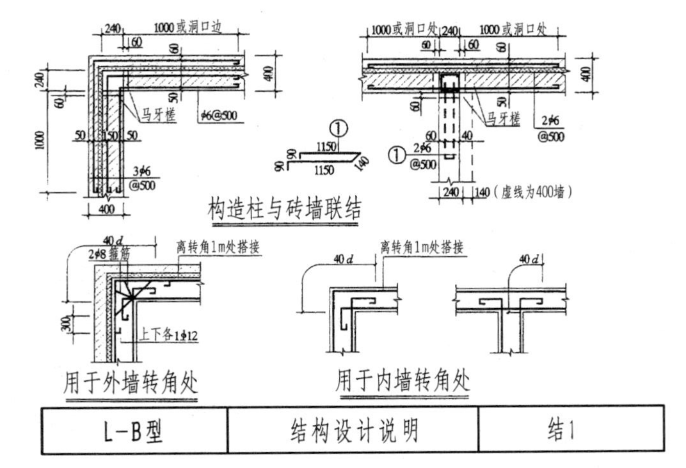

L-B型	结构设计说明	结1

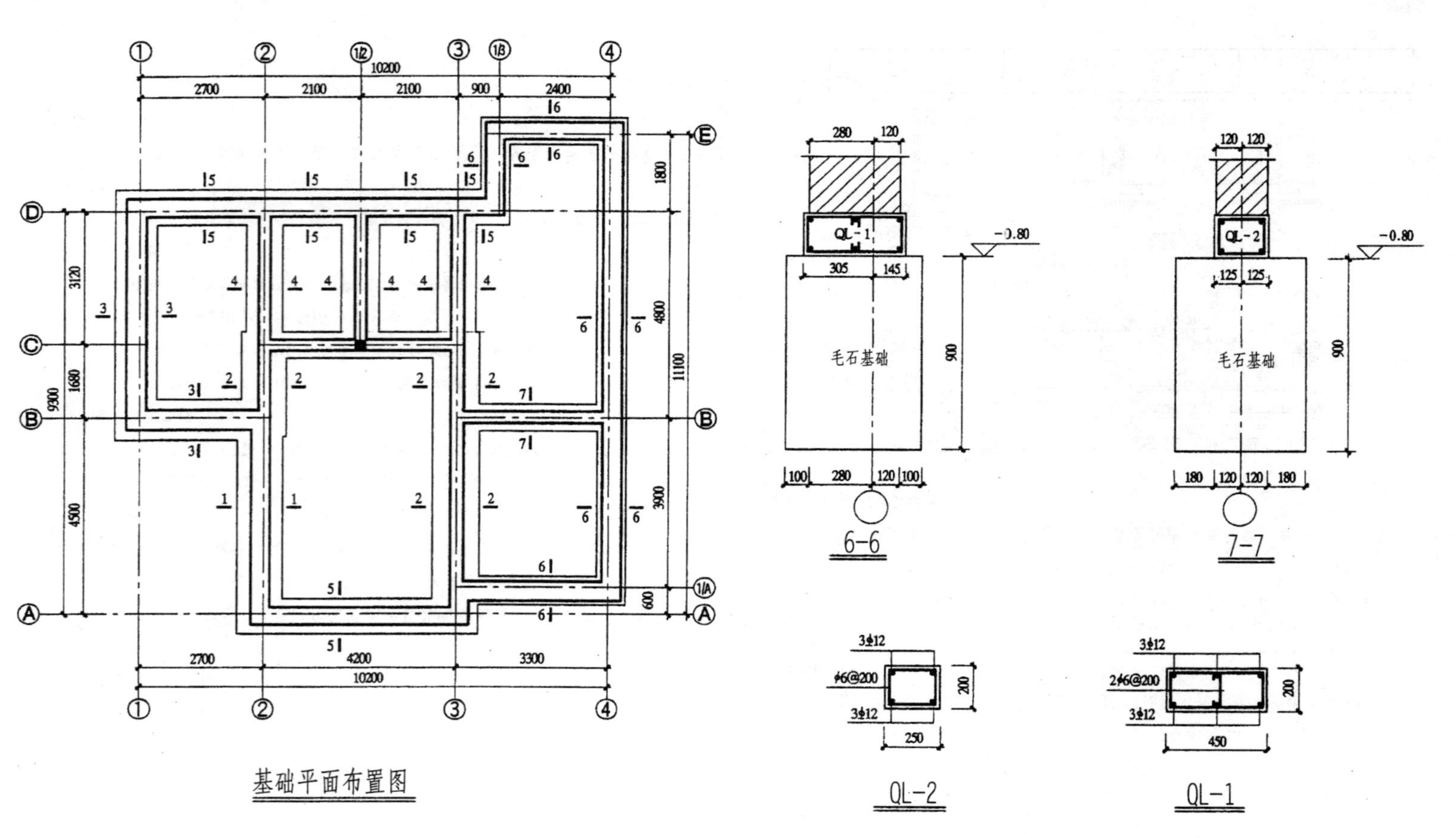

L-B型	基础平面布置图及详图	结2

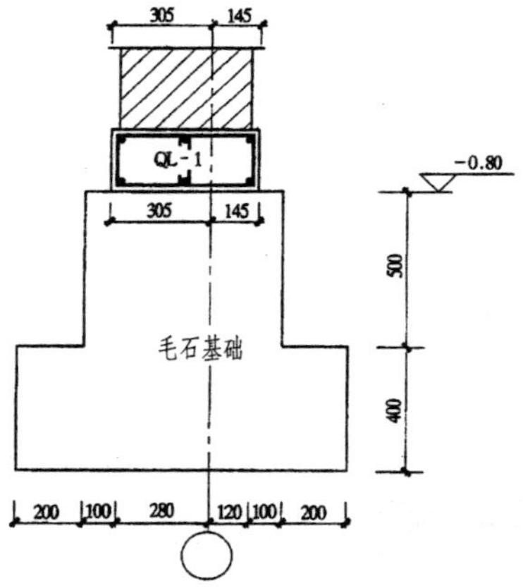

305 145
QL-1
305 145
-0.80
500
400
毛石基础
200 100 280 120 100 200
1-1

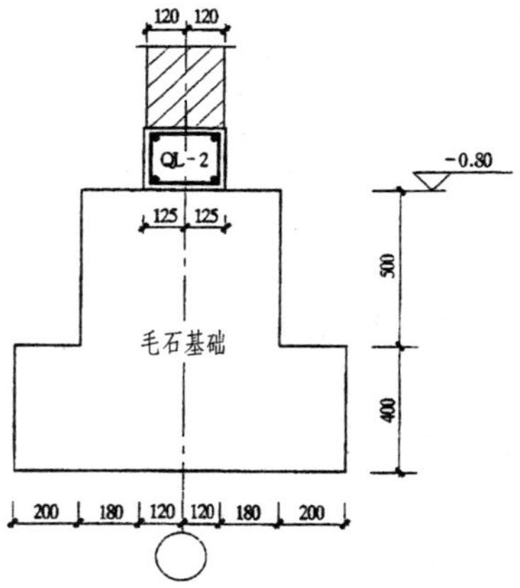

120 120
QL-2
125 125
-0.80
500
400
毛石基础
200 180 120 120 180 200
2-2

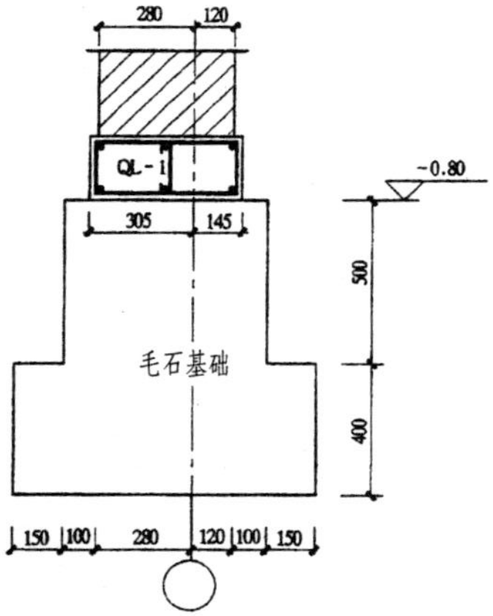

280 120
QL-1
305 145
-0.80
500
400
毛石基础
150 100 280 120 100 150
3-3

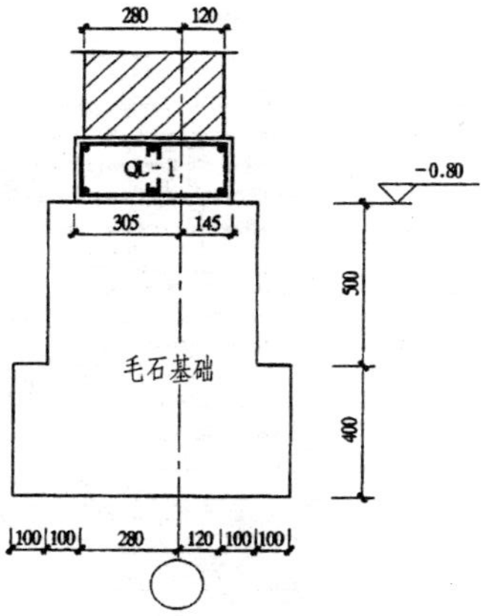

280 120
QL-1
305 145
-0.80
500
400
毛石基础
100 100 280 120 100 100
5-5

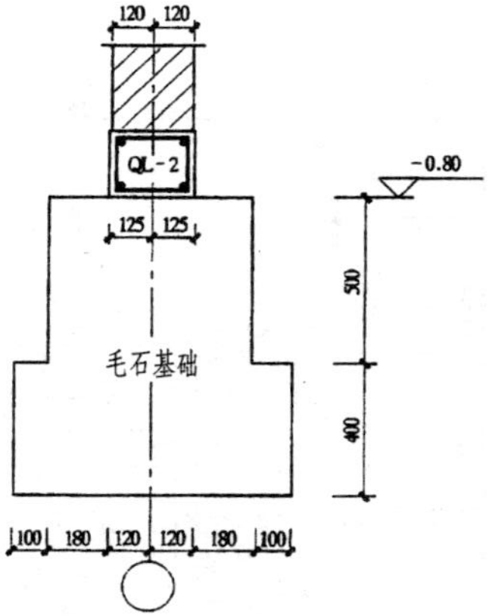

120 120
QL-2
125 125
-0.80
500
400
毛石基础
100 180 120 120 180 100
4-4

L-B型	基础详图	结3

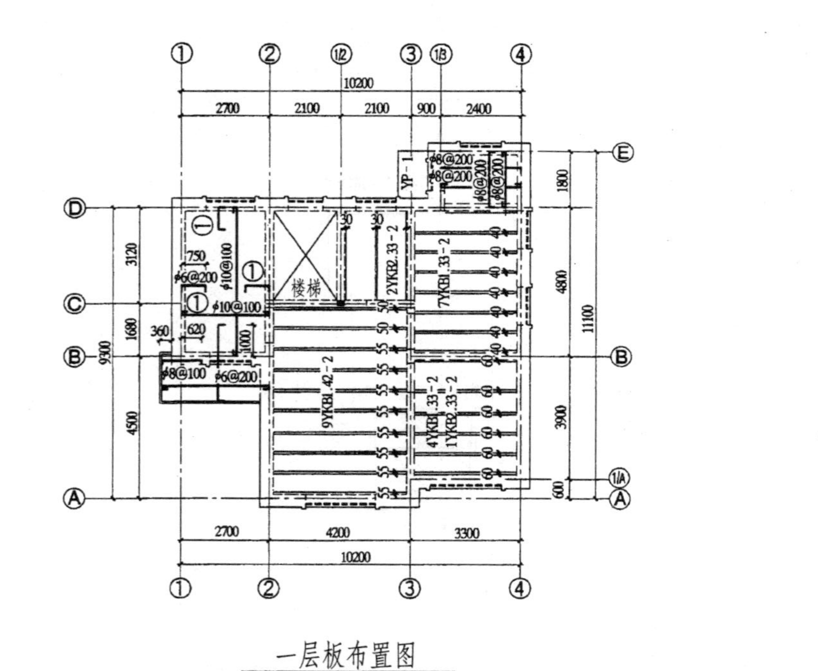

一层板布置图

板顶标高3.000，现浇板厚100。

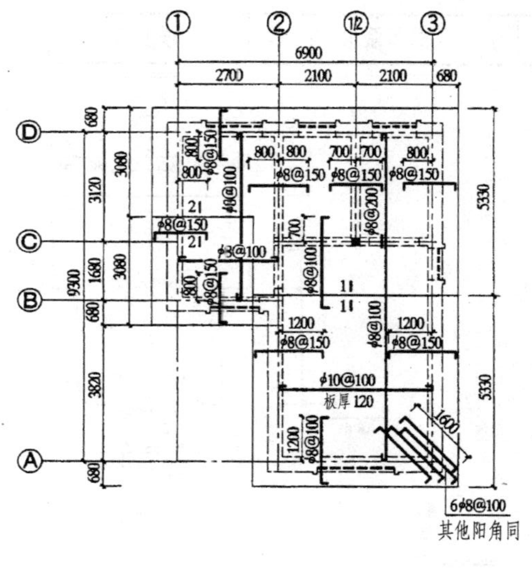

二层板配筋图

板配筋
350
板配筋
板配筋

1-1

屋脊标高8.050。

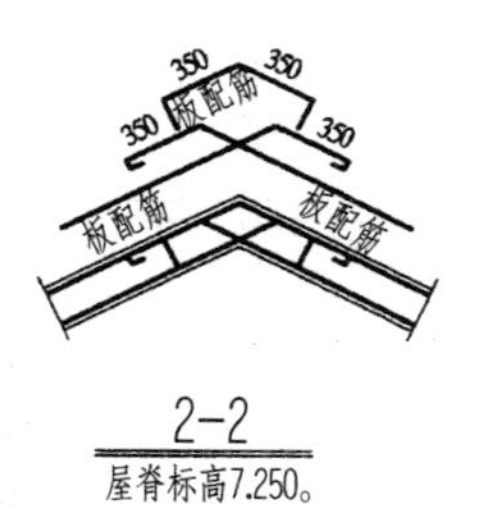

2-2

屋脊标高7.250。

过梁说明：

内墙过梁除标注外，均采用GL1.9-3。

外墙过梁的挑檐宽减少30mm。

L-B型	一层板布置图、二层板配筋图	结4

① ② 1/2 ③ 1/3 ④
10200
2700 2100 2100 900 2400
GL 2.12-2a
GL 2.12-2a GL 2.10-2a GL 2.6-2a
YP-1
GL 2.10-2a
Ⓔ
Ⓓ
1800
3120
楼梯
GL 2.12-2a
GL 2.12-2a
4800
11100
Ⓒ
GL1.09-3
XL-1
GL1.12-3
1680
9300
Ⓑ
GL 2.15-2a
GL1.09-3
4500
3900
GL 2.21-2a
GL 2.21-2a
1/A
600
Ⓐ
2700 4200 3300
10200
① ② ③ ④

一层结构布置图

板顶标高3.000，现浇板厚100。

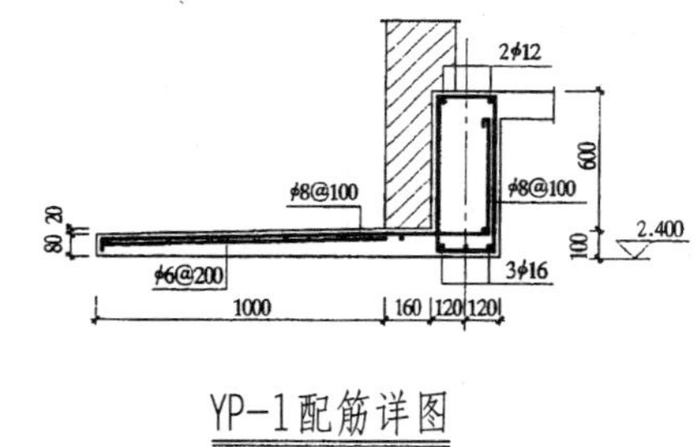

YP-1配筋详图

过梁说明：
内墙过梁除标注外，均采用GL1.9-3。
外墙过梁的挑檐宽减少30mm。

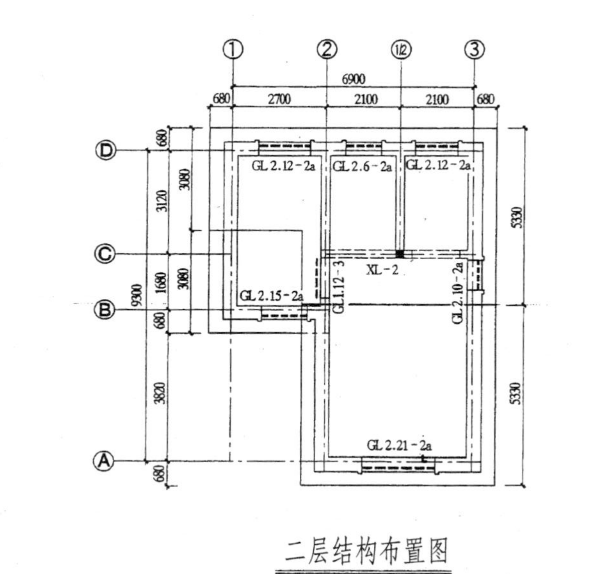

二层结构布置图

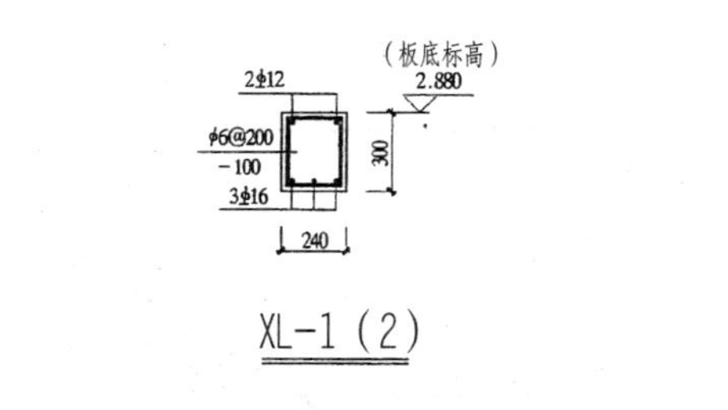

XL-1（2）

L-B型	一、二层结构布置图	结5

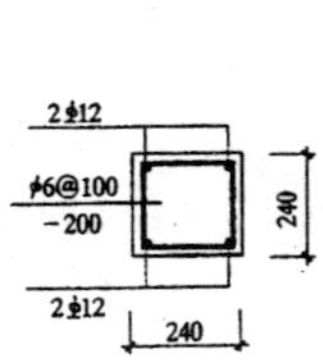

GZ-1

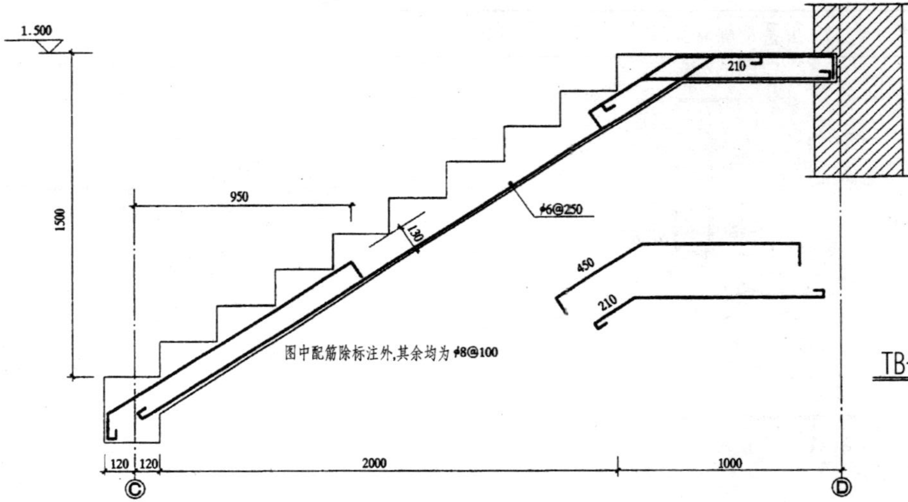

2ϕ12
ϕ6@100
-200
2ϕ12
240
240

TB-1

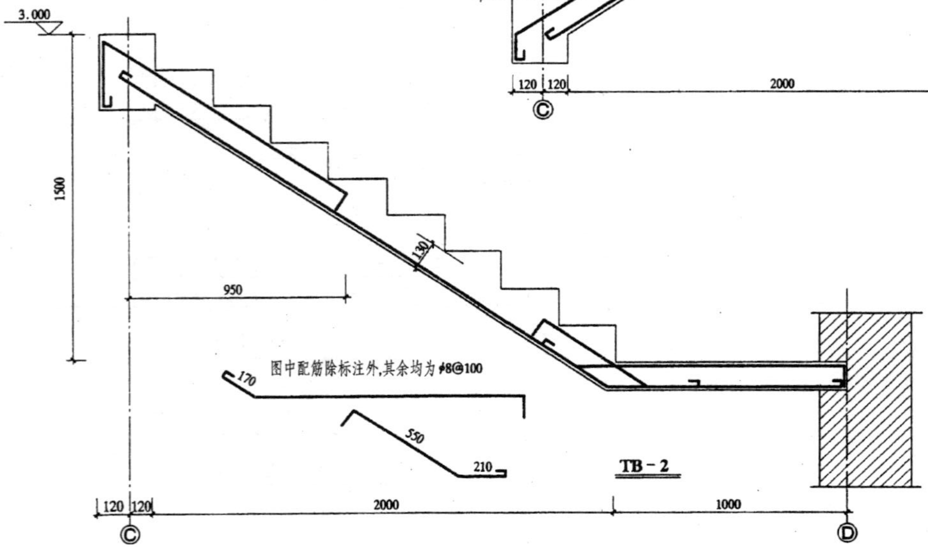

1.500
1500
950
130
ϕ6@250
210
450
210
图中配筋除标注外,其余均为 ϕ8@100
120 120 2000 1000
C D

TB-2

3.000
1500
950
130
图中配筋除标注外,其余均为 ϕ8@100
170
550
210
120 120 2000 1000
C D

楼梯平面图

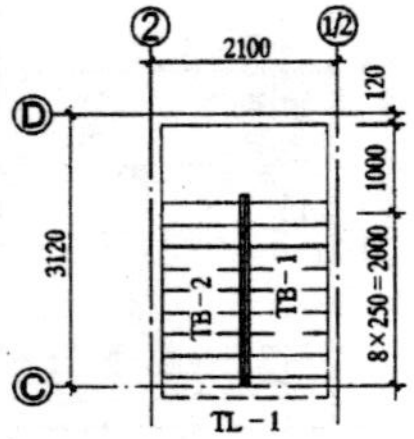

2 1/2
2100
120
1000
8×250=2000
3120
TB-2
TB-1
TL-1
D C

L-B型	楼梯详图	结6

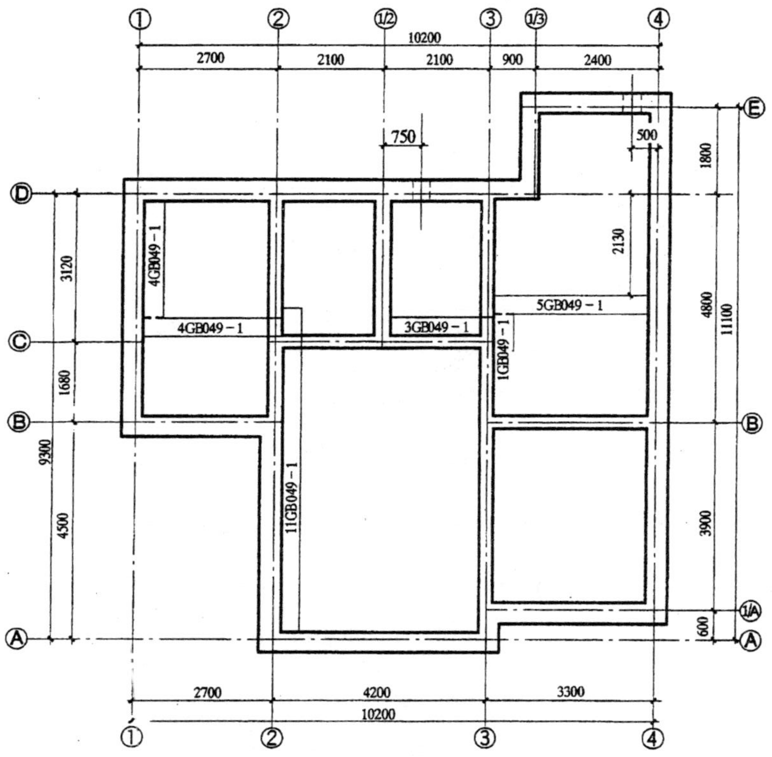

地沟平面布置图

地沟说明：

1. 地沟尺寸为 $b\times h$ =400×400。
2. 地沟节点详图选用辽92G304第4页，其中B=400、H=400、D=240。
3. 地沟盖板不足一块时现浇。
4. 地沟穿墙过梁为GL1.6-5，其余过梁为GL04-1。
5. 地沟盖板选用GB 046-1。
6. 地沟盖板及过梁可变荷载，选取3kN/m²。
   图中预留排水洞口尺寸$b\times h$ =350×450，洞底标高-1.400。

L-B型	地　沟　图	结7

给排水设计说明

1. 本工程生活给水设计流量及水压为：G=0.75L/s，H=0.16MPa。
2. 室内给水管采用给水 UPVC 管，粘接连接。
3. 排水管采用排水 UPVC 管，粘接连接。
4. 水表选用 LXS 叶轮湿式水表。
5. 排水管的横管与横管，横管与立管的连接，应采用 45°三通或四通，90°斜三，通或斜四通。
6. 立管与排出管端部连接宜采用两个 45°弯头。
7. 室内排水管坡度按下列数值：

DN50	0.035	DN75	0.025
DN100	0.02	DN150	0.01

8. 检查井为Φ1000 的砖砌圆形检查井。
9. 给水管道阀门采用调节阀。
10. 管道穿墙或穿楼板时均设钢管套管；卫生间内的穿楼板立管应加设刚性防水套管。
11. 图中除标高以米计外，其于均以毫米计，给水管道标高以管中心计，排水管道标高以管底计。
12. 未尽事宜，请按《采暖与卫生工程施工及验收规范》和《标准图集》的有关规定执行。

给排水采暖图例

名称	图例	名称	图例	名称	图例
排水	----	给水	——	大便器低水箱	
水嘴		地漏		大便器存水弯	
清扫口		阀门		洗手盆存水弯	
检查口		水表井		浴盆存水弯	
通气帽		立管编号	JL-1PL-1	排水井	
止回阀		回水管	----	自动排气阀	
供水管	——	固定支架		手动放风阀	
立管标号	L1	立管		760 散热器	10
坡度坡向	i=0.003	泄水阀			

采暖设计说明

1. 设计参数

供暖冬季室外计算温度：-19℃

供暖冬季室内计算温度：

卧室 18℃，厨房 16℃，

浴室 25℃，客厅 18℃。

2. 供暖热媒采用 95～70℃热水。
3. 建筑物的热负荷和压力损失分别为：Q=21.8kW，H=5.70kPa。
4. 散热器选用 760 型散热器，落地安装，供暖方式为水平串联式。
5. 供暖管道采用水煤气输送钢管，管径 DN≤32，采用螺纹连接，DN>32，采用焊接，阀件处可采用法兰连接，阀门采用闸阀。
6. 管道穿墙、穿楼板时，均设镀锌铁皮套管或钢管套管，作法详见暖施通 2、3。
7. 明装的采暖管道、散热器及支架，除锈后，均刷防锈漆一遍，银粉两遍，安装在地沟内。楼梯间及不采暖房间为采暖管道，除锈后，刷防锈漆两遍，然后采用矿棉进行保温。
8. 采暖系统应做水压试验，其试验压力为 0.60MPa，5 分钟内，压力降不大于 0.02MPa 为合格。
9. 散热器组装后，应做水压试验，其试验压力为 0.60MPa，3 分钟不渗漏为合格。
10. 管道支架及安装间距见下表：

公称直径 DN(mm)		15	20	25	32	40	50	70	80	100	125	150
支架最大间距	保温管	1.5	2	2	2.5	3	3	4	4	4.5	5	6
	不保温管	2.5	3	3.5	4	4.5	5	6	6	6.5	7	8

11. 未尽事宜，请按《采暖与卫生工程施工及验收规范》及《标准图集》的有关规定执行。

L-B型	给排水设计说明、采暖设计说明	水暖1

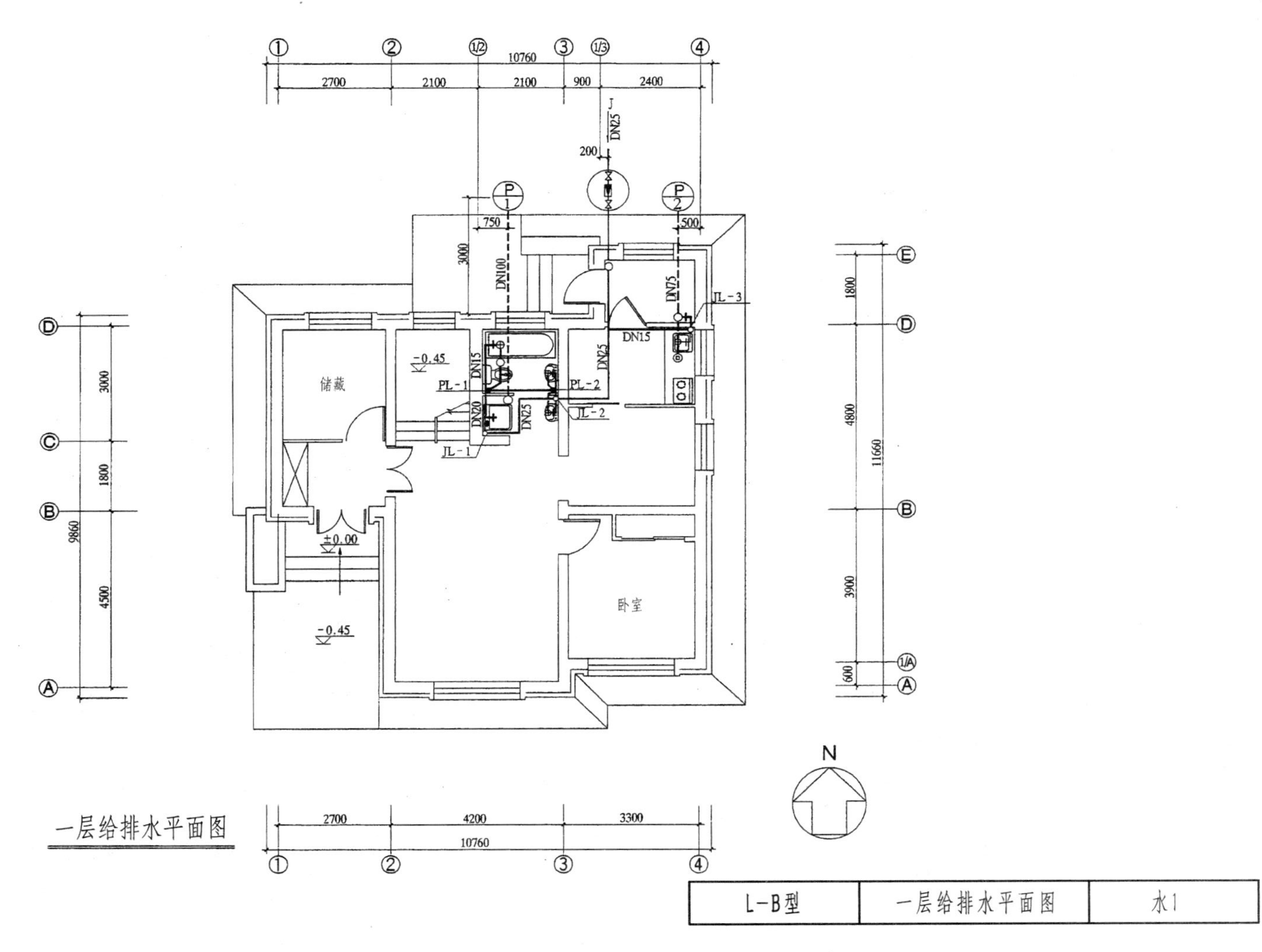

一层给排水平面图

L-B型	一层给排水平面图	水1

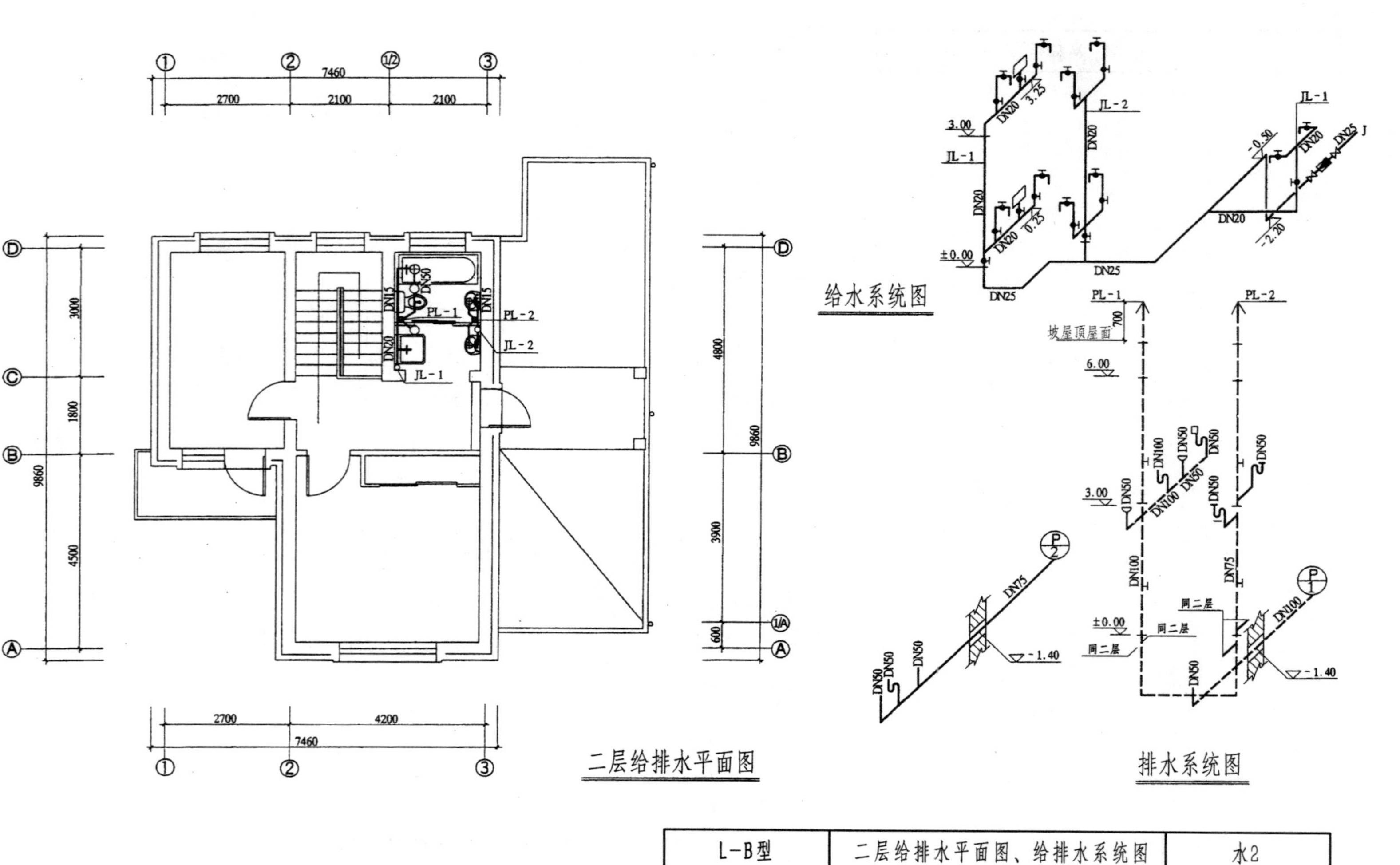

L-B型	二层给排水平面图、给排水系统图	水2

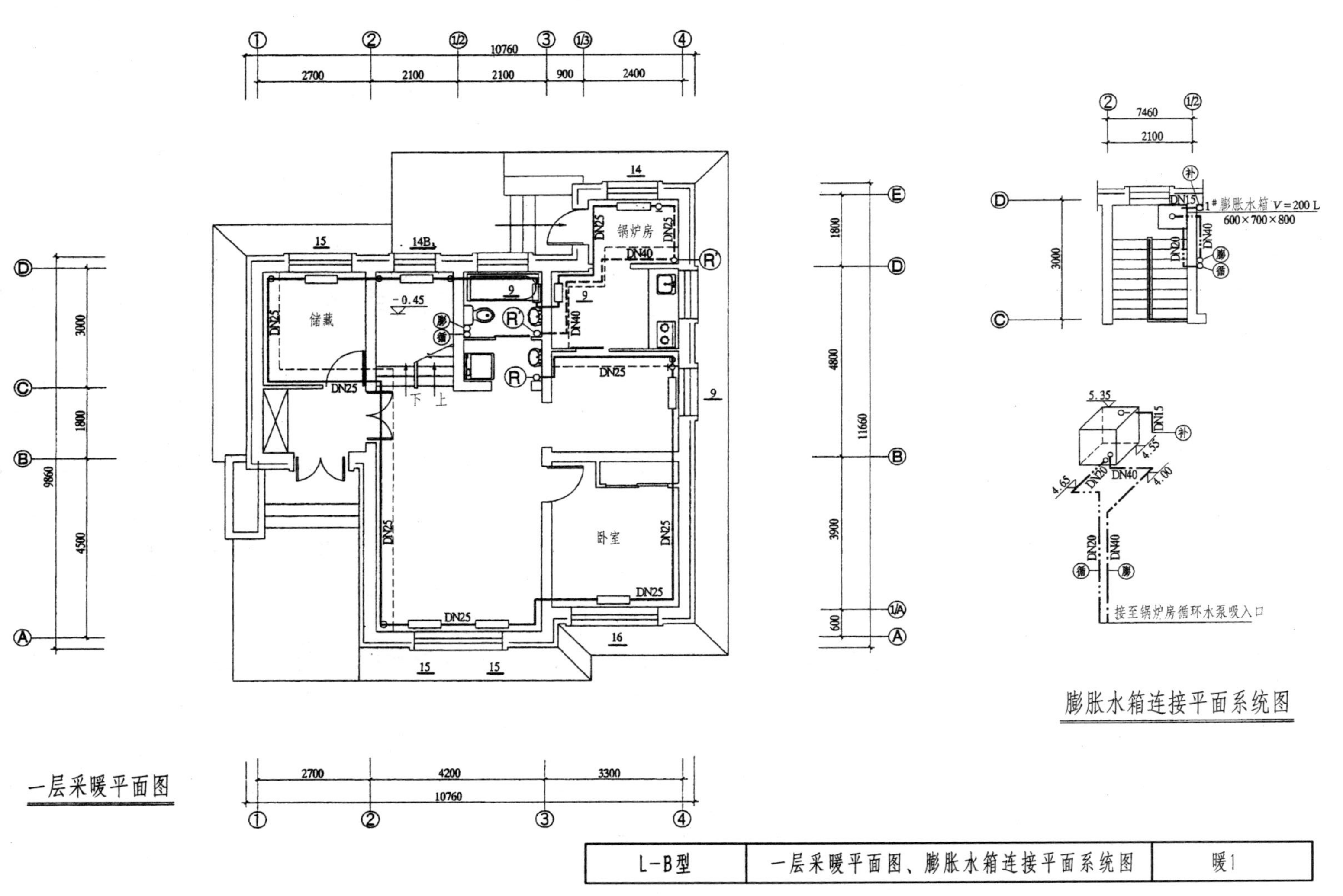

一层采暖平面图

膨胀水箱连接平面系统图

L-B型	一层采暖平面图、膨胀水箱连接平面系统图	暖1

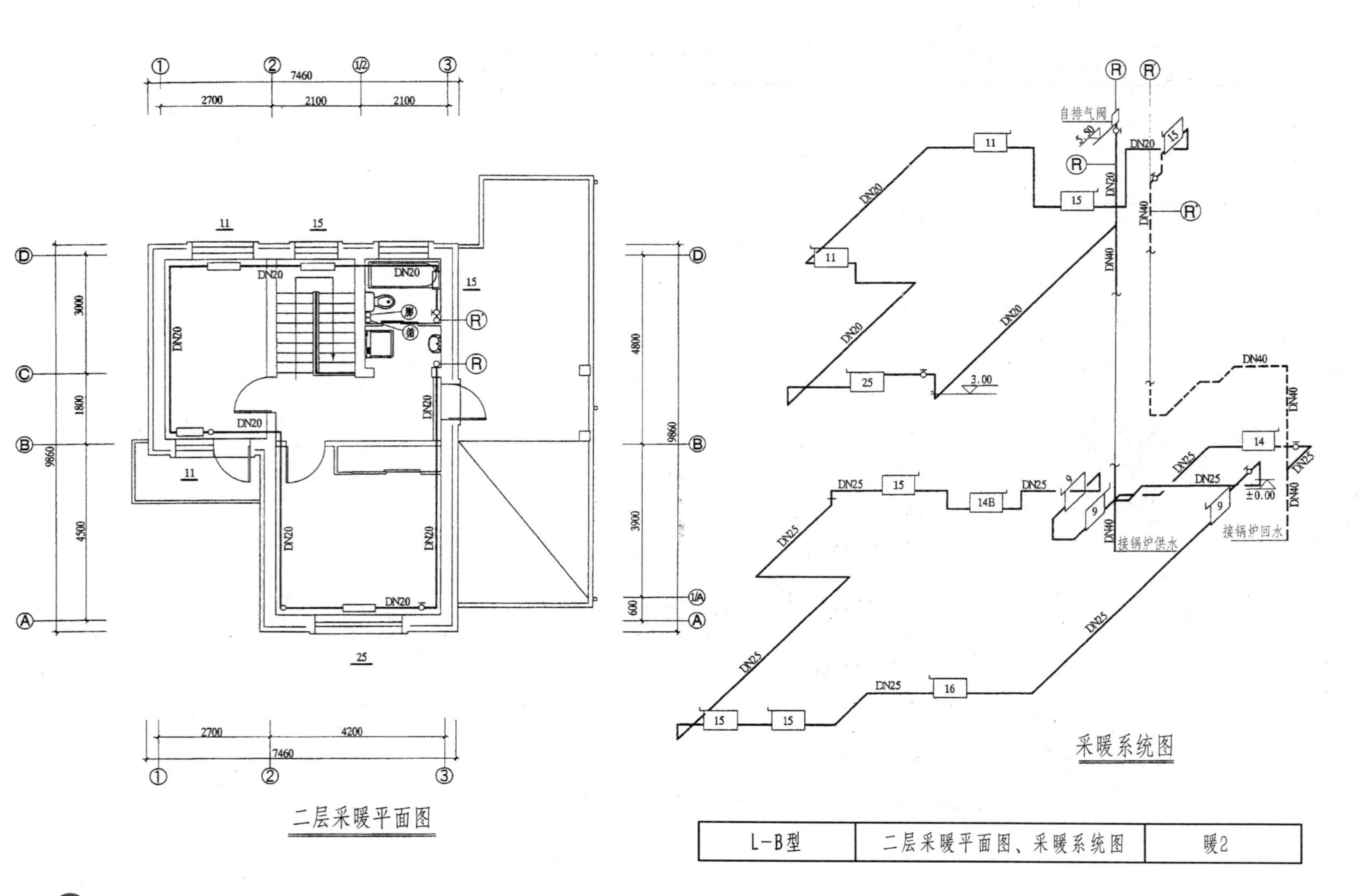

二层采暖平面图

采暖系统图

L-B型	二层采暖平面图、采暖系统图	暖2

电气设计说明

1. 本工程电源单相进户线架空引入，架空高度为3.0m，电压为220V，采用TN－C－S接地系统，在入户处做重复接地，接地电阻不大于10Ω，插座设PE专用线。PE线与N线互相绝缘，不应混接。进户线保护采用钢管，伸出墙外150mm，距支撑物250mm，并应做防水处理。

2. 配电箱底边距地1.6m，采用墙内暗敷设，开洞尺寸按箱体实际尺寸预留，施工时，请土建专业配合施工。

3. 导线沿墙，现浇层暗敷设时，穿钢性阻燃PVC管，沿板孔暗敷设时，穿阻燃波纹管；沿地面暗敷时，穿镀锌钢管。室内配电线路插座与照明回路分开，照明线路采用BV－500V，$2\times2.5mm^2$，P20；插座线路采用BV－500V，$3\times4mm^2$，地面暗敷时采用S20，其余采用P20。

4. 墙壁开关安装高度中心距地1.4m，普通插座中心距地0.3m，排油烟机、卫生间、锅炉房插座中心距地2.0m，冰箱、洗衣机插座中心距地1.4m，灯具安装高度由甲方自定。

5. 本工程电话、有线电视均从入户处做起，进户采用架空，架空高度3.0m，电话分线盒、有线前端箱底边距地0.5m，电话用户盒、有线电视用户接收终端盒中心距地0.3m，室内电话支线采用RVB－$2\times0.3mm^2$导线，地面暗敷采用S15，其余采用P16，室内电视、电缆采用SYKV－75－5同轴电缆，地面暗敷采用S20，其余采用P20。

6. 其他未尽事宜请参照电气施工安装工程的有关规定执行。

BX－500V 2×16 S25
PE
N
INT100 50 A/2P
kWh
DPN K 40 A
DPN Vigi 10 A 二层照明
DPN Vigi 16 A 二层插座
DPN Vigi 16 A 二层卫生间插座
DPN Vigi 10 A 照明
DPN Vigi 16 A 插座
DPN Vigi 16 A 厨房插座
DPN Vigi 16 A 卫生间插座
XM $P=8$ kW

配电系统图

75Ω
TV
YX
SYKV－75－5 S20
SYKV－75－12 S25

有线电视系统图

TP
RVB 2×0.3 S15
DH
HYA－10×2×0.5 S25

电话系统图

设计图例

序号	图例	名称	型号及规格	序号	图例	名称	型号及规格	备注
1		电缆进户线	见系统图	15		暗装三极开关	250V 10A	
2		电表箱	见系统图	16		暗装单极双控开关	250V 10A	
3		有线电视前端箱		17		暗装单相二、三极插座	250V 16A	安全型
4		电话交接箱		18		暗装单相三极插座	250V 16A	冰箱、洗衣机插座(防水、防溅安全型)
5		单管荧光灯	1×40W	19		暗装单相三极插座	250V 16A	排油烟机、卫生间插座(防水、防溅安全型)
6		大花灯	6×40W	20		防爆单相插座	250V 16A	锅炉间插座
7		小花灯	4×40W	21	TV	有线电视用户出线盒		
8	⊗	防水圆球吸顶灯	1×40W	22	TP	电话用户出线盒		
9	①	白炽灯	1×40W	23	——	配电线路		
10	○	吸顶灯	1×40W	24	--------	板孔暗配线		
11		接线盒	墙内暗设	25	—V—	有线电视线路		
12		防水、防尘灯	1×100W	26	—F—	电话线路		
13		暗装单极开关	250V 10A	27		接地装置	∠50×50×4	－40×4 －25×4
14		暗装双极开关	250V 10A	28	Ⓑ	壁灯	1×40W	安装高度中心距地1.8m

L－B型	一层、二层照明平面图	电1

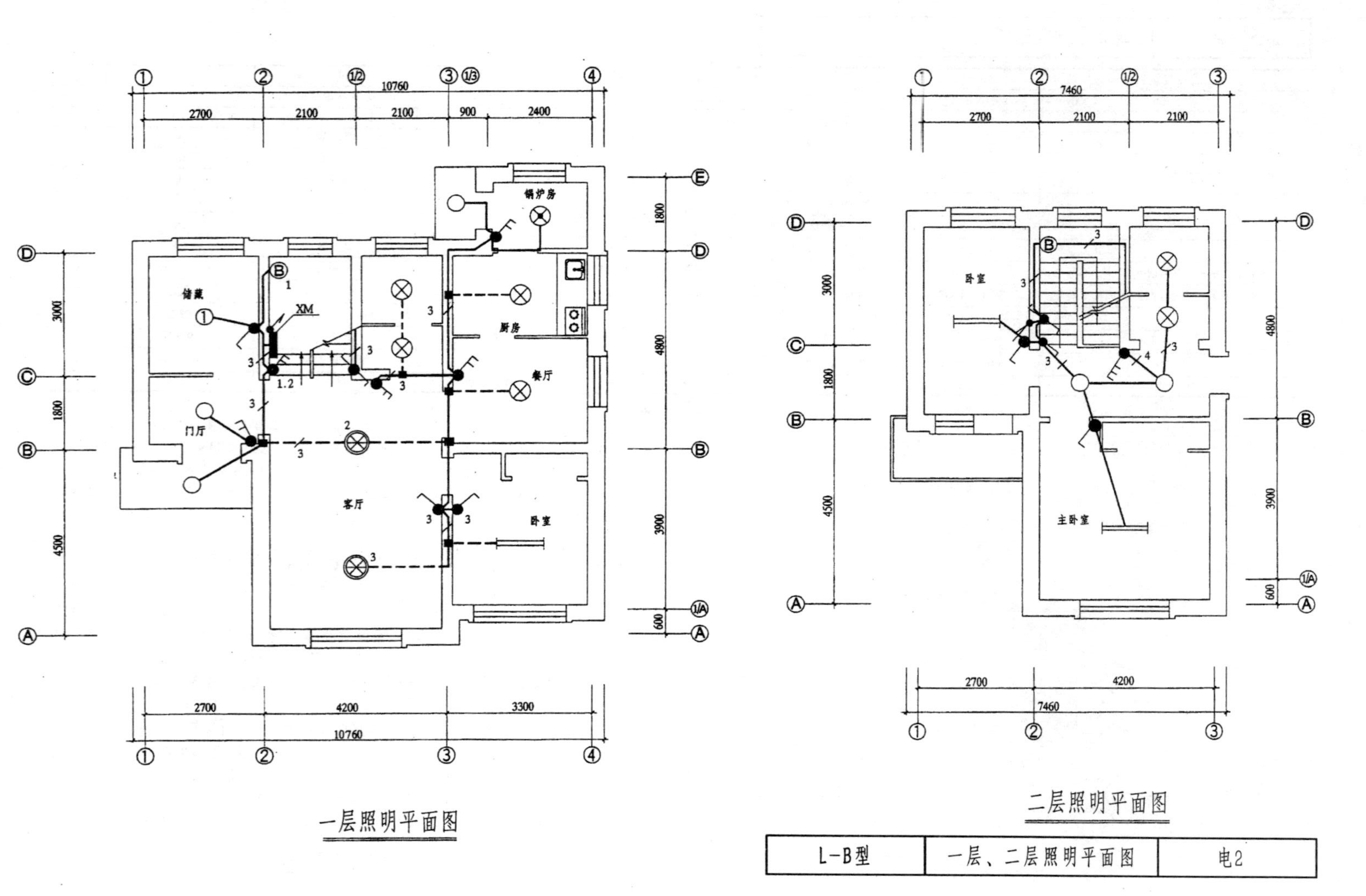

一层照明平面图

二层照明平面图

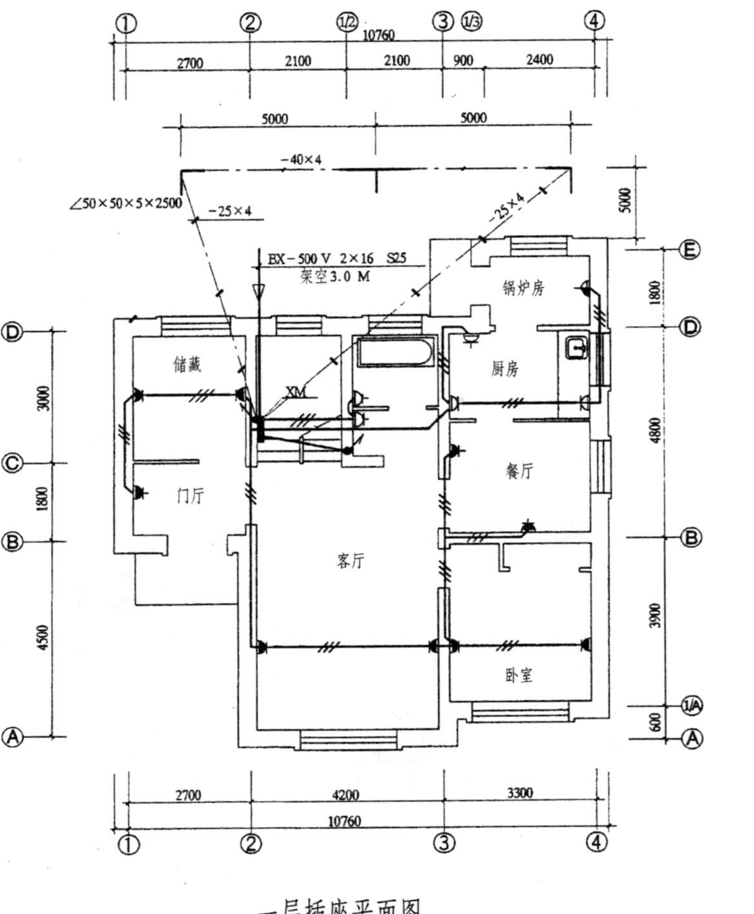

一层插座平面图

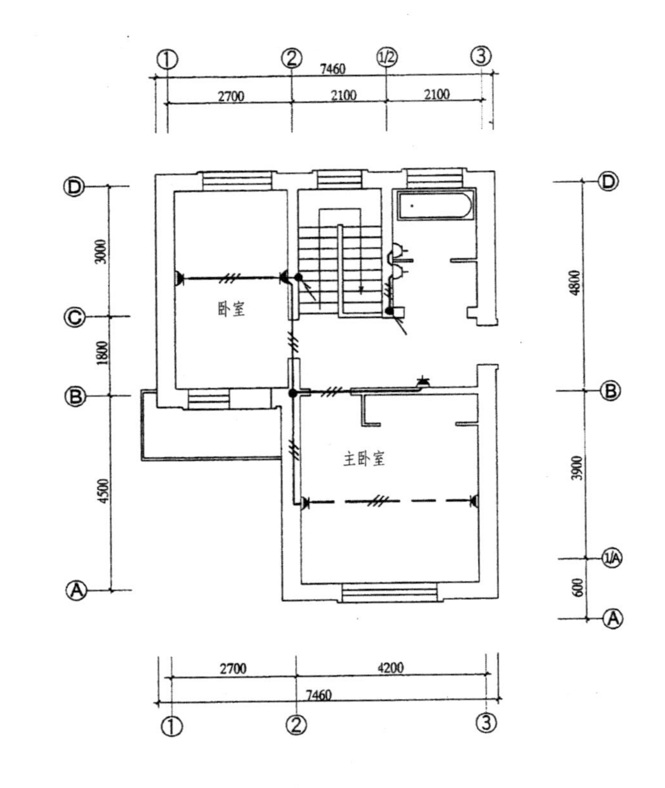

二层插座平面图

L-B型	一层、二层插座平面图	电3

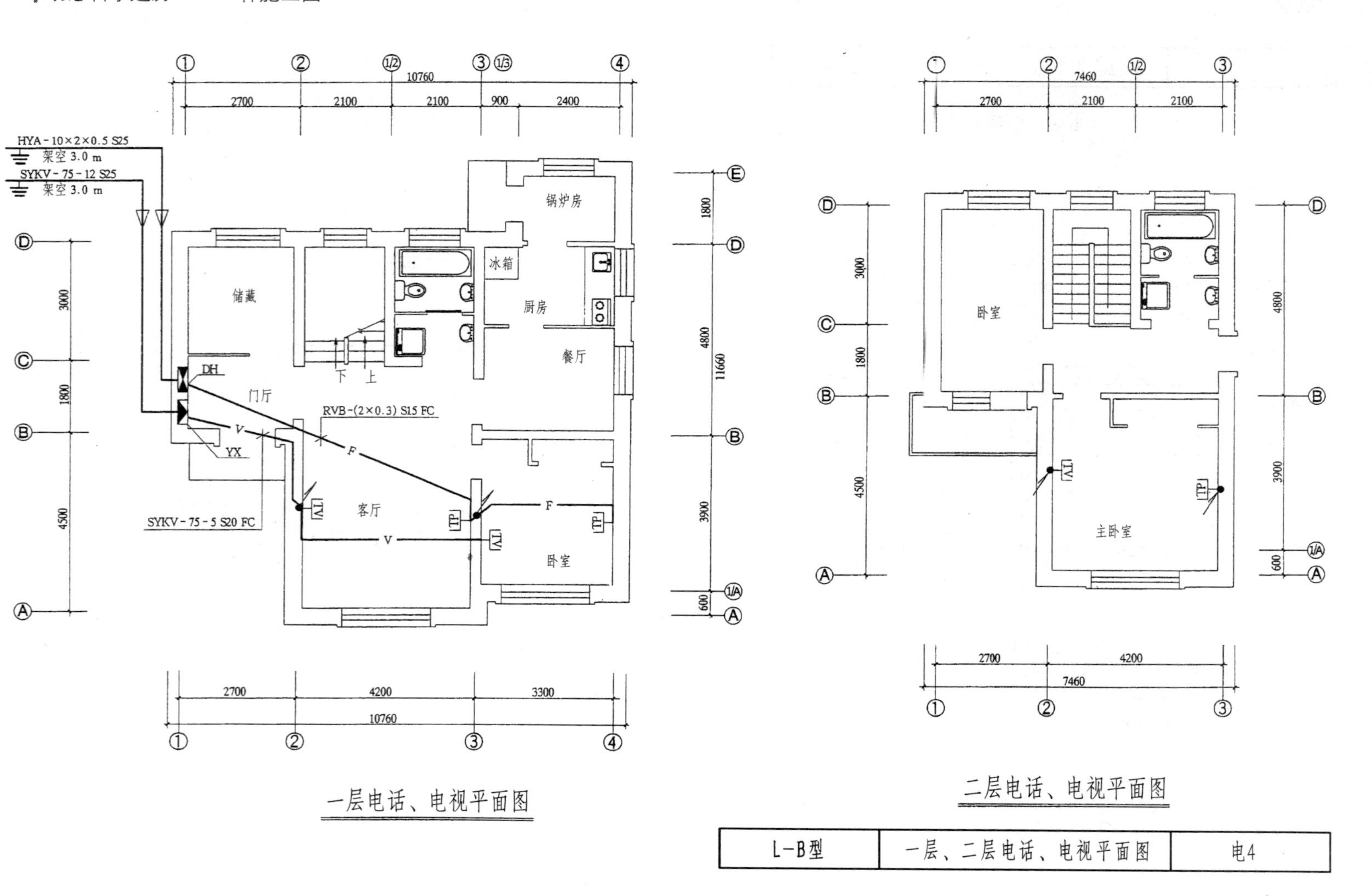

一层电话、电视平面图

二层电话、电视平面图

L-B型	一层、二层电话、电视平面图	电4

4 M系新农村住宅

方案设计：李兴　　　指导：骆中钊
施工图设计：福建省国防工业设计院
资料提供：李兴

M 系共有 A、B、C、D、E 五种实用型三层新农村住宅。既可为独立式，也可为拼联式，还可组成以 8 户为基本单元的院落住宅。适用于我国东南地区。

建筑设计说明

设计单位：福建省国防工业设计院

一、概况

1. 本部分共有 A、B、C、D、E 五种适用于福建省的实用低层小住宅类型。为便于组织人、车分离的院落空间，五种类型又各分为 1 型和 2 型，1 型为车库南入口；2 型为车库北入口；其中 E 型还增加了车库为侧面入口的 E_3 型。各种小住宅类型仅在一层平面布置时进行调整，二层以上基本相同，立面设计可根据一层做相应变化。

2. 各种类型的小住宅，既可为独立式，也可为拼联式。A、B 型及 C、D 型还可根据小区总平面布置的需要，组织成以 8 户为基本单元的院落群体。

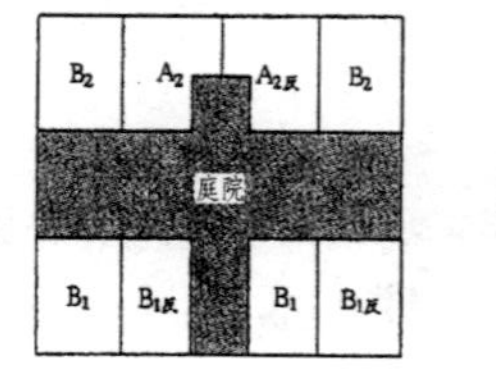

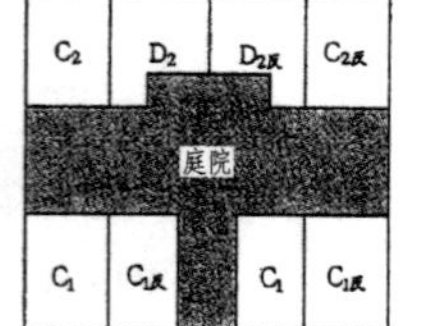

图 1-1

3. A_1(A_2)型占地面积 99.8m^2，建筑面积 302.5m^2。

B_1(B_2)型占地面积 107.3m^2，建筑面积 298.9m^2。

C_1(C_2)型占地面积 105.8m^2，建筑面积 279.0m^2。

D_1(D_2)型占地面积 105.6m^2，建筑面积 291.1m^2。

E_1(E_2)型占地面积 97.3m^2，建筑面积 273.0m^2。

E_3 型占地面积 96.7m^2，建筑面积 279.2m^2。

4. 本部分的 A、B、C、D 型均包括建筑、结构、水、电的设计，由于各种单体均可以独立或拼联，应根据设计要求，结构做适应变化。E 型仅编入建筑设计，余下可参照其他类型。

二、单位

图中尺寸以毫米为单位，标高以米为单位。

三、标高

室内标高 ±0.000 相当于绝对标高值，由甲方及设计单位根据现场情况商定。

四、结构、墙体

1. 本工程为砖混结构，墙体起承重作用。门、窗洞口墙垛处长度不够时，采用结构加强措施。

2. 所有内、外墙均为 240mm 实心砖墙(部分内墙为轻质隔墙，选用 190×190×90 非承重空心砖，详见图中示意)，具体详见结施。

3. 凡内门、窗洞口顶未及结构梁，其洞口宽度 $L<1200$，可加设 3Φ6 钢筋砖过梁。$L\geq1200$，应加设钢筋混凝土过梁，梁断面配筋详见结施说明。若门、窗洞口紧靠混凝土柱侧，则应在混凝土梁相应位置预埋钢筋，其根数规格同过梁，伸出 500 与过梁钢筋焊接。

4. 钢筋混凝土柱与砖墙的拉结详见结施说明。

5. 所有内墙阳角处均应做护墙角。

五、外墙装修

各部分装修由甲方与设计单位现场商量决定。

六、内装修(面层施工与否，由甲方决定)

1. 所有室内地面做法均为 20 厚 1:2 水泥砂浆面层，刷水泥浆一道，60 厚 C15 混凝土，60 厚碎石灌砂夯实垫层，素土夯实。

2. 楼面做法：加 10 厚 1:2 水泥砂浆一次抹光面层，现浇钢筋混凝土板。

3. 内墙面为 12 厚 1:2:8 水泥石灰砂浆底层，5 厚 1:3 石灰砂浆中层 3 厚麻刀石灰面层，腻子批嵌，涂料二度。

4. 天棚做法为现浇钢筋混凝土板，7 厚 1:3:9 水泥石灰麻刀砂浆底层，6 厚 1:3 石灰砂浆中层，2 厚纸筋灰面层，腻子批嵌涂料二度。

5. 卫生间、厨房内装修、踢脚及楼梯栏杆做法均由甲方做内装修时酌定。

M-说明	建筑设计说明	建1

七、防水工程

施工及细部构造处理应按GB502C7－1994《屋面工程技术规范》、DBJ13－207－90《屋面工程施工技术操作规程》中的有关技术要求进行施工。

（一）厨房、卫生间防水

1. 厨房、卫生间楼面以坡0.5%向地漏找坡。其1:2水泥砂浆找平层上加刷硅橡胶防水涂料二度，并上翻隔墙500高。

2. 厨房、卫生间隔墙距地面上200高范围内浇C20素混凝土挡水墙，厚度同上部。

3. 卫生间内洗面台，浴缸与墙体交接处均应用防水密封膏嵌实，以消除漏水隐患。

（二）屋面防水做法

彩瓦斜屋面：详见建材厂提供的施工方案说明，坡度≥30°以上的坡屋面全部瓦件都要绑捆。

1. 波形红瓦（产品规格待定），上、下瓦搭接75mm。

2. 25厚（最薄处）1:1:4水泥石灰砂浆坐铺，$\Phi 6$统长钢筋与螺栓焊接，并用双股18#镀锌铁丝将瓦与$\Phi 6$钢筋进行绑扎。

3. 20厚1:3水泥砂浆保护层（要求找平）钉$\Phi 6$膨胀螺栓@345×1000。

4. 涂膜防水层（产品待定）。

5. 10厚1:3水泥砂浆找平。

6. 钢筋混凝土屋面板，表面清扫干净。

八、玻璃、门、窗及油漆

1. 外墙玻璃采用无色玻璃。

2. 门、窗锚固及做法参照当地标准图。

3. 所有木门内、外侧均为磁漆三度，颜色由甲方和设计人员现场决定。如是外门，颜色同墙面。

4. 所有露明铁件做防锈处理，刷调和漆三度，色同墙面。

九、其他

1. 在檐沟、挑梁等底部容易倒水的地方均应做滴水，具体做法详见通用大样详图中示意。

2. 在阳台适当位置均应设泄水管，具体做法详见通用详图一中阳台大样标注。

3. 单体底层四周做排水明沟（加盖），沟深最小处300mm。

4. 当墙身两侧室内地面标高不同时，应在靠土一侧的墙面上做垂直防潮处理。做法为刷冷底子油一道，热沥青两道。

4. 所有厨房内设施及土建做法由建设单位待二次装修时决定。

5. 施工单位应认真进行图纸会审，各专业工种应密切配合，精心施工，一旦发现图纸中有不妥处，请及时与设计人员协商解决。

6. 除设计图纸外，施工单位应按照各项工程施工及验收规范施工，遇设计图纸与规范矛盾之处，请及时反馈给设计人员，妥善解决。

M-说明	建筑设计说明	建2

结构设计说明

一、概况

1. 本工程设计标高 ±0.000，所相当的绝对标高值由现场定。
2. 本工程为砖混结构，基础采用条形基础。
3. 建筑结构安全等级为二级。
4. 本工程按7度抗震设防，Ⅱ类建筑场地。

二、原始资料

1. 本工程均按现行规范进行设计。
2. 本工程地基承载力的设计值为 $F_k=250kPa$。
3. 本工程各部分活荷载取值：

(1)基本风压 $W_0=0.6kN/m^2$。

(2)卧室、起居室、活动室，$1.5kN/m^2$；厨房、卫生间，$2.0kN/m^2$；挑出阳台，$2.5kN/m^2$；上人屋面(露台)，$1.5kN/m^2$；不上人屋面，$0.7kN/m^2$；楼梯，$1.5kN/m^2$。

三、材料

1. 墙体：承重墙均为240厚，MU7.5普通黏土砖，M7.5水泥砂浆砌。

非承重墙为9.0厚，MU5.0空心砖墙，M5.0水泥砂浆砌。

非承重墙墙中加设90×150圈梁配4Φ8，Φ6@200。

2. 混凝土强度等级：基础梁、板：C20；构造柱：C20；各层梁板：C20；屋面板：C25密实性混凝土。

3. 钢筋：Ⅰ级钢(Φ)强度设计值为 $210N/m^2$，Ⅱ级钢(Φ)强度设计值为 $310N/m^2$，不得采用"改制钢筋"。

四、钢筋构造要求

1. 钢筋保护层：板15mm，梁、柱25mm，基础梁15mm。
2. 除基础梁外，其他一般梁钢筋锚固长度为：梁底部筋伸入支座应不小于 $28d$(d 为最大纵筋直径)，梁端上部筋及受扭筋伸入支座应不小于 $40d$。基础梁钢筋锚固长度一律取为 $40d$。
3. 钢筋搭接位置

(1)除基础梁外，梁面钢筋在跨中搭接，梁底钢筋及腰筋在支座内搭接，基础梁上、下钢筋均通长焊接。

(2)柱筋接头位置设在基础顶面，楼板面柱筋搭接长度及构造柱抗震节点详见97G329(三)。

4. 所有光面钢筋端部均应加弯钩。梁柱箍筋的弯钩长度不小于 $10d$(d 为箍筋直径)弯钩135°，受扭箍筋应搭接 $30d$。
5. 梁中非受力架立筋搭接长度：图中未注明的均为200mm。
6. 墙与钢筋混凝土构造柱连接处应砌马牙槎，间距300。用钢筋拉结采用2Φ6@500，伸入墙内的长度 $L=1000mm$(或伸至门、窗洞边)，节点详见97G329(三)。

五、其他

1. 整幢建筑物的每个转角，每边每隔20m都要埋设固定沉降观测点，从施工开始观测，每层观测一次。
2. 悬挑部分未考虑施工荷载。施工时，应从下至上临时支撑，混凝土未达到设计强度时，不得拆除。
3. 所有避雷接地、管道埋设、预留洞等应配合电施、水施一起施工。
4. 所有承重砖墙不得随意拆除。
5. 板内跨度大于4.0m时，模板应按跨度的0.25%起拱，并在板面角部设置不少于7根间距200的钢筋，钢筋规格同板内附筋，如图1-1所示。
6. 本工程施工和验收要严格按照现行施工和验收规范的规定执行。

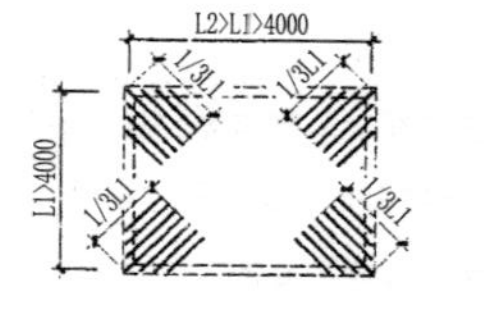

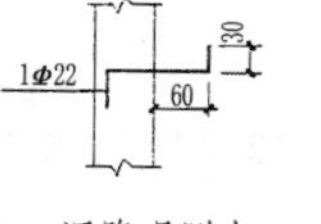

沉降观测点

图 1-1

M-说明	结构设计说明	结1

给排水设计说明

一、单位

标高以米计，其余尺寸均以毫米计。

二、标高

室内标高 ±0.000，室外标高 -0.450，给水管标高指管中心，排水管、雨水管标高指管内底。

三、管材

1. 给水管采用钢塑管。

2. 排水管标高 1.10m 以上，采用排水 PVC-U 管；标高 1.10m 以下，采用 PRK 型柔性抗震排水铸铁管。

四、管道防腐

1. 露明钢塑管防锈漆打底，外刷银粉漆两道，埋地金属管刷冷底子油一道，热沥青两道。

2. 所有管道支架及吊架除锈后，红丹打底，外刷与管道相同漆两道。

五、管道敷设

1. 钢塑管采用丝扣连接。

2. 排水 PVC-U 管，承插粘接。立管及横支管按要求设伸缩节，安装详见 96S341，排水立管排水出户管采用45°弯头连接，横管与横管，横管和立管均采用顺水三通或顺水，四通连接，排水管坡度凡未注明者，均不小于标准坡度。

3. 立管、水平管支、吊架详见 S161/55。

4. 管道穿楼板、梁、剪力墙时，应预埋钢管或预留孔洞。

六、卫生器具

1. 卫生间采用坐式大便器、三联混合龙头带淋浴器浴盆、有沿台式洗脸盆、淋浴器，厨房采用洗菜盆。

2. 卫生器具安装详见 90S342。

七、试压

1. 钢塑管试验压力为 0.6MPa。

2. 排水管二层以上做通水试验，一层及出户管做灌水试验。

3. 管道试压应按有关施工规程执行。

八、其他

1. 所有阀门公称压力均为 1.0MPa，室外及屋面阀门应做阀门井。

2. 雨水及空调凝结水系统详见建施。

3. 凡未说明的，均按国家颁发有关施工质量和施工验收标准执行。

4. 凡属方案性更改，须经建设单位、设计单位和施工单位协商解决。

图 例 表

名　称	图　例	名　称	图　例
给水管	—S—	排水管	—P—
法兰止回阀	N	法兰闸阀	⋈
截止阀	⋈	水表	[illegible]
伸缩节	▭	吸水喇叭口支架	[illegible]
检查口	[illegible]	清扫口	⊖
圆形地漏	⊘	坐式大便器	[illegible]
洗脸盆	[illegible]		

M-说明	给排水设计说明及图例表	水1

电气设计说明

1. 电源接自小区内户外配电箱相应回路，以 VV_{22} 型铠装交联聚乙烯电缆直接埋地引入，电缆进户处应套保护钢管，安装见国标《D164 图集》，本工程用电负荷等级为三级。

2. 室内电气线路均采用 BV 型塑料线穿阻燃塑料管暗敷，凡图中未注明的 1.5 ~ 2.5mm² 支线与阻燃塑料管配合如下：2 ~ 3 根 P16，4 ~ 5 根 P20。

3. 小住宅部分除楼梯、阳台、卫生间外，住房内均为裸灯泡线吊或吸顶安装，灯具均由住户结合二次装修自购。卫生间预留排气扇与镜前壁灯的开关线路(线端用绝缘带包好)以供住户二次装修时接用。

4. 电话通信系统按“一点进”方式，分线箱设于一层。分线箱至各个终端盒配线均采用 HBVV 电话线穿阻燃塑料管暗敷。室外配线电缆采用 HYA 市话电缆穿钢管埋地暗敷(通过手孔)。

5. 有线电视系统采取“分配——分支”型式，楼放大箱设于一层，传输线路均采用 SYWV－75 视频电缆，住宅室内上升管穿钢管暗敷，由分支盒至各个终端盒则穿阻燃塑料管暗敷，室外传输电缆穿钢管埋地暗敷(通过手孔)。

6. 本工程电气设备金属外壳及电缆外皮，穿线钢管等采用接零保护(TN－C－S)系统，在各个户外配电箱 AW 处，进户电缆中性线(PEN)进行重复接地后，中性线(N)和保护线(PE)严格分开，不再相连，所有插座回路除空调外，均设漏电保护断路器。

7. 防雷与电气设备保护接地共用一组接地装置，并利用桩基主筋与基础梁钢筋所组成的联合均压接地网，接地电阻要求不大于 10Ω，施工完毕，应予实测，达不到时，再补人工接地装置，本工程防雷等级为三级。

8. 电力电缆及电信，有线电视进户管的方位均由总平面布置决定。

9. 图例及安装高度：

序号	符号	名称	型号及规格	单位	数量	备注
1	AL	嵌墙式电度表箱	XRC99/非标	台		底边距地 1.5m
2	AB1~4.BX	嵌墙照明配电箱	XRM99/非标	台		底边距地 1.8 m
3	1AF.2AF	嵌墙电话分线箱	ST0—10/20	台		底边距地 1.5 m
4	AV1	电视放大箱	钢板、门、锁、安装板 380×450×180	台		底边距地 1.5 m
5	AV2	分支盒	钢板、门、锁、安装板 200×240×120	台		底边距地 0.5 m
6		吸顶广照防水灯	GC9－C－1 60W	盏		
7		半圆球吸顶灯	HXD213 40W	盏		
8		圆球吸顶灯	HXD211 40W	盏		
9		带开关防水壁灯	60W	盏		中心距地 2m
10		裸灯泡线吊灯	40~60W	盏		
11		单位单控开头	V86－D－10	个		中心距地 1.4m
12		双位单控开关	V86－D2－10	个		中心距地 1.4m
13		三位单控开头	V86－D3－10	个		中心距地 1.4m
14		四位单控开头	V86－D4－10	个		中心距地 1.4m
15		单位双控开关	V86－S－10	个		中心距地 1.4m
16		两位带保护门二、三极插座	V86－BF－10	个		中心距地 0.3m
17		两极带接地插座	V86－F－10	个		中心距地 1.8m(油烟机)
18		带开关两极带接地插座	V86－DB－16	个		中心距地 1.8m(空调器) 中心距地 1.6m(洗衣机)
19		带防盖两极带接地插座	V86－F－16＋CZH	个		中心距地 2.3m
20		带保护门组合型接地插座	V86－B2F－10	个		中心距地 1.5m(厨房)
21		电话出线座	V86－EZ	个		中心距地 0.3m
22		电视用户插座	V86－V	个		中心距地 0.3m
23		塑料转接盒(带盖板)	146HS50	个		中心距地 0.3m

M-说明	电气设计说明及图例表	电1

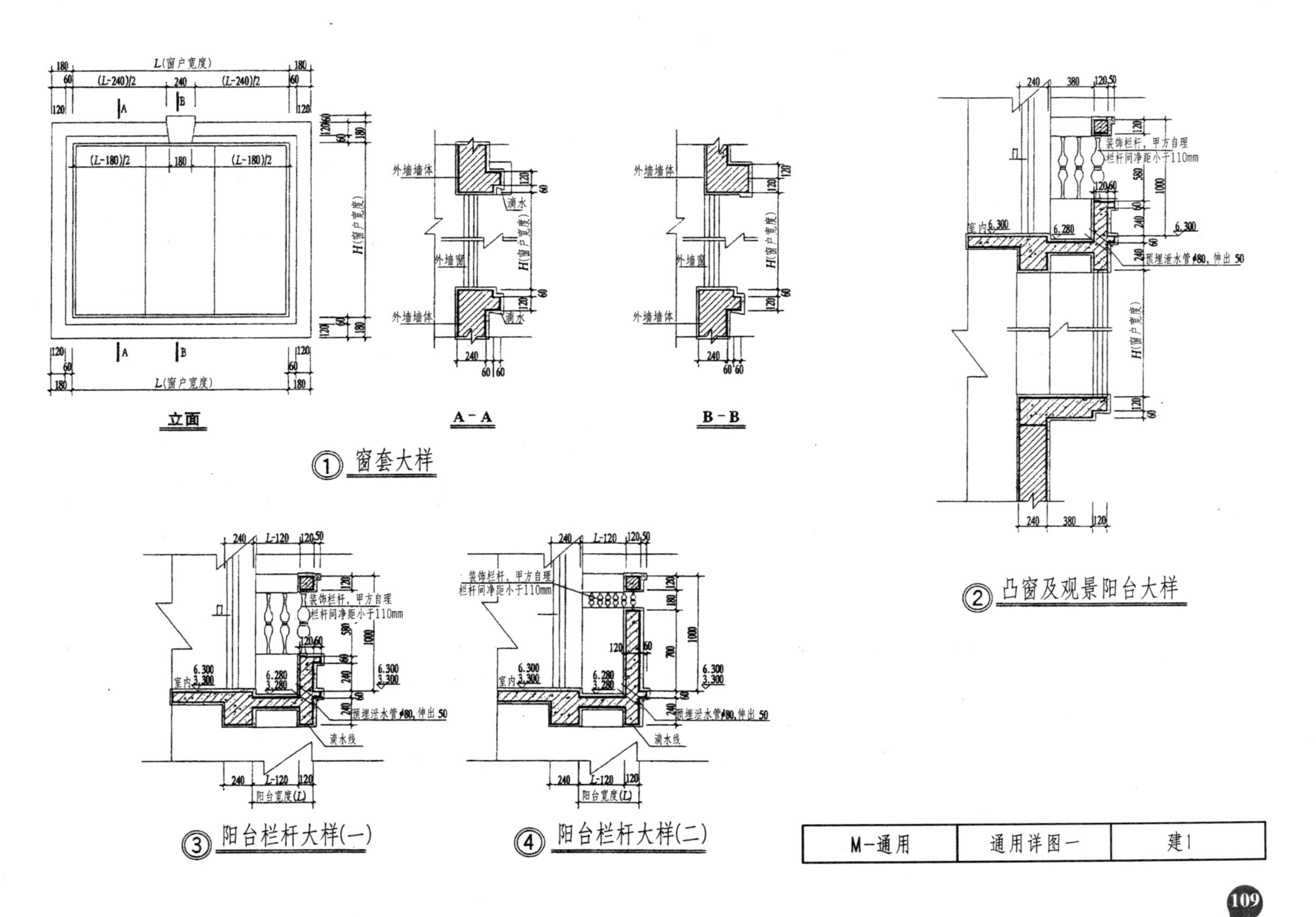
L(窗户宽度)
180
60
(L-240)/2
240
120
A
B
(L-180)/2
180
H(窗户宽度)
立面
外墙墙体
外墙窗
滴水
A-A
B-B
①窗套大样
装饰栏杆，甲方自理
栏杆间净距小于110mm
室内6.300
6.280
预埋泄水管ϕ80，伸出50
②凸窗及观景阳台大样
L-120
6.300
3.300
6.280
3.280
滴水线
阳台宽度(L)
③阳台栏杆大样(一)
④阳台栏杆大样(二)
M-通用
通用详图一
建1

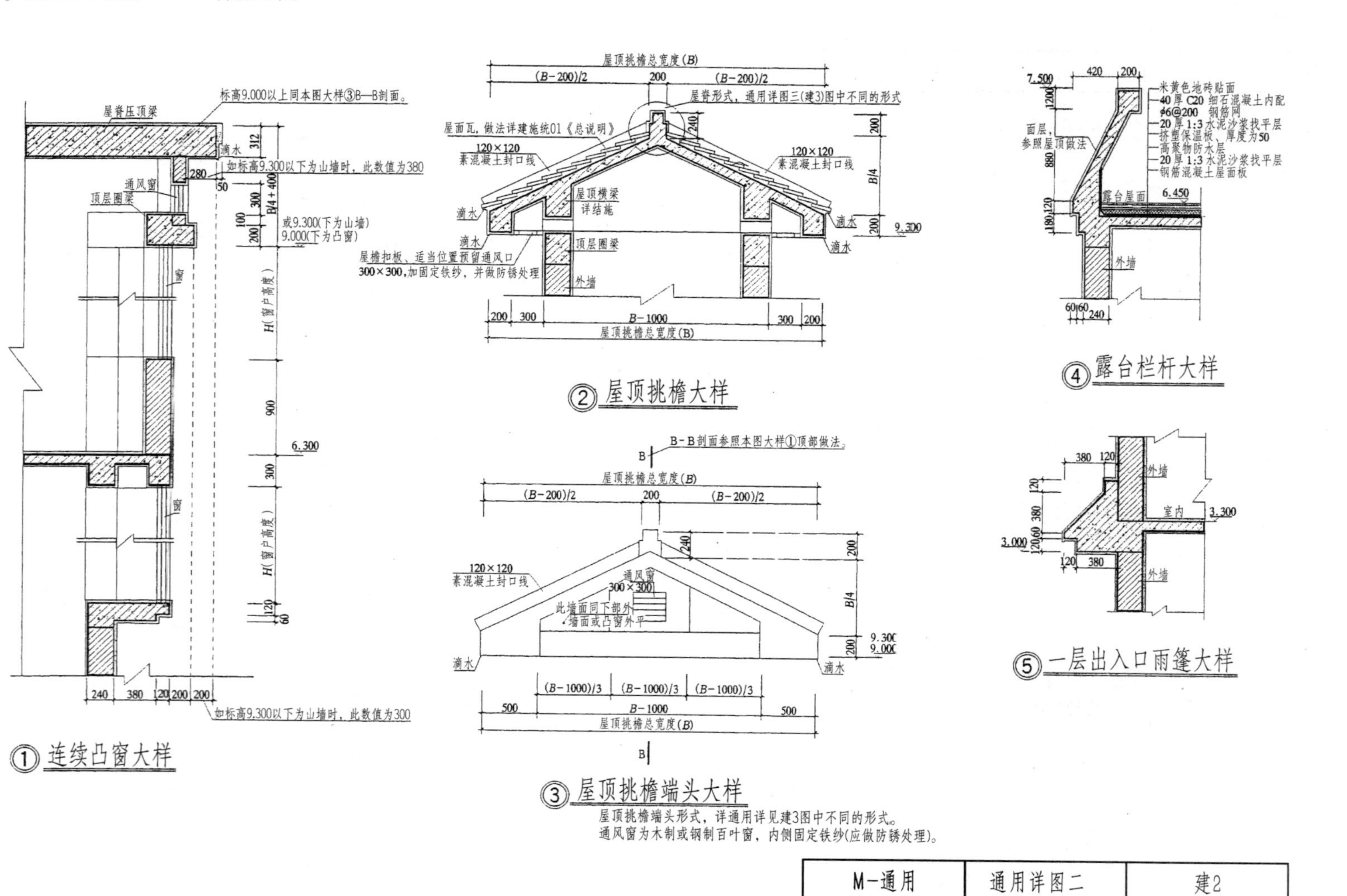

屋顶挑檐端头形式，详通用详见建3图中不同的形式。
通风窗为木制或钢制百叶窗，内侧固定铁纱(应做防锈处理)。

M-通用	通用详图二	建2

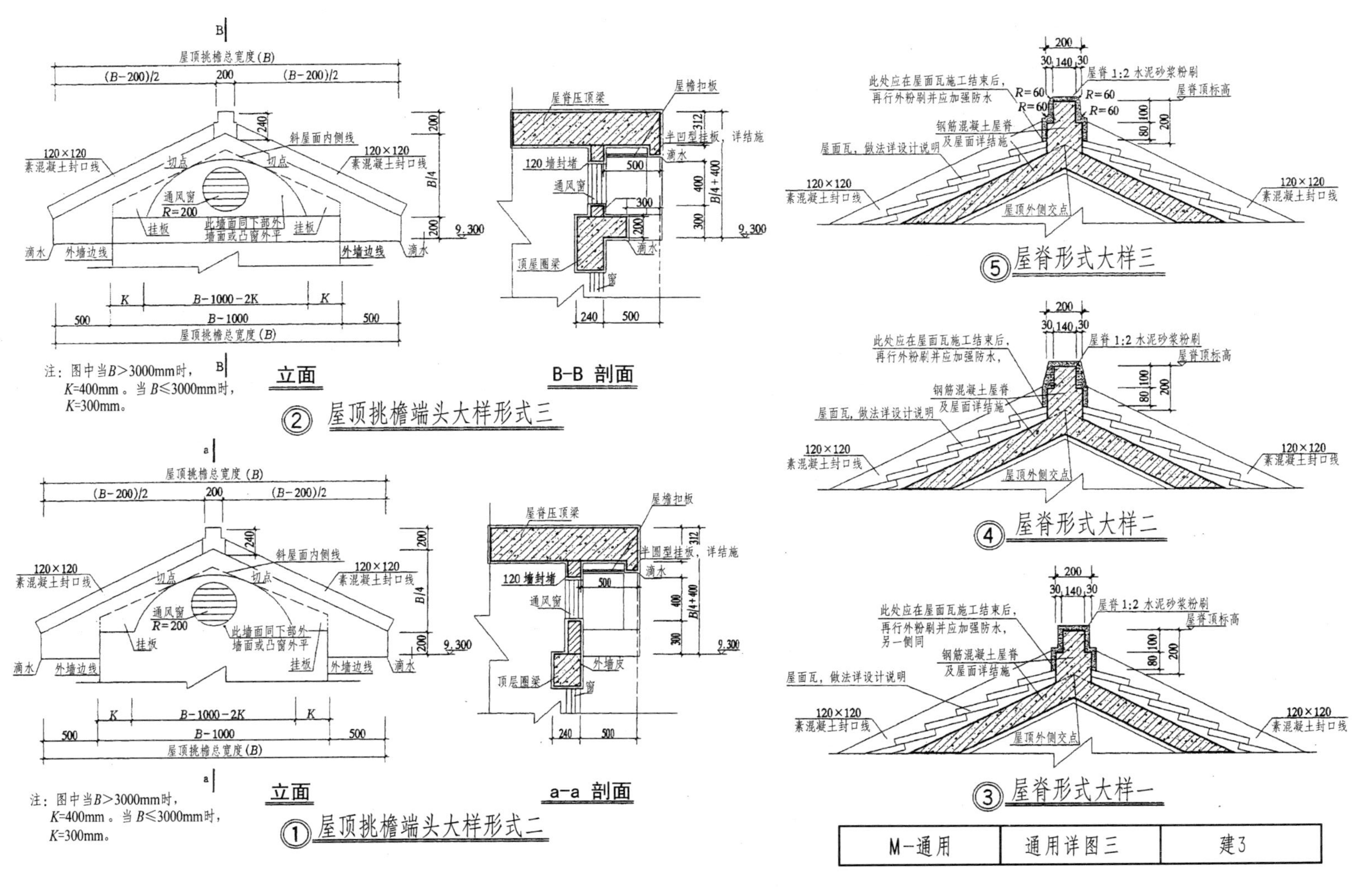

注：图中当$B>3000$mm时，K=400mm。当$B\leq3000$mm时，K=300mm。

立面

B-B 剖面

② 屋顶挑檐端头大样形式三

注：图中当$B>3000$mm时，K=400mm。当$B\leq3000$mm时，K=300mm。

立面

a-a 剖面

① 屋顶挑檐端头大样形式二

⑤ 屋脊形式大样三

④ 屋脊形式大样二

③ 屋脊形式大样一

M-通用	通用详图三	建3

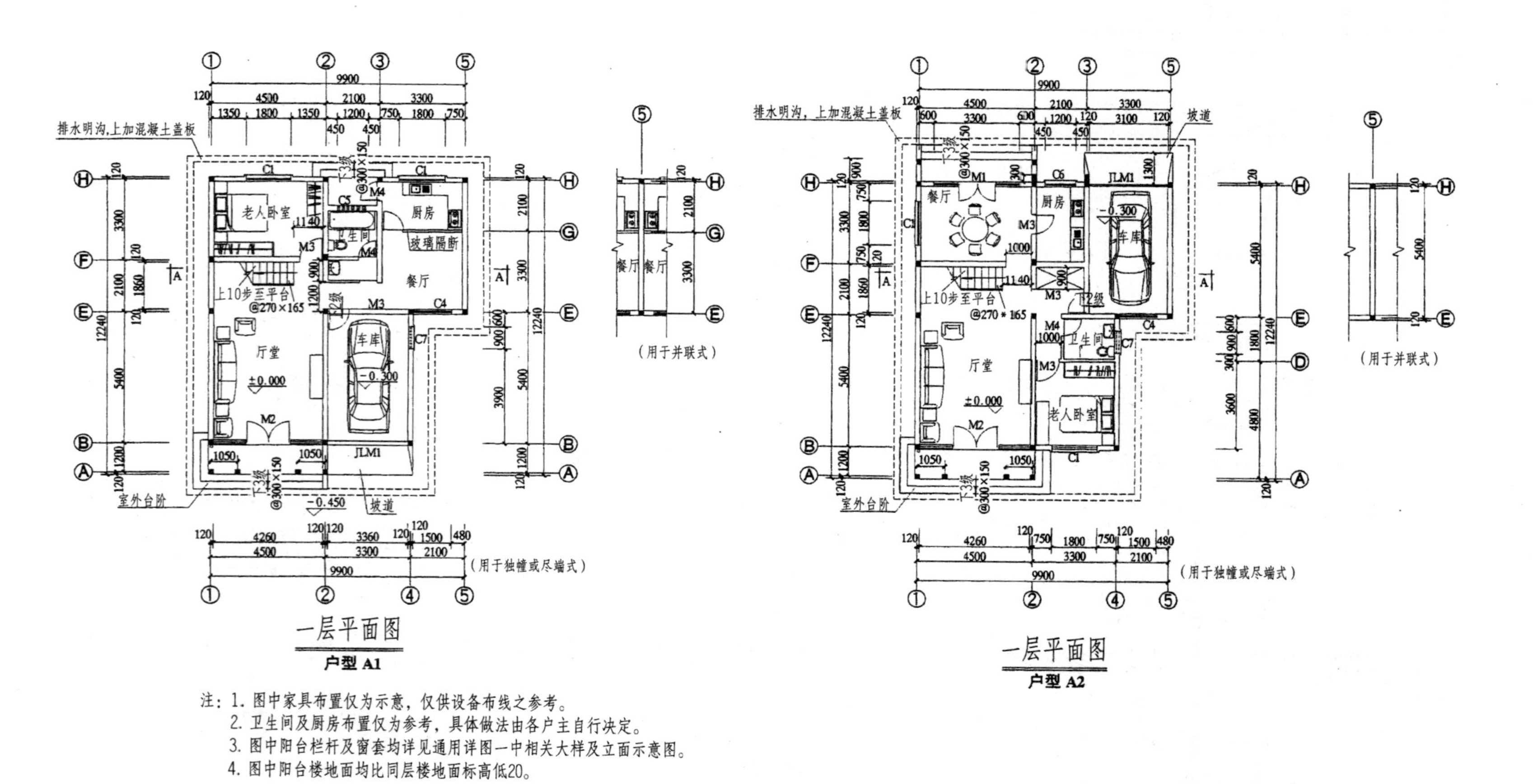

一层平面图

户型 A1

一层平面图

户型 A2

注：1. 图中家具布置仅为示意，仅供设备布线之参考。
2. 卫生间及厨房布置仅为参考，具体做法由各户主自行决定。
3. 图中阳台栏杆及窗套均详见通用详图一中相关大样及立面示意图。
4. 图中阳台楼地面均比同层楼地面标高低20。

M-A型	一层平面图	建1

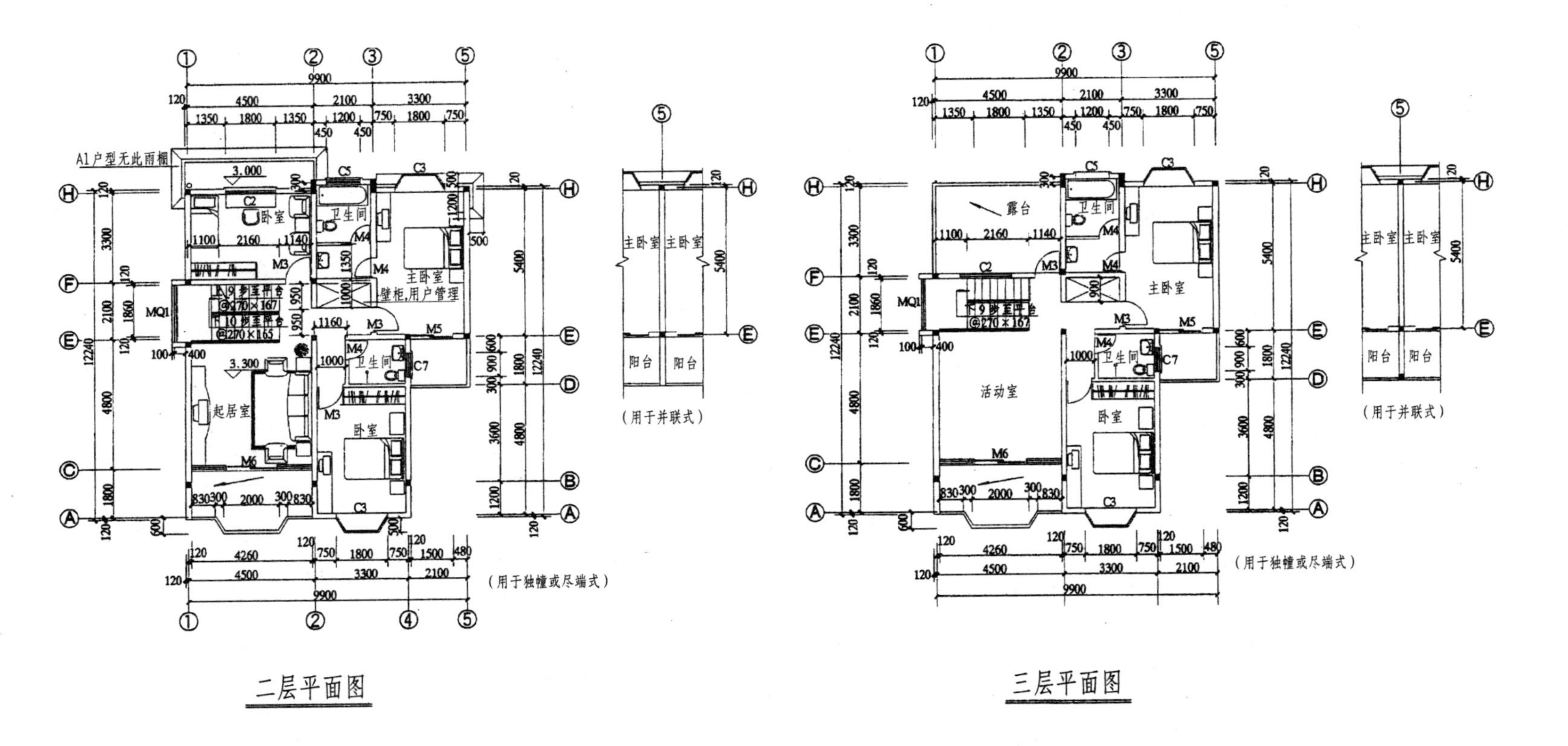

二层平面图

三层平面图

M-A型	二层平面、三层平面图	建2

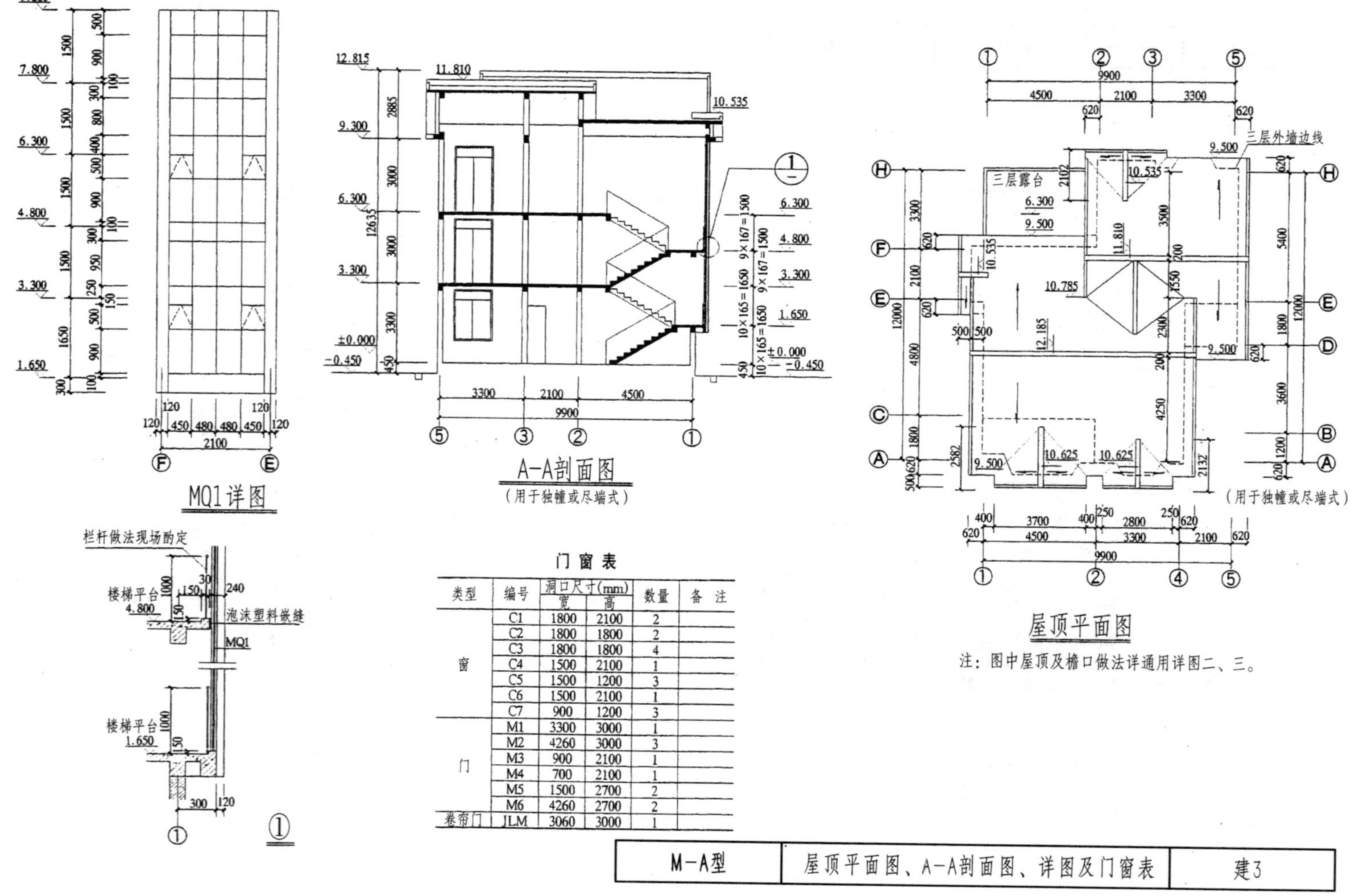

MQ1详图

A-A剖面图
(用于独幢或尽端式)

屋顶平面图
(用于独幢或尽端式)

注：图中屋顶及檐口做法详通用详图二、三。

门 窗 表

类型	编号	洞口尺寸(mm) 宽	洞口尺寸(mm) 高	数量	备 注
窗	C1	1800	2100	2	
	C2	1800	1800	2	
	C3	1800	1800	4	
	C4	1500	2100	1	
	C5	1500	1200	3	
	C6	1500	2100	1	
	C7	900	1200	3	
门	M1	3300	3000	1	
	M2	4260	3000	3	
	M3	900	2100	1	
	M4	700	2100	1	
	M5	1500	2700	2	
	M6	4260	2700	2	
卷帘门	JLM	3060	3000	1	

M-A型	屋顶平面图、A-A剖面图、详图及门窗表	建3

①-⑤立面图（户型A1）
①-⑤立面图（户型A2）
Ⓗ-Ⓐ立面图
⑤-①立面图（户型A1）
⑤-①立面图（户型A2）
Ⓐ-Ⓗ立面图
A1户型无此雨棚及台阶
M-A型
立 面 图
建4

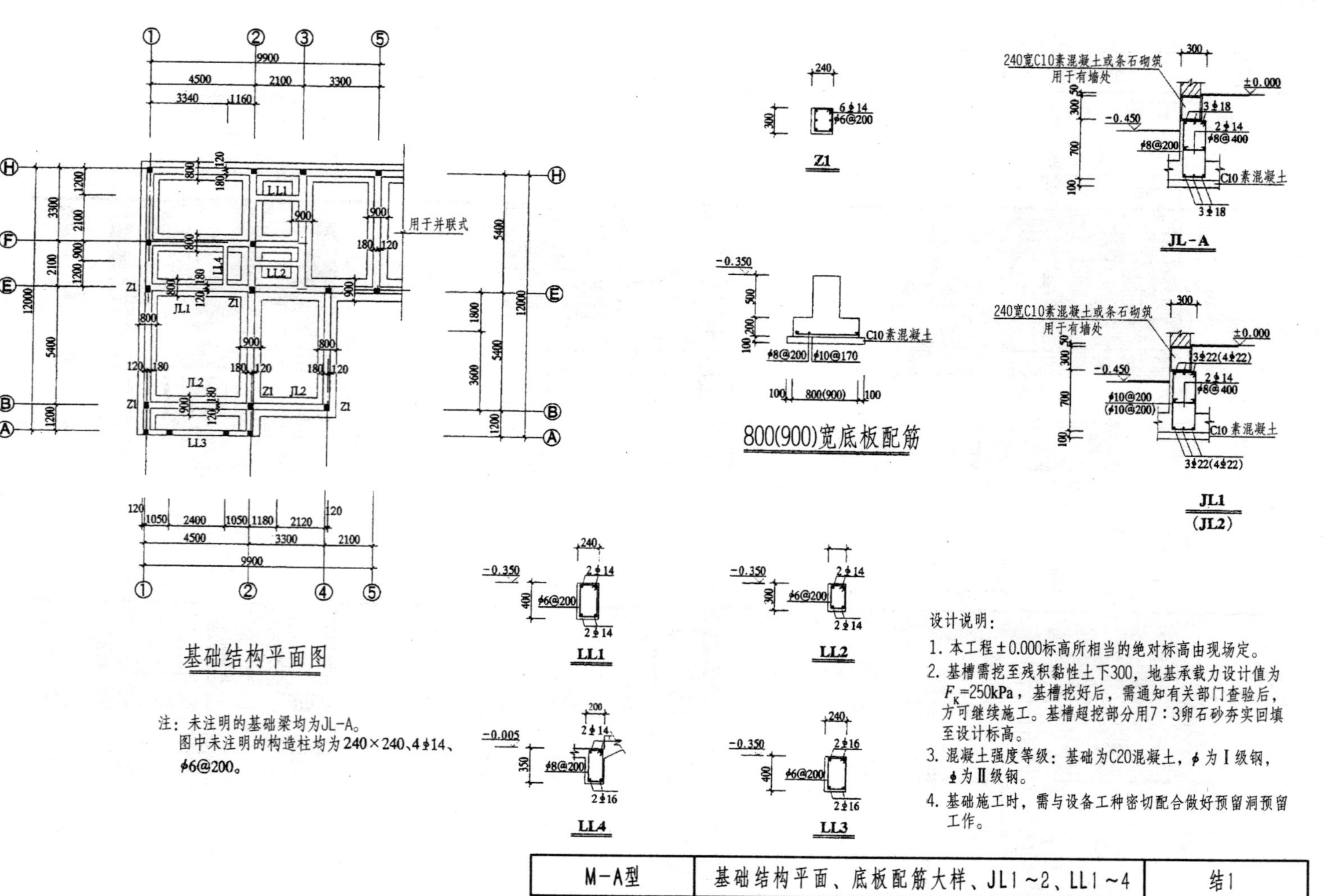

注：未注明的基础梁均为JL-A。
图中未注明的构造柱均为240×240、4⌀14、⌀6@200。

设计说明：

1. 本工程±0.000标高所相当的绝对标高由现场定。
2. 基槽需挖至残积黏性土下300，地基承载力设计值为F_K=250kPa，基槽挖好后，需通知有关部门查验后，方可继续施工。基槽超挖部分用7∶3卵石砂夯实回填至设计标高。
3. 混凝土强度等级：基础为C20混凝土，⌀为Ⅰ级钢，⌀为Ⅱ级钢。
4. 基础施工时，需与设备工种密切配合做好预留洞预留工作。

M-A型	基础结构平面、底板配筋大样、JL1～2、LL1～4	结1

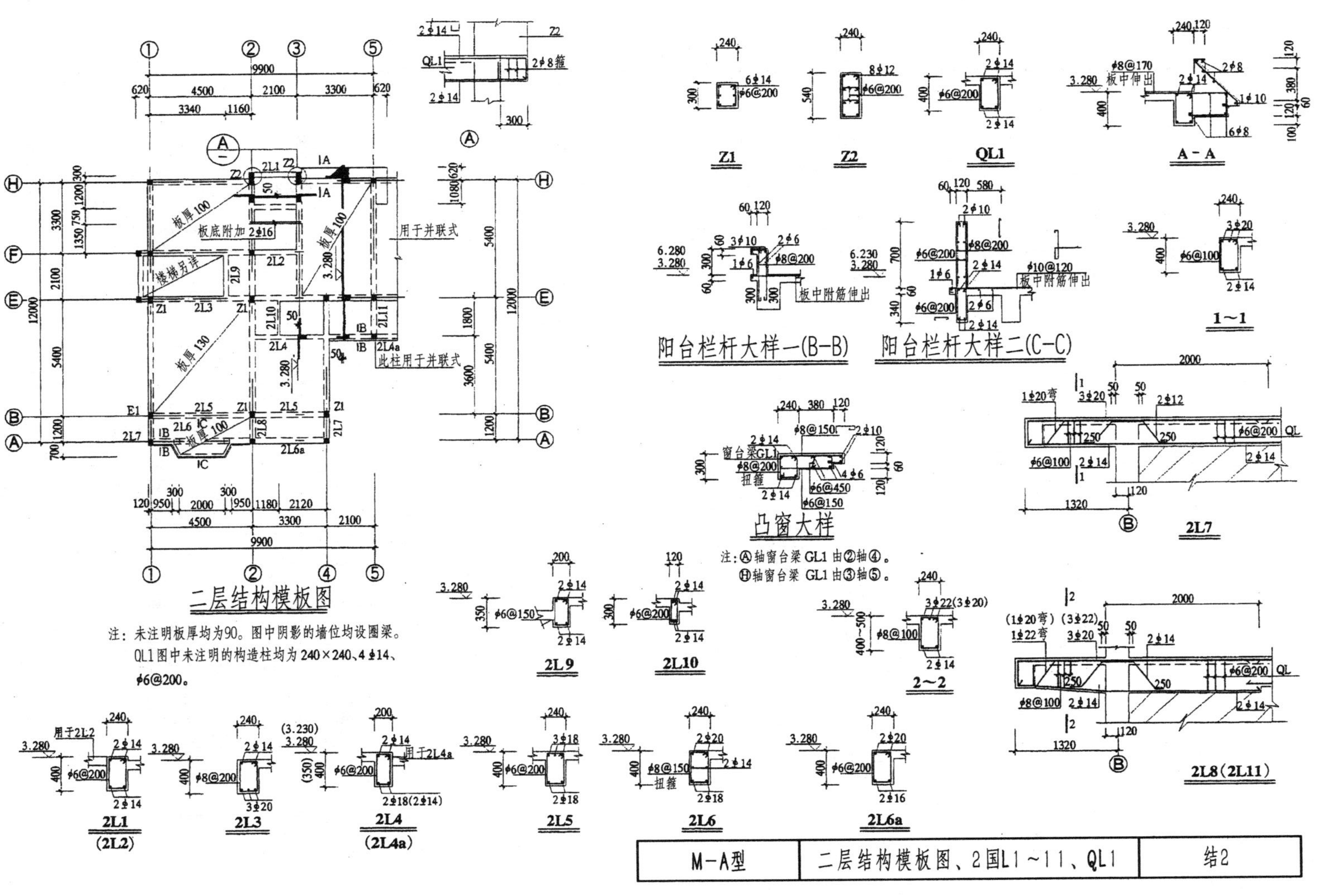
二层结构模板图
注：未注明板厚均为90。图中阴影的墙位均设圈梁。
QL1图中未注明的构造柱均为240×240、4φ14、φ6@200。
板厚100
板厚130
板底附加2φ16
楼梯另详
用于并联式
此柱用于并联式
Z1
Z2
QL1
A－A
1～1
2～2
阳台栏杆大样一(B－B)
阳台栏杆大样二(C－C)
板中附筋伸出
凸窗大样
窗台梁GL1
扭箍
注：Ⓐ轴窗台梁GL1由②轴④。
Ⓗ轴窗台梁GL1由③轴⑤。
2L1
(2L2)
用于2L2
2L3
2L4
(2L4a)
用于2L4a
2L5
2L6
2L6a
2L7
2L8(2L11)
2L9
2L10
M－A型
二层结构模板图、2国L1～11、QL1
结2

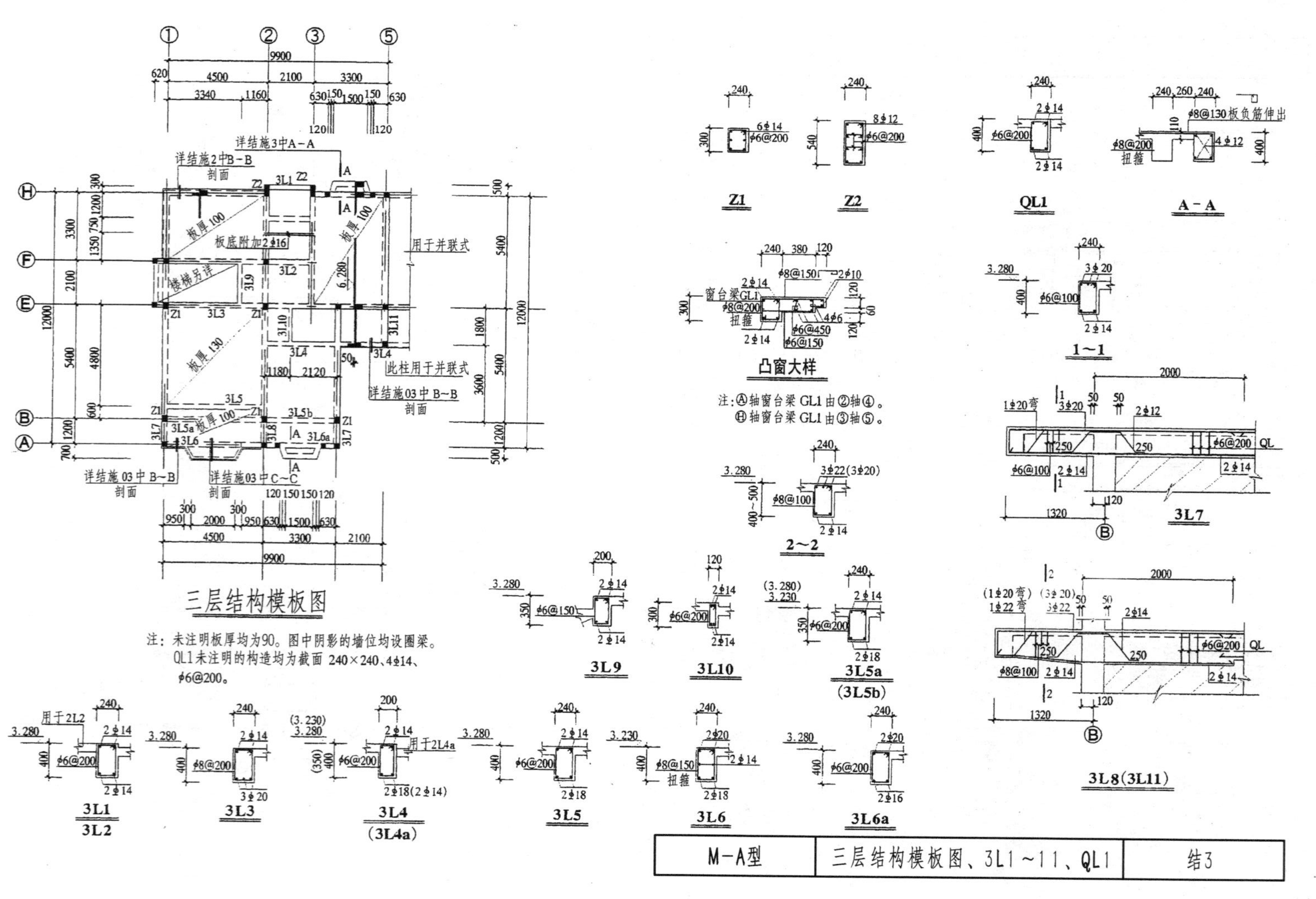

三层结构模板图

注：未注明板厚均为90。图中阴影的墙位均设圈梁。
QL1未注明的构造均为截面 240×240、4ф14、ф6@200。

注：Ⓐ轴窗台梁 GL1 由②轴④。
Ⓗ轴窗台梁 GL1 由③轴⑤。

M－A型	三层结构模板图、3L1～11、QL1	结3

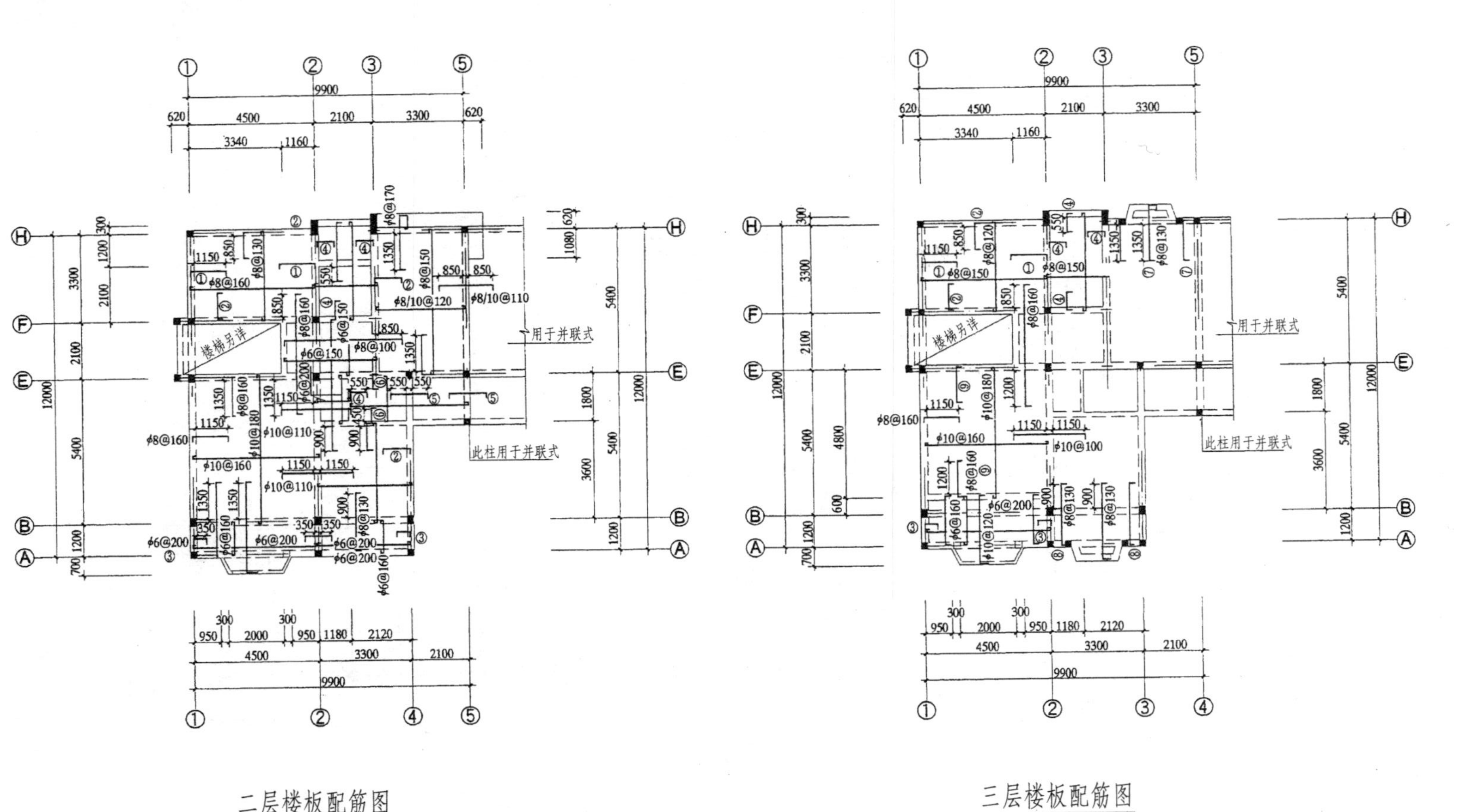

二层楼板配筋图

注：未注明板筋均为 ϕ8@200。
板的分布筋均为 ϕ6@200。

三层楼板配筋图

注：未注明板筋均为 ϕ8@200。
板的分布筋均为 ϕ6@200。
图中未绘出的板配筋同二层。

M-A型	二层楼板配筋、三层楼板配筋图	结4

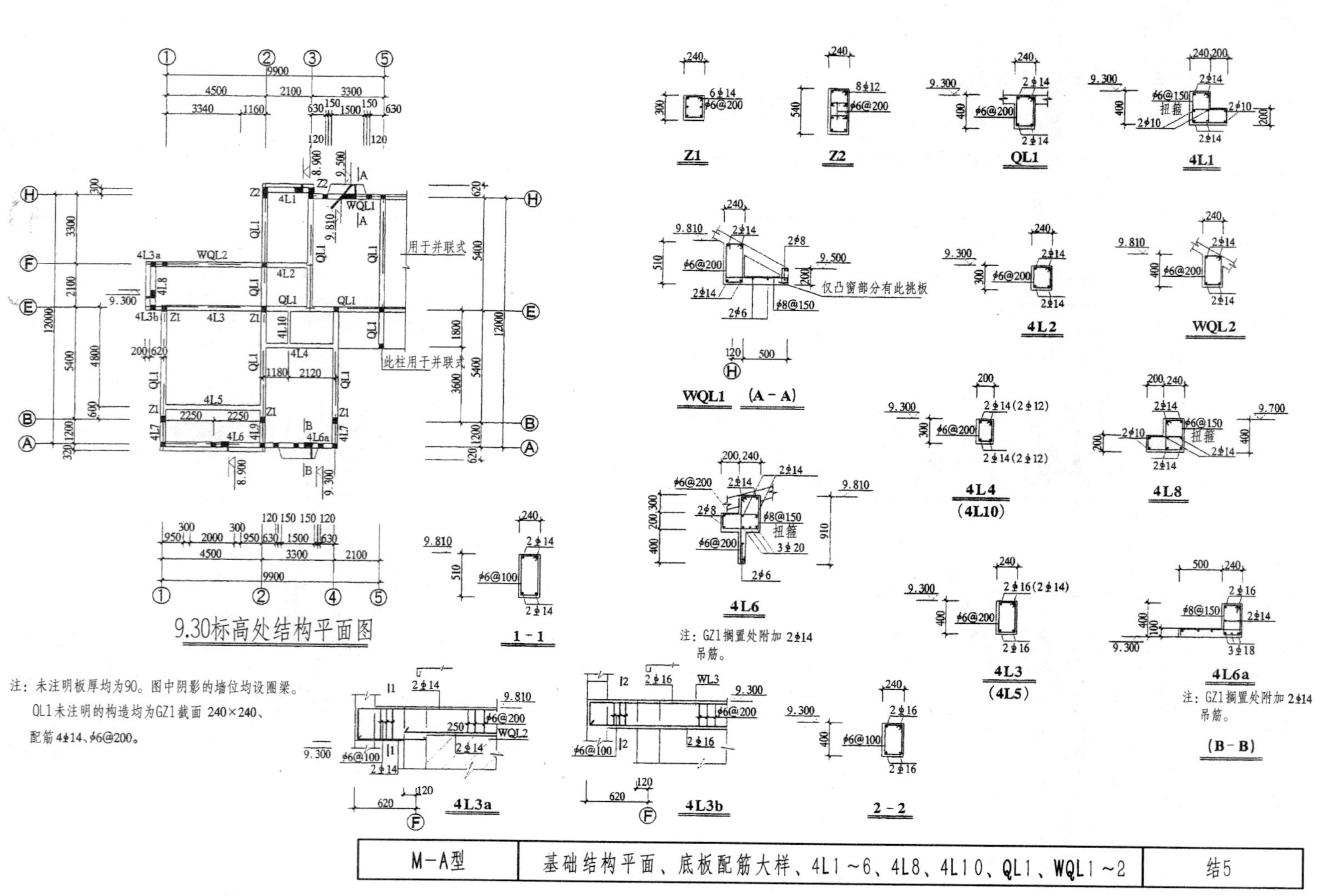

注：未注明板厚均为90。图中阴影的墙位均设圈梁。
QL1未注明的构造均为GZ1截面 240×240、
配筋4⌀14、⌀6@200。

M－A型	基础结构平面、底板配筋大样、4L1～6、4L8、4L10、QL1、WQL1～2	结5

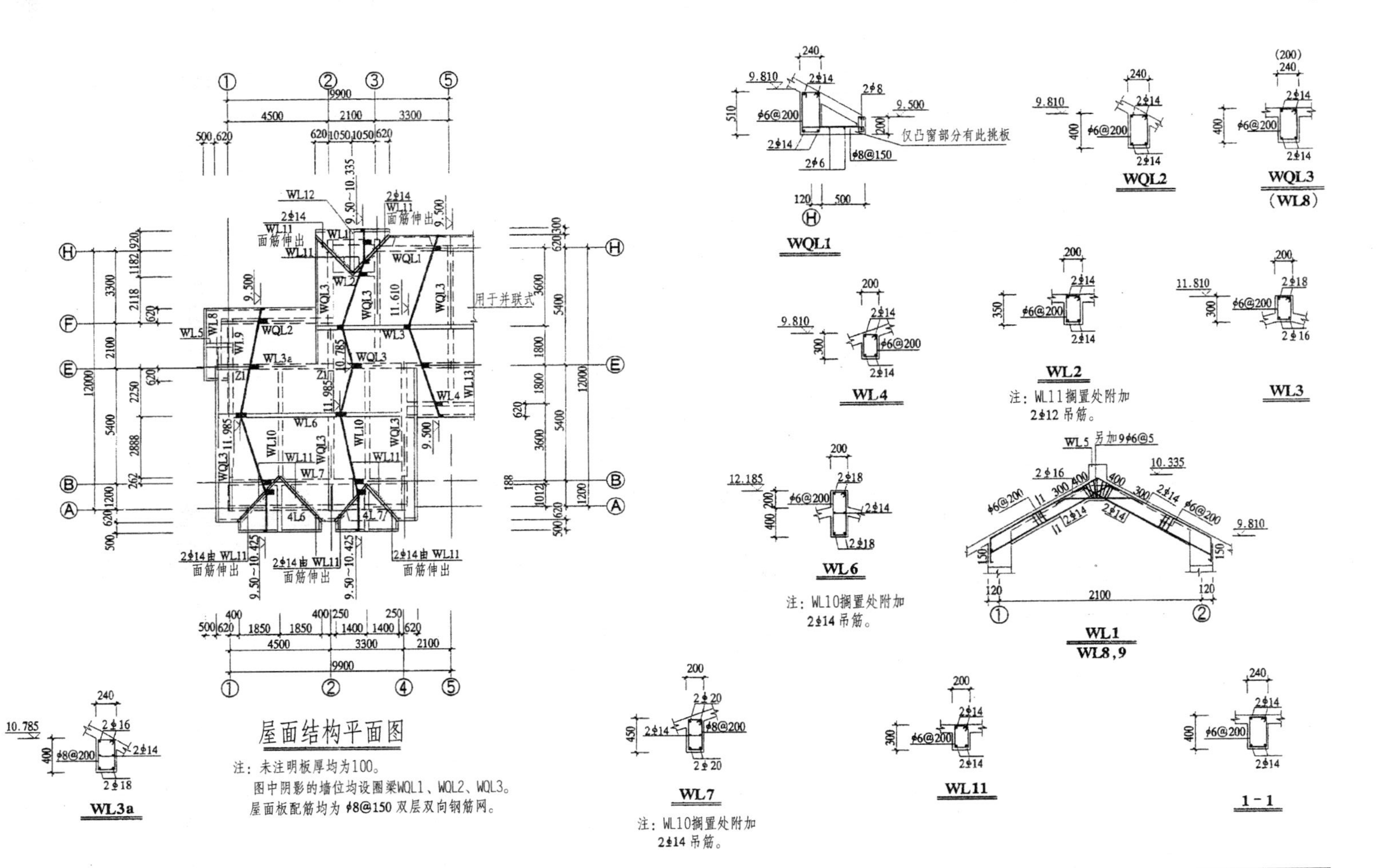

M-A型	屋面结构平面图，WQL1、2，WL1～4、WL6～9、WL11、12	结6

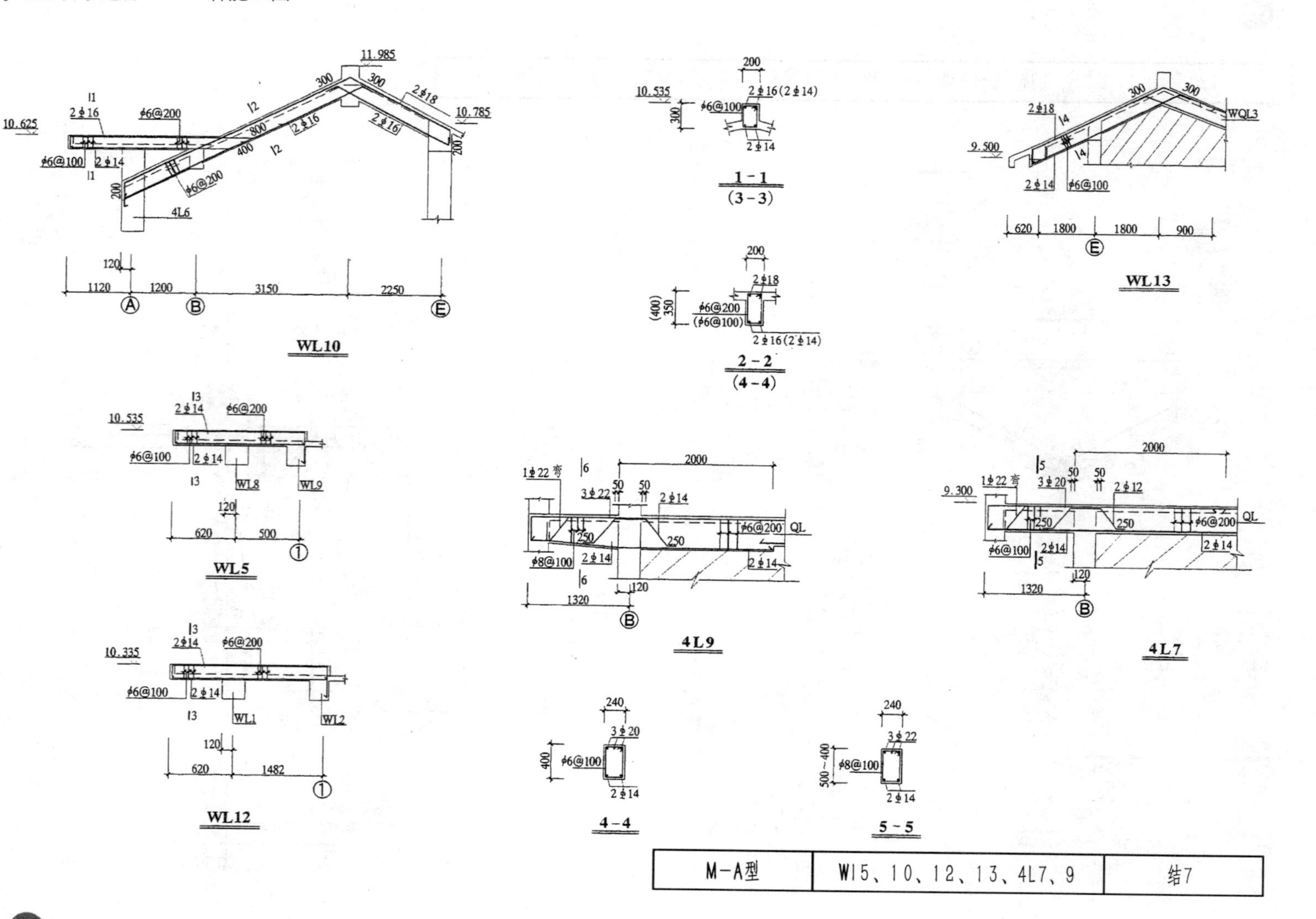
WL10
1-1
(3-3)
2-2
(4-4)
WL13
WL5
WL12
4L9
4L7
4-4
5-5
M-A型
WL5、10、12、13、4L7、9
结7

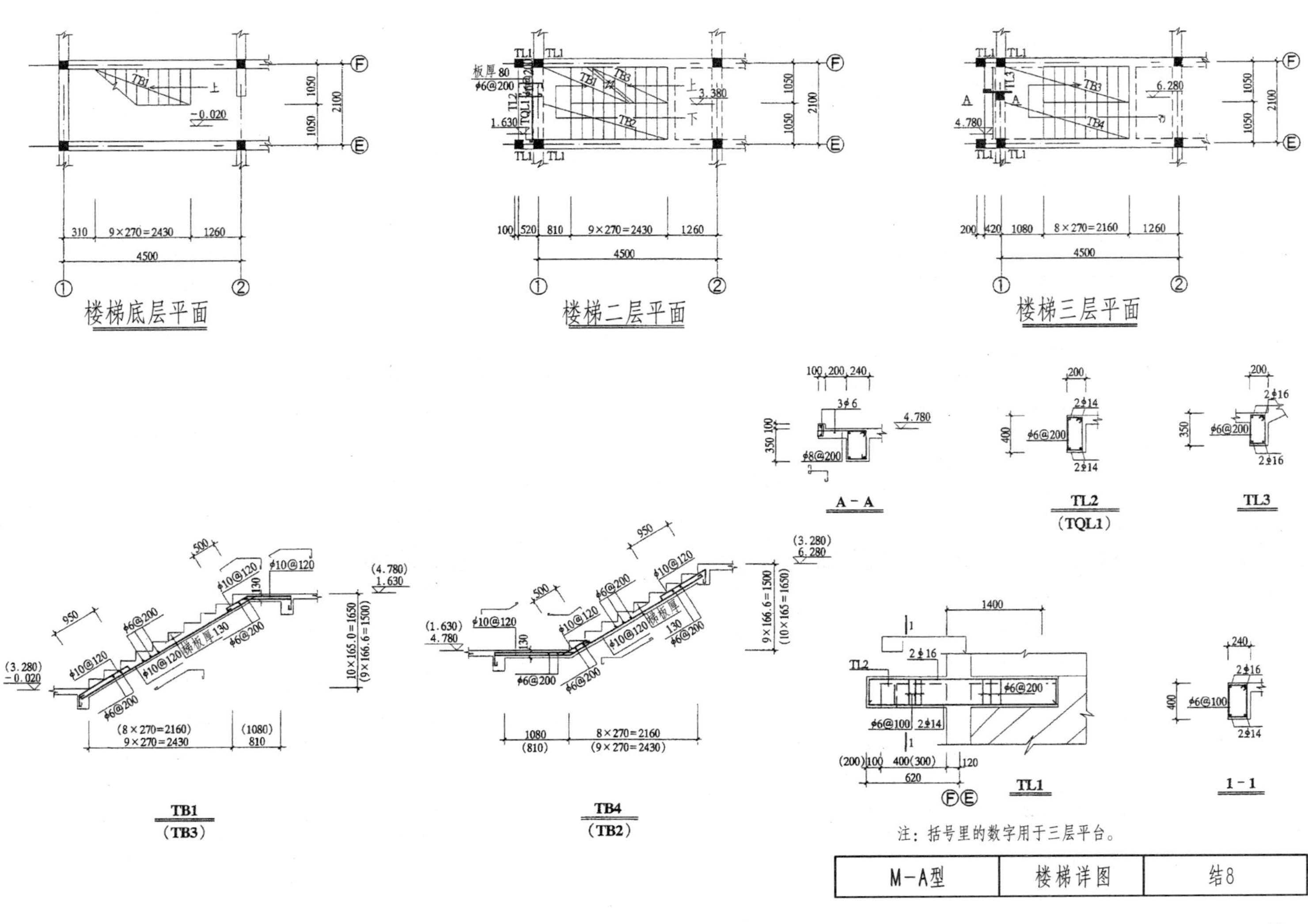
楼梯底层平面
楼梯二层平面
楼梯三层平面
A-A
TL2
(TQL1)
TL3
TB1
(TB3)
TB4
(TB2)
TL1
1-1
注：括号里的数字用于三层平台。
M-A型
楼梯详图
结8

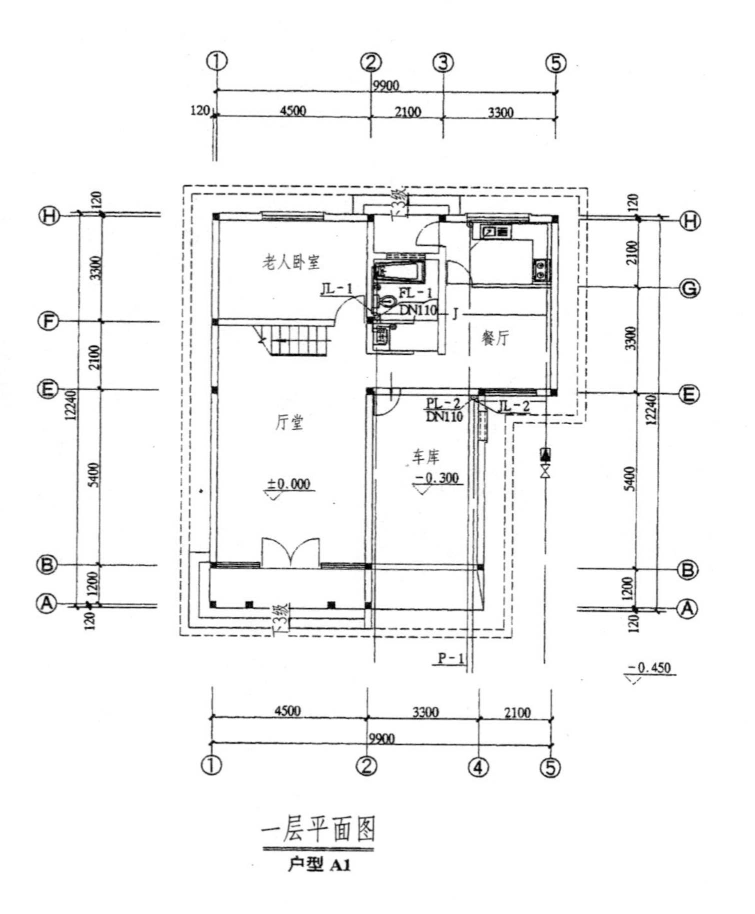

一层平面图

户型 A1

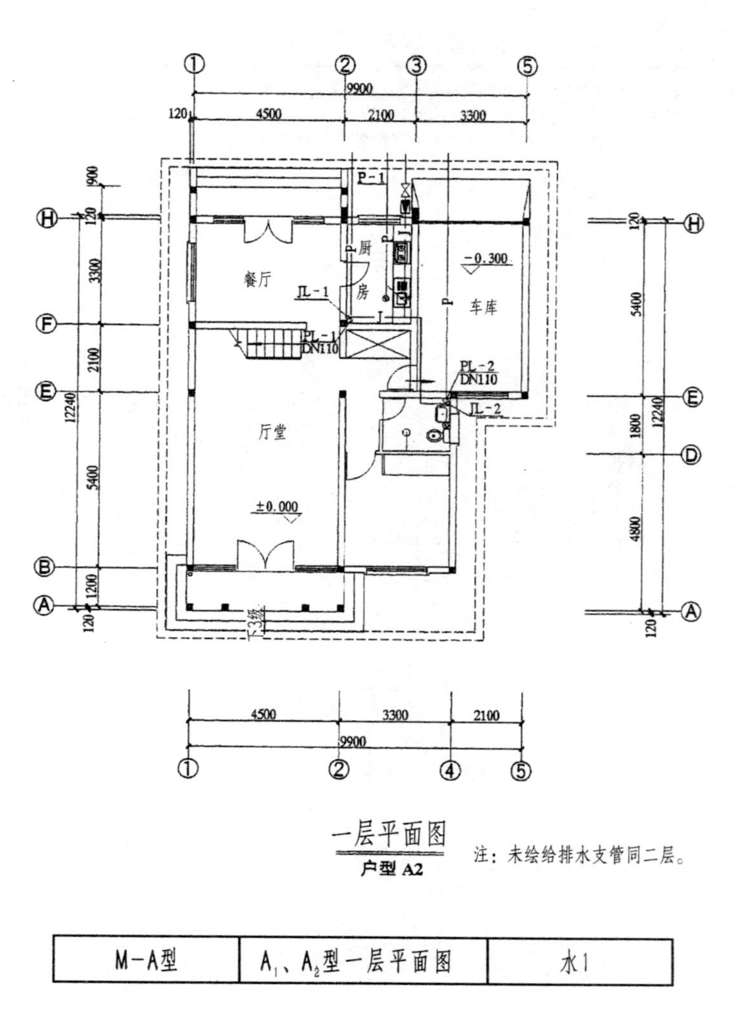

一层平面图

户型 A2

注：未绘给排水支管同二层。

M-A型	A_1、A_2型一层平面图	水1

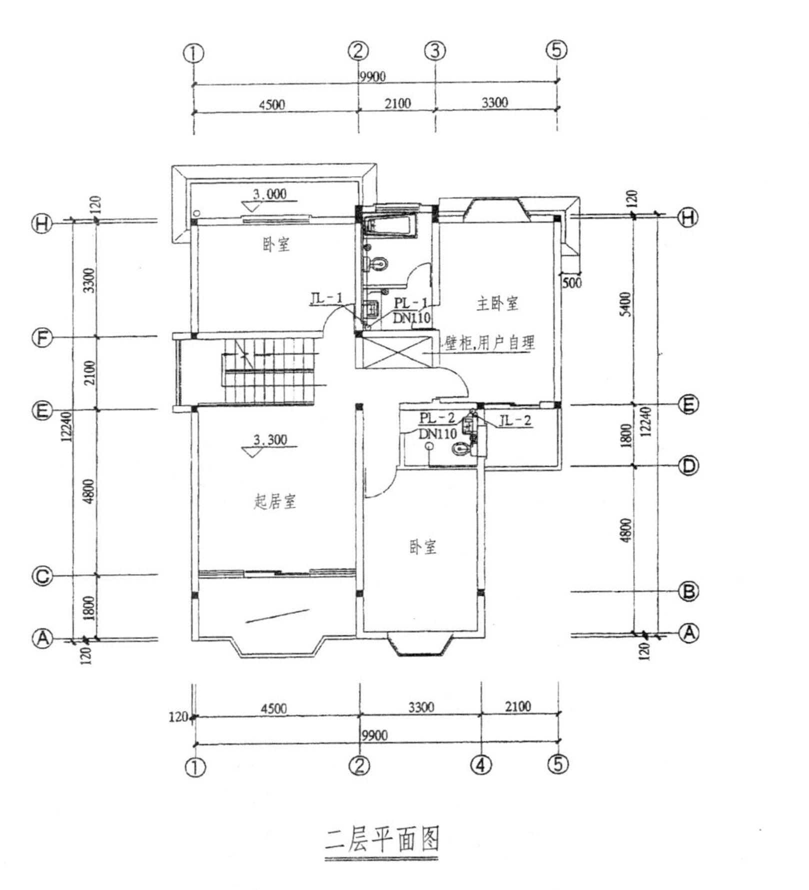

二层平面图

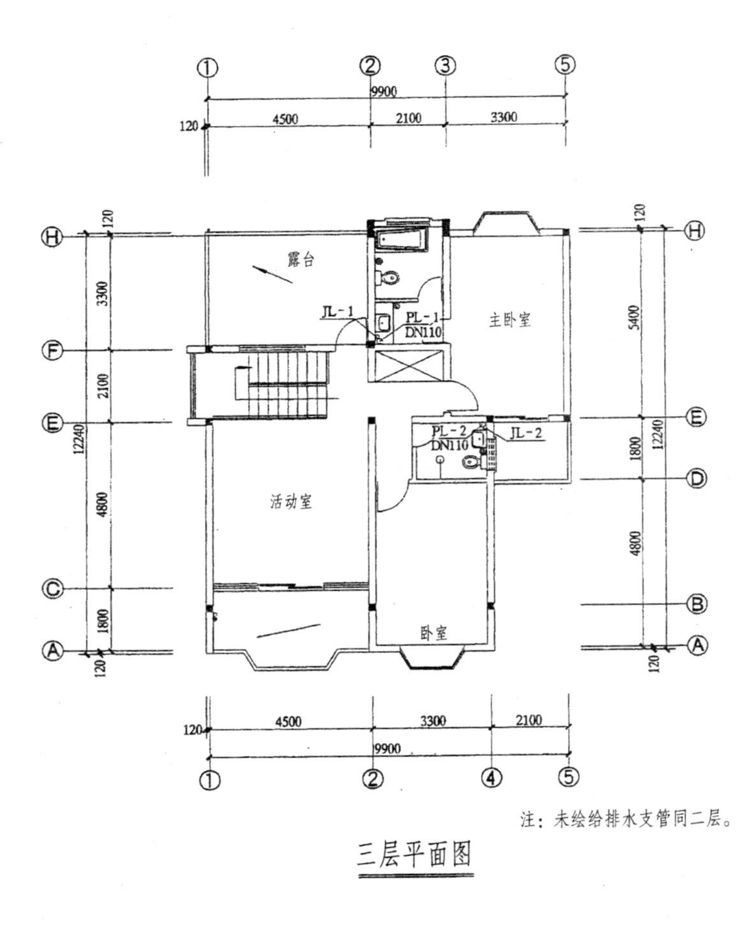

注：未绘给排水支管同二层。

三层平面图

M-A型	二层平面、三层平面图	水2

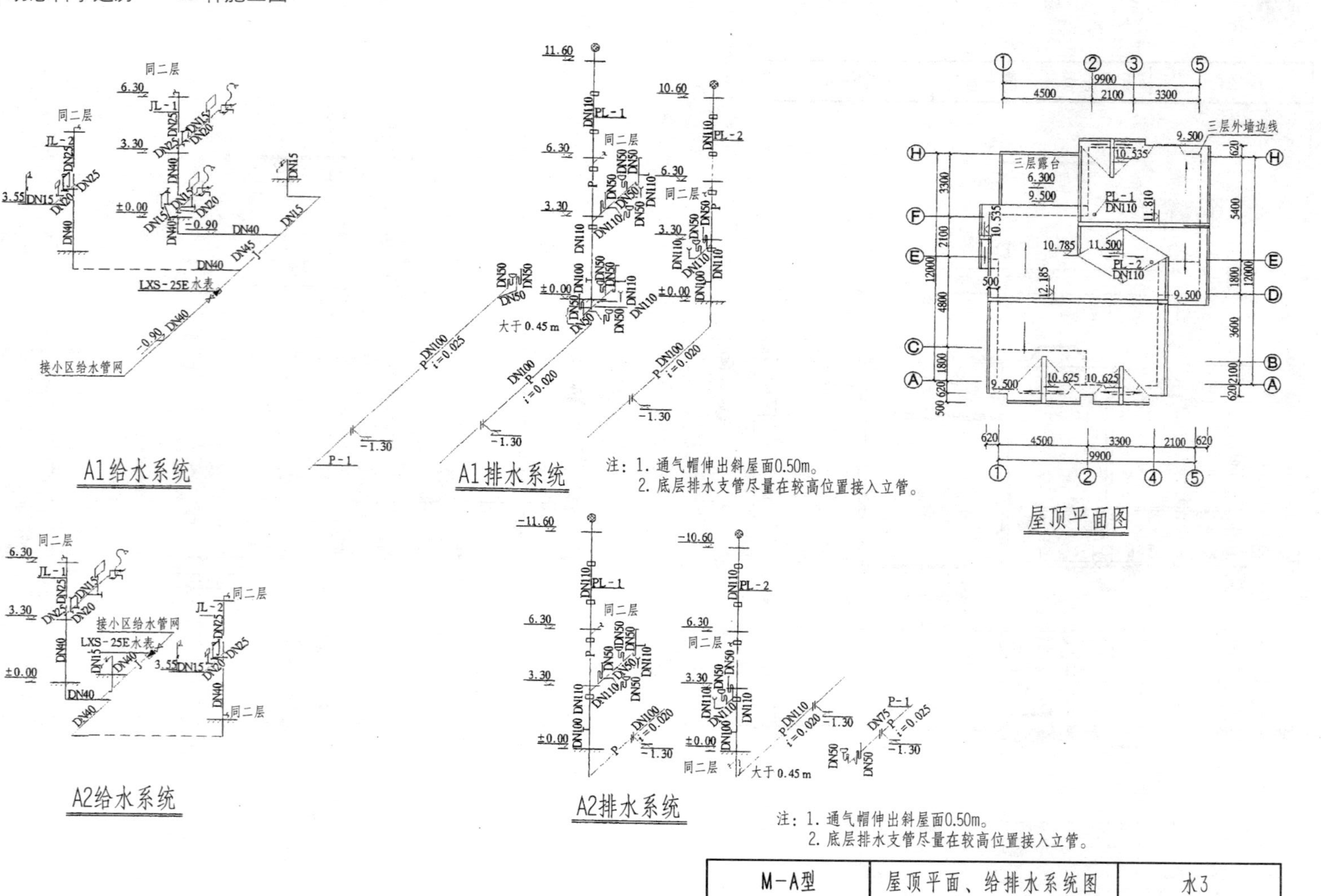

M-A型	屋顶平面、给排水系统图	水3

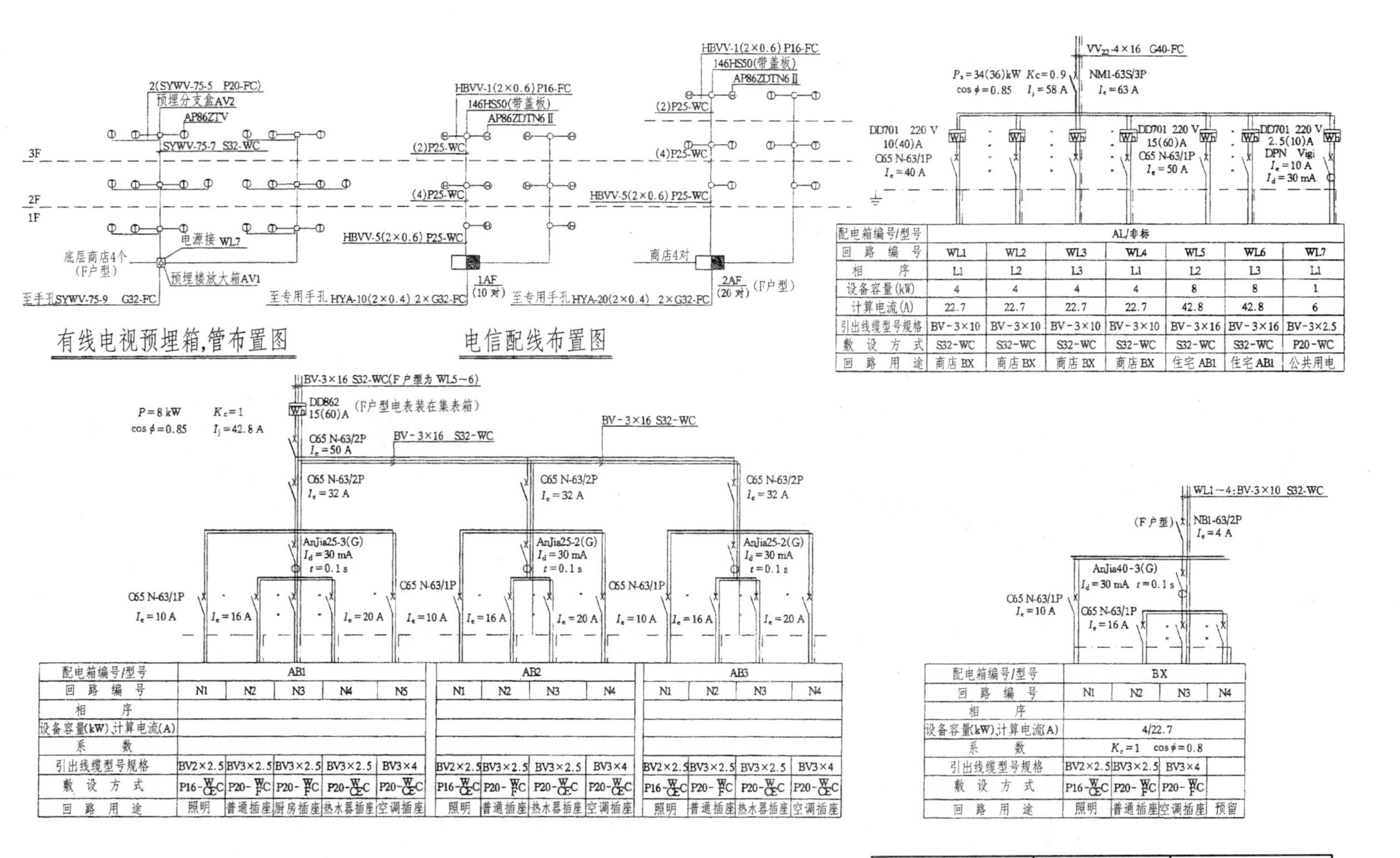

配电箱编号/型号	AL/非标						
回路编号	WL1	WL2	WL3	WL4	WL5	WL6	WL7
相序	L1	L2	L3	L1	L2	L3	L1
设备容量(kW)	4	4	4	4	8	8	1
计算电流(A)	22.7	22.7	22.7	22.7	42.8	42.8	6
引出线缆型号规格	BV-3×10	BV-3×10	BV-3×10	BV-3×10	BV-3×16	BV-3×16	BV-3×2.5
敷设方式	S32-WC	S32-WC	S32-WC	S32-WC	S32-WC	S32-WC	P20-WC
回路用途	商店BX	商店BX	商店BX	商店BX	住宅AB1	住宅AB1	公共用电

配电箱编号/型号	AB1				
回路编号	N1	N2	N3	N4	N5
相序					
设备容量(kW),计算电流(A)					
系数					
引出线缆型号规格	BV2×2.5	BV3×2.5	BV3×2.5	BV3×2.5	BV3×4
敷设方式	P16-WC/CEC	P20-WC/FC	P20-WC/FC	P20-WC/CEC	P20-WC/CEC
回路用途	照明	普通插座	厨房插座	热水器插座	空调插座

配电箱编号/型号	AB2			
回路编号	N1	N2	N3	N4
相序				
设备容量(kW),计算电流(A)				
系数				
引出线缆型号规格	BV2×2.5	BV3×2.5	BV3×2.5	BV3×4
敷设方式	P16-WC/CEC	P20-WC/FC	P20-WC/CEC	P20-WC/CEC
回路用途	照明	普通插座	热水器插座	空调插座

配电箱编号/型号	AB3			
回路编号	N1	N2	N3	N4
相序				
设备容量(kW),计算电流(A)				
系数				
引出线缆型号规格	BV2×2.5	BV3×2.5	BV3×2.5	BV3×4
敷设方式	P16-WC/CEC	P20-WC/FC	P20-WC/CEC	P20-WC/CEC
回路用途	照明	普通插座	热水器插座	空调插座

配电箱编号/型号	BX			
回路编号	N1	N2	N3	N4
相序				
设备容量(kW),计算电流(A)	4/22.7			
系数	$K_c=1$ cos φ=0.8			
引出线缆型号规格	BV2×2.5	BV3×2.5	BV3×4	
敷设方式	P16-WC/CEC	P20-WC/FC	P20-WC/FC	
回路用途	照明	普通插座	空调插座	预留

M-A型	电气系统图	电1

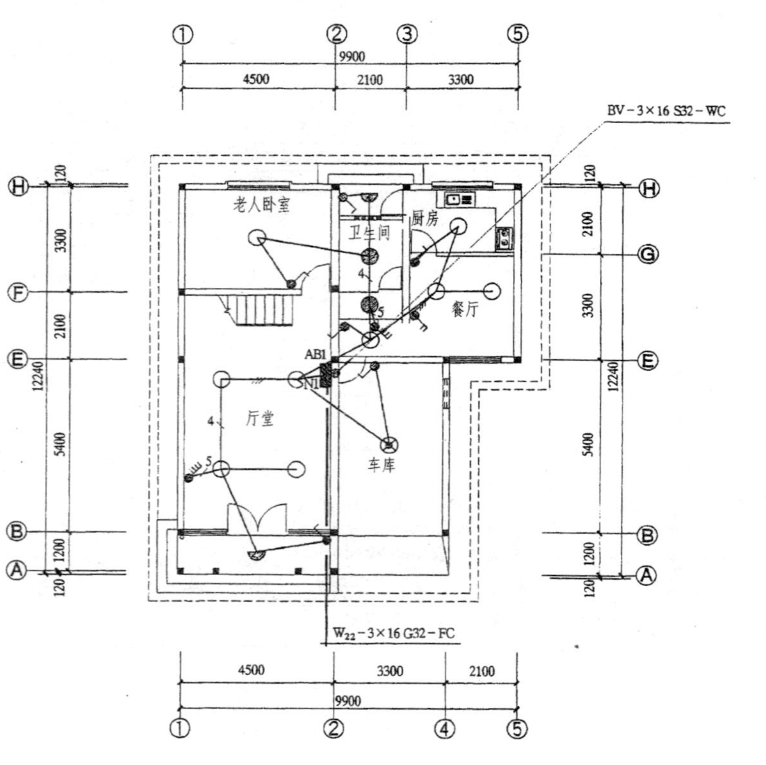

一层干线及照明平面图

户型A1

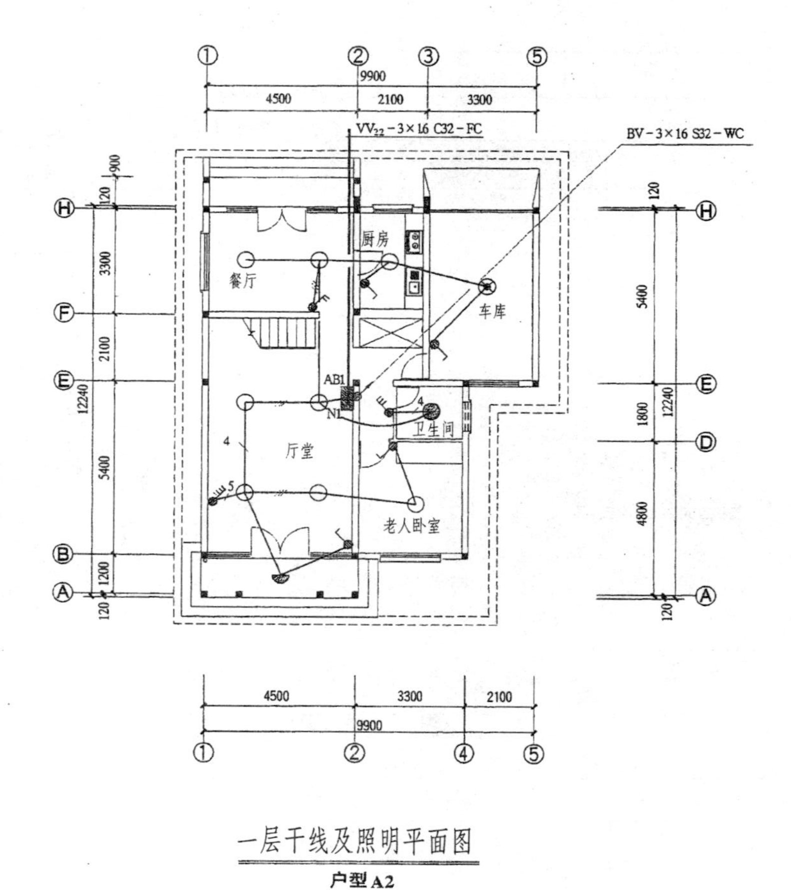

一层干线及照明平面图

户型A2

M-A型	A_1型、A_2型一层干线及照明平面图	电2

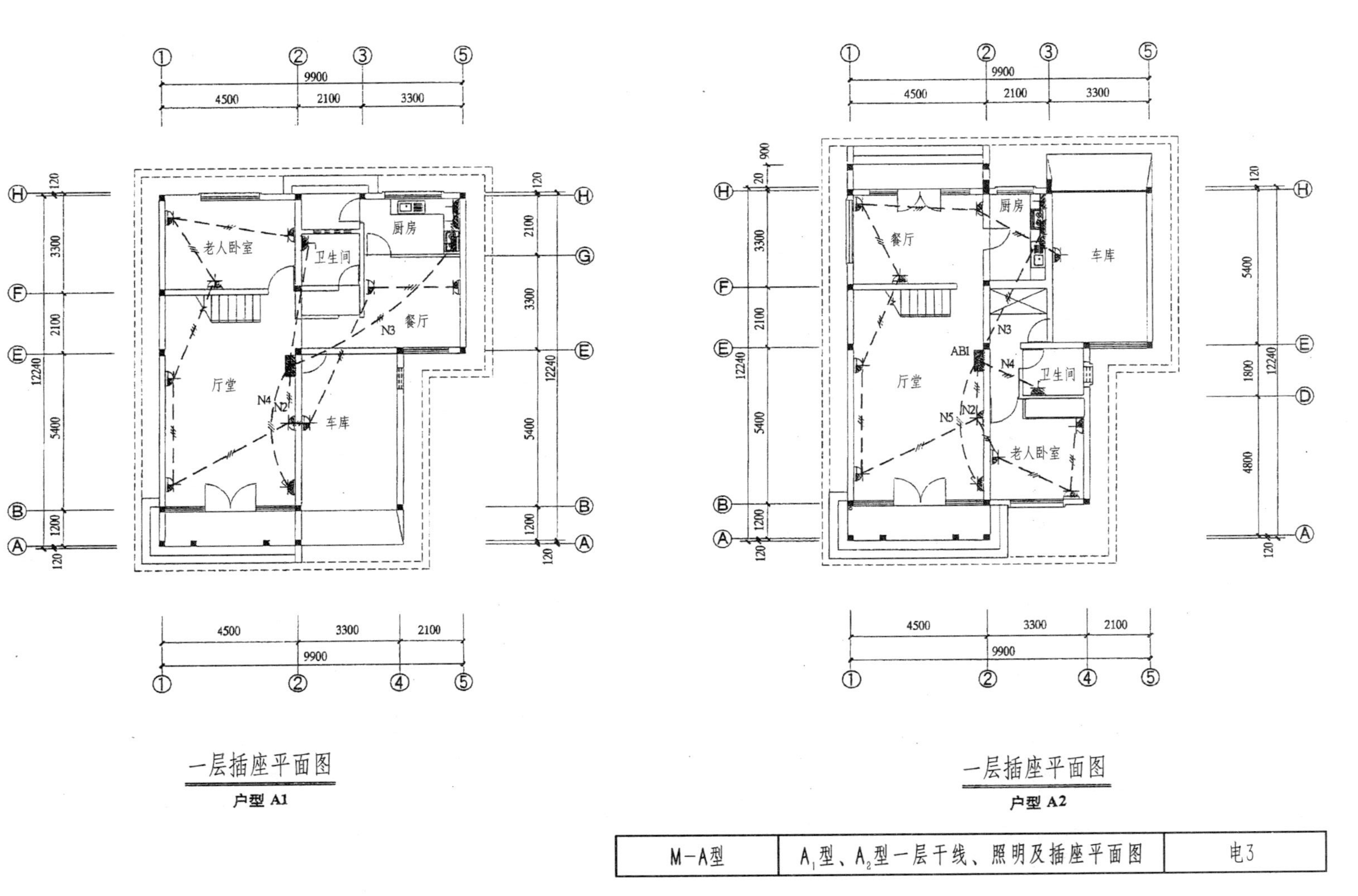

一层插座平面图

户型 A1

一层插座平面图

户型 A2

M-A型	A_1型、A_2型一层干线、照明及插座平面图	电3

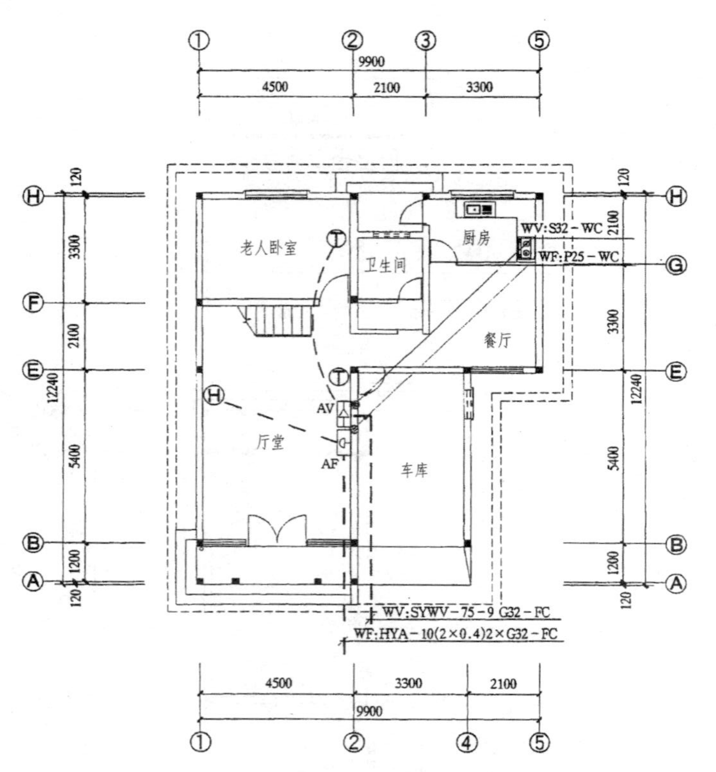

一层弱电平面图

户型A1

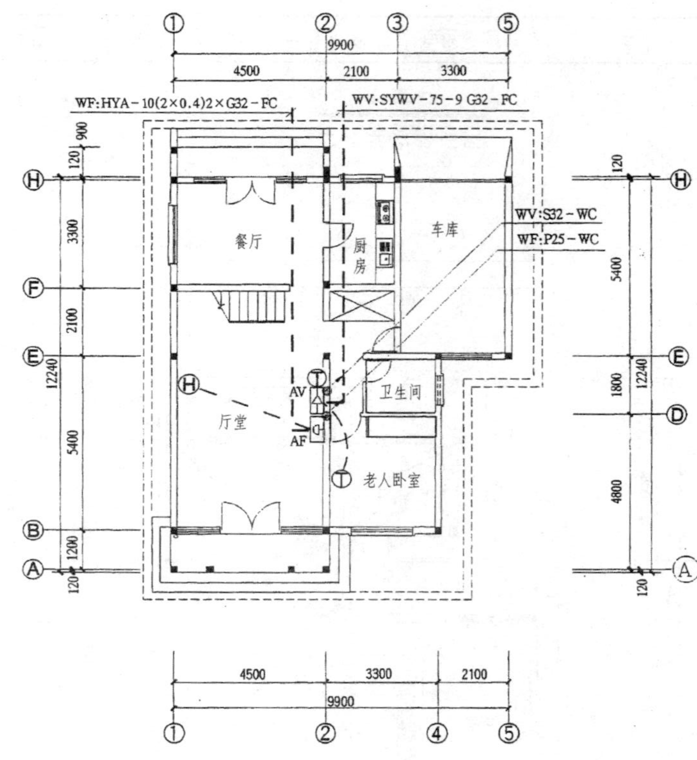

一层弱电平面图

户型A2

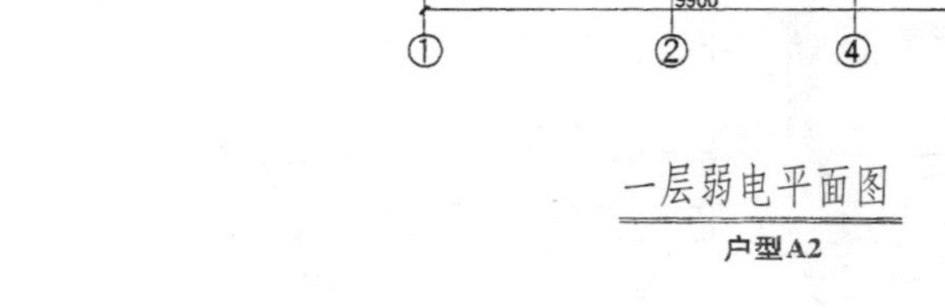

M-A型	A_1型、A_2型一层弱电平面图	电4

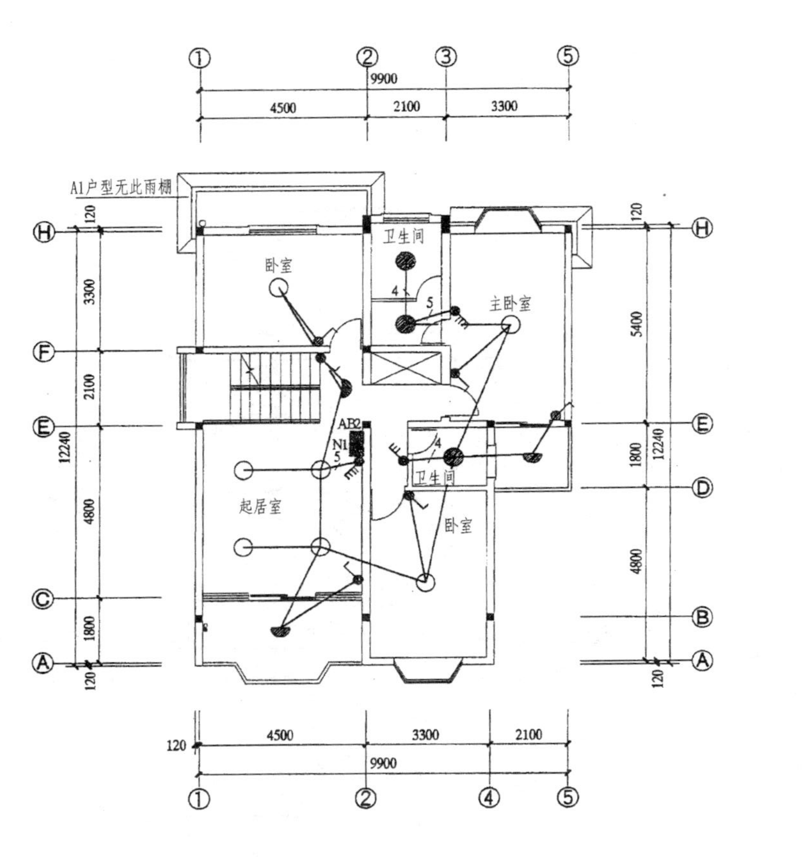

二层照明平面图

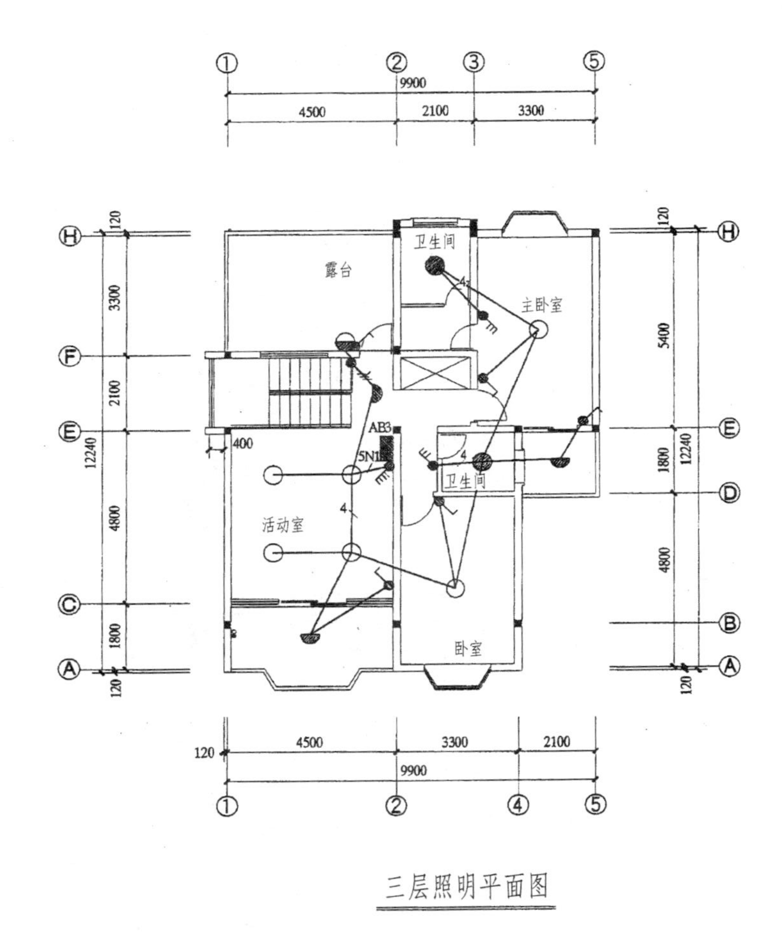

三层照明平面图

M-A型	二层照明、三层照明平面图	电5

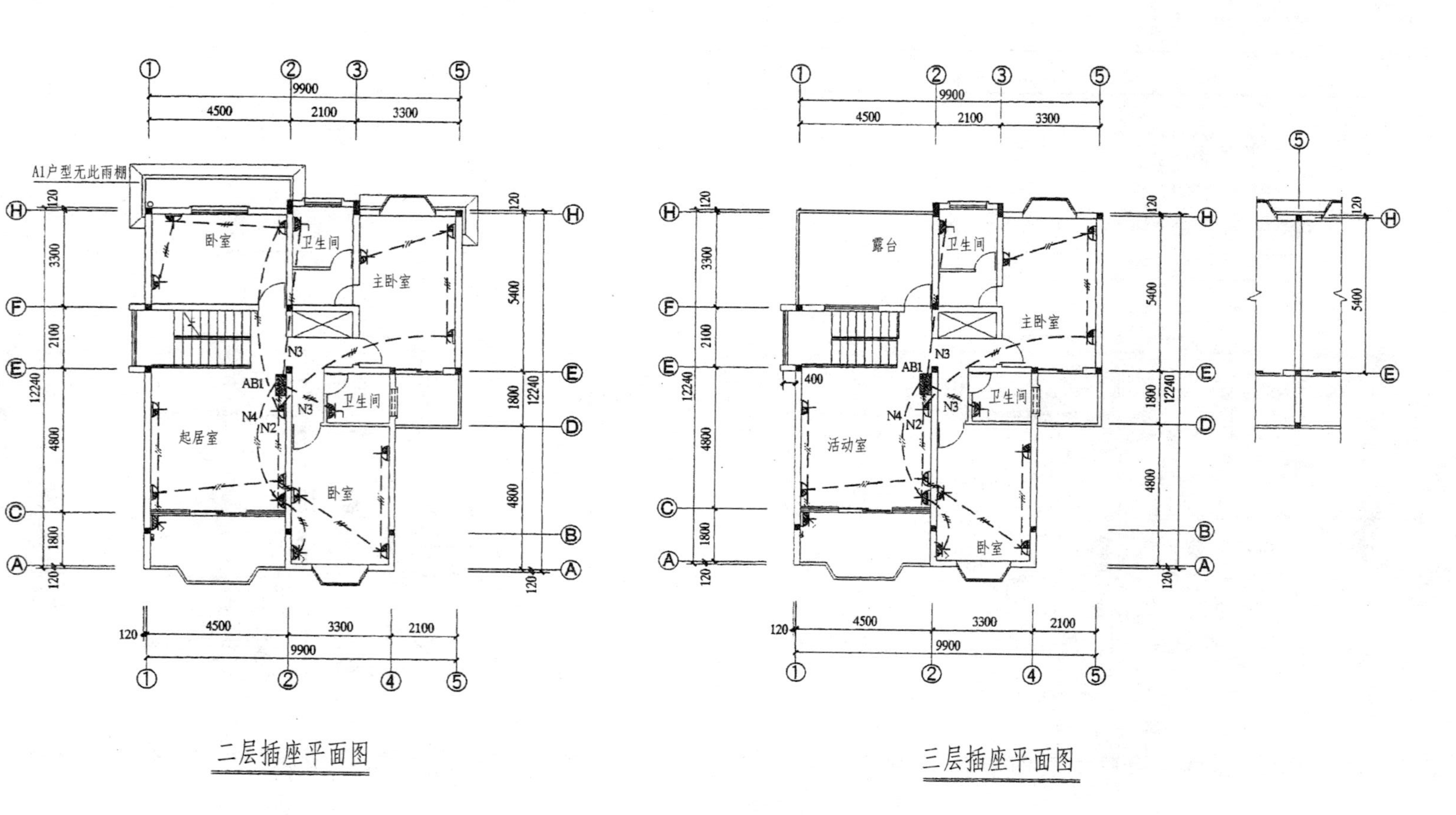

二层插座平面图

三层插座平面图

M-A型	二层插座、三层插座平面图	电6

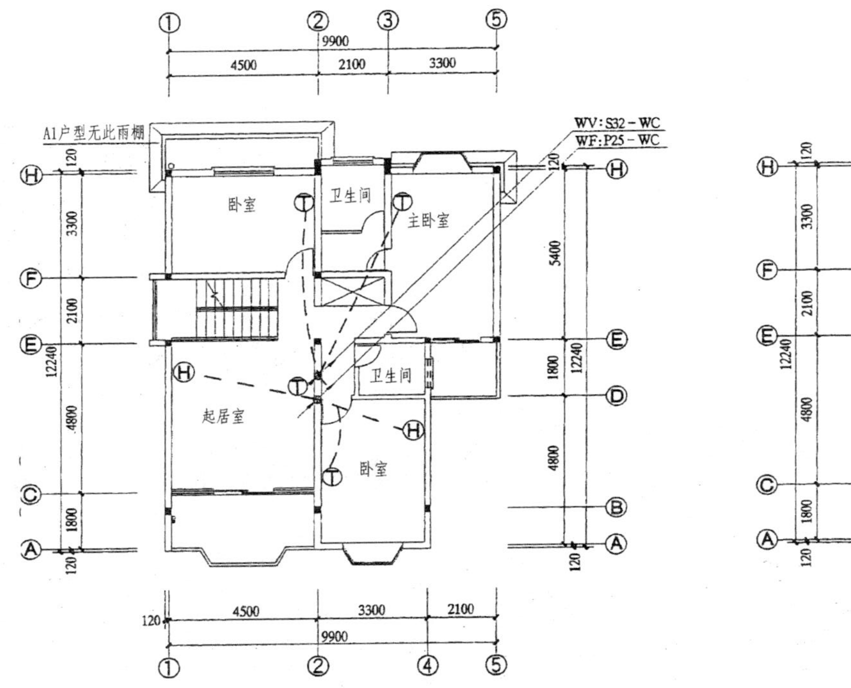

二层弱电平面图

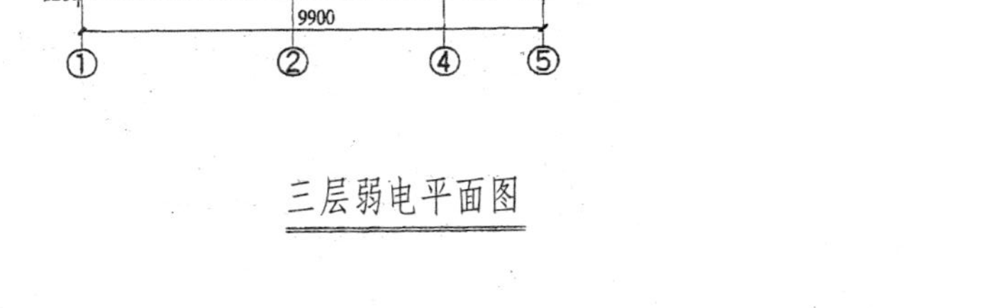

三层弱电平面图

M-A型	二层弱电、三层弱电平面图	电7

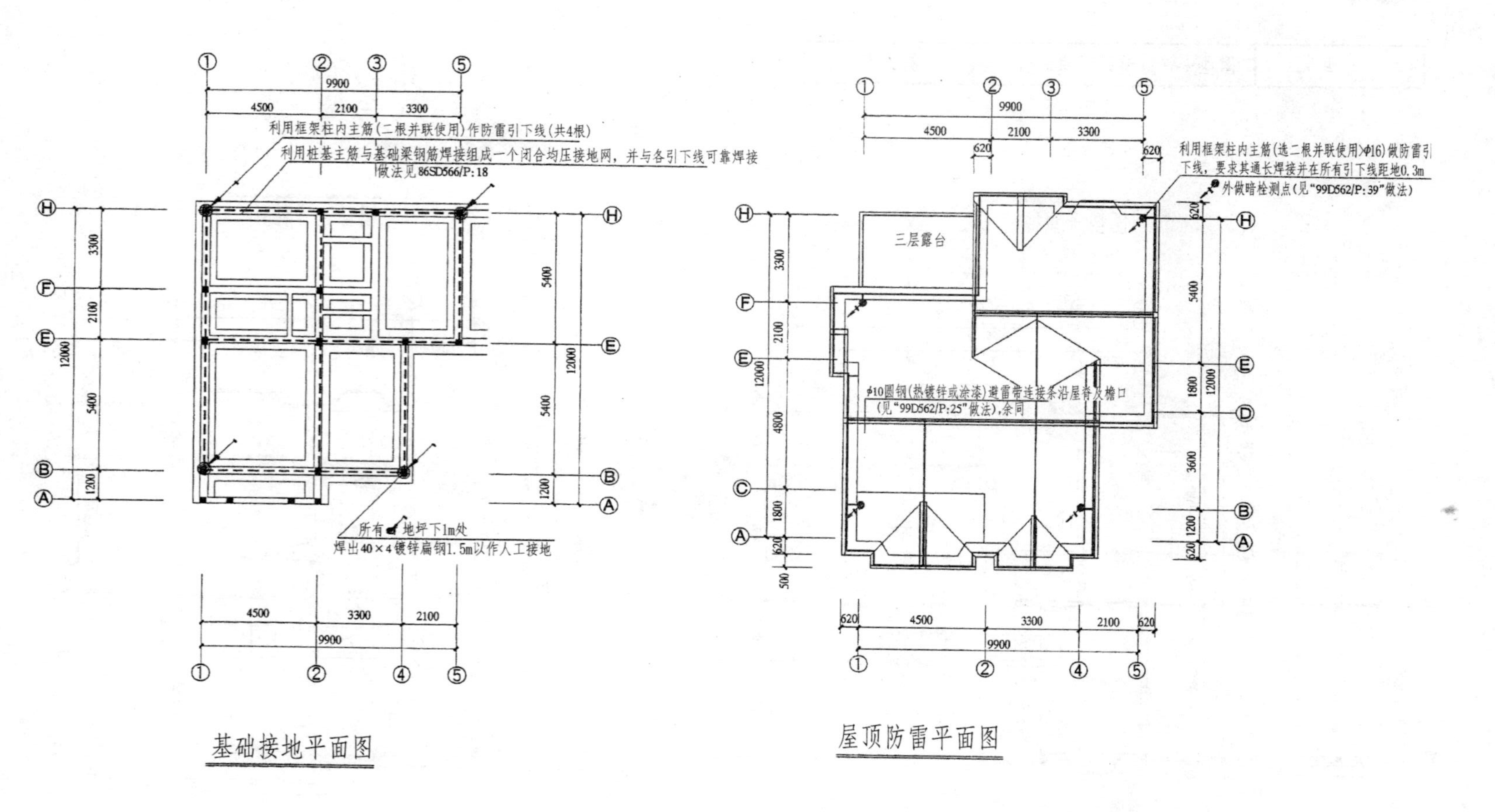

基础接地平面图

屋顶防雷平面图

M-A型	基础接地、屋面防雷平面图	电8

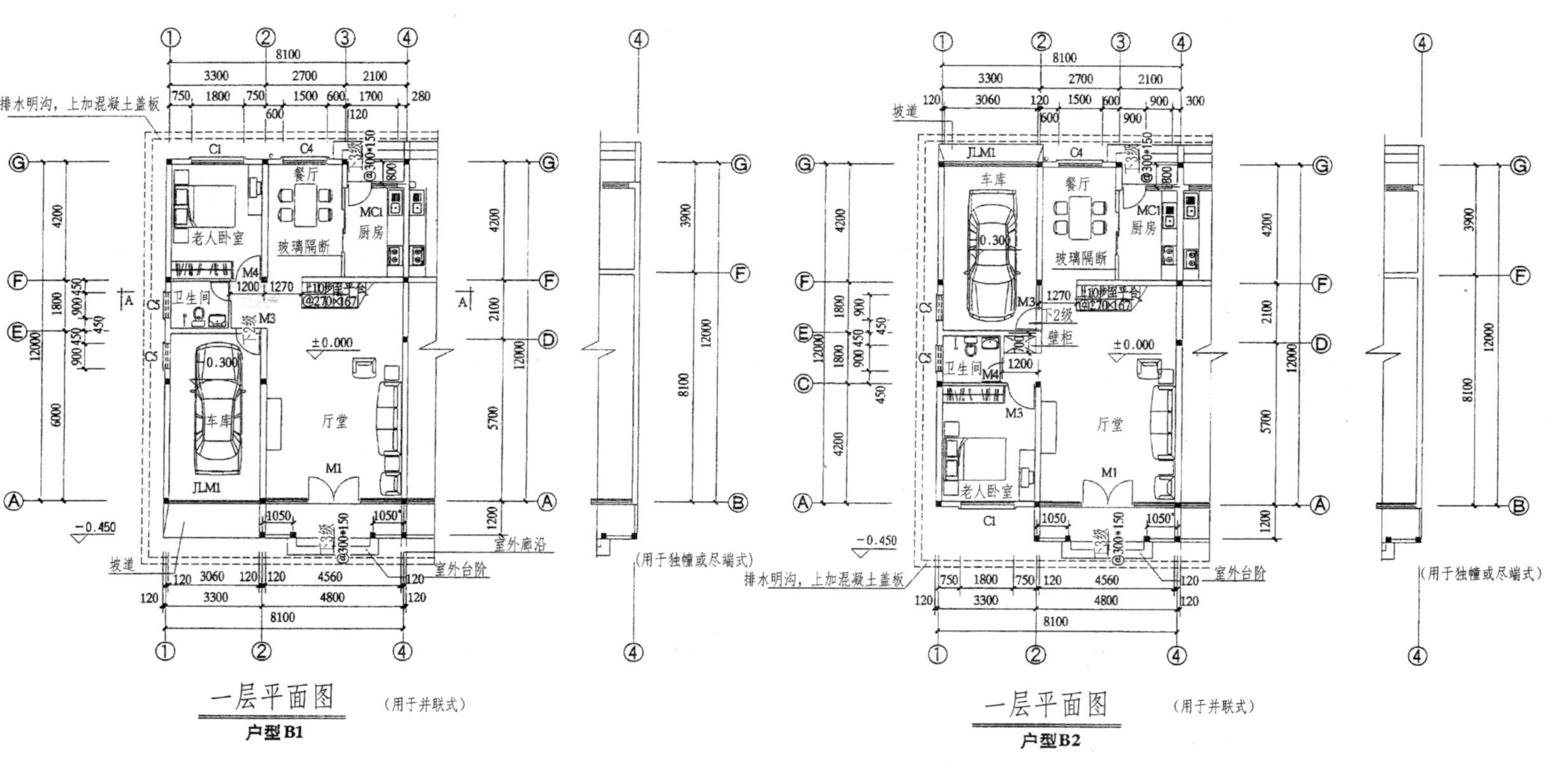

一层平面图 (用于并联式)

户型B1

一层平面图 (用于并联式)

户型B2

注：1. 图中家具布置仅为示意，仅供设备布线之参考。

2. 卫生间及厨房布置仅为参考，具体做法由各户主自行决定。

3. 图中阳台栏杆及窗套均详见通用详图一中相关大样及立面示意图。

4. 图中阳台楼地面均比同层楼地面标高低20。

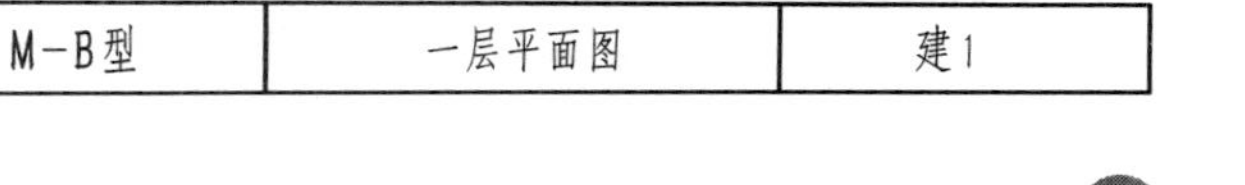

M-B型	一层平面图	建1

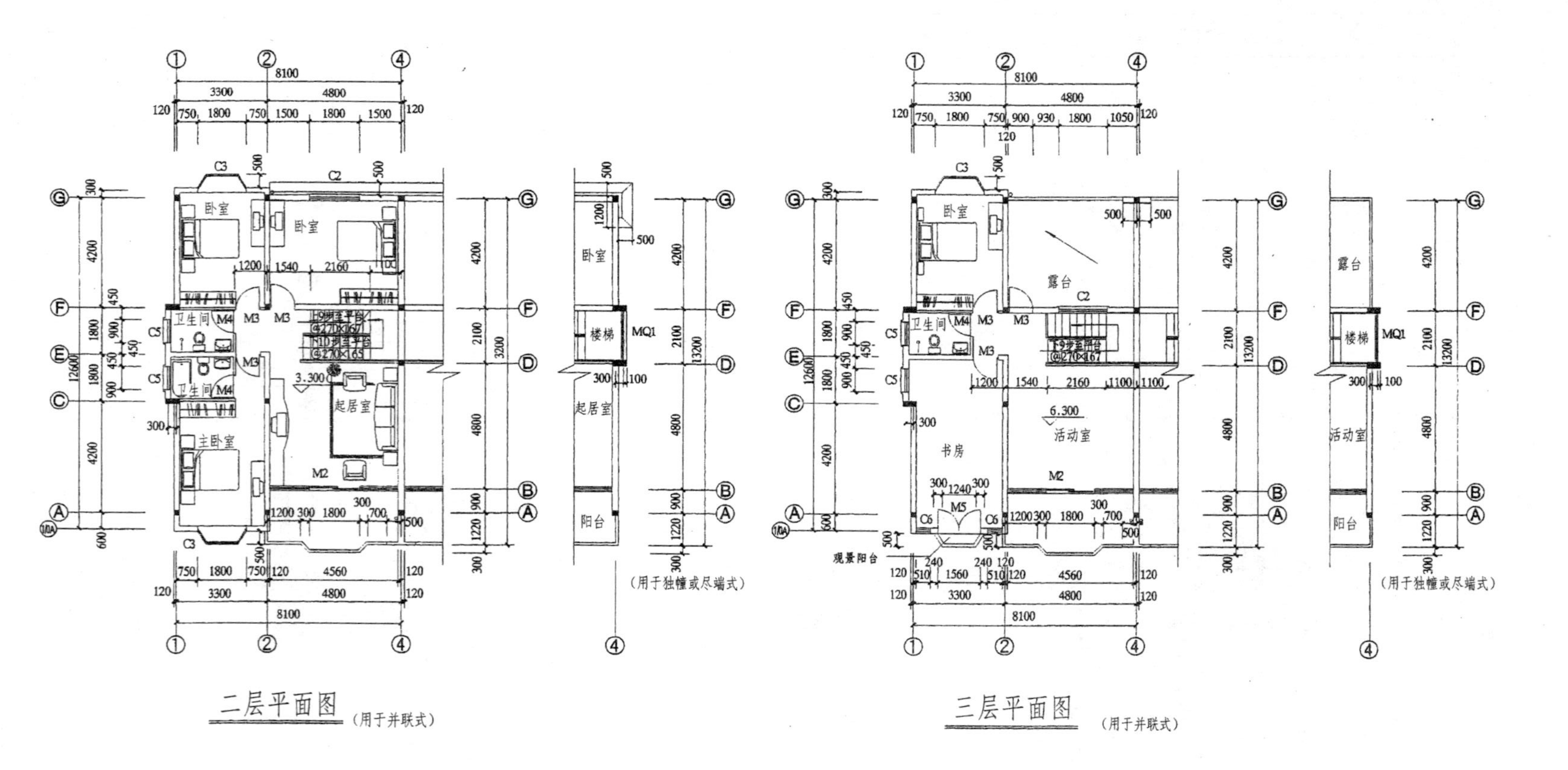

二层平面图 (用于并联式)

三层平面图 (用于并联式)

M-B型	二层平面、三层平面图	建2

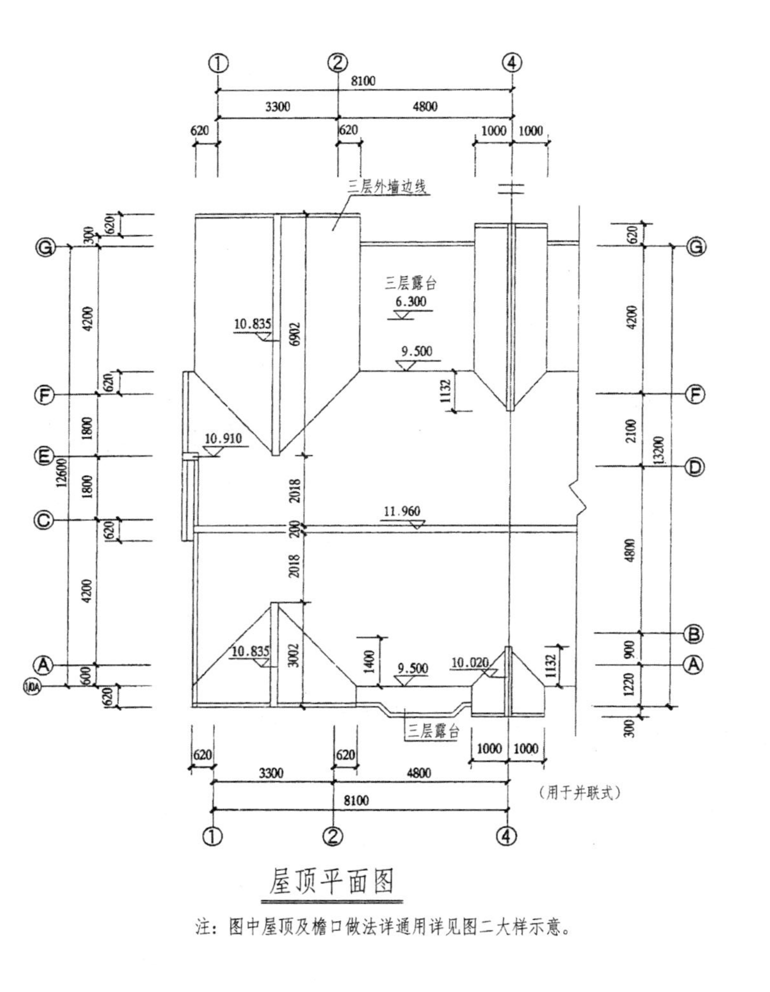

屋顶平面图

注：图中屋顶及檐口做法详通用详见图二大样示意。

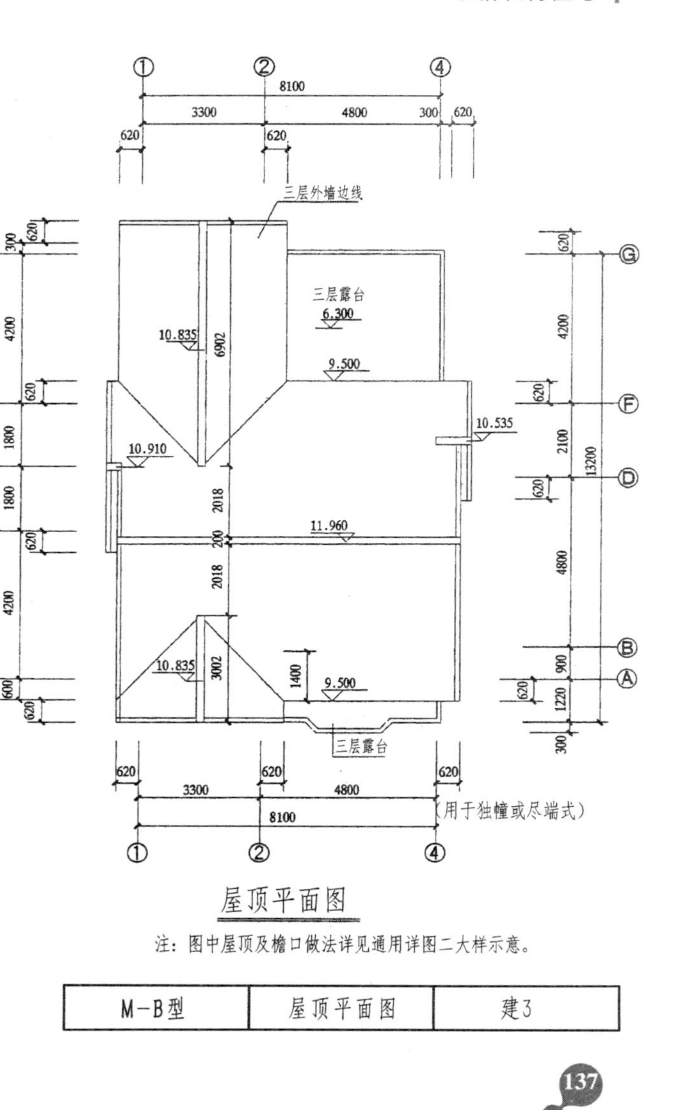

屋顶平面图

注：图中屋顶及檐口做法详见通用详图二大样示意。

M-B型	屋顶平面图	建3

①—④立面图（户型 B1）

④—①立面图（户型 B1）

Ⓒ—Ⓑ立面图

①—④立面图（户型 B2）

④—①立面图（户型 B2）

Ⓐ—Ⓖ立面图

M-B型	立 面 图	建4

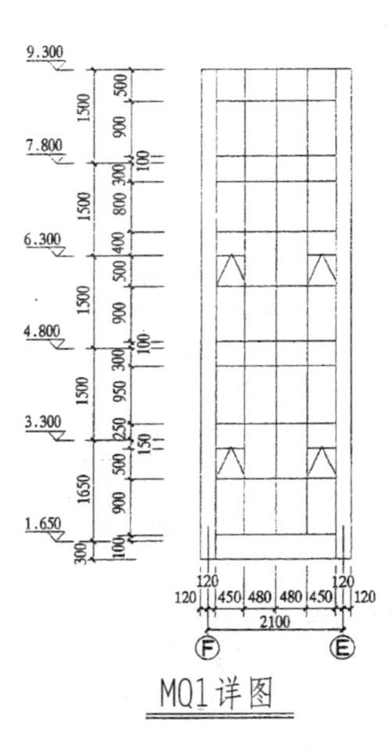

MQ1详图

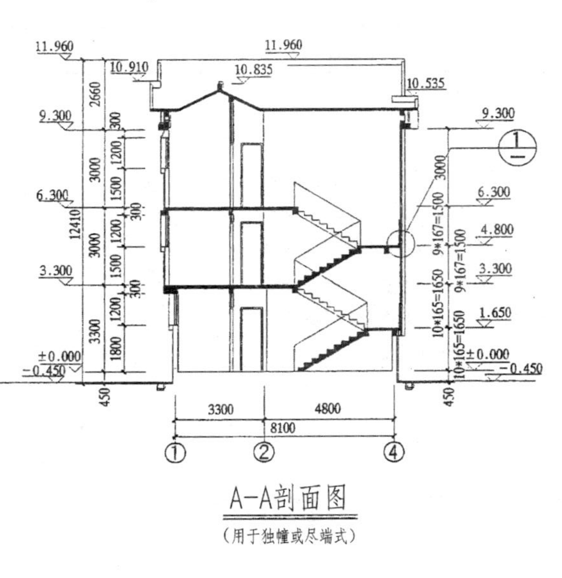

A-A剖面图

（用于独幢或尽端式）

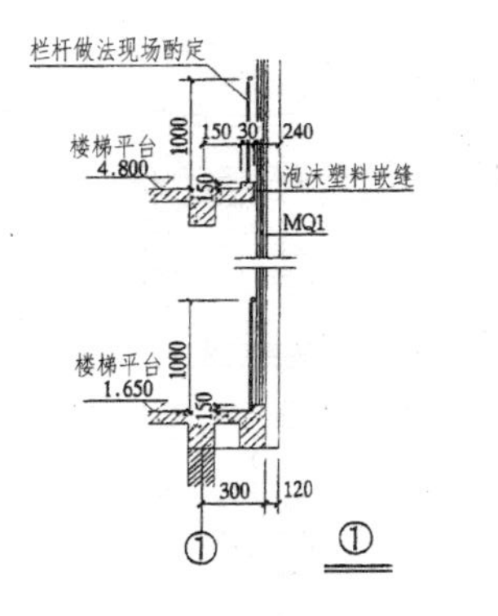

①

门 窗 表

类型	编号	洞口尺寸(mm) 宽	洞口尺寸(mm) 高	数量	备 注
窗	C1	1800	2100	1	
	C2	1800	1800	2	
	C3	1800	1800	3	
	C4	1500	2100	1	
	C5	900	1200	6	
	C6	510	1800	2	
门	M1	4560	3000	1	
	M2	4560	2700	2	
	M3	900	2100	8	
	M4	700	2100	4	
	M5	1560	2700	1	
门连窗	MC1	1700	3000	1	
卷帘门	JLM	3060	3000	1	

M-B型	A-A剖面图、详图及门窗表	建5

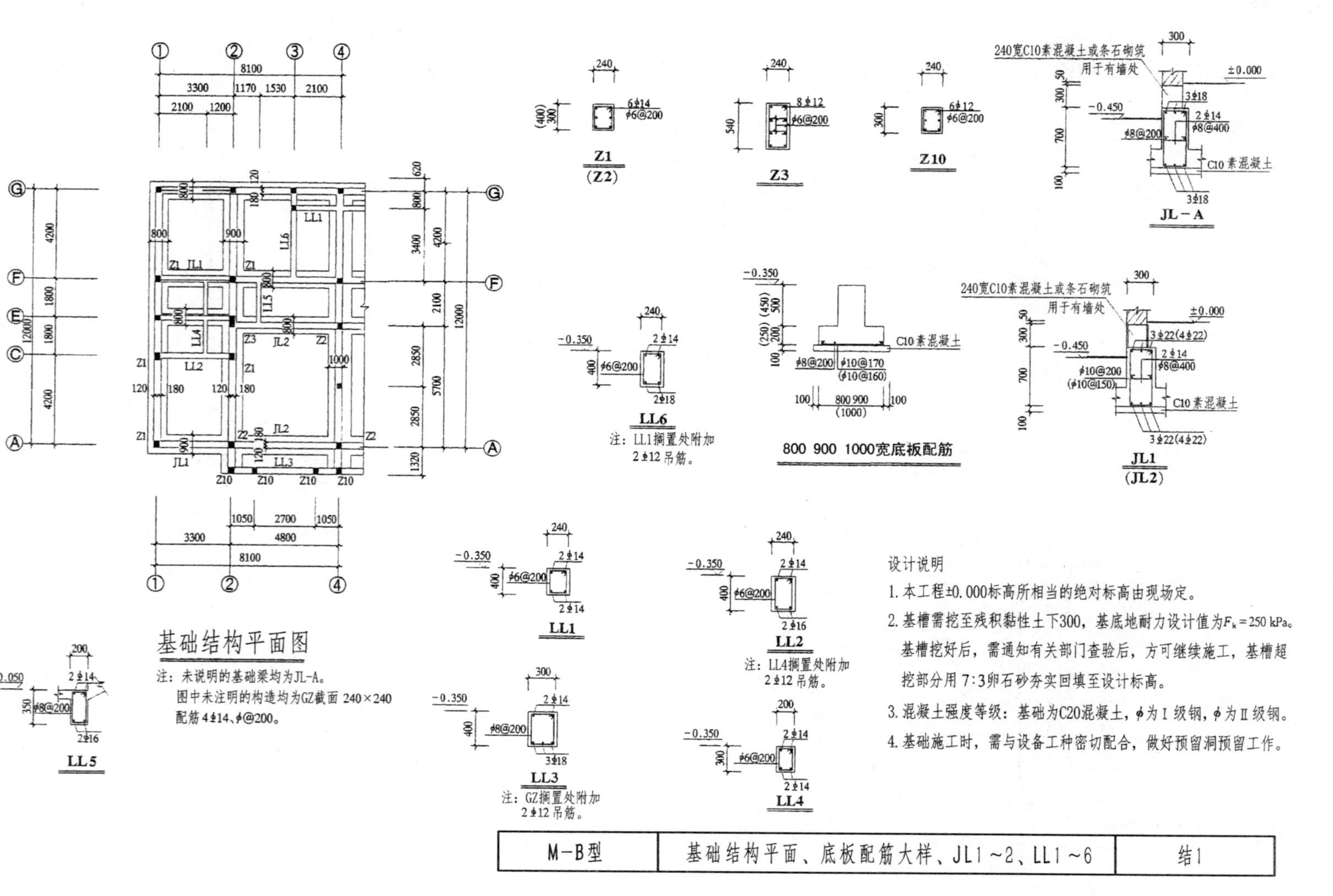

基础结构平面图

注：未说明的基础梁均为JL-A。

图中未注明的构造均为GZ截面 240×240

配筋 4ϕ14、ϕ@200。

设计说明

1. 本工程±0.000标高所相当的绝对标高由现场定。
2. 基槽需挖至残积黏性土下300，基底地耐力设计值为F_k = 250 kPa。基槽挖好后，需通知有关部门查验后，方可继续施工，基槽超挖部分用 7:3卵石砂夯实回填至设计标高。
3. 混凝土强度等级：基础为C20混凝土，ϕ为Ⅰ级钢，ϕ为Ⅱ级钢。
4. 基础施工时，需与设备工种密切配合，做好预留洞预留工作。

M－B型	基础结构平面、底板配筋大样、JL1～2、LL1～6	结1

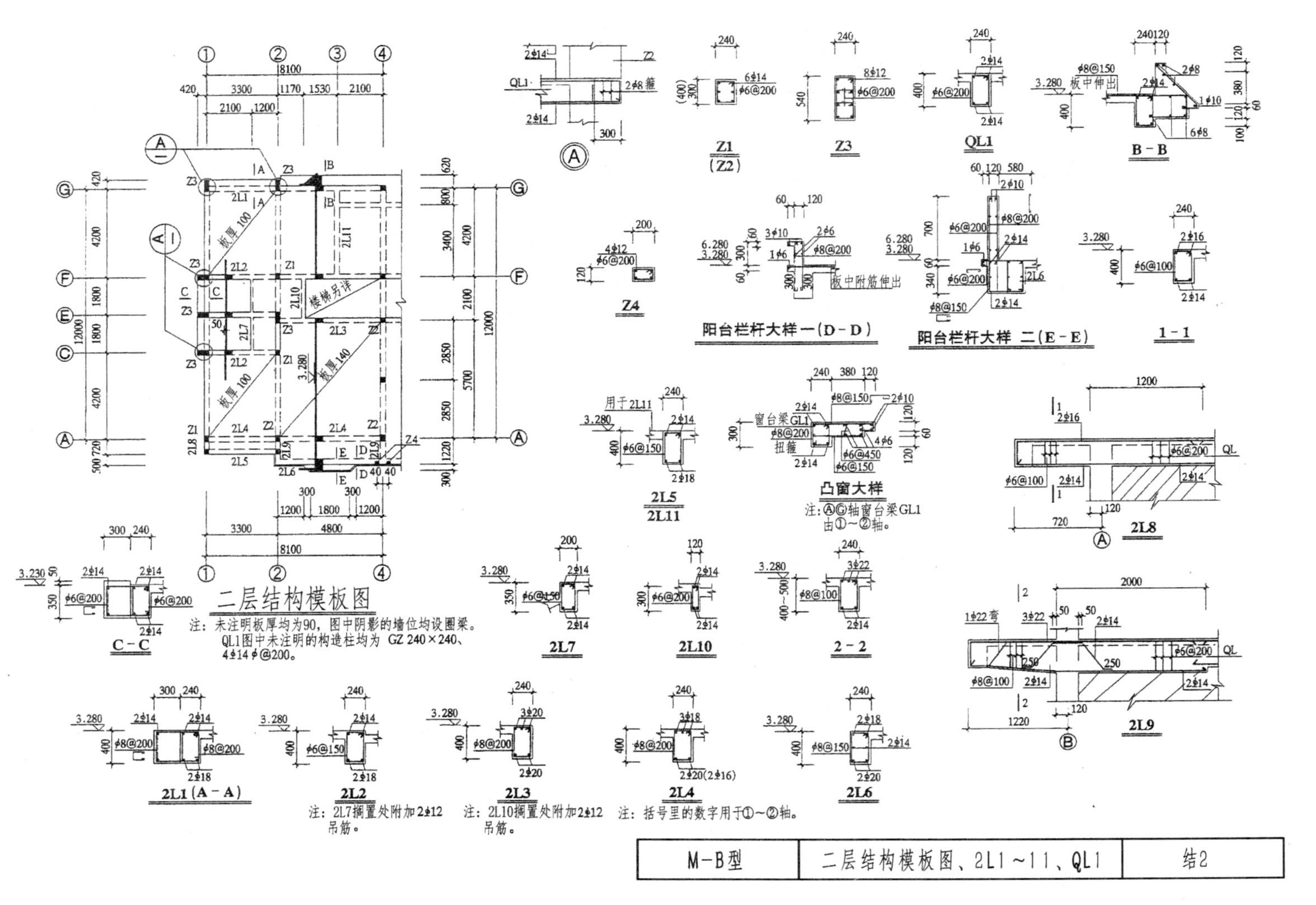

M－B型	二层结构模板图、2L1～11、QL1	结2

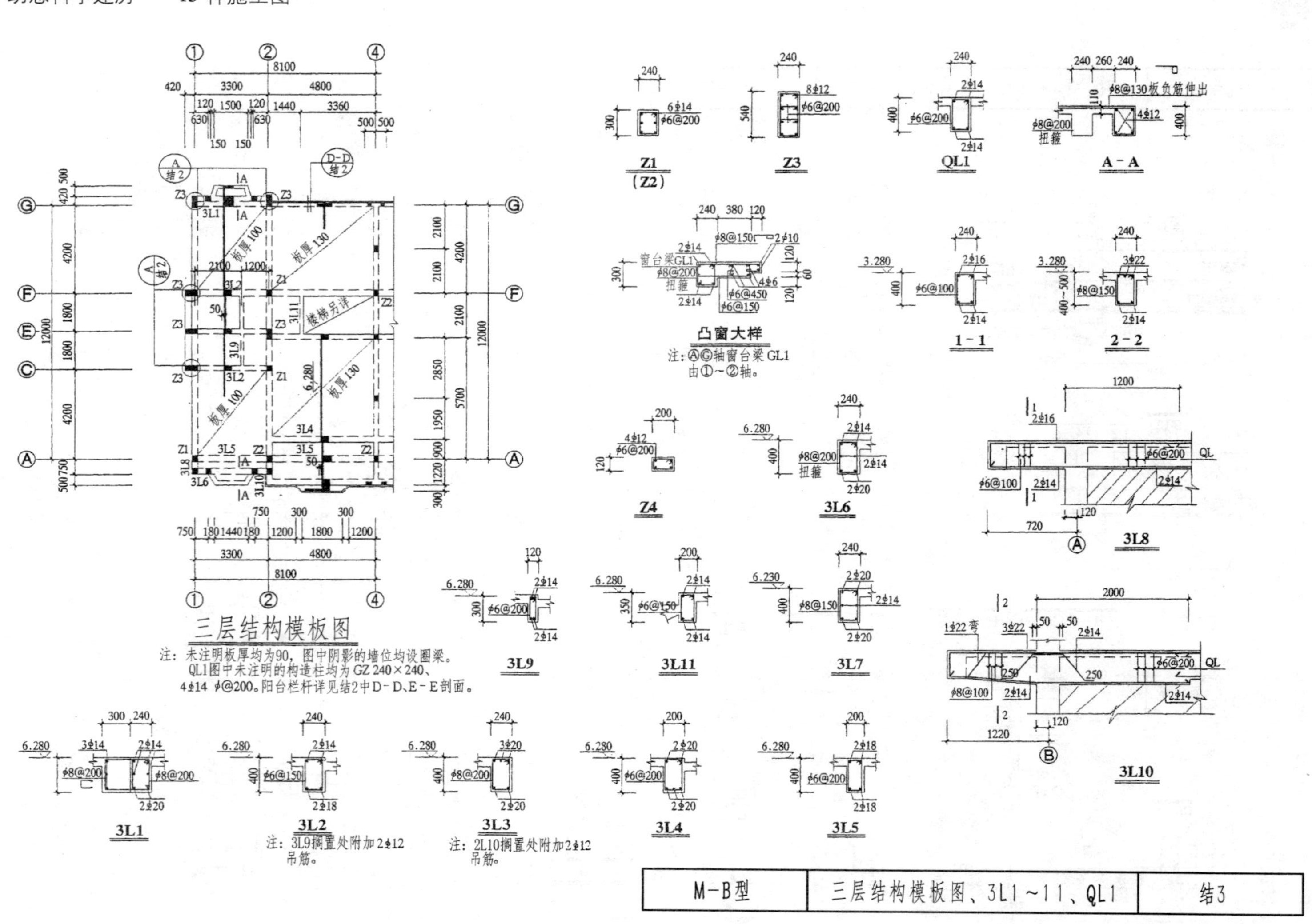
三层结构模板图
注：未注明板厚均为90，图中阴影的墙位均设圈梁。
QL1图中未注明的构造柱均为GZ 240×240、
4ϕ14 ϕ@200。阳台栏杆详见结2中D-D、E-E剖面。
板厚100
板厚130
楼梯另详
Z1
(Z2)
Z3
QL1
A-A
ϕ8@130板负筋伸出
凸窗大样
注：Ⓐ Ⓖ轴窗台梁GL1
由①~②轴。
窗台梁GL1
1-1
2-2
Z4
3L6
3L8
3L9
3L11
3L7
3L10
3L1
3L2
注：3L9搁置处附加2ϕ12
吊筋。
3L3
注：2L10搁置处附加2ϕ12
吊筋。
3L4
3L5
M-B型
三层结构模板图、3L1~11、QL1
结3

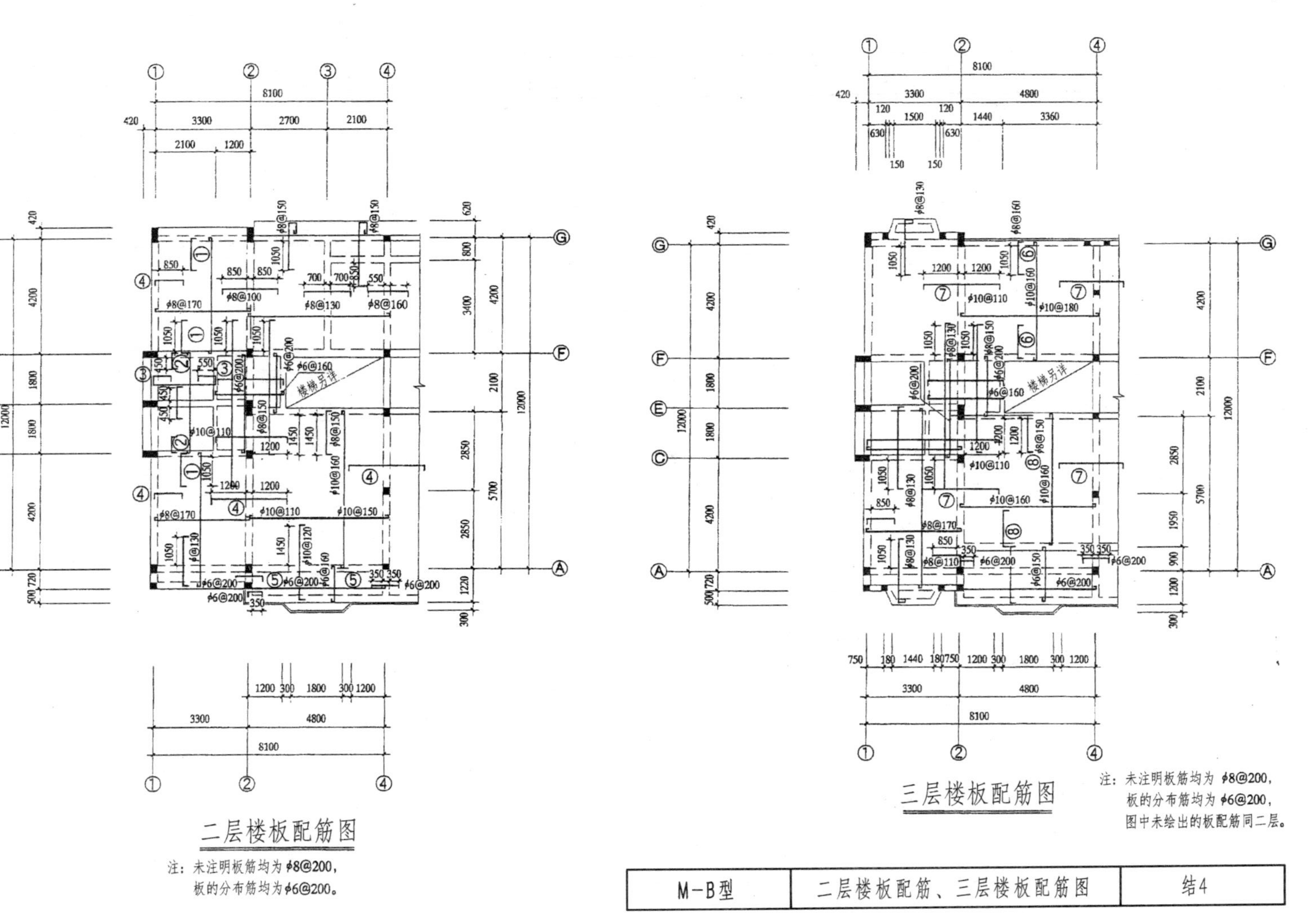

二层楼板配筋图

注：未注明板筋均为 $\phi 8@200$，
板的分布筋均为 $\phi 6@200$。

三层楼板配筋图

注：未注明板筋均为 $\phi 8@200$，
板的分布筋均为 $\phi 6@200$，
图中未绘出的板配筋同二层。

M-B型	二层楼板配筋、三层楼板配筋图	结4

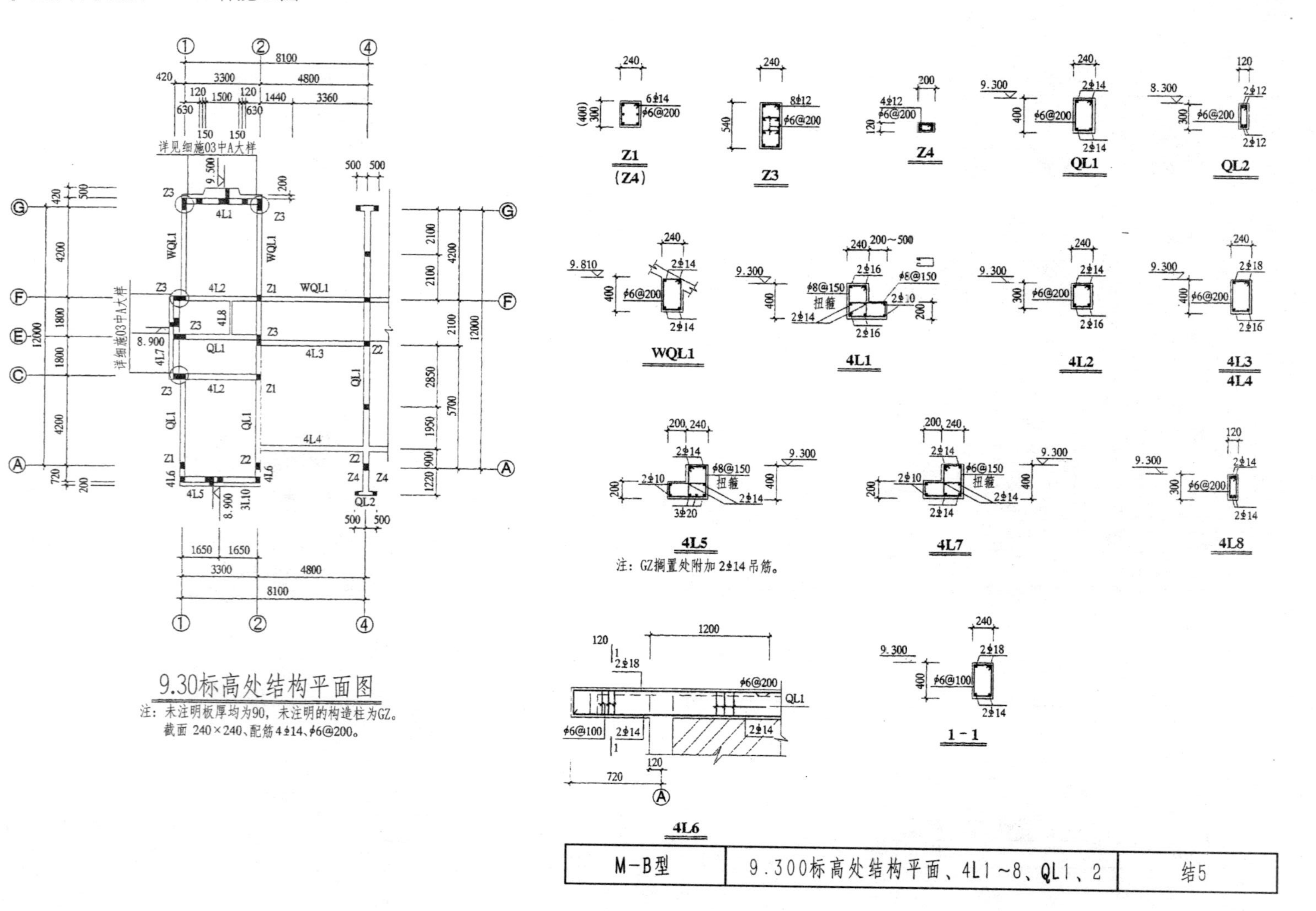

9.30标高处结构平面图

注：未注明板厚均为90，未注明的构造柱为GZ。截面 240×240、配筋4ϕ14、ϕ6@200。

注：GZ搁置处附加 2ϕ14 吊筋。

M-B型	9.300标高处结构平面、4L1~8、QL1、2	结5

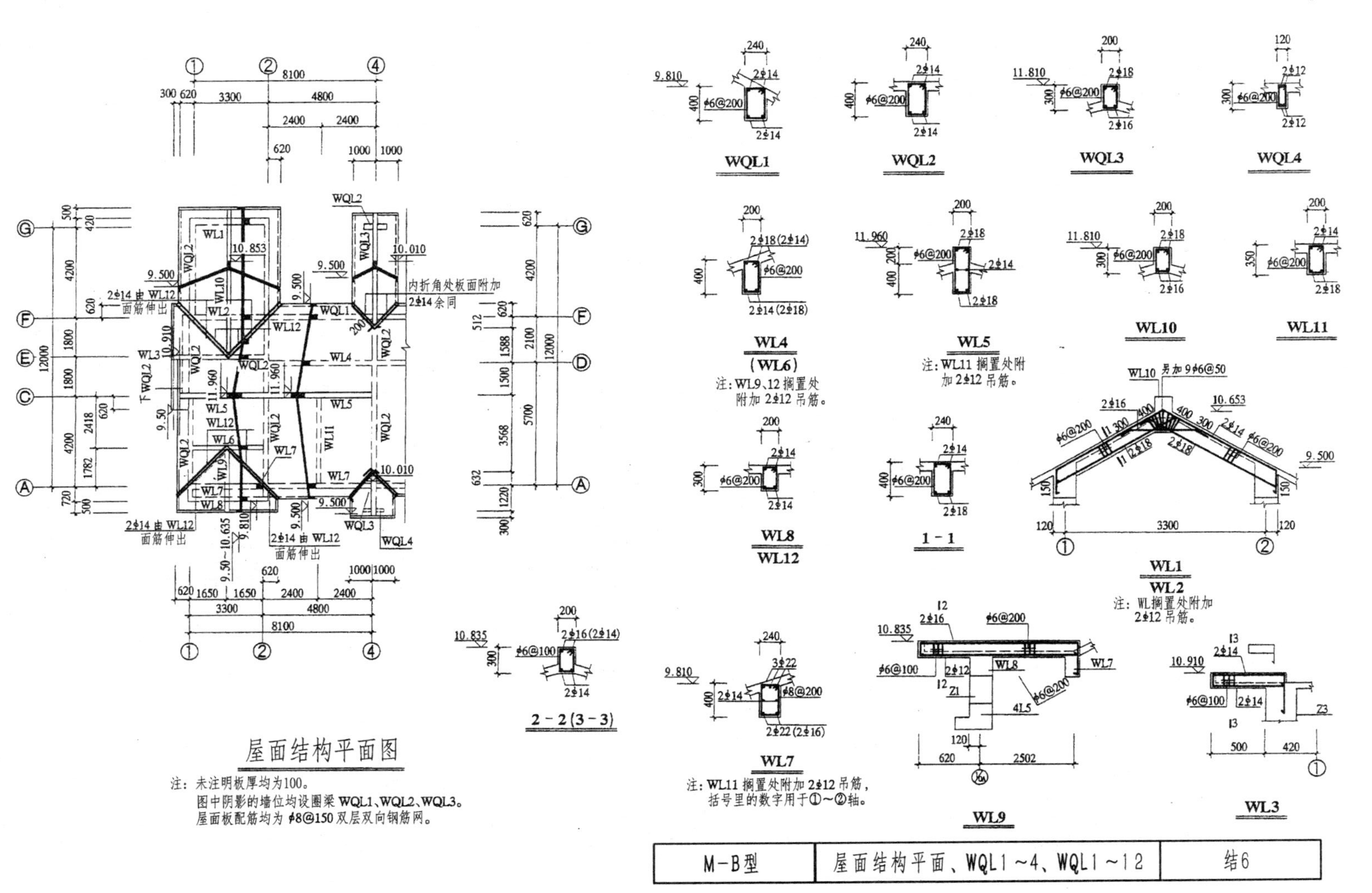

屋面结构平面图

注：未注明板厚均为100。
图中阴影的墙位均设圈梁 WQL1、WQL2、WQL3。
屋面板配筋均为 φ8@150 双层双向钢筋网。

M-B型	屋面结构平面、WQL1~4、WQL1~12	结6

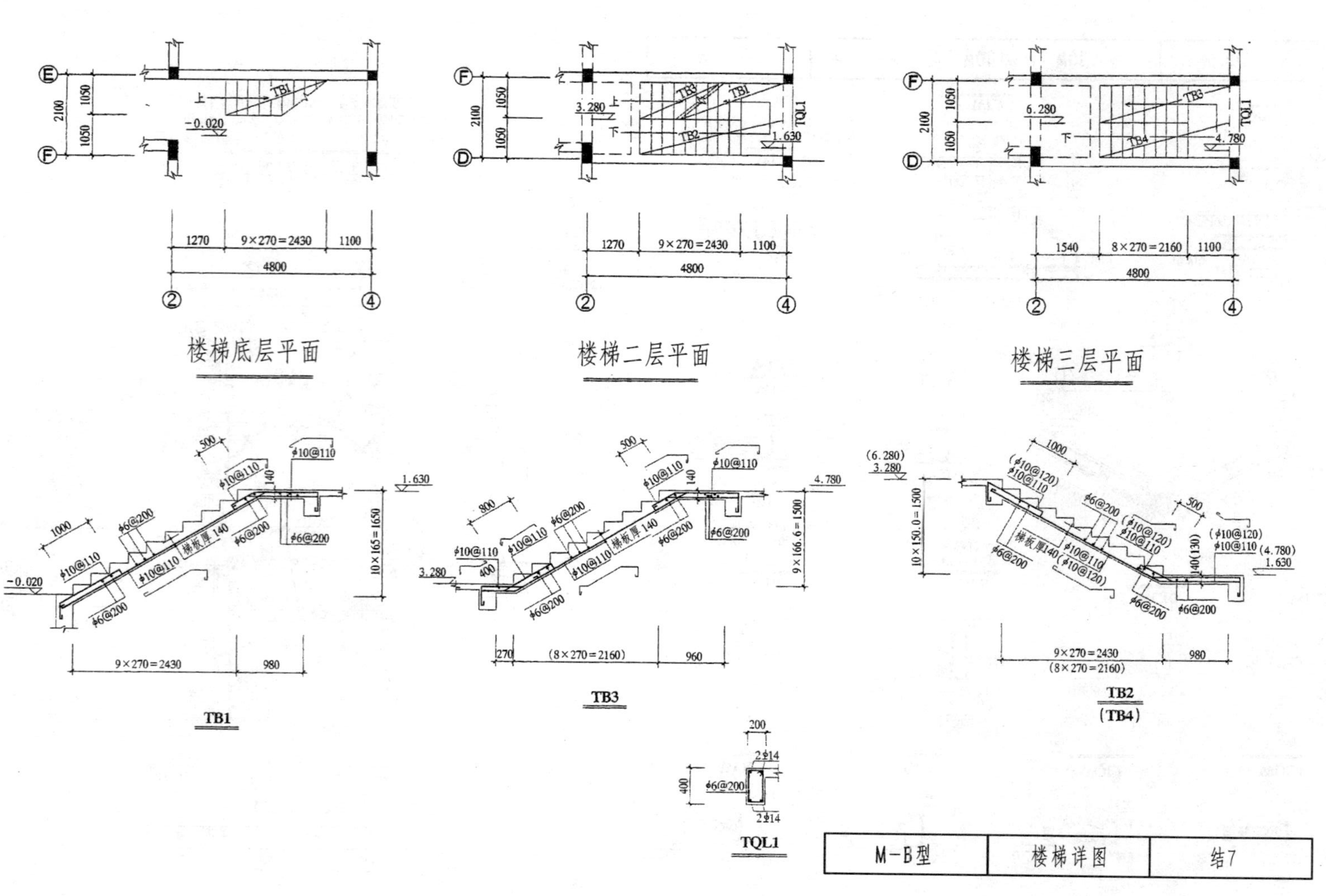

楼梯底层平面
楼梯二层平面
楼梯三层平面
TB1
TB3
TB2
(TB4)
TQL1
M－B型
楼梯详图
结7

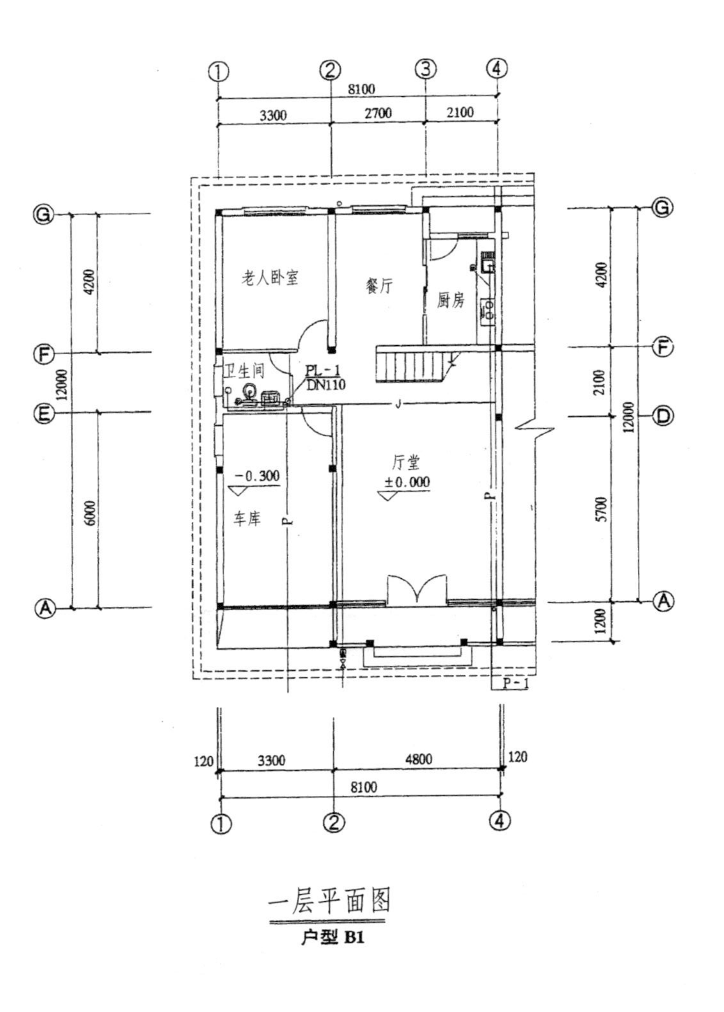

一层平面图

户型 B1

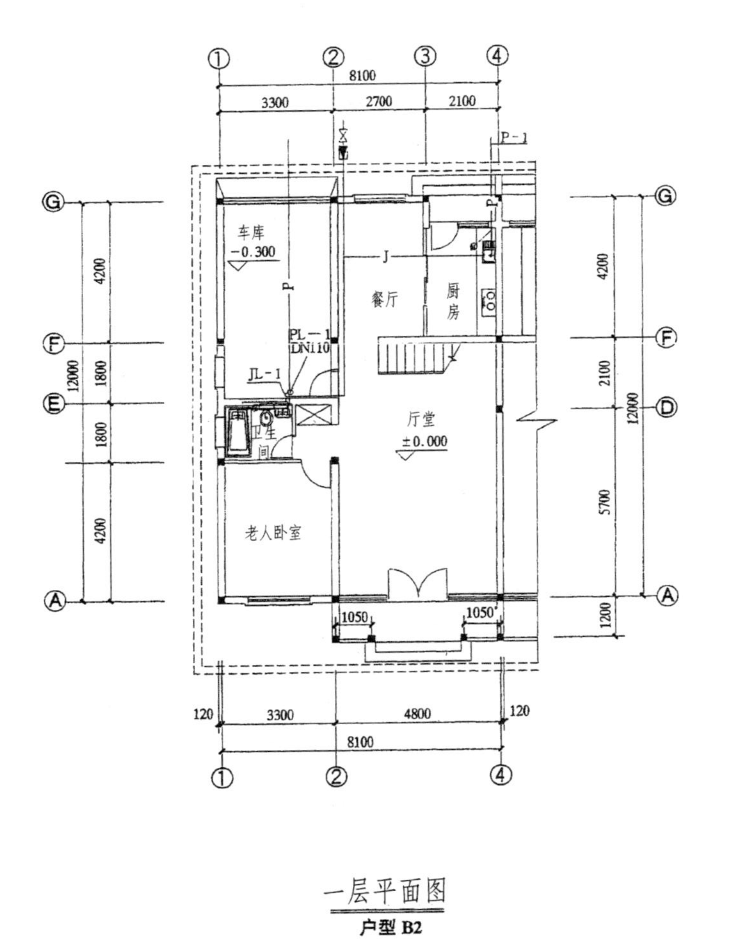

一层平面图

户型 B2

M-B型	B_1型、B_2型一层平面图	水1

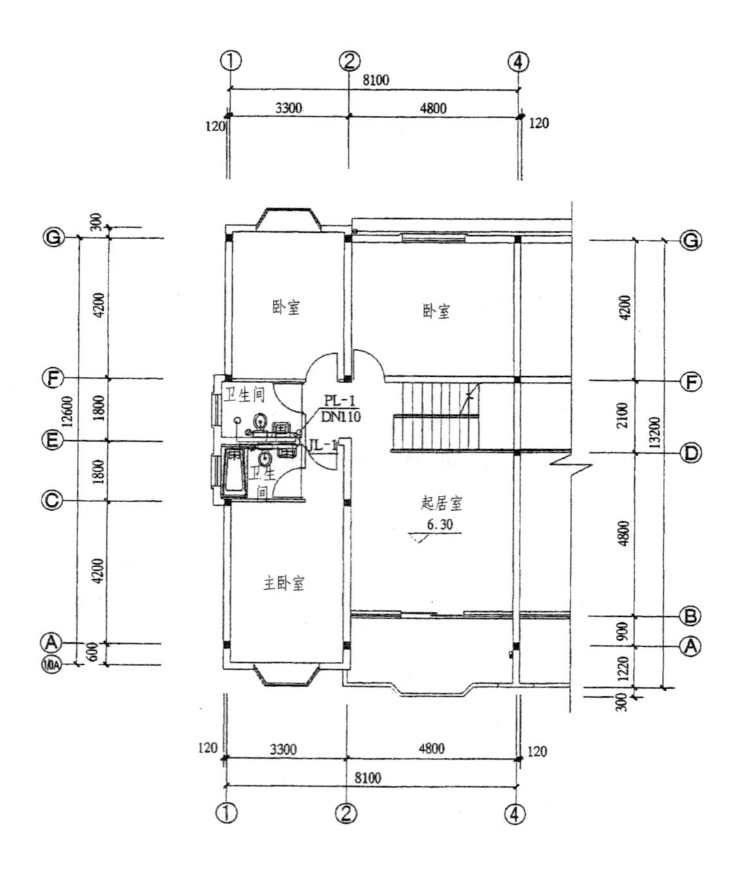

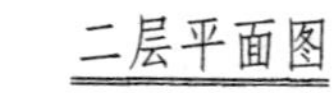

二层平面图

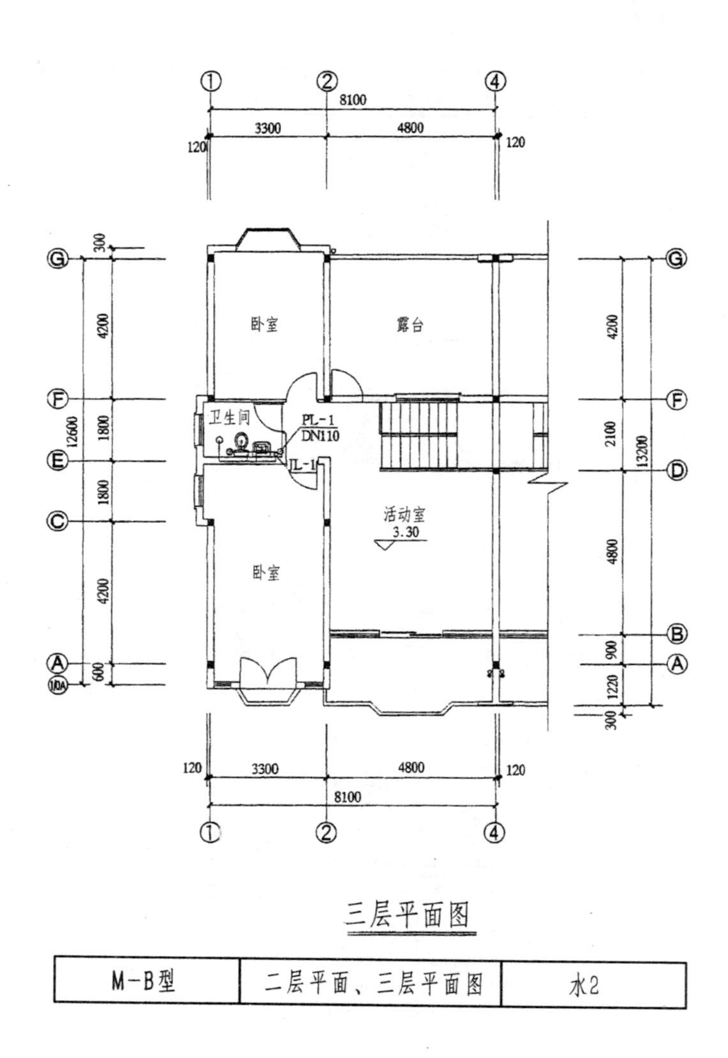

三层平面图

M-B型	二层平面、三层平面图	水2

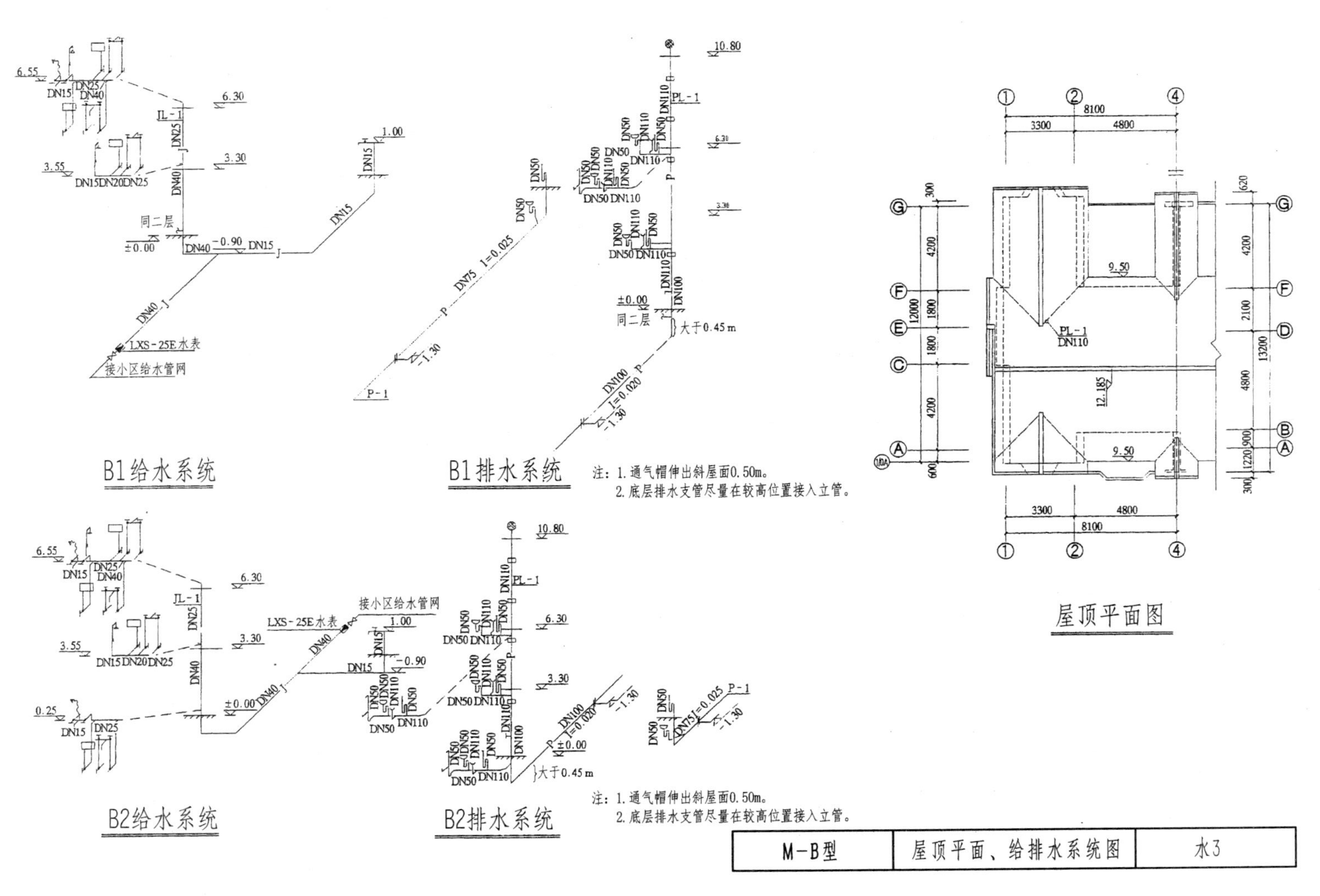

M-B型	屋顶平面、给排水系统图	水3

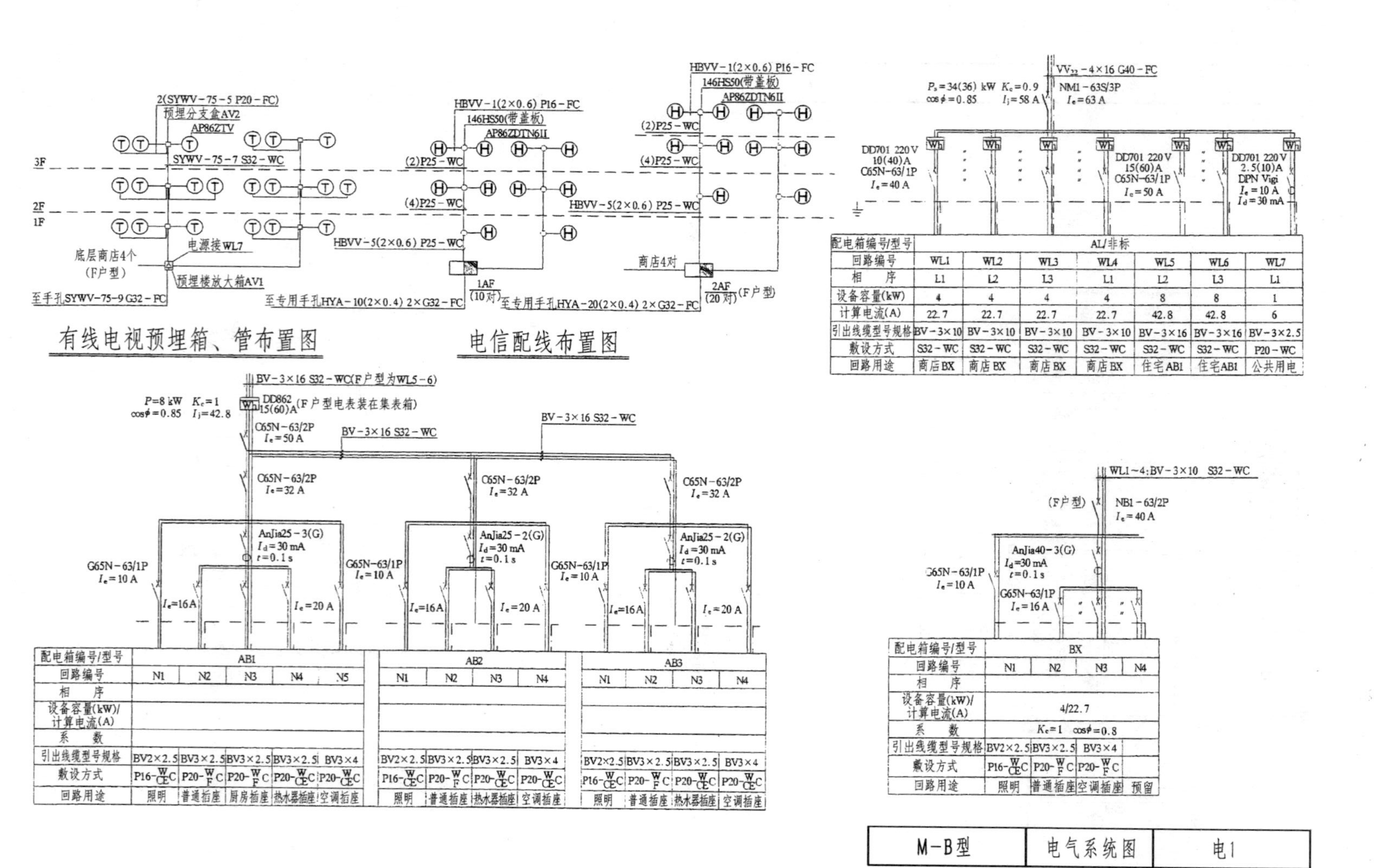

配电箱编号/型号	AL/非标						
回路编号	WL1	WL2	WL3	WL4	WL5	WL6	WL7
相　序	L1	L2	L3	L1	L2	L3	L1
设备容量(kW)	4	4	4	4	8	8	1
计算电流(A)	22.7	22.7	22.7	22.7	42.8	42.8	6
引出线缆型号规格	BV-3×10	BV-3×10	BV-3×10	BV-3×10	BV-3×16	BV-3×16	BV-3×2.5
敷设方式	S32-WC	S32-WC	S32-WC	S32-WC	S32-WC	S32-WC	P20-WC
回路用途	商店BX	商店BX	商店BX	商店BX	住宅AB1	住宅AB1	公共用电

配电箱编号/型号	AB1				
回路编号	N1	N2	N3	N4	N5
相　序					
设备容量(kW)/计算电流(A)					
系　数					
引出线缆型号规格	BV2×2.5	BV3×2.5	BV3×2.5	BV3×2.5	BV3×4
敷设方式	P16-W/CE C	P20-W/F C	P20-W/F C	P20-W/CE C	P20-W/CE C
回路用途	照明	普通插座	厨房插座	热水器插座	空调插座

配电箱编号/型号	AB2			
回路编号	N1	N2	N3	N4
相　序				
设备容量(kW)/计算电流(A)				
系　数				
引出线缆型号规格	BV2×2.5	BV3×2.5	BV3×2.5	BV3×4
敷设方式	P16-W/CE C	P20-W/F C	P20-W/CE C	P20-W/CE C
回路用途	照明	普通插座	热水器插座	空调插座

配电箱编号/型号	AB3			
回路编号	N1	N2	N3	N4
相　序				
设备容量(kW)/计算电流(A)				
系　数				
引出线缆型号规格	BV2×2.5	BV3×2.5	BV3×2.5	BV3×4
敷设方式	P16-W/CE C	P20-W/F C	P20-W/CE C	P20-W/CE C
回路用途	照明	普通插座	热水器插座	空调插座

配电箱编号/型号	BX			
回路编号	N1	N2	N3	N4
相　序				
设备容量(kW)/计算电流(A)	4/22.7			
系　数	K_c=1　cosϕ=0.8			
引出线缆型号规格	BV2×2.5	BV3×2.5	BV3×4	
敷设方式	P16-W/CE C	P20-W/F C	P20-W/F C	
回路用途	照明	普通插座	空调插座	预留

M-B型	电气系统图	电1

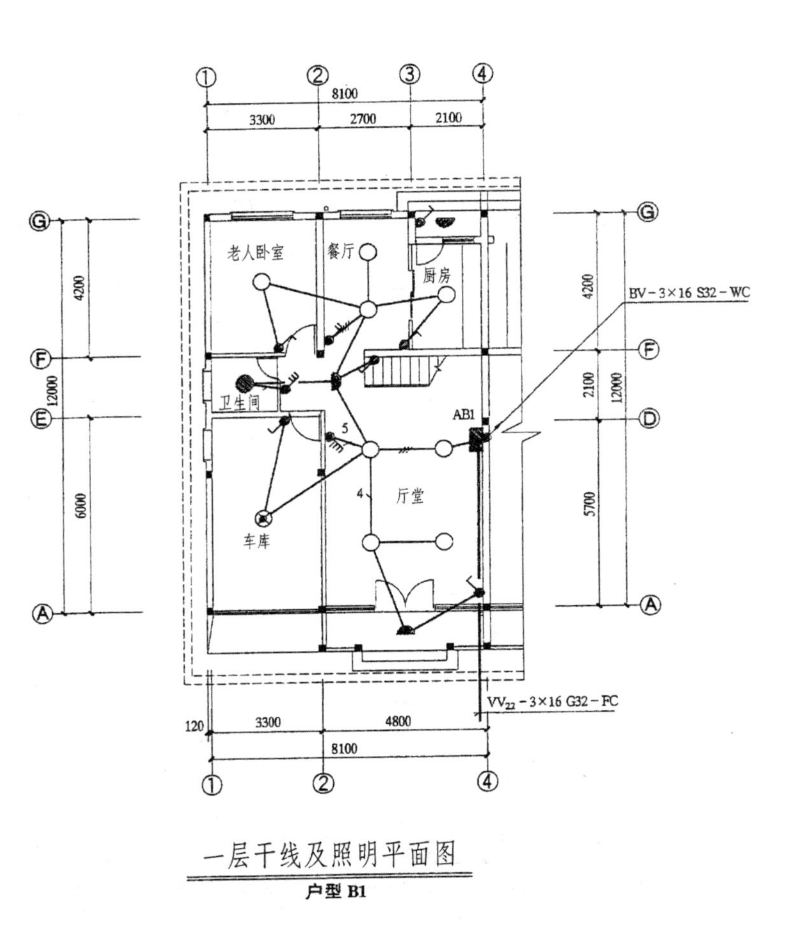

一层干线及照明平面图

户型 B1

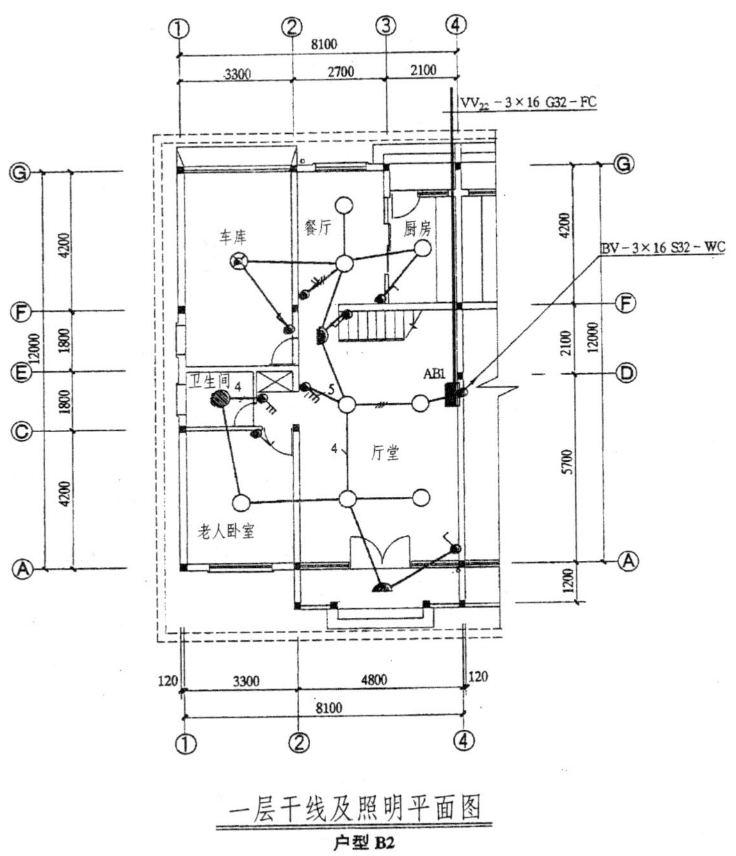

一层干线及照明平面图

户型 B2

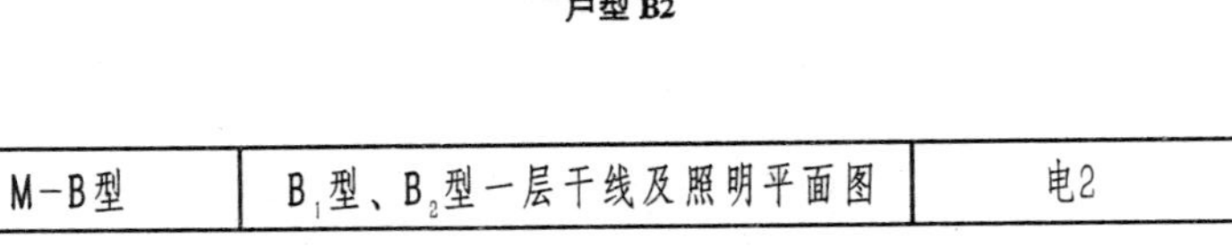

M-B型	B_1型、B_2型一层干线及照明平面图	电2

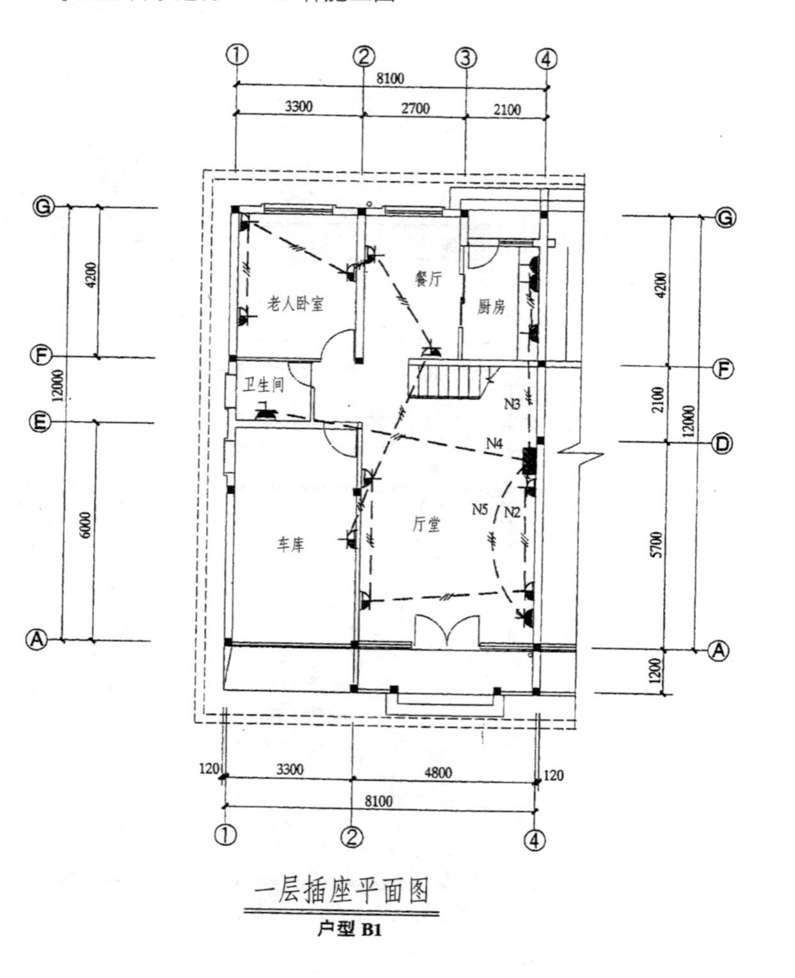

一层插座平面图

户型 B1

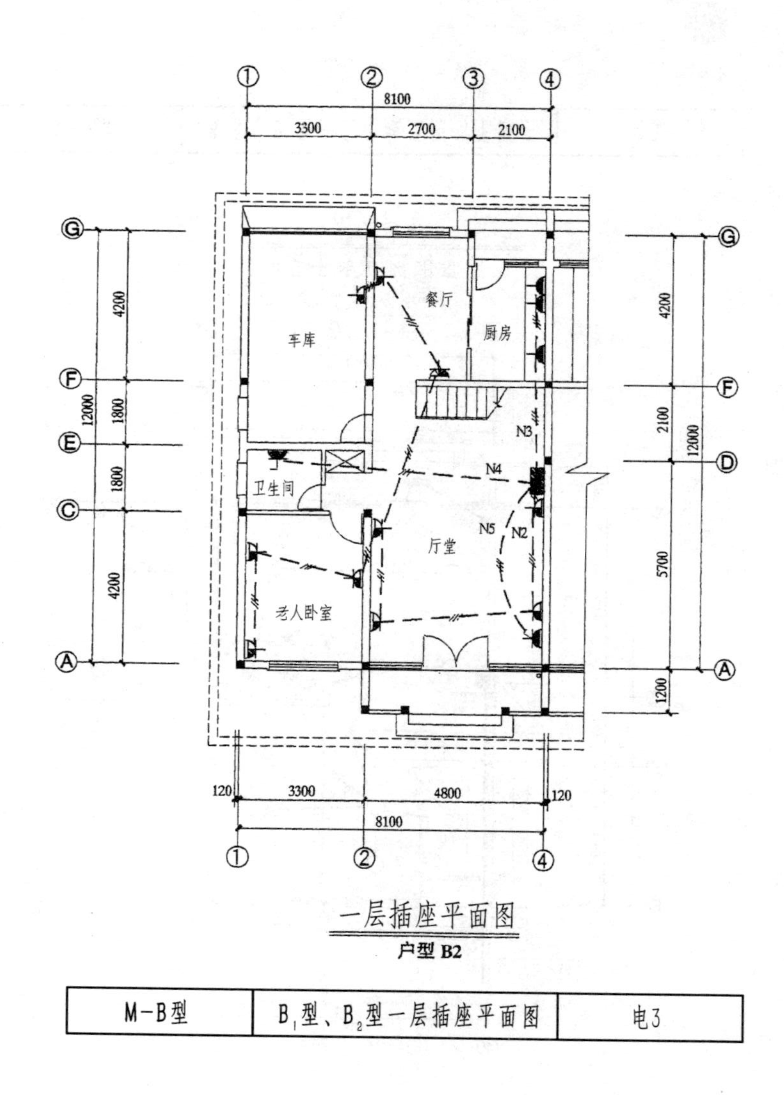

一层插座平面图

户型 B2

M－B型	B_1型、B_2型一层插座平面图	电3

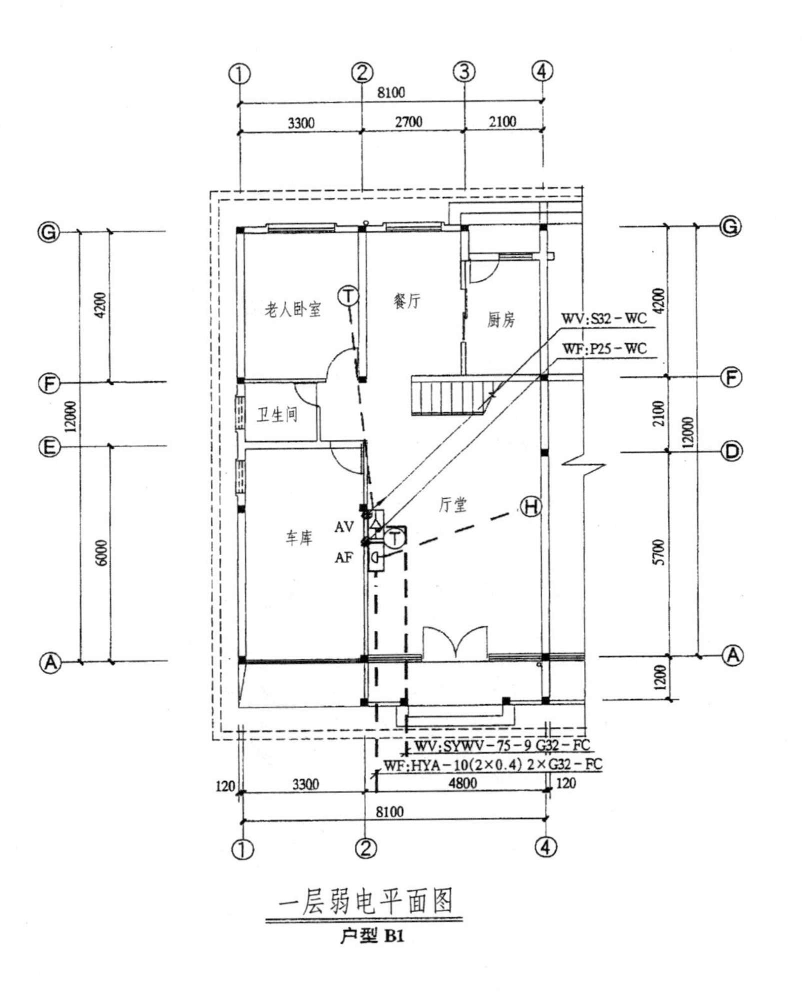

一层弱电平面图

户型 B1

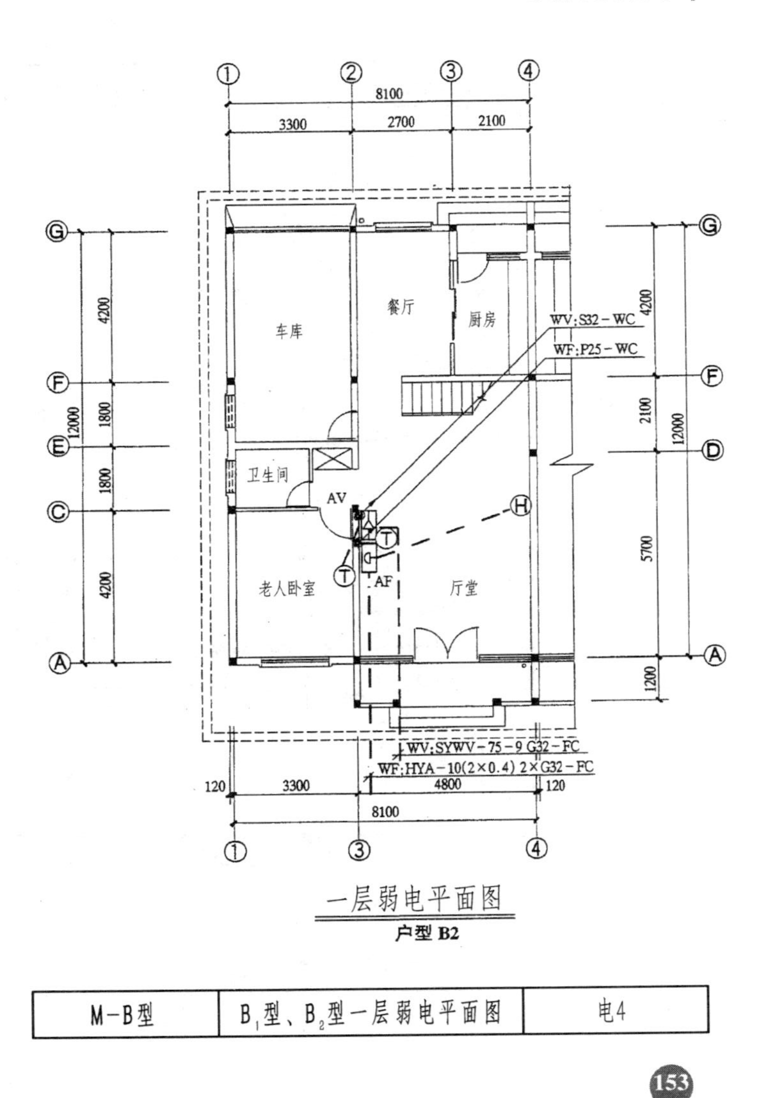

一层弱电平面图

户型 B2

M-B型	B_1型、B_2型一层弱电平面图	电4

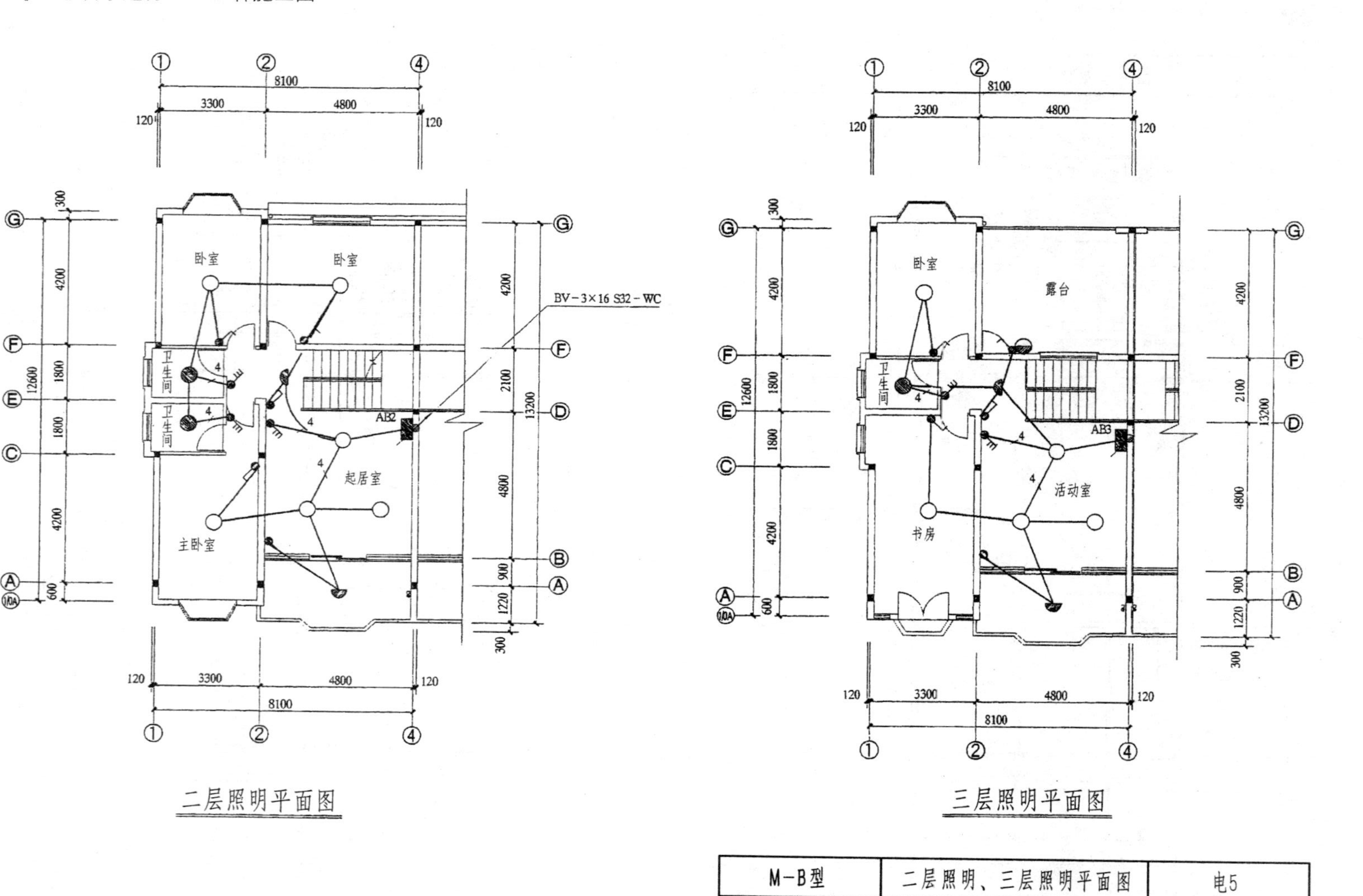

二层照明平面图

三层照明平面图

M-B型	二层照明、三层照明平面图	电5

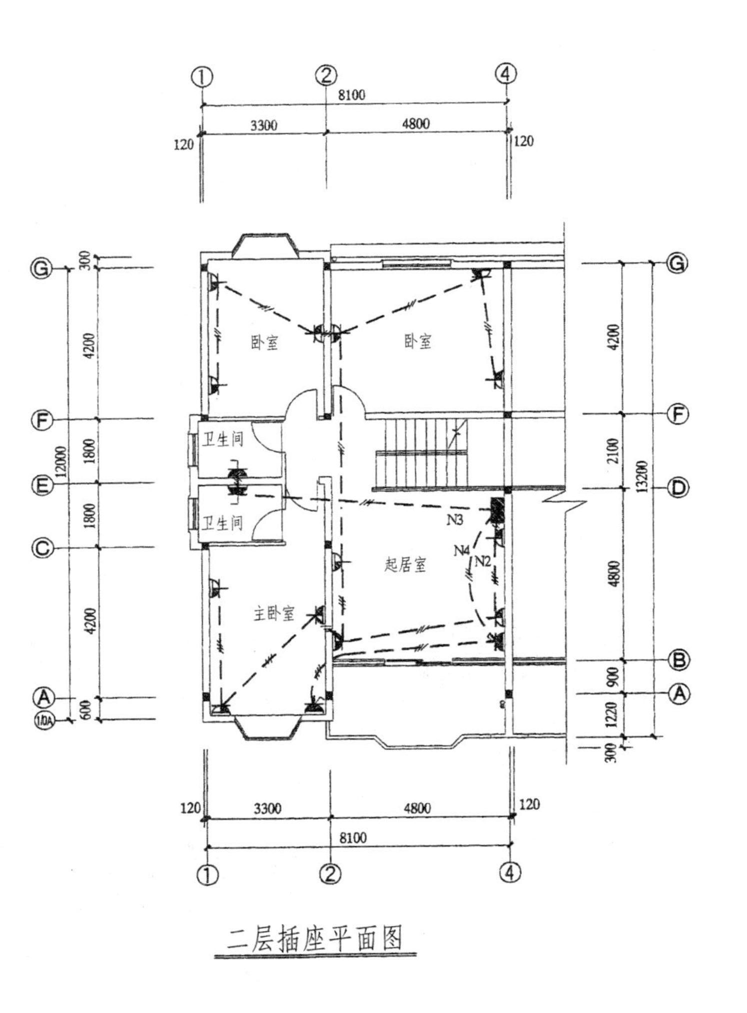

二层插座平面图

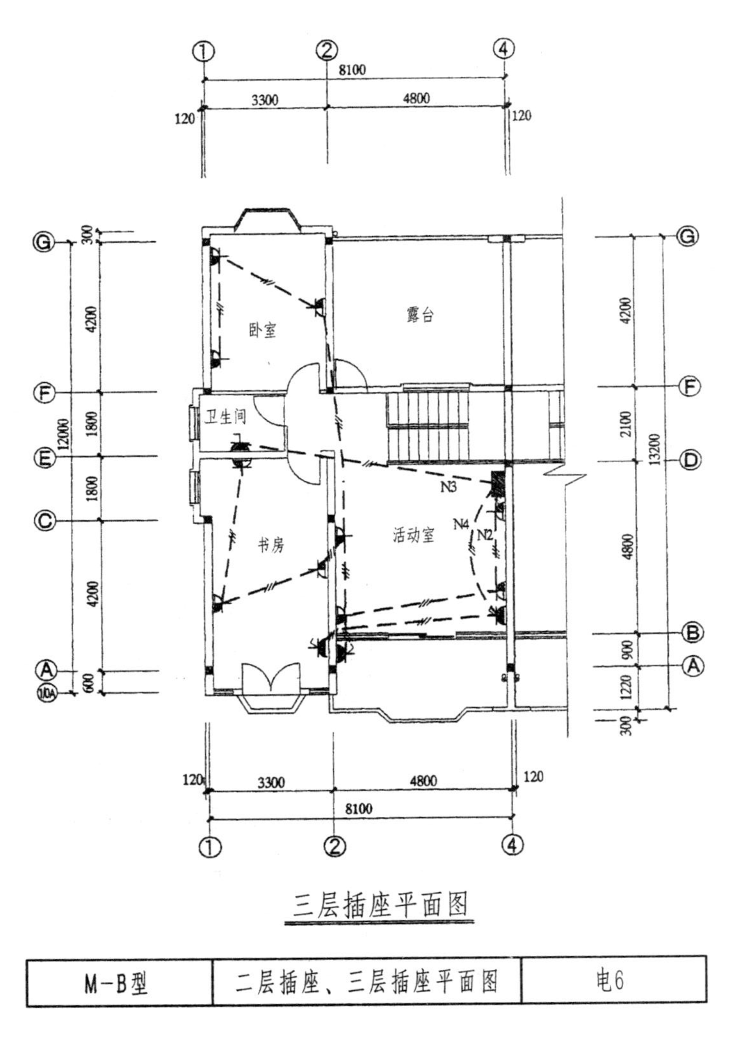

三层插座平面图

M-B型	二层插座、三层插座平面图	电6

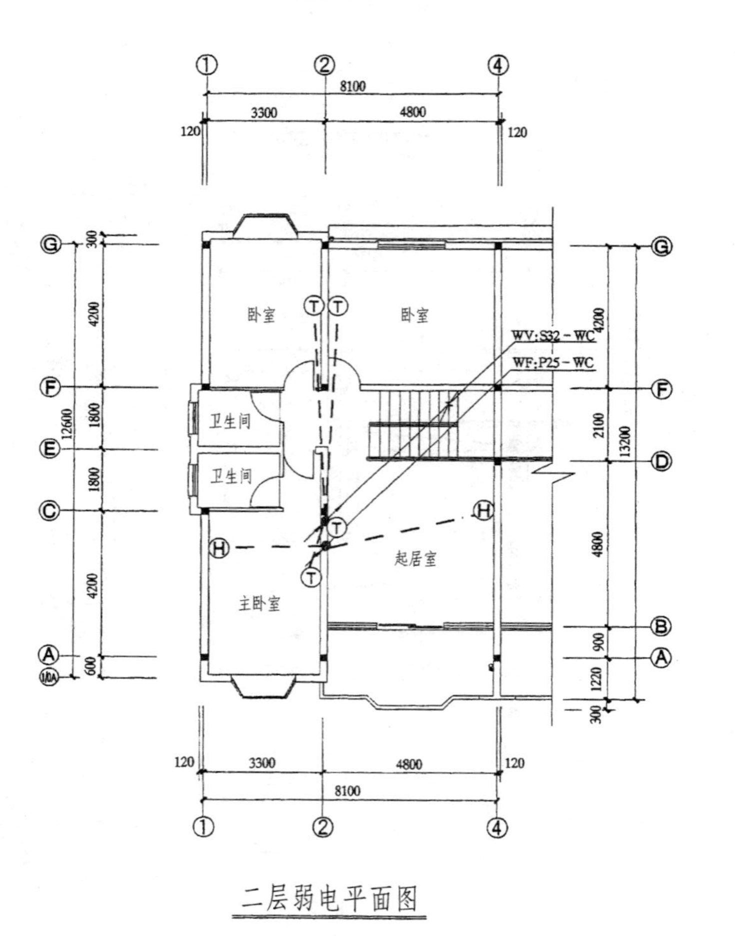

二层弱电平面图

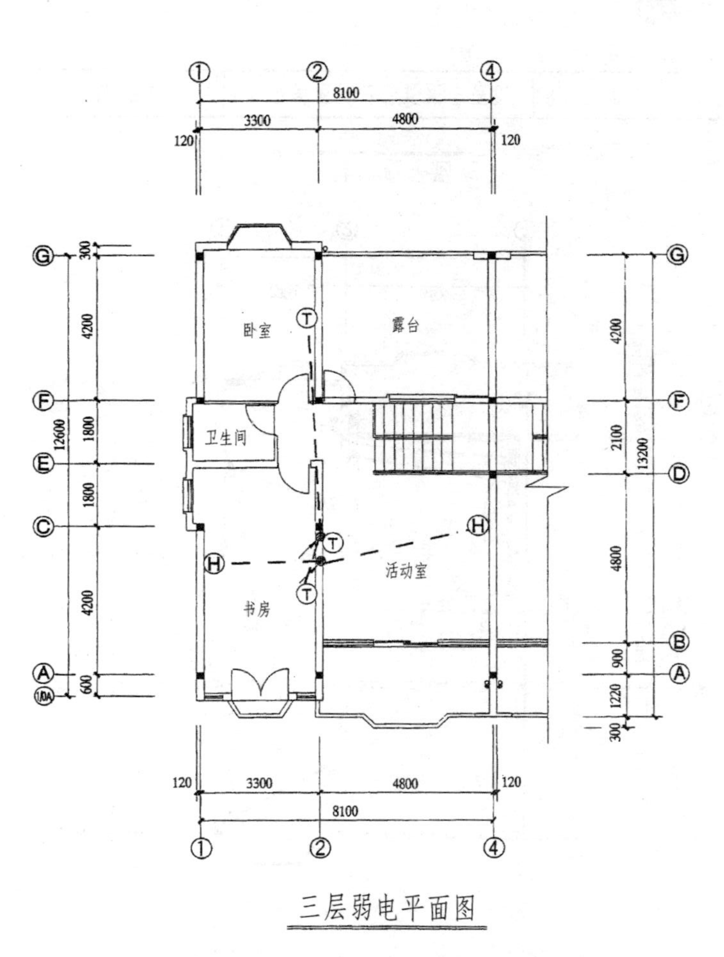

三层弱电平面图

M-B型	二层弱电、三层弱电平面图	电7

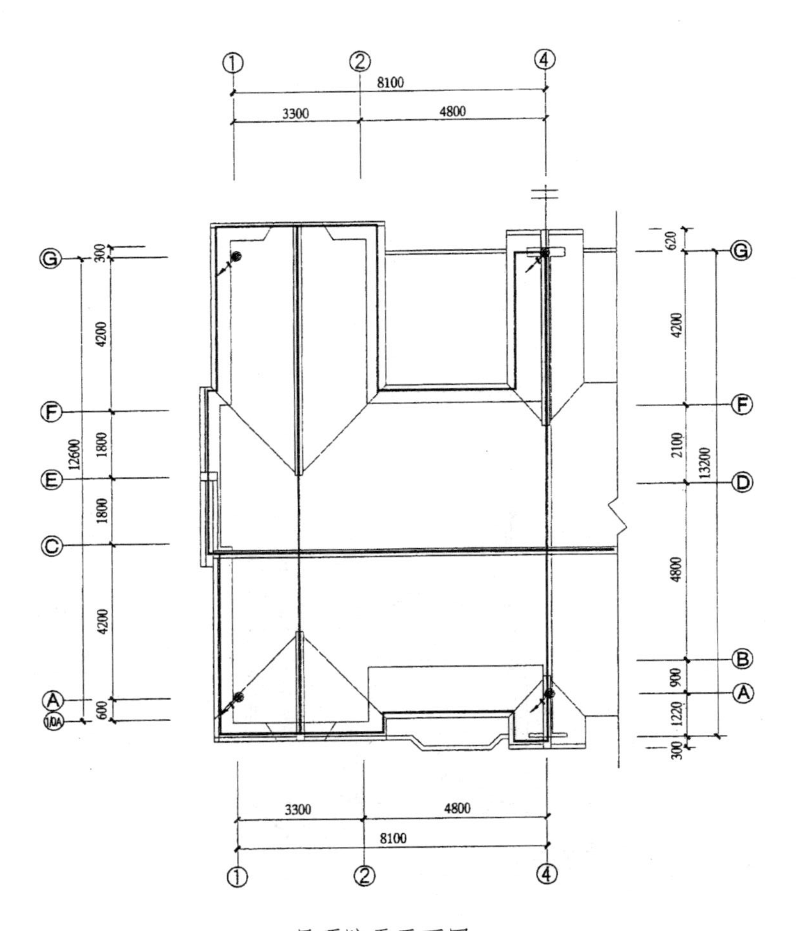

屋顶防雷平面图

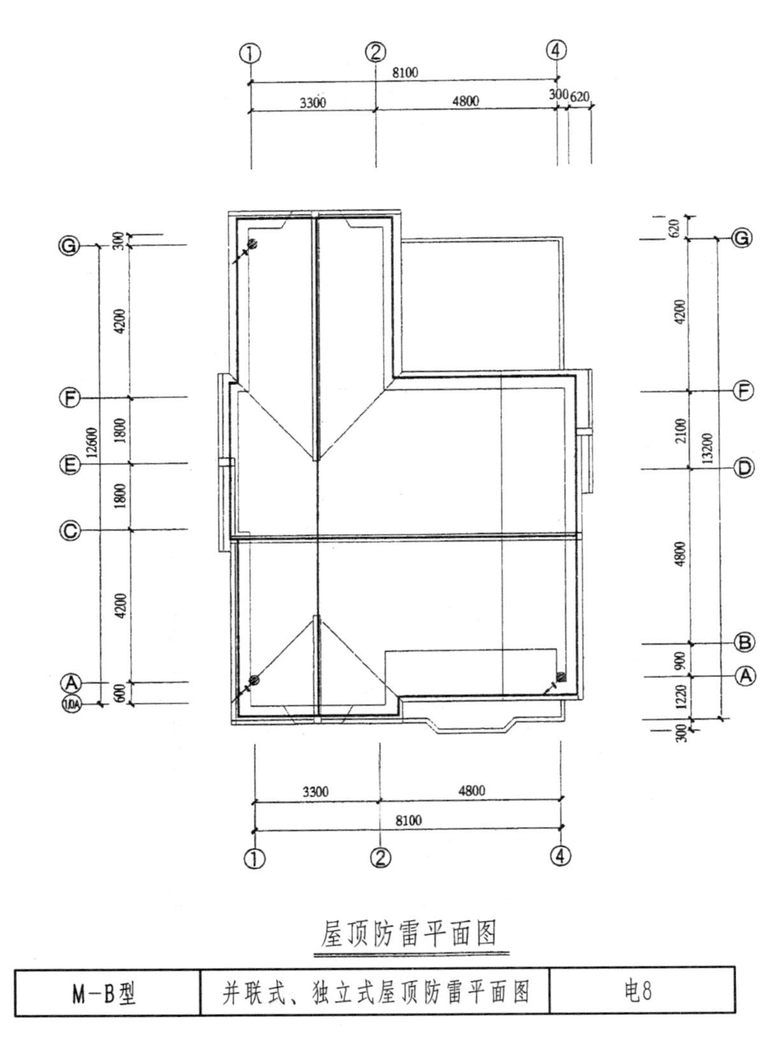

屋顶防雷平面图

M-B型	并联式、独立式屋顶防雷平面图	电8

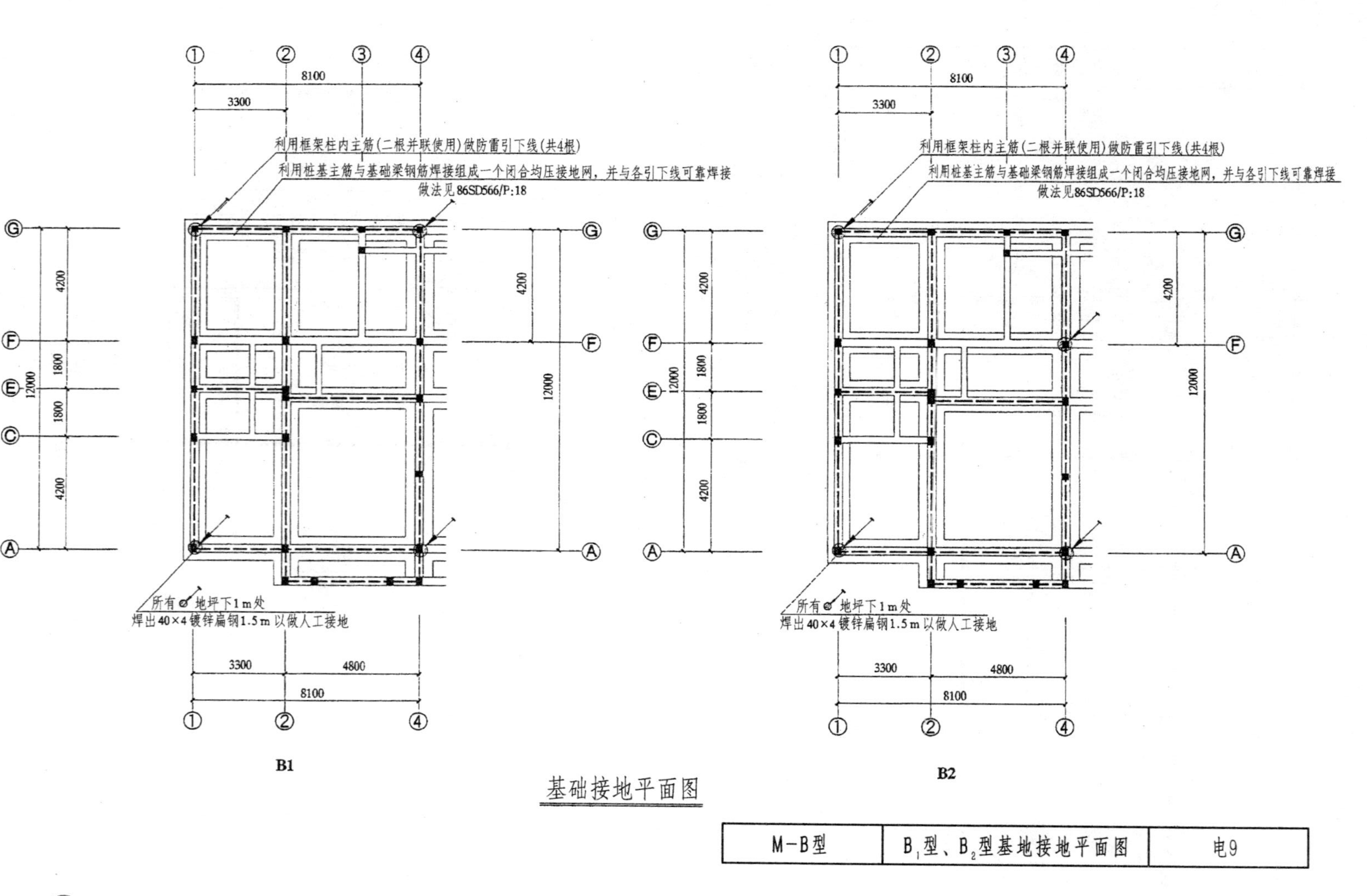

基础接地平面图

M-B型	B_1型、B_2型基地接地平面图	电9

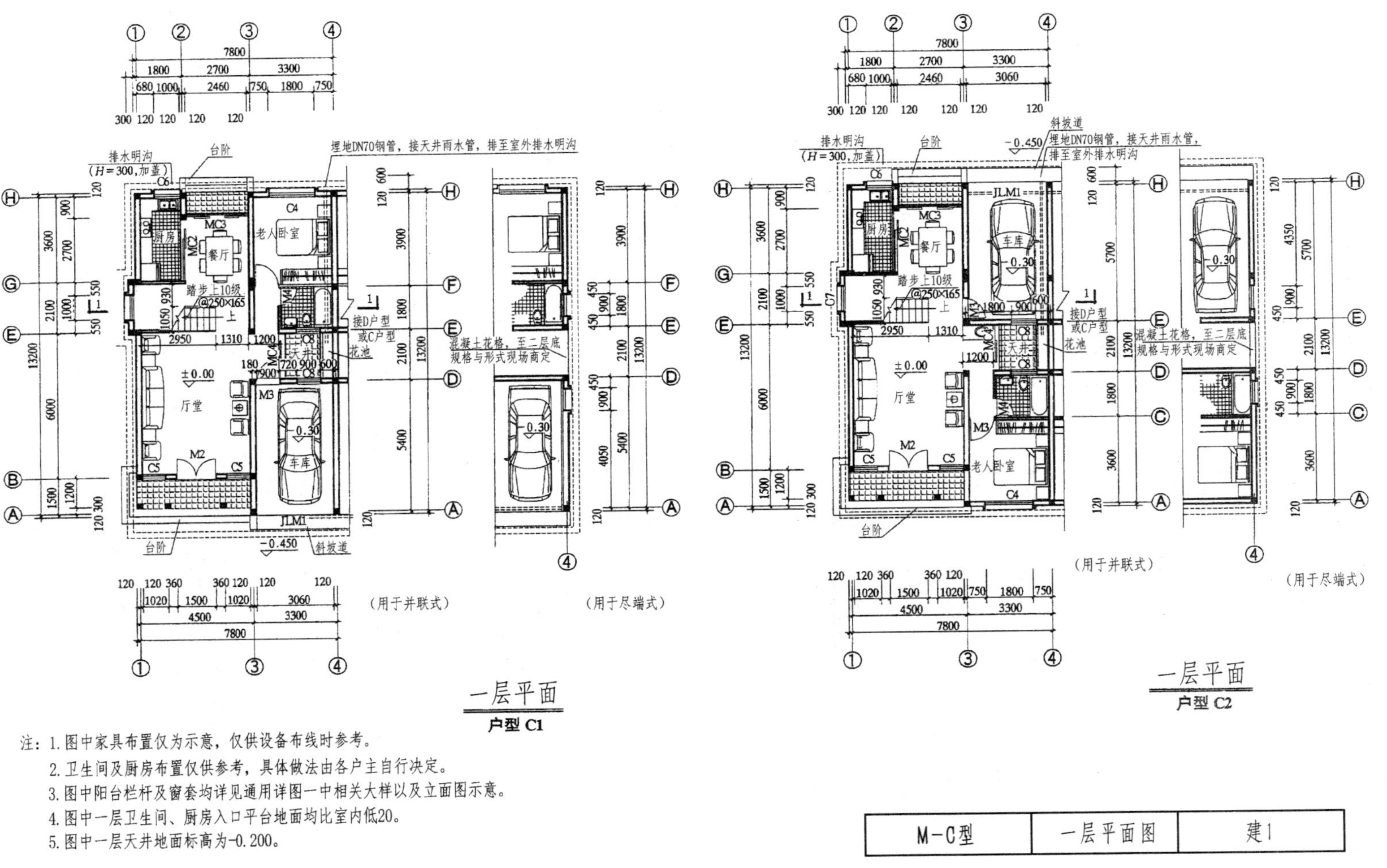

一层平面

户型 C1

一层平面

户型 C2

注：1. 图中家具布置仅为示意，仅供设备布线时参考。

2. 卫生间及厨房布置仅供参考，具体做法由各户主自行决定。

3. 图中阳台栏杆及窗套均详见通用详图一中相关大样以及立面图示意。

4. 图中一层卫生间、厨房入口平台地面均比室内低20。

5. 图中一层天井地面标高为-0.200。

M-C型	一层平面图	建1

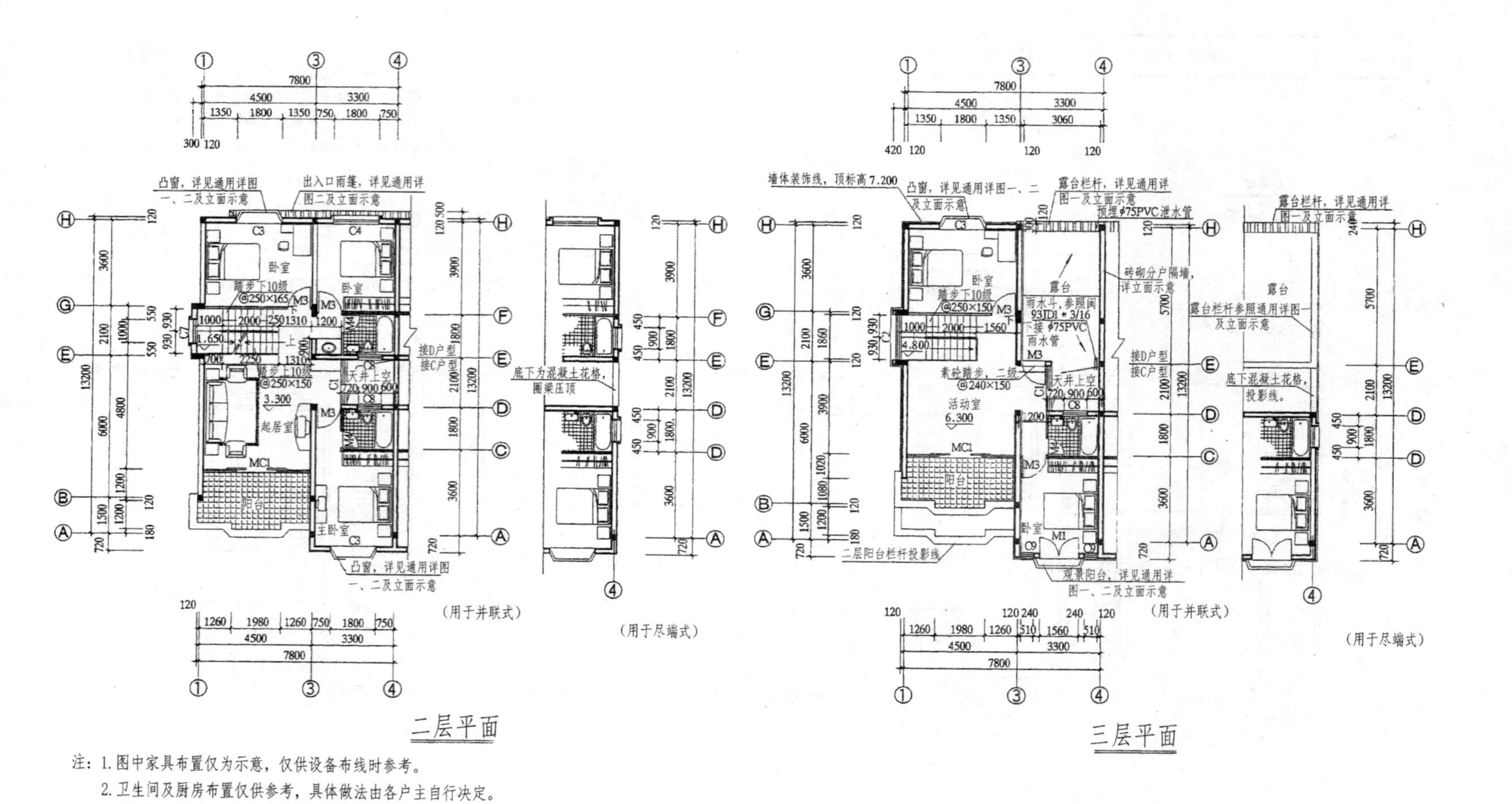

注：1. 图中家具布置仅为示意，仅供设备布线时参考。

2. 卫生间及厨房布置仅供参考，具体做法由各户主自行决定。

3. 图中阳台栏杆及窗套均详见通用详图一中相关大样以及立面图示意。

4. 图中阳台地面均比室内低20。

M-C型	二层平面、三层平面图	建2

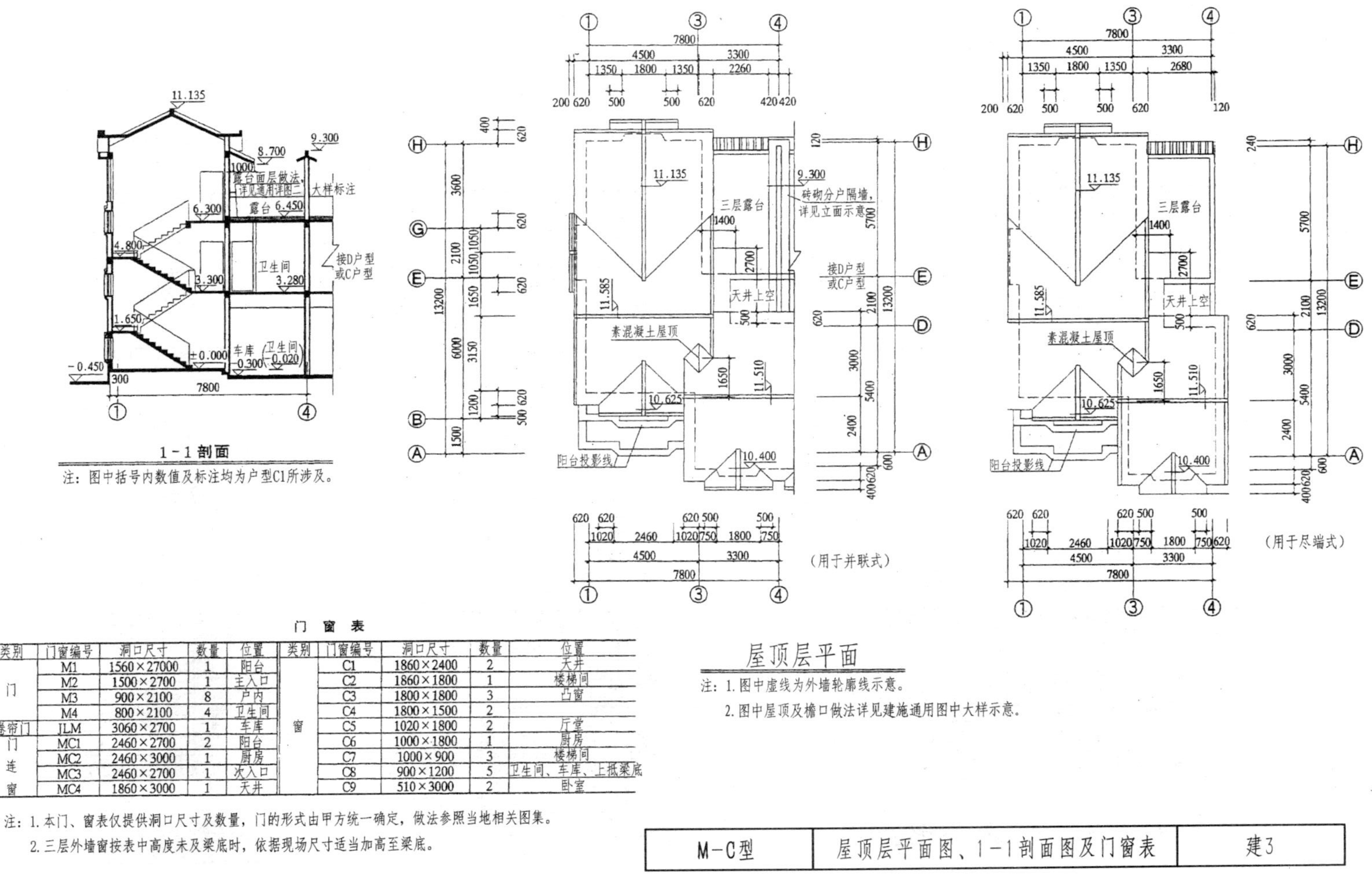

1－1 剖面

注：图中括号内数值及标注均为户型C1所涉及。

屋顶层平面

注：1. 图中虚线为外墙轮廓线示意。

2. 图中屋顶及檐口做法详见建施通用图中大样示意。

门 窗 表

类别	门窗编号	洞口尺寸	数量	位置	类别	门窗编号	洞口尺寸	数量	位置
门	M1	1560×27000	1	阳台	窗	C1	1860×2400	2	天井
	M2	1500×2700	1	主入口		C2	1860×1800	1	楼梯间
	M3	900×2100	8	户内		C3	1800×1800	3	凸窗
	M4	800×2100	4	卫生间		C4	1800×1500	2	
卷帘门	JLM	3060×2700	1	车库		C5	1020×1800	2	厅堂
门连窗	MC1	2460×2700	2	阳台		C6	1000×1800	1	厨房
	MC2	2460×3000	1	厨房		C7	1000×900	3	楼梯间
	MC3	2460×2700	1	次入口		C8	900×1200	5	卫生间、车库、上抵梁底
	MC4	1860×3000	1	天井		C9	510×3000	2	卧室

注：1. 本门、窗表仅提供洞口尺寸及数量，门的形式由甲方统一确定，做法参照当地相关图集。

2. 三层外墙窗按表中高度未及梁底时，依据现场尺寸适当加高至梁底。

M－C型	屋顶层平面图、1－1剖面图及门窗表	建3

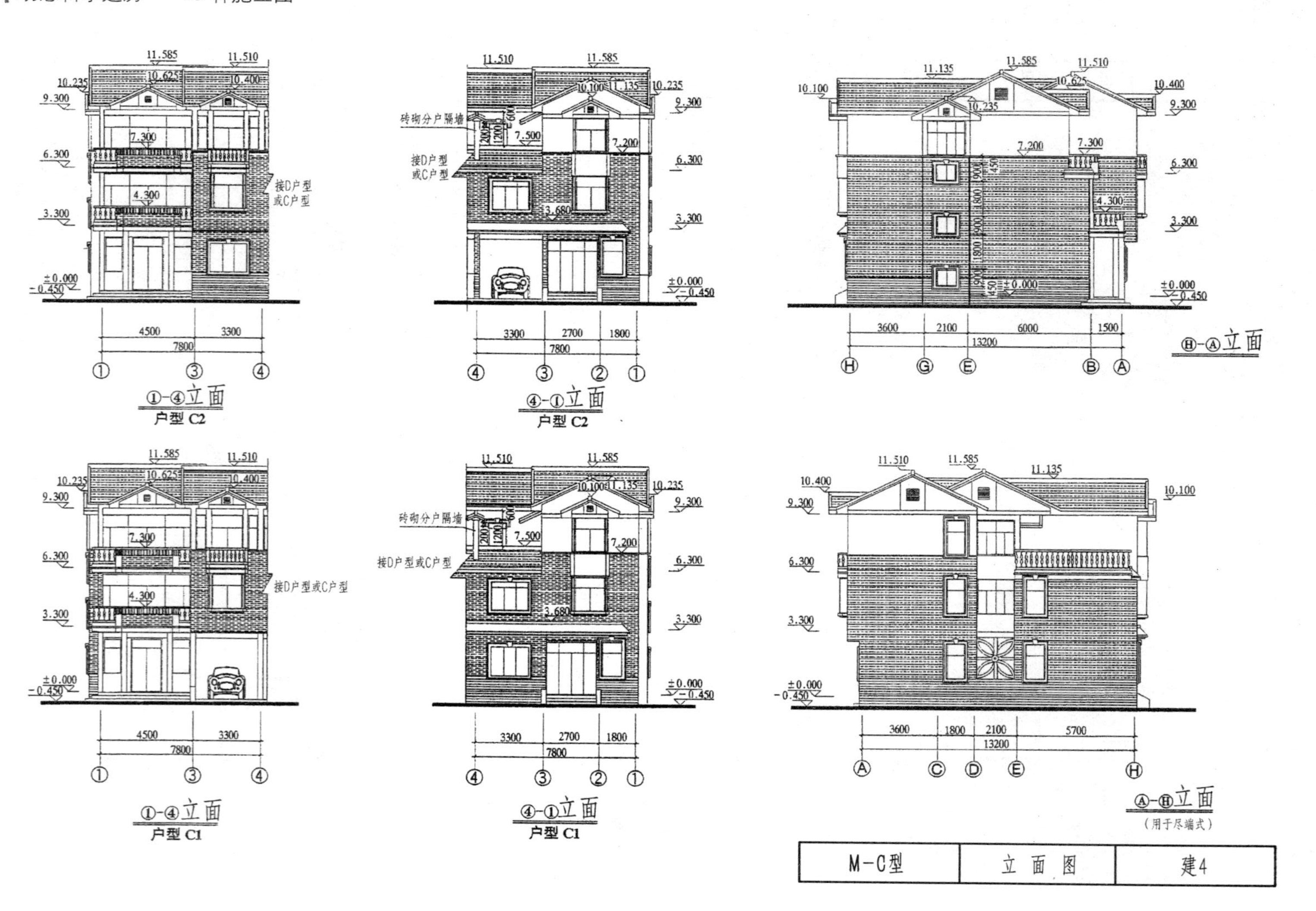

①-④立面
户型 C2
④-①立面
户型 C2
Ⓗ-Ⓐ立面
①-④立面
户型 C1
④-①立面
户型 C1
Ⓐ-Ⓗ立面
（用于尽端式）
砖砌分户隔墙
接D户型或C户型
M-C型
立面图
建4

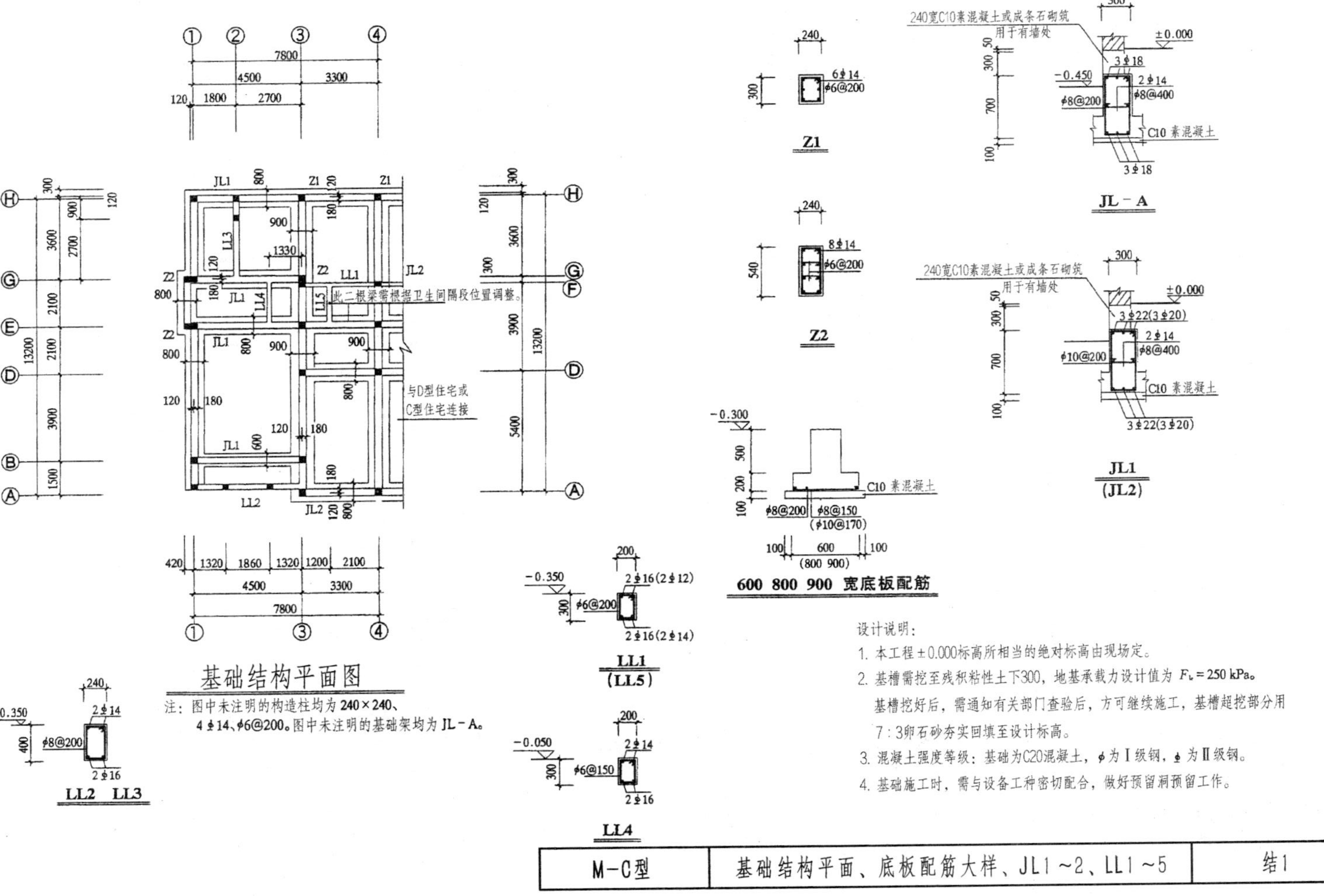

设计说明：

1. 本工程±0.000标高所相当的绝对标高由现场定。
2. 基槽需挖至残积粘性土下300，地基承载力设计值为 F_k = 250 kPa。基槽挖好后，需通知有关部门查验后，方可继续施工，基槽超挖部分用7∶3卵石砂夯实回填至设计标高。
3. 混凝土强度等级：基础为C20混凝土，⌀为Ⅰ级钢，⌀为Ⅱ级钢。
4. 基础施工时，需与设备工种密切配合，做好预留洞预留工作。

M－C型	基础结构平面、底板配筋大样、JL1～2、LL1～5	结1

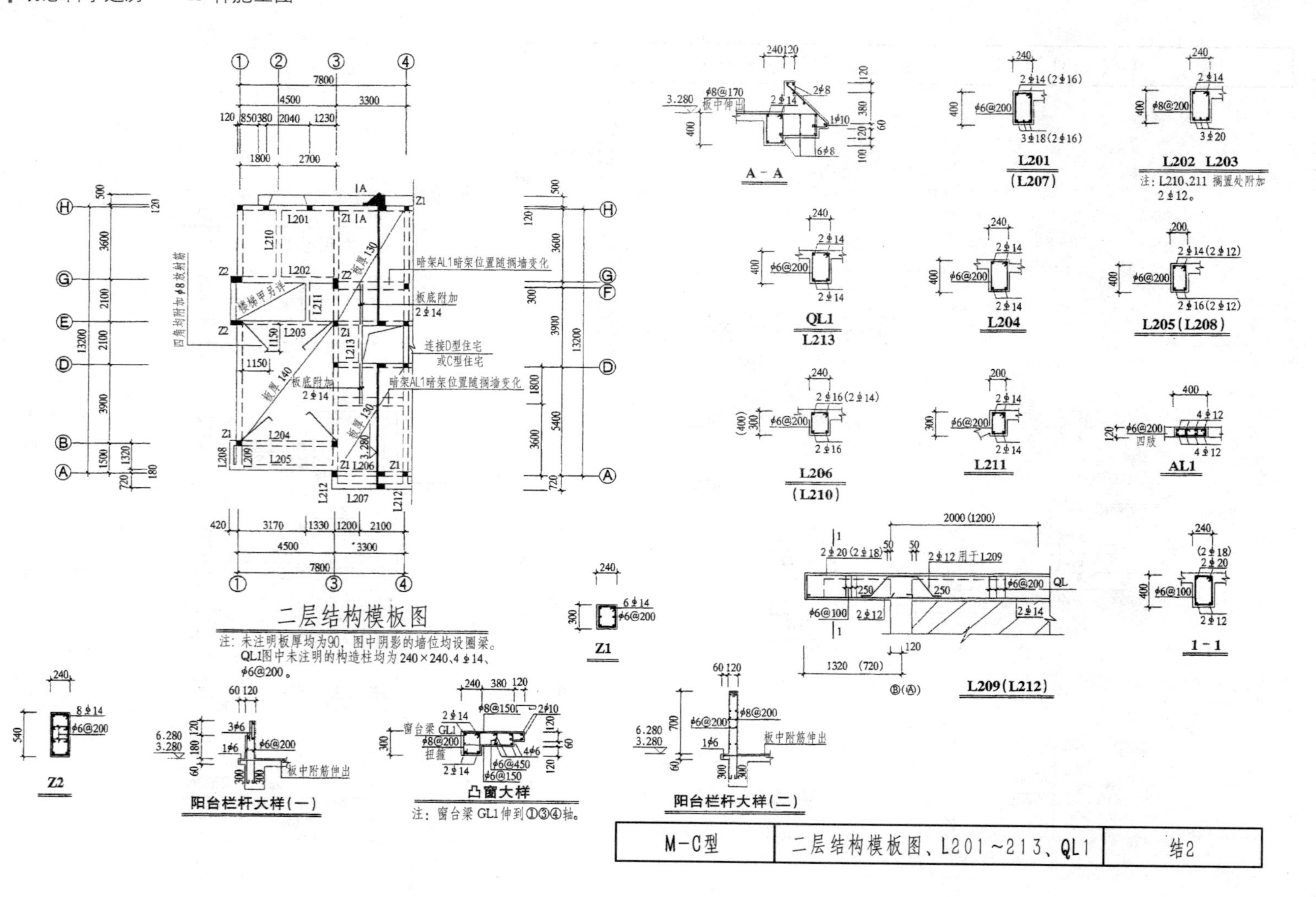

M-C型	二层结构模板图、L201～213、QL1	结2

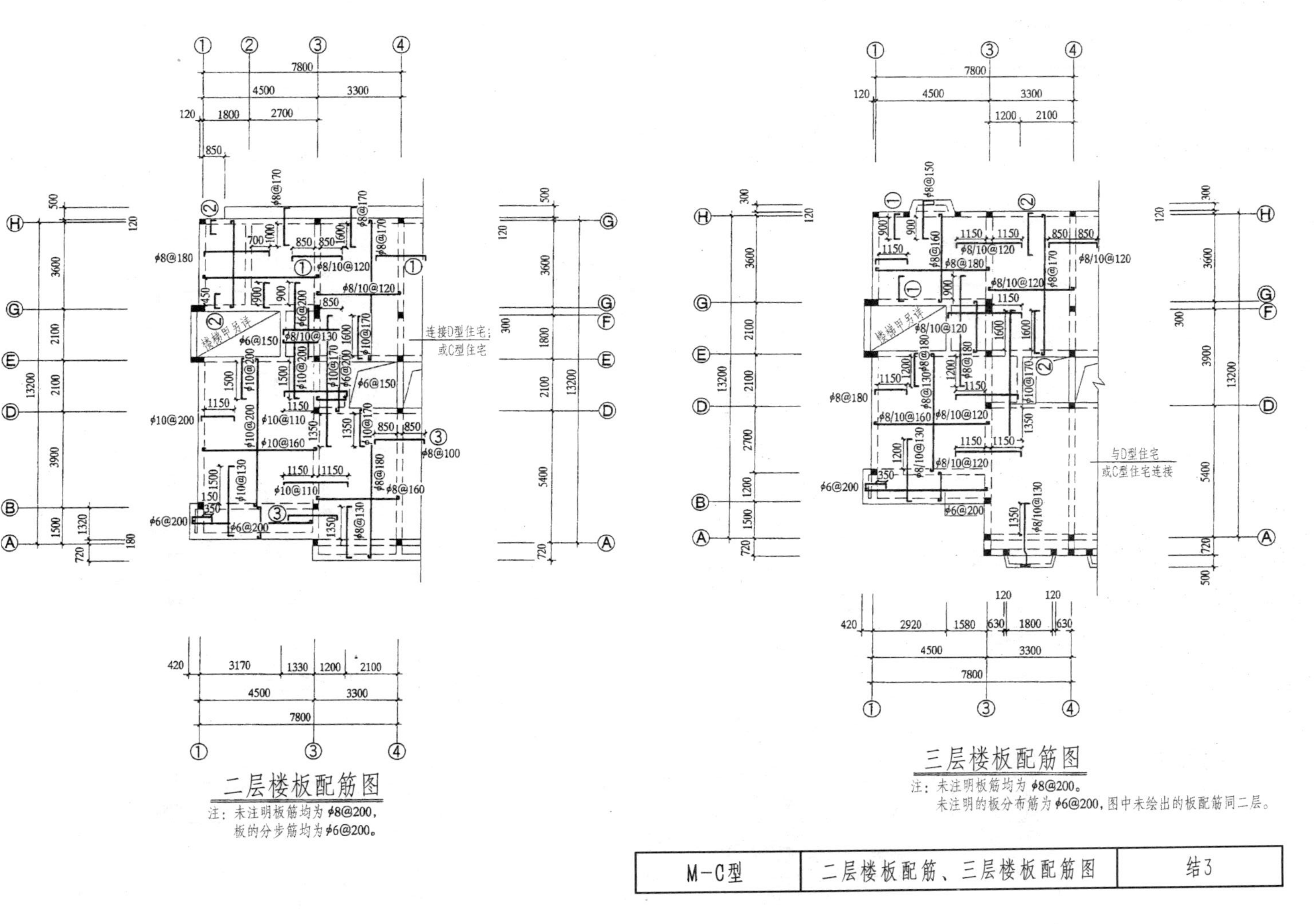

二层楼板配筋图

注：未注明板筋均为 $\phi8@200$，
板的分步筋均为 $\phi6@200$。

三层楼板配筋图

注：未注明板筋均为 $\phi8@200$。
未注明的板分布筋为 $\phi6@200$，图中未绘出的板配筋同二层。

M-C型	二层楼板配筋、三层楼板配筋图	结3

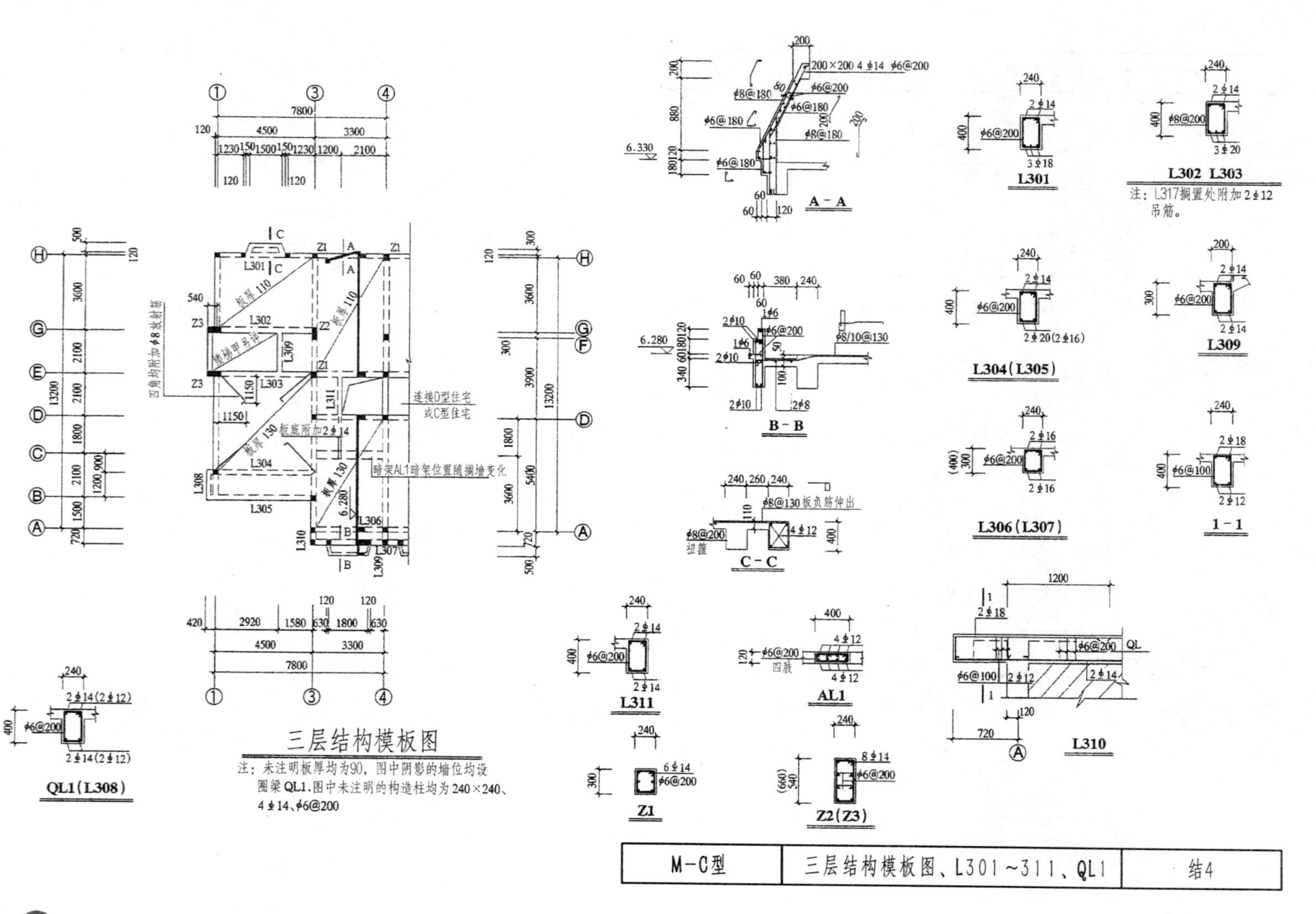

三层结构模板图
注：未注明板厚均为90，图中阴影的墙位均设圈梁 QL1，图中未注明的构造柱均为240×240、4⌀14、⌀6@200
L301
L302 L303
注：L317搁置处附加2⌀12吊筋。
L304（L305）
L309
L306（L307）
1－1
A－A
B－B
C－C
L311
AL1
L310
Z1
Z2（Z3）
QL1（L308）
板厚 110
板厚 130
楼梯甲另详
四角均附加⌀8放射筋
板底附加2⌀14
连接D型住宅或C型住宅
暗梁AL1暗梁位置随搁墙变化
⌀8@130 板负筋伸出
扭筋
四肢
M－C型
三层结构模板图、L301～311、QL1
结4

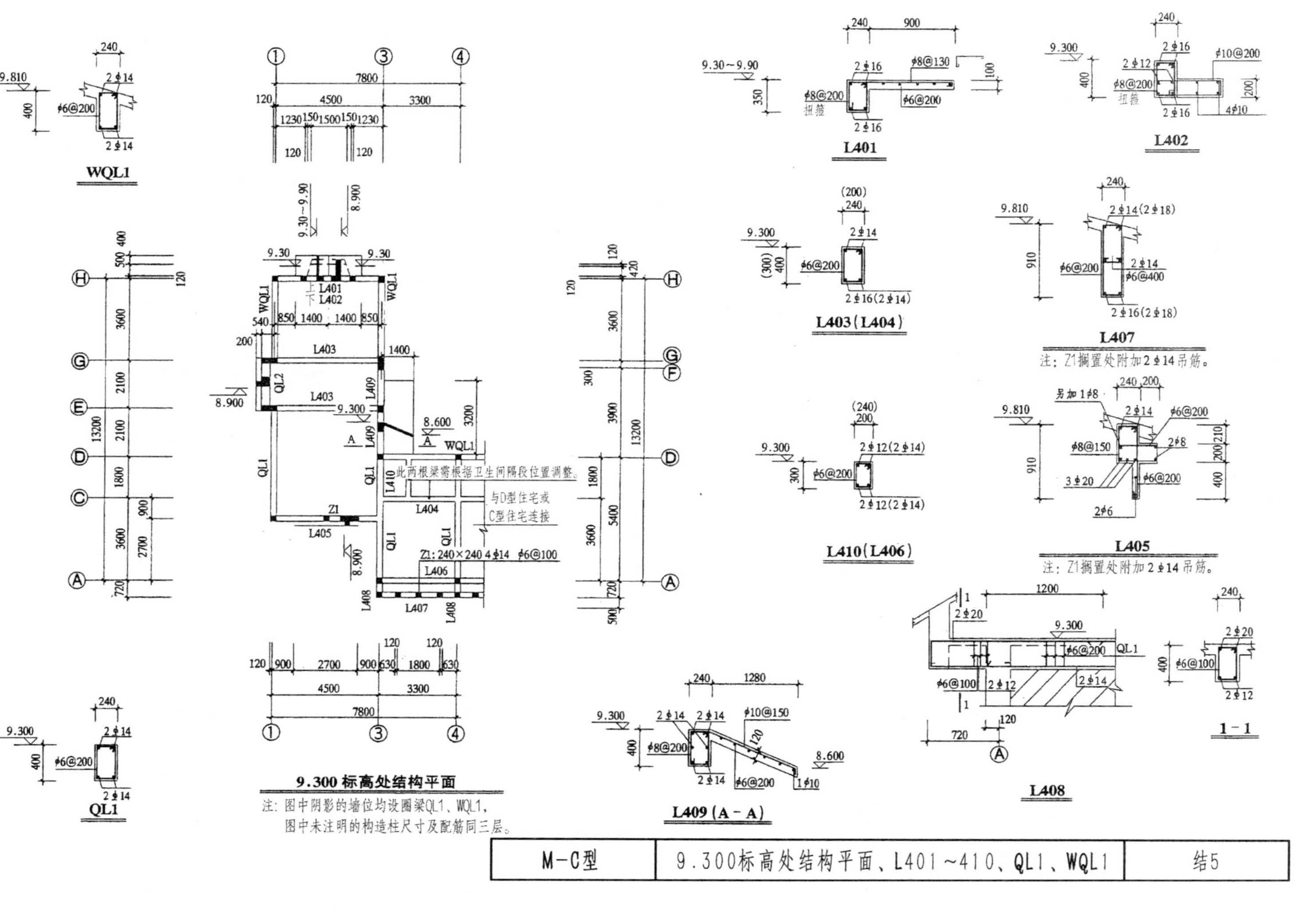

9.300标高处结构平面

注：图中阴影的墙位均设圈梁QL1、WQL1，
图中未注明的构造柱尺寸及配筋同三层。

M－C型	9.300标高处结构平面、L401～410、QL1、WQL1	结5

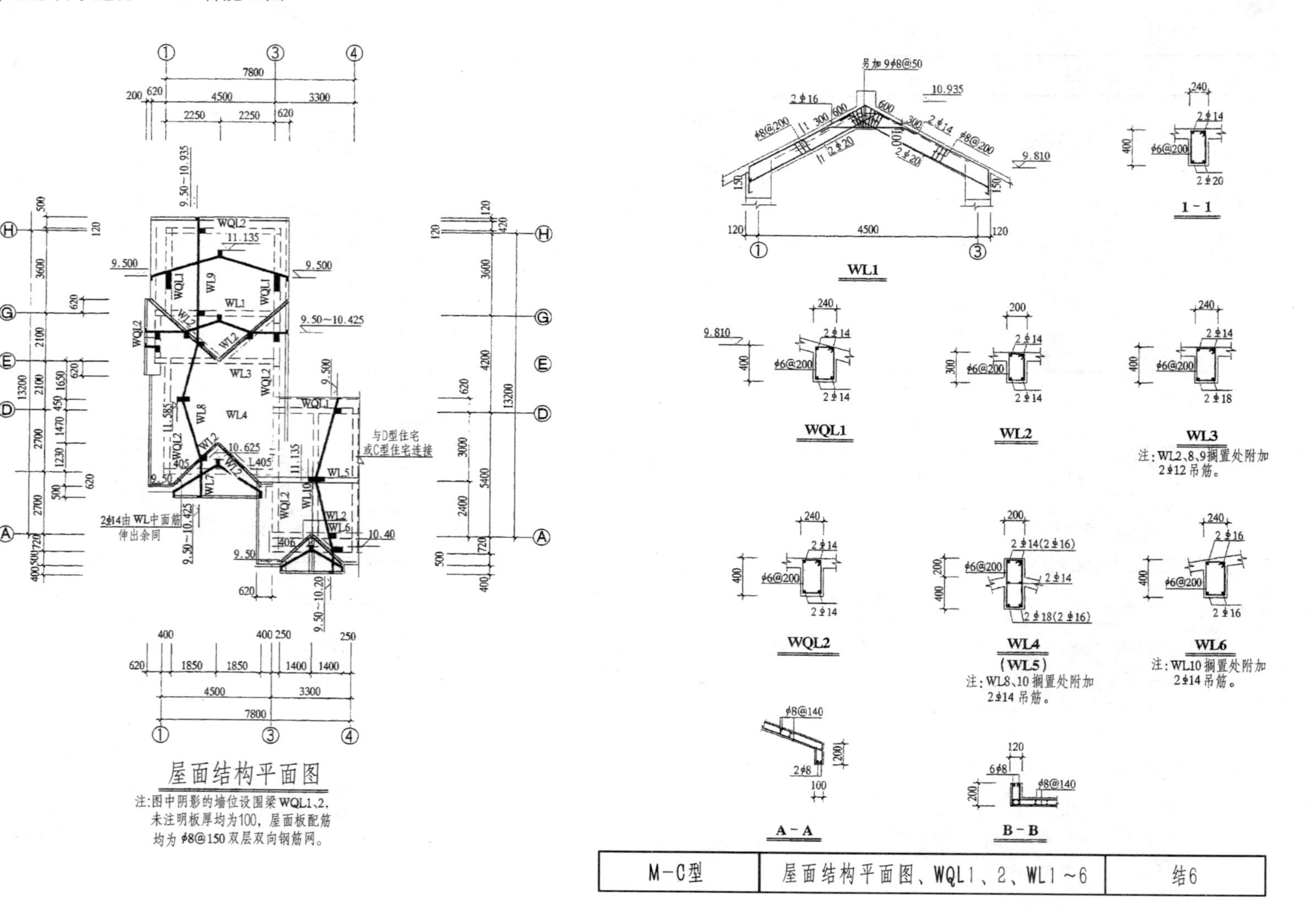
屋面结构平面图
注:图中阴影的墙位设圈梁 WQL1、2,
未注明板厚均为100, 屋面板配筋
均为 φ8@150 双层双向钢筋网。
与D型住宅
或C型住宅连接
2φ14由 WL中面筋
伸出余同
WL1
1-1
WQL1
WL2
WL3
注:WL2、8、9搁置处附加
2φ12 吊筋。
WQL2
WL4
(WL5)
注:WL8、10 搁置处附加
2φ14 吊筋。
WL6
注:WL10 搁置处附加
2φ14 吊筋。
A-A
B-B
M-C型
屋面结构平面图、WQL1、2、WL1~6
结6

WL7~9

1-1 4-4 (3-3)

WL10

2-2 (5-5)

M-C型	Wl7~10	结7

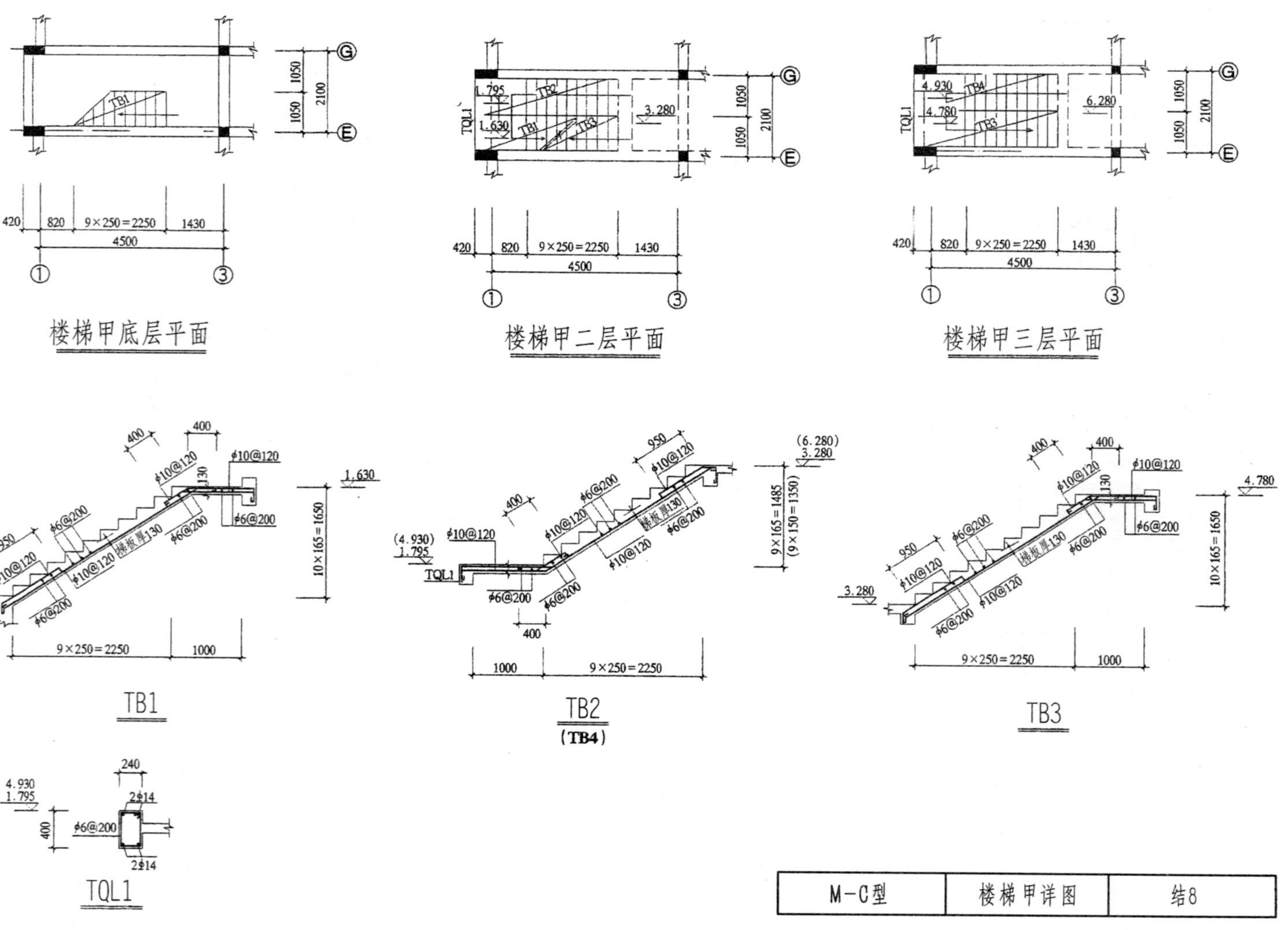
楼梯甲底层平面
楼梯甲二层平面
楼梯甲三层平面
TB1
TB2
(TB4)
TB3
TQL1
420
820
9×250=2250
1430
4500
1050
2100
1.795
1.630
3.280
4.930
4.780
6.280
10×165=1650
9×165=1485
(9×150=1350)
1000
950
400
130
240
φ10@120
φ6@200
2φ14
楼板厚130
M-C型
楼梯甲详图
结8

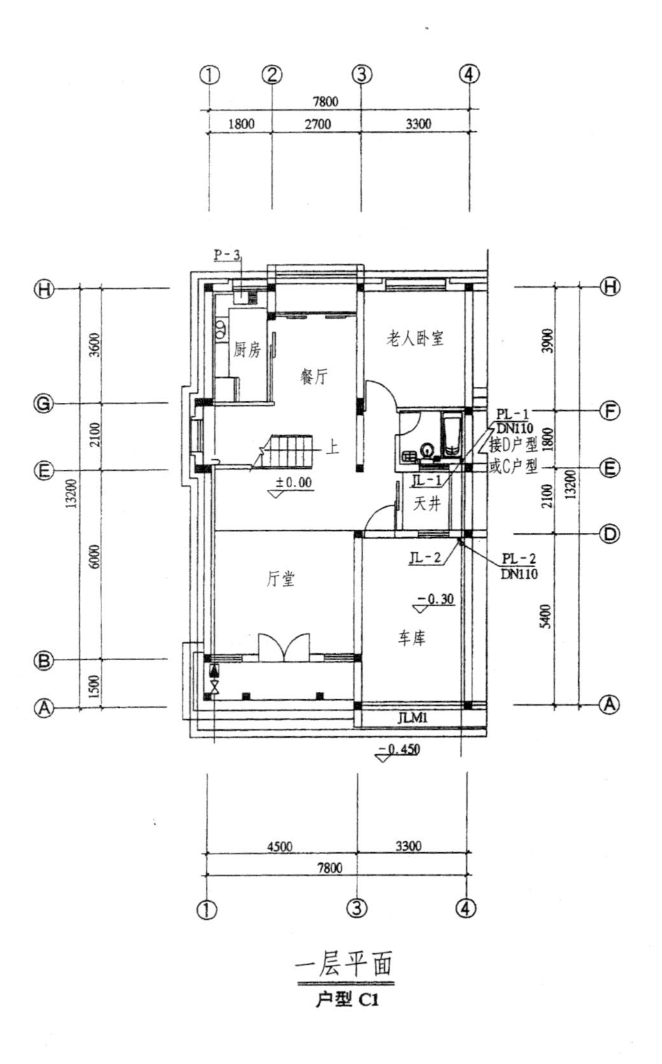

一层平面

户型 C1

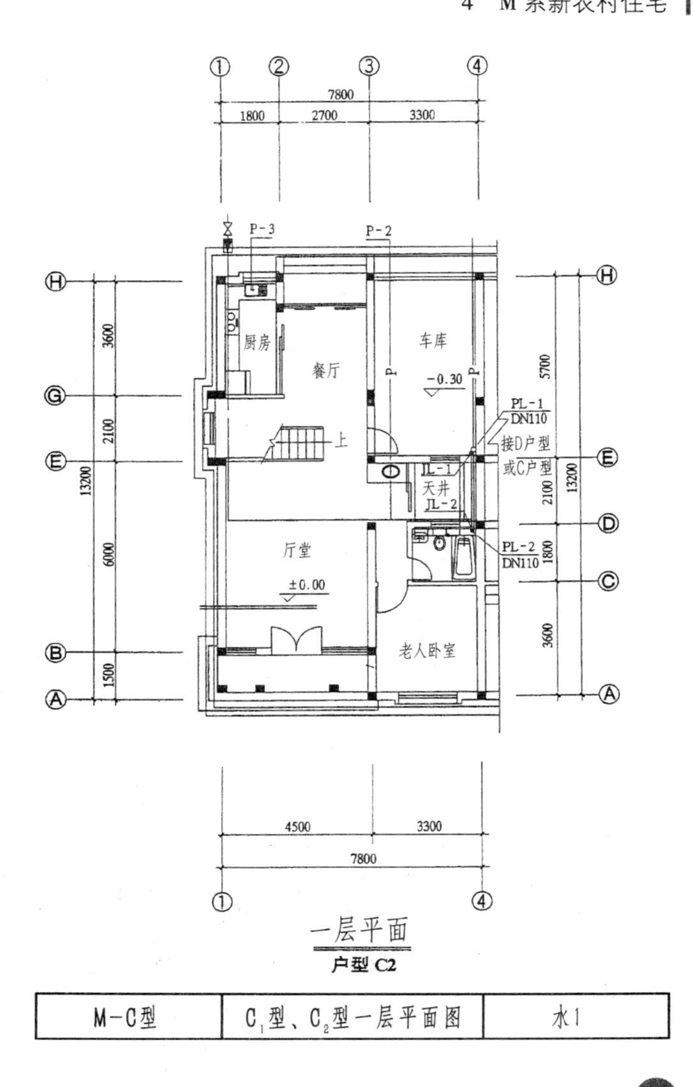

一层平面

户型 C2

M-C型	C_1型、C_2型一层平面图	水1

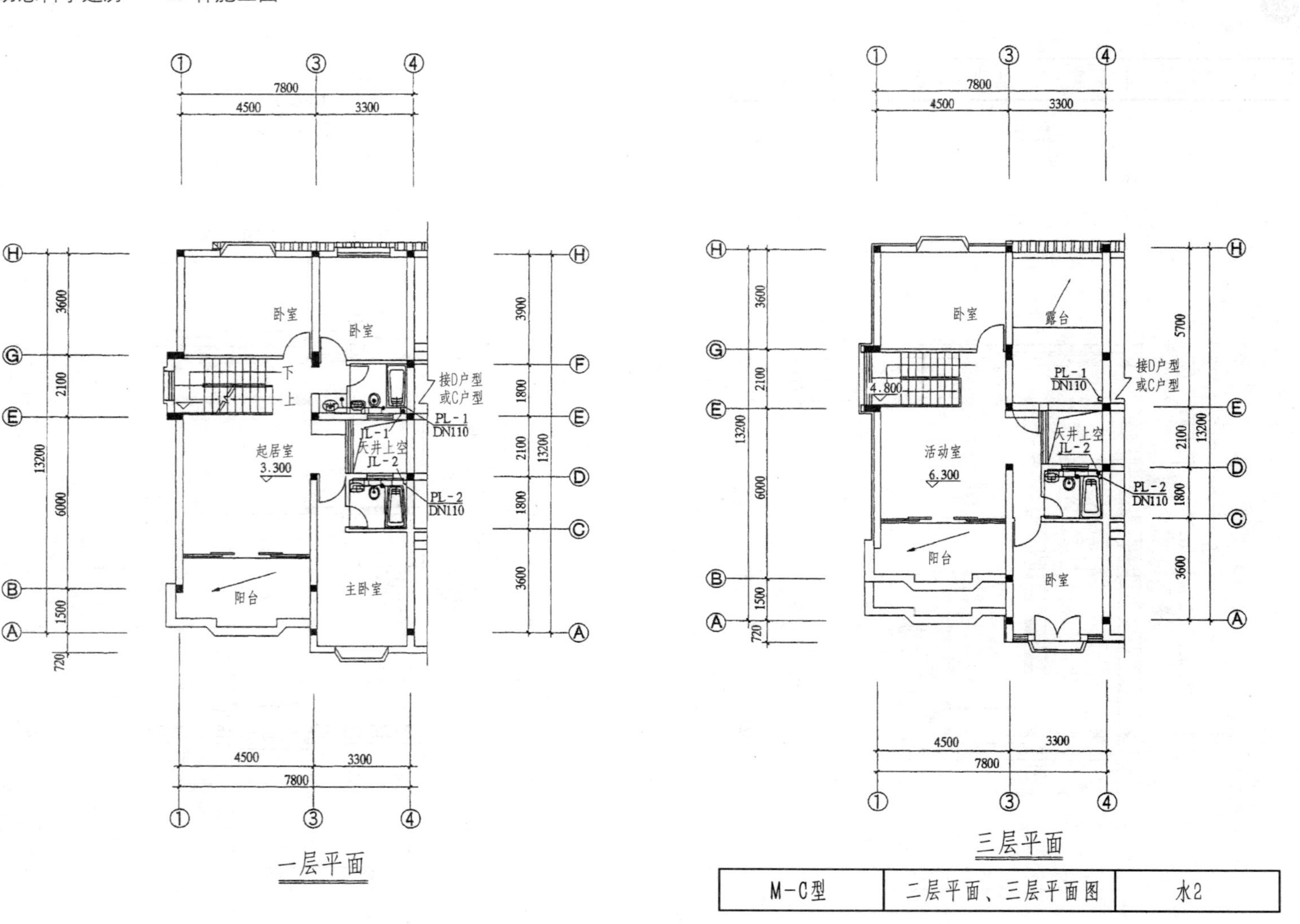

M-C型	二层平面、三层平面图	水2

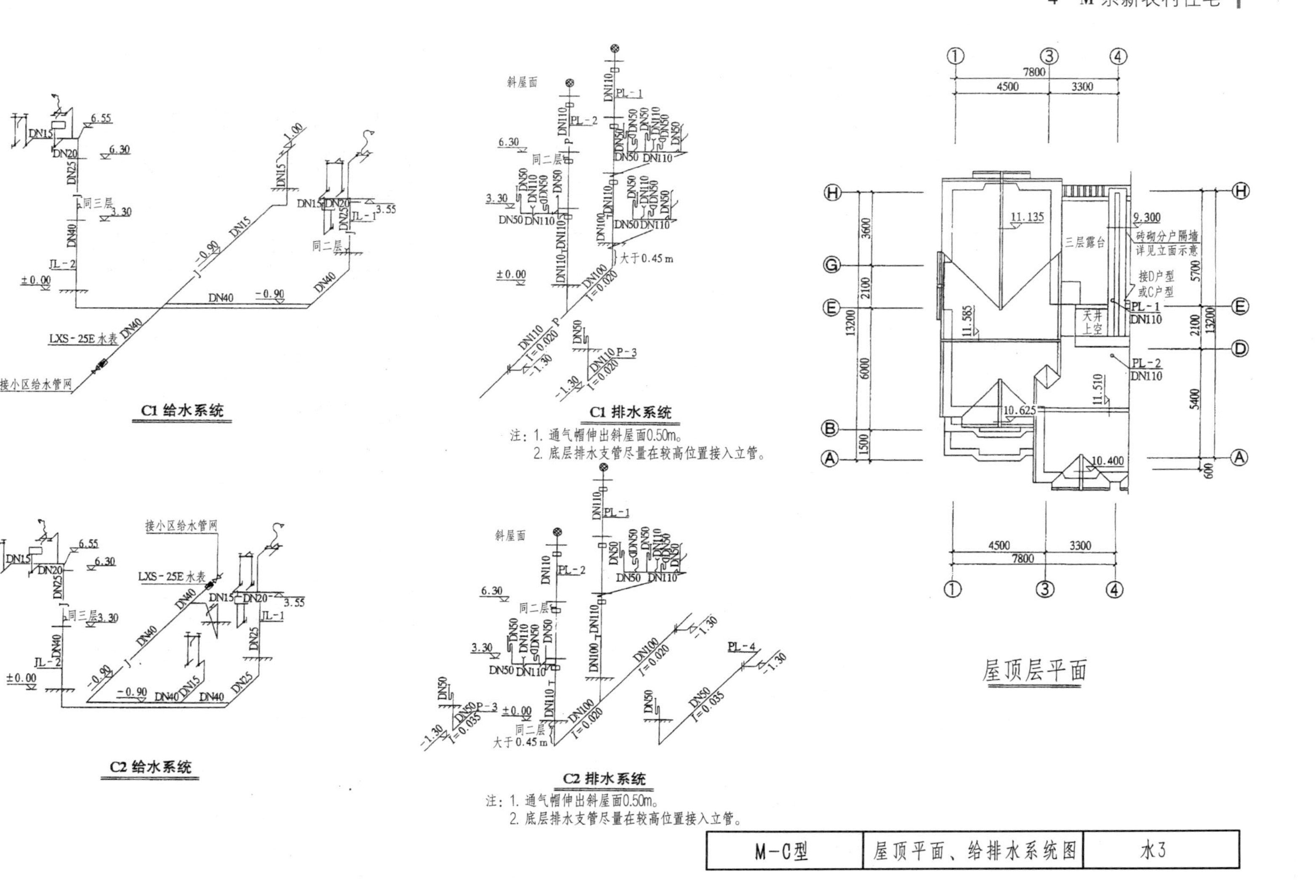
C1 给水系统
C1 排水系统
注：1. 通气帽伸出斜屋面0.50m。
2. 底层排水支管尽量在较高位置接入立管。
屋顶层平面
C2 给水系统
C2 排水系统
注：1. 通气帽伸出斜屋面0.50m。
2. 底层排水支管尽量在较高位置接入立管。
接小区给水管网
LXS-25E 水表
斜屋面
三层露台
砖砌分户隔墙
详见立面示意
接D户型
或C户型
天井
上空
M-C型
屋顶平面、给排水系统图
水3

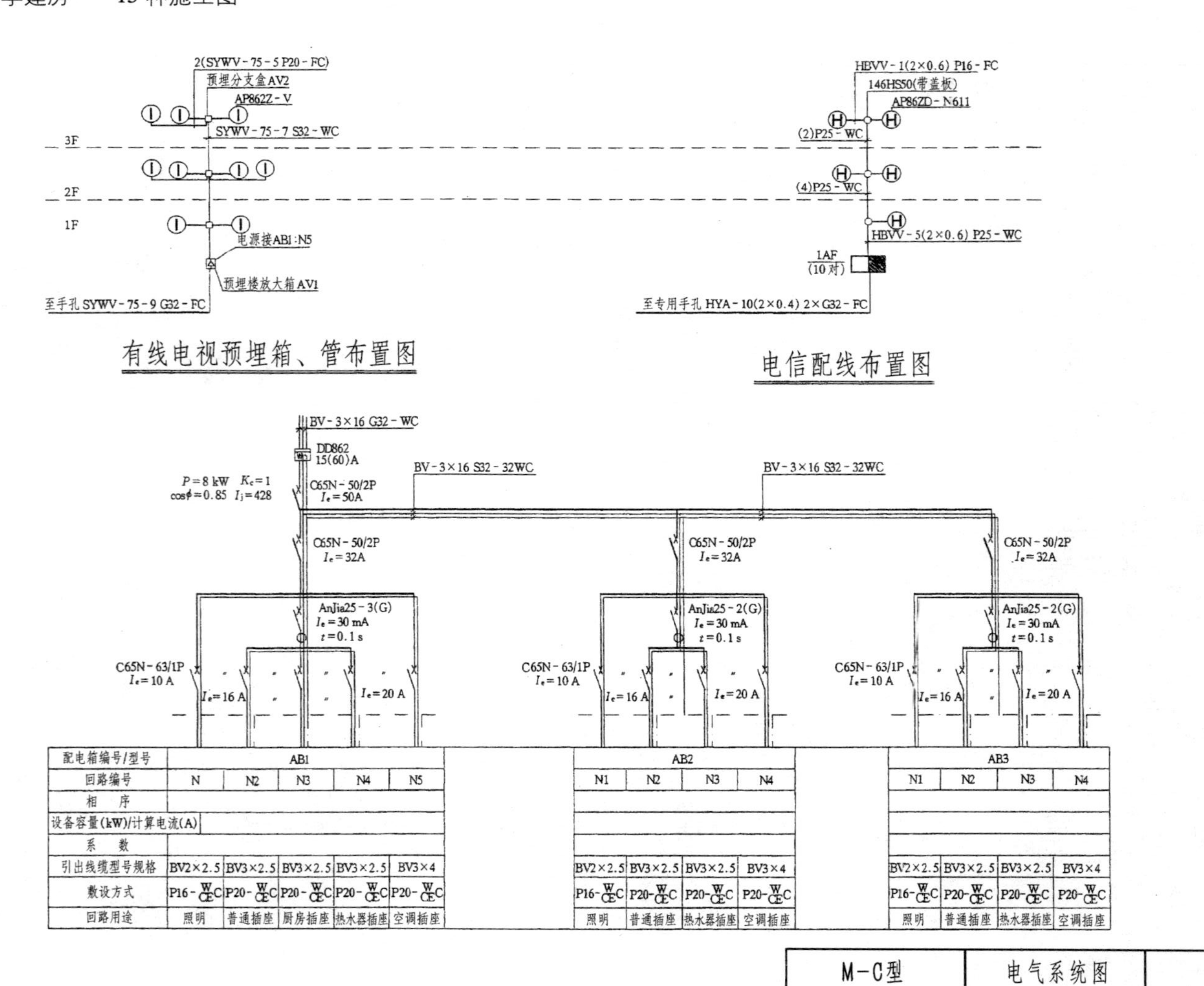
2(SYWV-75-5 P20-FC)
预埋分支盒AV2
AP862Z-V
SYWV-75-7 S32-WC
3F
2F
1F
电源接AB1:N5
预埋楼放大箱AV1
至手孔 SYWV-75-9 G32-FC
有线电视预埋箱、管布置图
HBVV-1(2×0.6) P16-FC
146HS50(带盖板)
AP86ZD-N611
(2)P25-WC
(4)P25-WC
HBVV-5(2×0.6) P25-WC
1AF
(10对)
至专用手孔 HYA-10(2×0.4) 2×G32-FC
电信配线布置图
BV-3×16 G32-WC
DD862
15(60)A
P=8 kW K=1
cosφ=0.85 I=428
C65N-50/2P
I=50A
BV-3×16 S32-32WC
BV-3×16 S32-32WC
C65N-50/2P
I=32A
AnJia25-3(G)
I=30 mA
t=0.1 s
AnJia25-2(G)
C65N-63/1P
I=10 A
I=16 A
I=20 A
配电箱编号/型号
回路编号
相 序
设备容量(kW)/计算电流(A)
系 数
引出线缆型号规格
敷设方式
回路用途
AB1
N N2 N3 N4 N5
BV2×2.5 BV3×2.5 BV3×2.5 BV3×2.5 BV3×4
照明 普通插座 厨房插座 热水器插座 空调插座
AB2
N1 N2 N3 N4
BV2×2.5 BV3×2.5 BV3×2.5 BV3×4
照明 普通插座 热水器插座 空调插座
AB3
N1 N2 N3 N4
BV2×2.5 BV3×2.5 BV3×2.5 BV3×4
照明 普通插座 热水器插座 空调插座
M-C型
电气系统图
电1

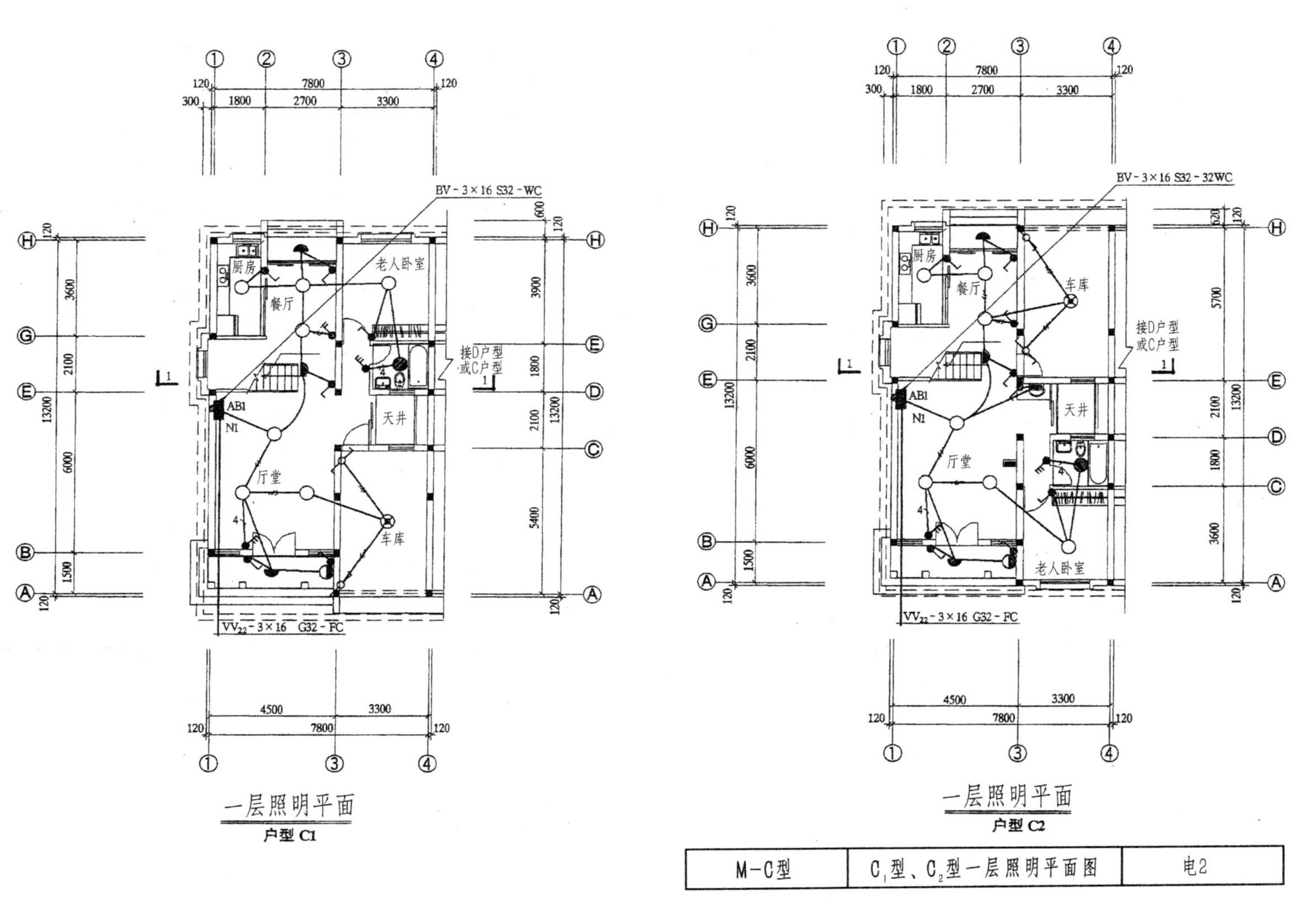

一层照明平面
户型 C1

一层照明平面
户型 C2

M-C型	C_1型、C_2型一层照明平面图	电2

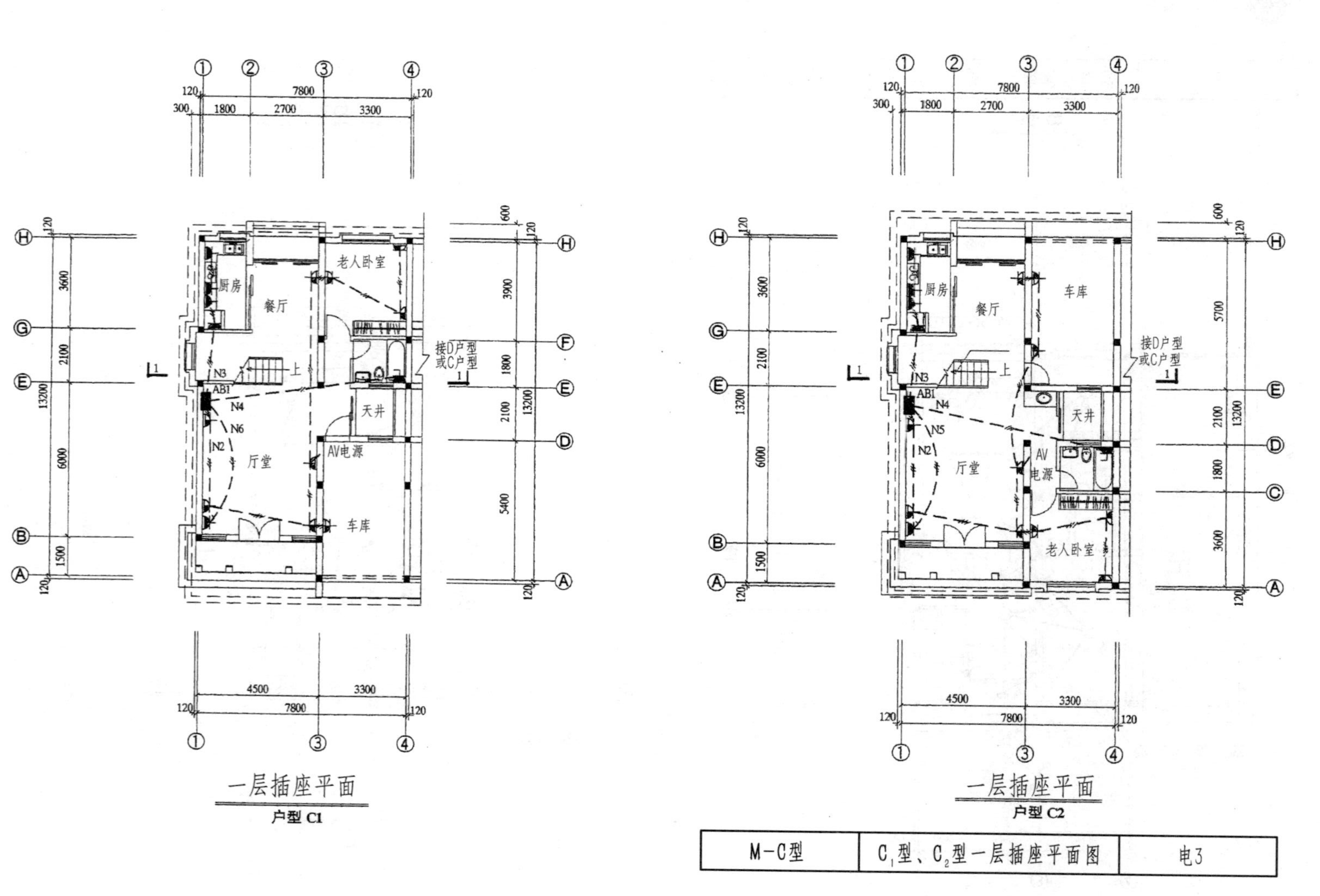

一层插座平面

户型 C1

一层插座平面

户型 C2

M-C型	C_1型、C_2型一层插座平面图	电3

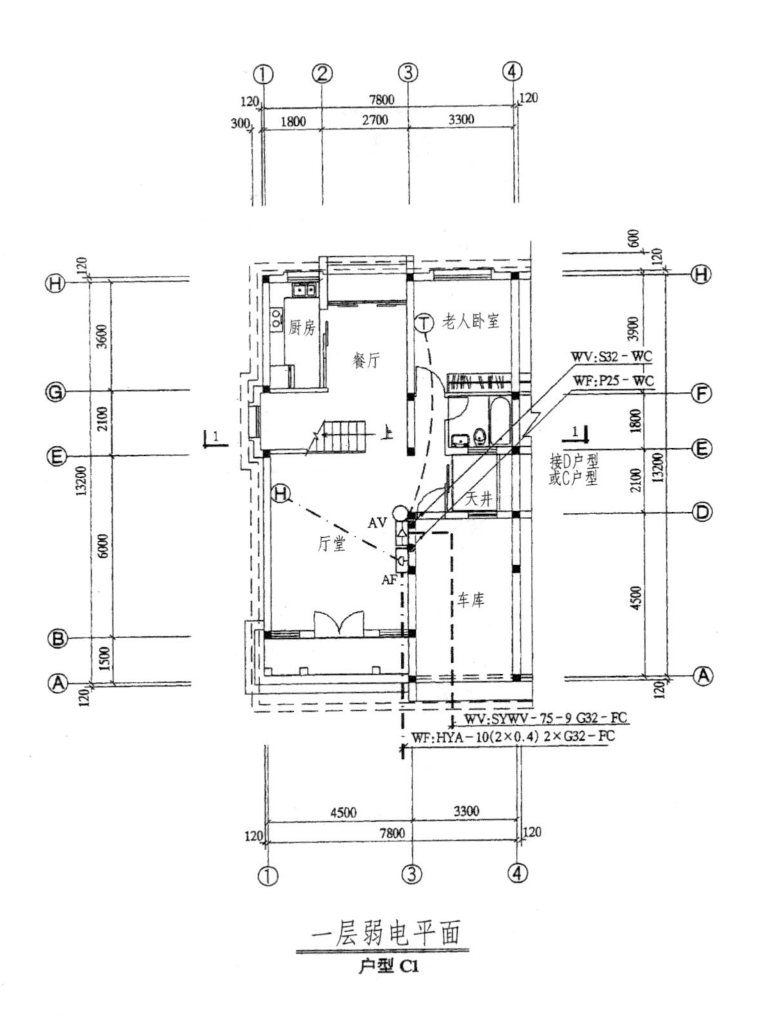

一层弱电平面

户型 C1

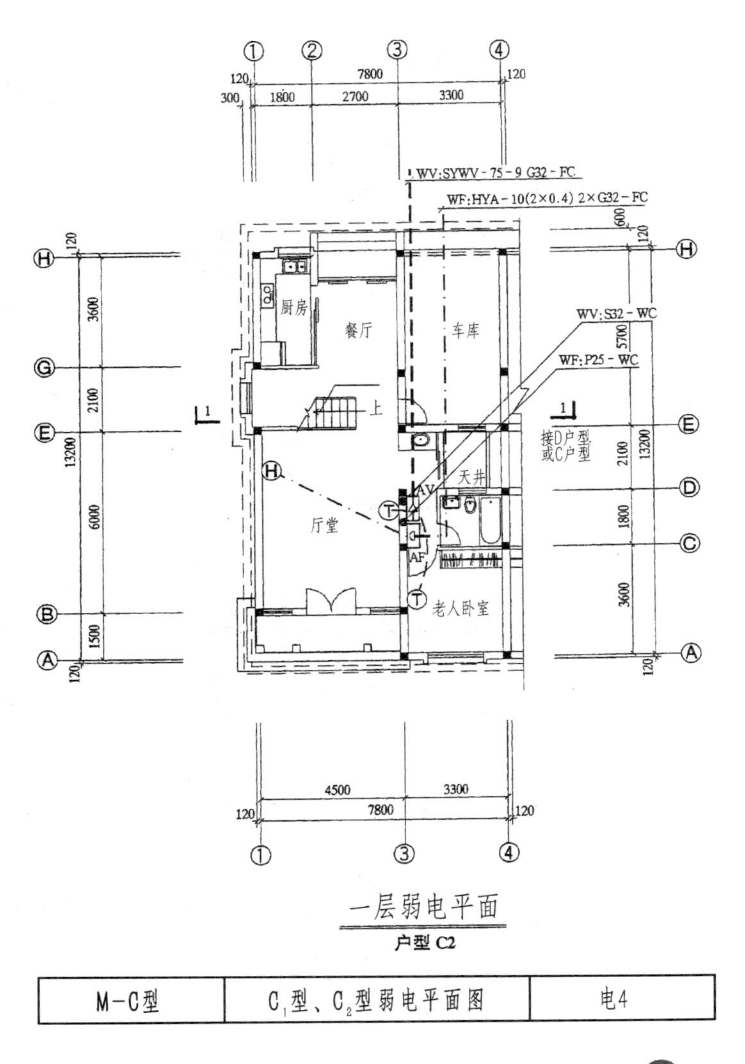

一层弱电平面

户型 C2

M-C型	C_1型、C_2型弱电平面图	电4

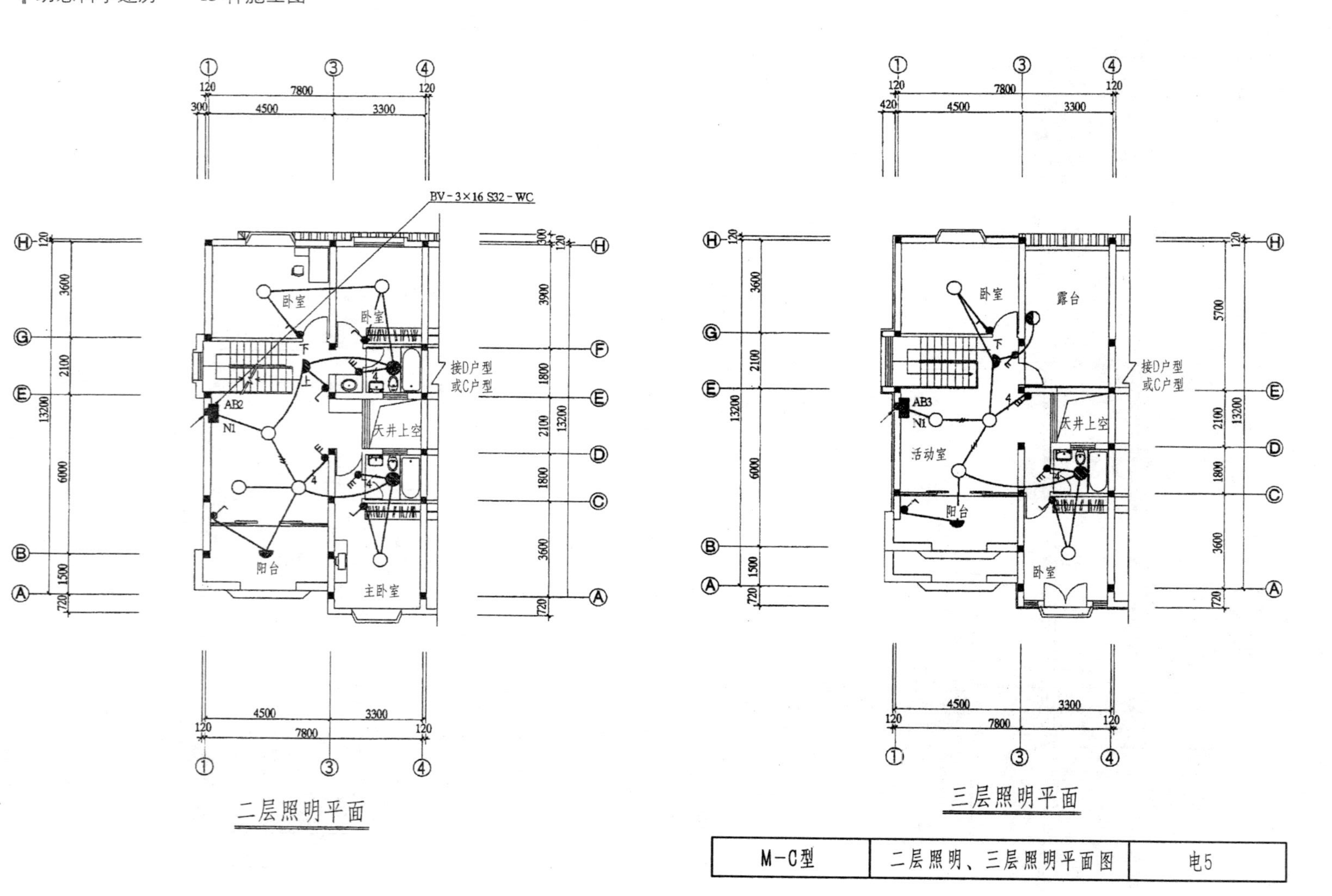

二层照明平面

三层照明平面

M-C型	二层照明、三层照明平面图	电5

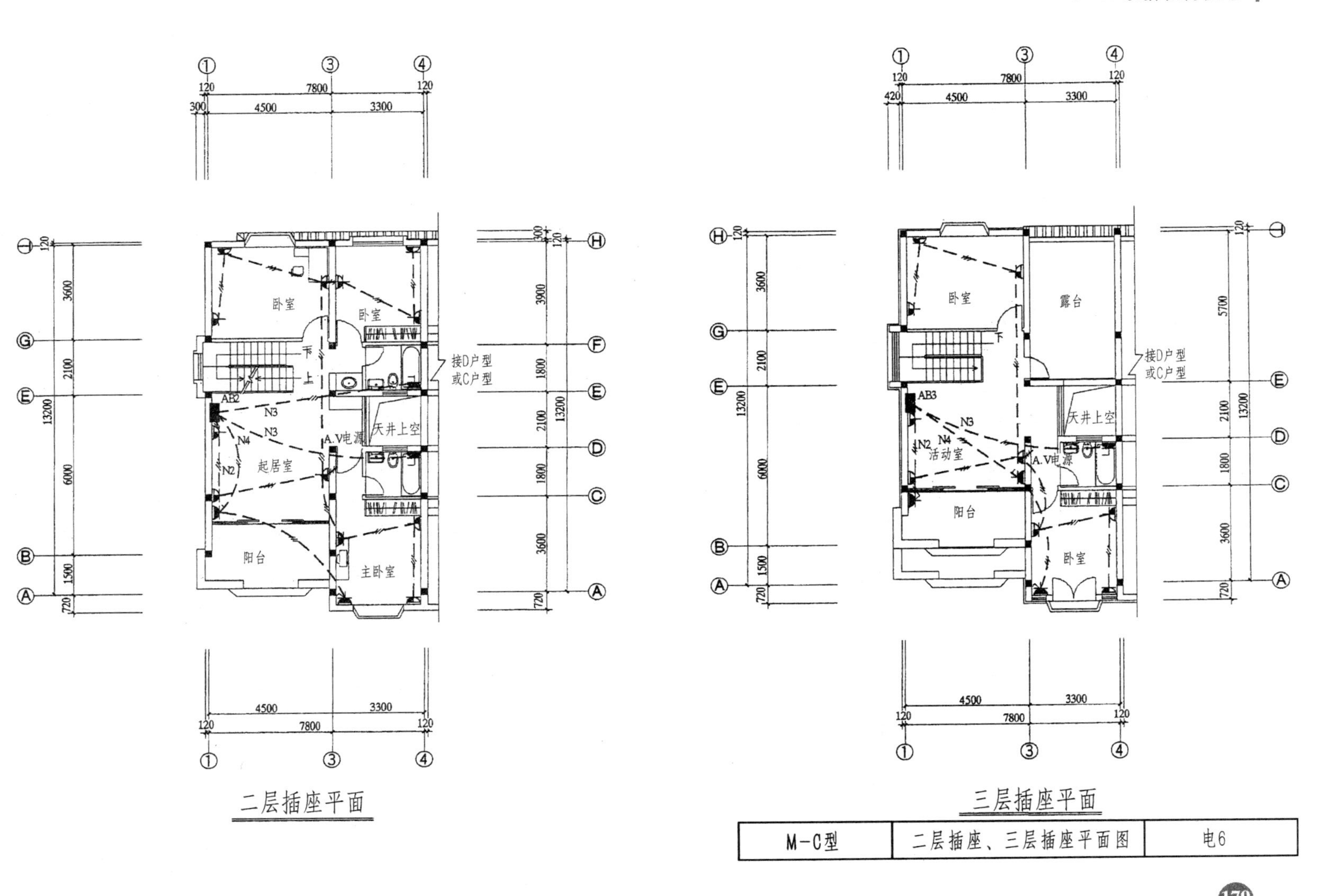

M-C型	二层插座、三层插座平面图	电6

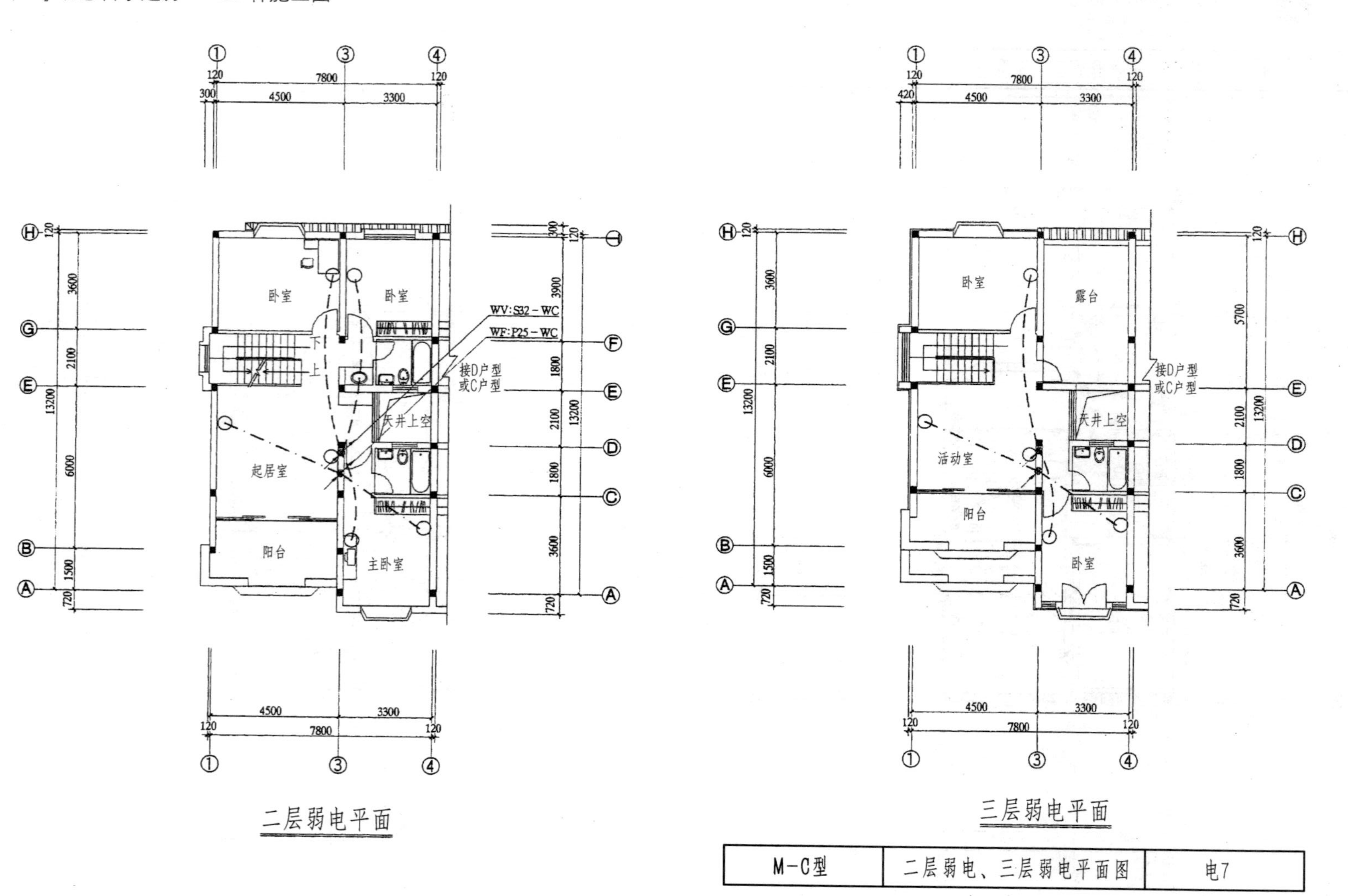

M-C型	二层弱电、三层弱电平面图	电7

一层平面

户型 D1

一层平面

户型 D2

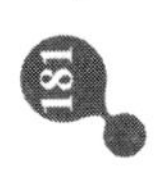

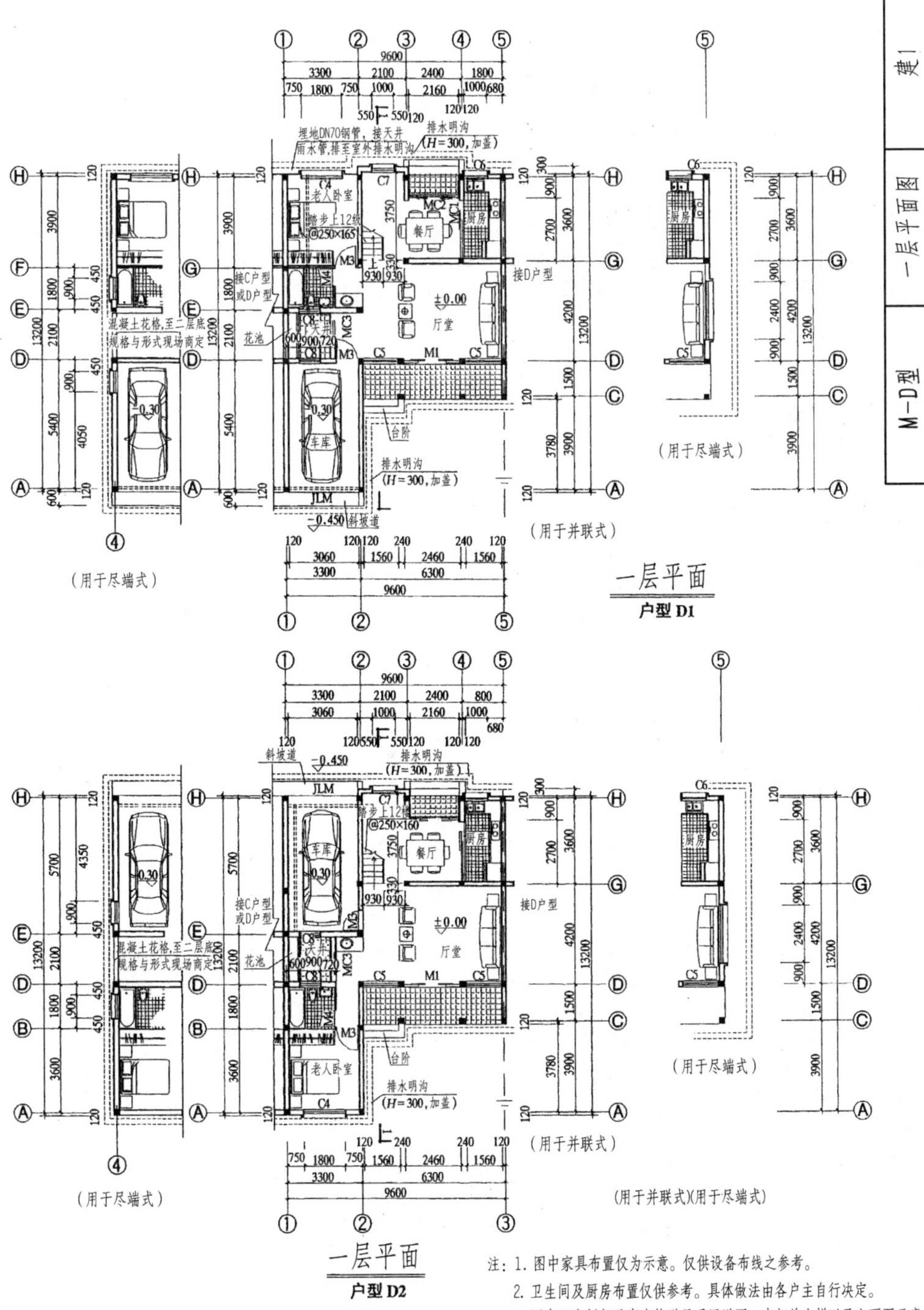

注：1. 图中家具布置仅为示意。仅供设备布线之参考。
2. 卫生间及厨房布置仅供参考。具体做法由各户主自行决定。
3. 图中阳台栏杆及窗套均详见通用详图一中相关大样以及立面图示意。
4. 图中一层卫生间、厨房、入口平台地面均比室内低20。

二层平面

三层平面

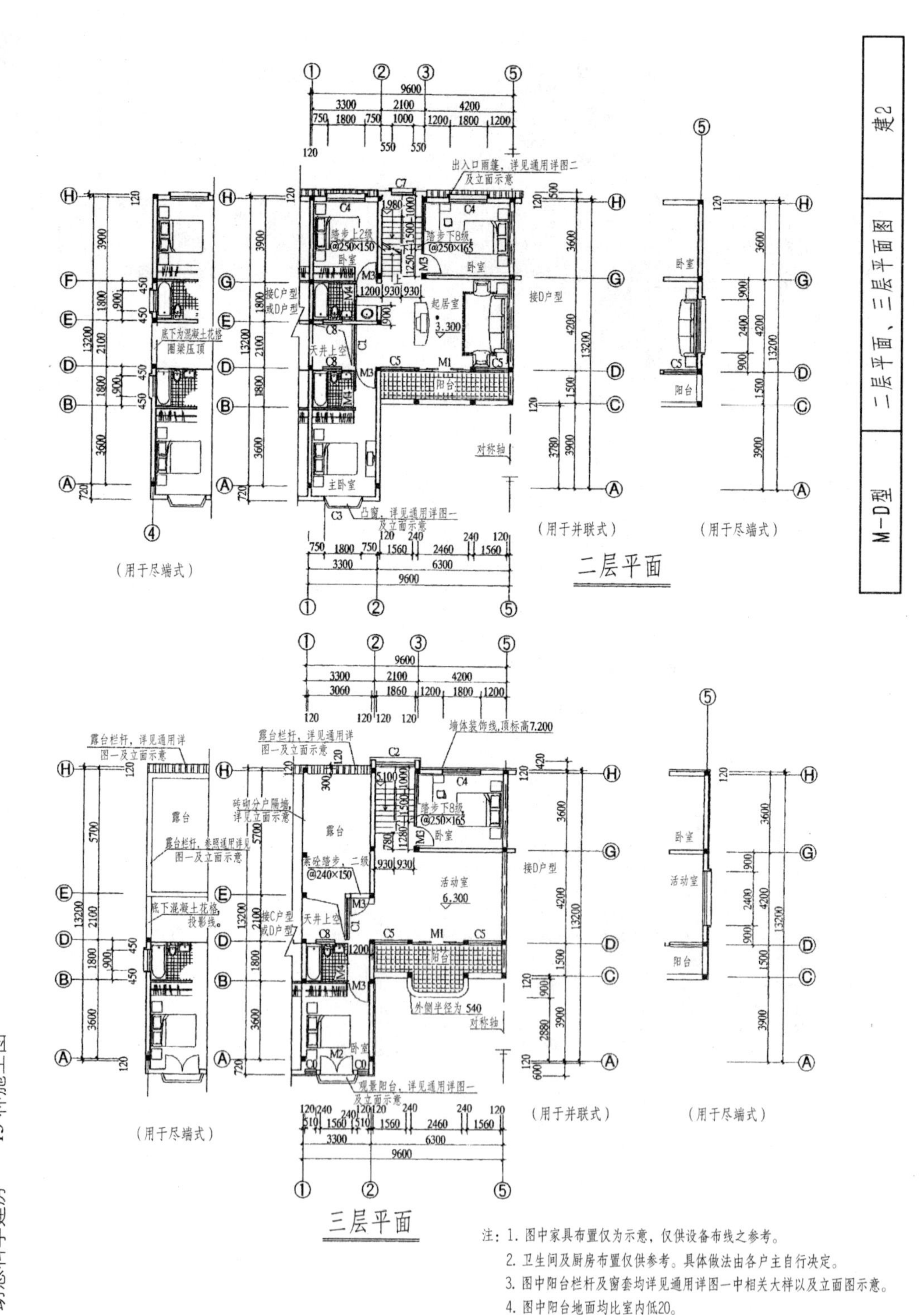

注：1. 图中家具布置仅为示意，仅供设备布线之参考。

2. 卫生间及厨房布置仅供参考。具体做法由各户主自行决定。

3. 图中阳台栏杆及窗套均详见通用详图一中相关大样以及立面图示意。

4. 图中阳台地面均比室内低20。

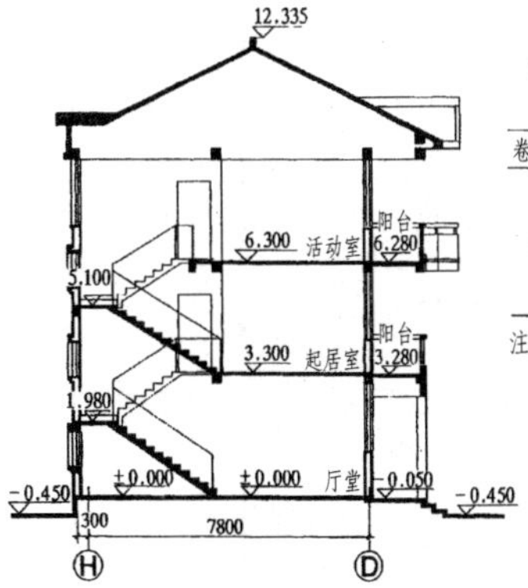

1-1剖面

门窗表

类别	门窗编号	洞口尺寸	数量	位置	类别	门窗编号	洞口尺寸	数量	位置
门	M1	2460×2700	3	主入口等	窗	C1	1860×2400	2	天井
	M2	1560×2700	1	观景阳台		C2	1860×1800	1	楼梯间
	M3	900×2100	8	户内		C3	1800×1800	1	凸窗
	M4	800×2100	4	卫生间		C4	1800×1500	4	
卷帘门	JLM	3060×2700	1	车库		C5	1560×1800	2	厅堂等
门连窗	MC1	2460×3000	1	厨房		C6	1000×1800	1	厨房
	MC2	1860×2700	1	次入口		C7	1000×900	3	楼梯间
	MC3	1860×3000	1	天井		C8	900×1200	5	卫生间、车库上抵梁底
						C9	510×3000	2	卧室

注：1. 本门、窗表仅提供洞口尺寸及数量。门的形式由村委会统一确定，做法参照当地相关图集。

2. 三层外墙窗按表中高度未及梁底时，根据现场尺寸适当加高至梁底。

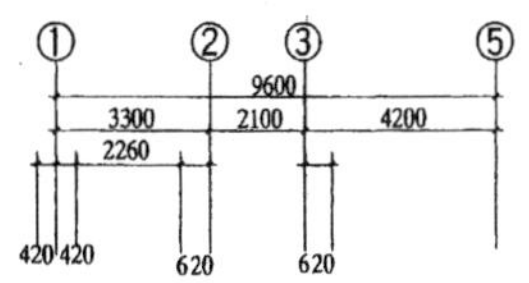

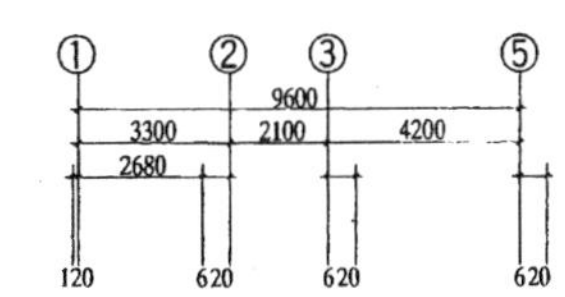

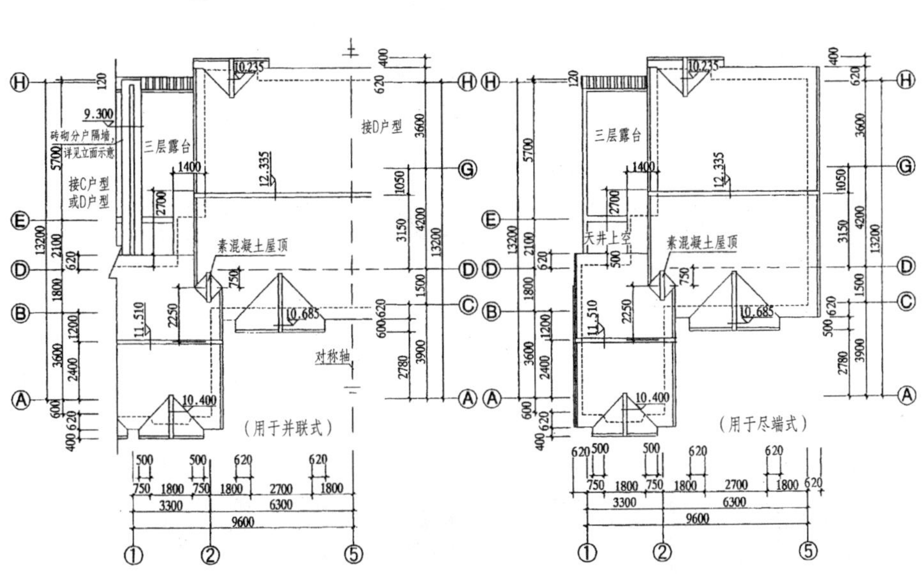

（用于并联式）　　（用于尽端式或独立式）

屋顶层平面

注：1. 图中虚线为外墙轮廓线示意。

2. 图中屋顶及檐口做法详见通用详图二、三中大样示意。

建3

屋顶层平面图、1－1剖面图及门窗表

M－D型

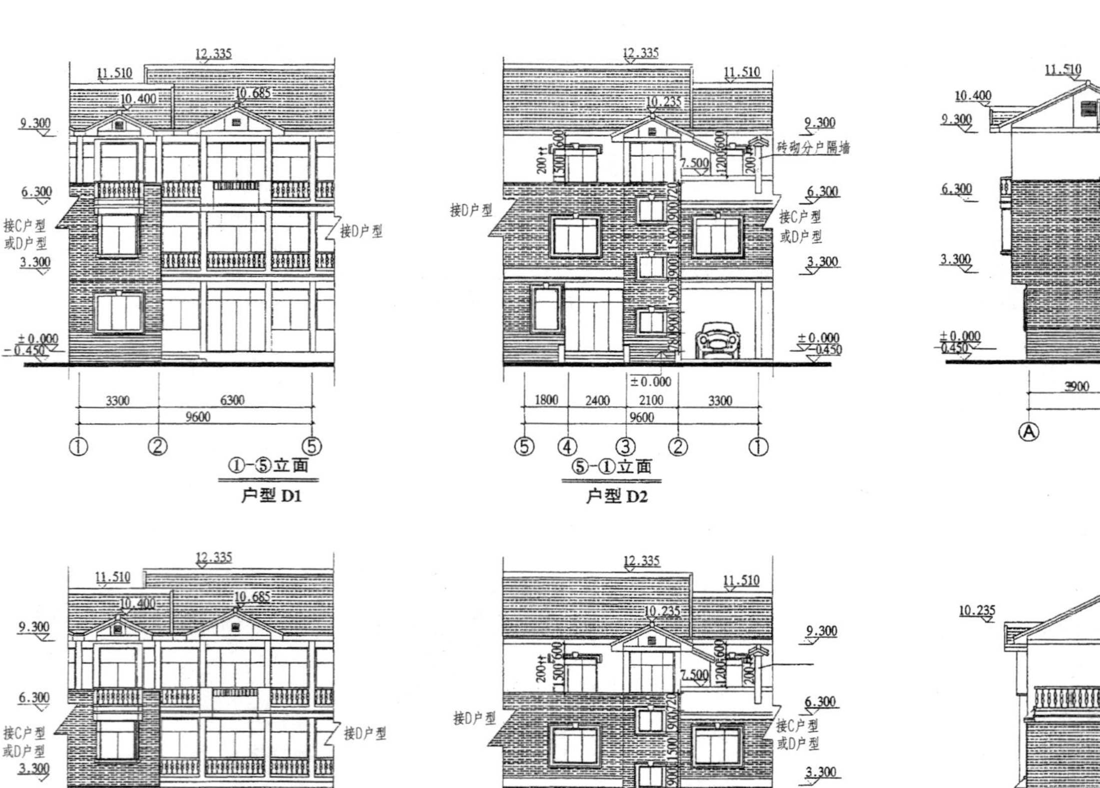

①-⑤立面
户型 D1

⑤-①立面
户型 D2

Ⓐ-Ⓗ立面
（用于尽端式）

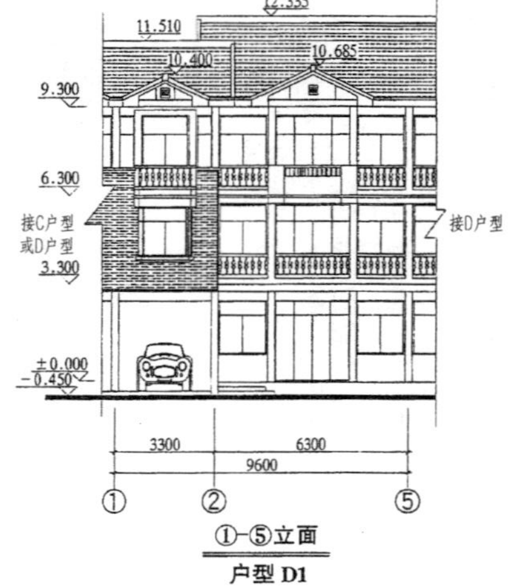

①-⑤立面
户型 D1

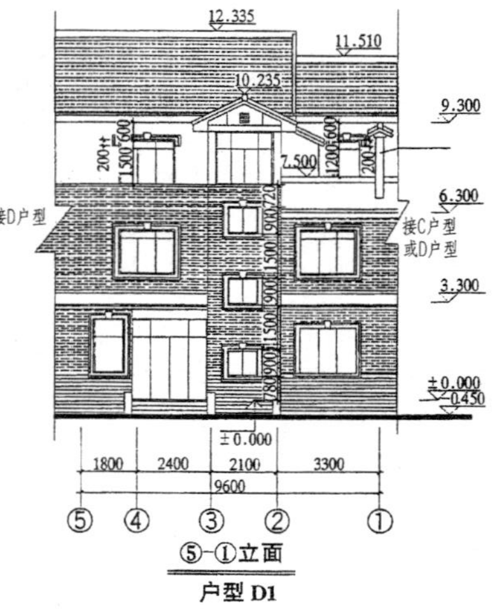

⑤-①立面
户型 D1

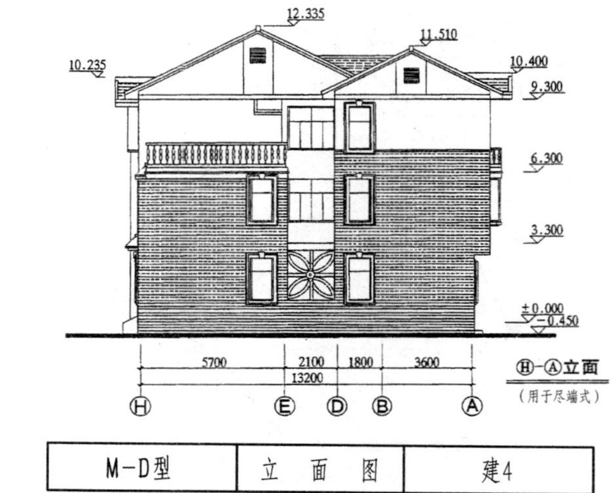

Ⓗ-Ⓐ立面
（用于尽端式）

M-D型	立　面　图	建4

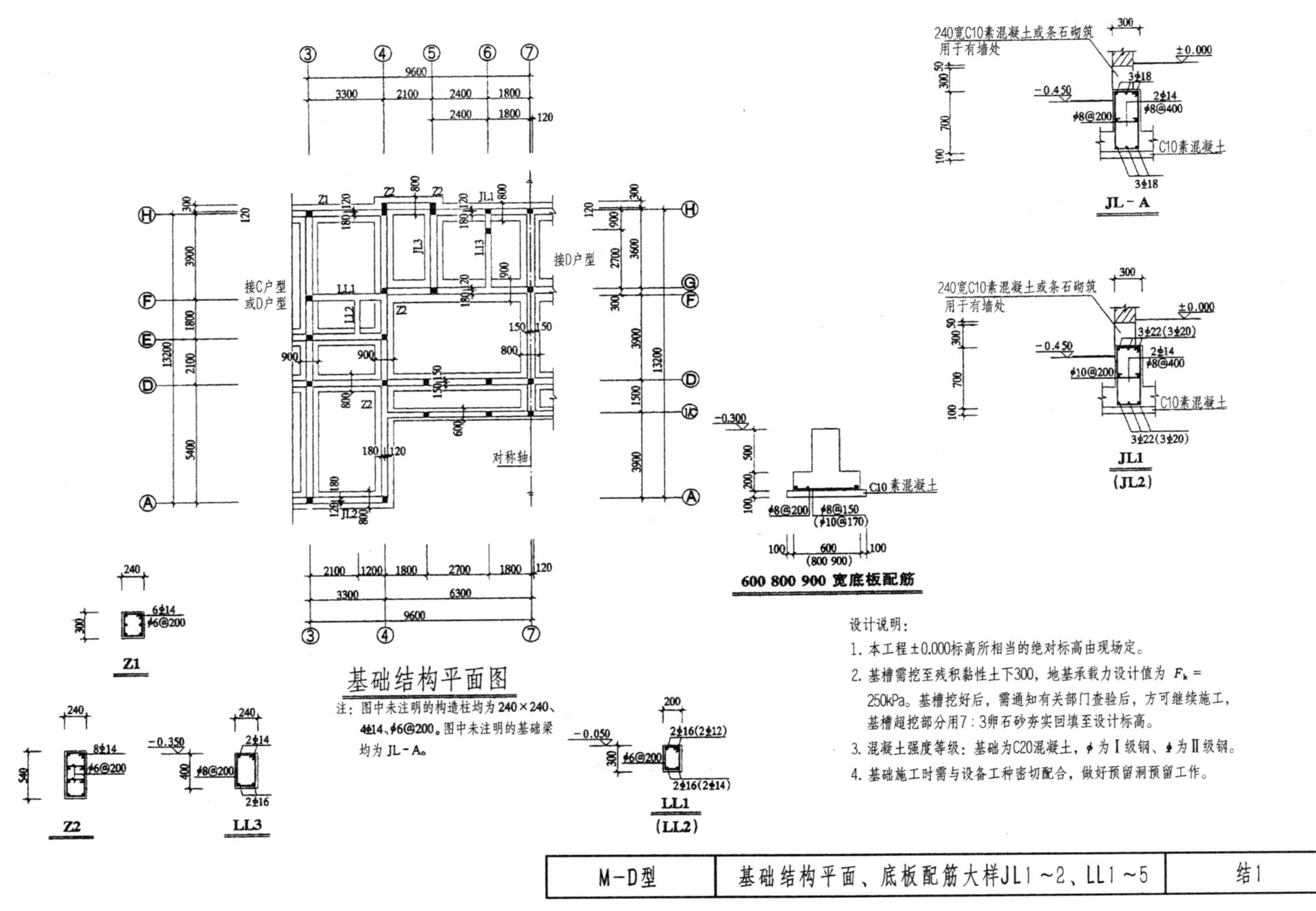

基础结构平面图

注：图中未注明的构造柱均为240×240、4⌀14、⌀6@200。图中未注明的基础梁均为JL-A。

设计说明：

1. 本工程±0.000标高所相当的绝对标高由现场定。
2. 基槽需挖至残积黏性土下300，地基承载力设计值为 F_k = 250kPa。基槽挖好后，需通知有关部门查验后，方可继续施工，基槽超挖部分用7：3卵石砂夯实回填至设计标高。
3. 混凝土强度等级：基础为C20混凝土，⌀为Ⅰ级钢、⌀为Ⅱ级钢。
4. 基础施工时需与设备工种密切配合，做好预留洞预留工作。

M-D型	基础结构平面、底板配筋大样JL1～2、LL1～5	结1

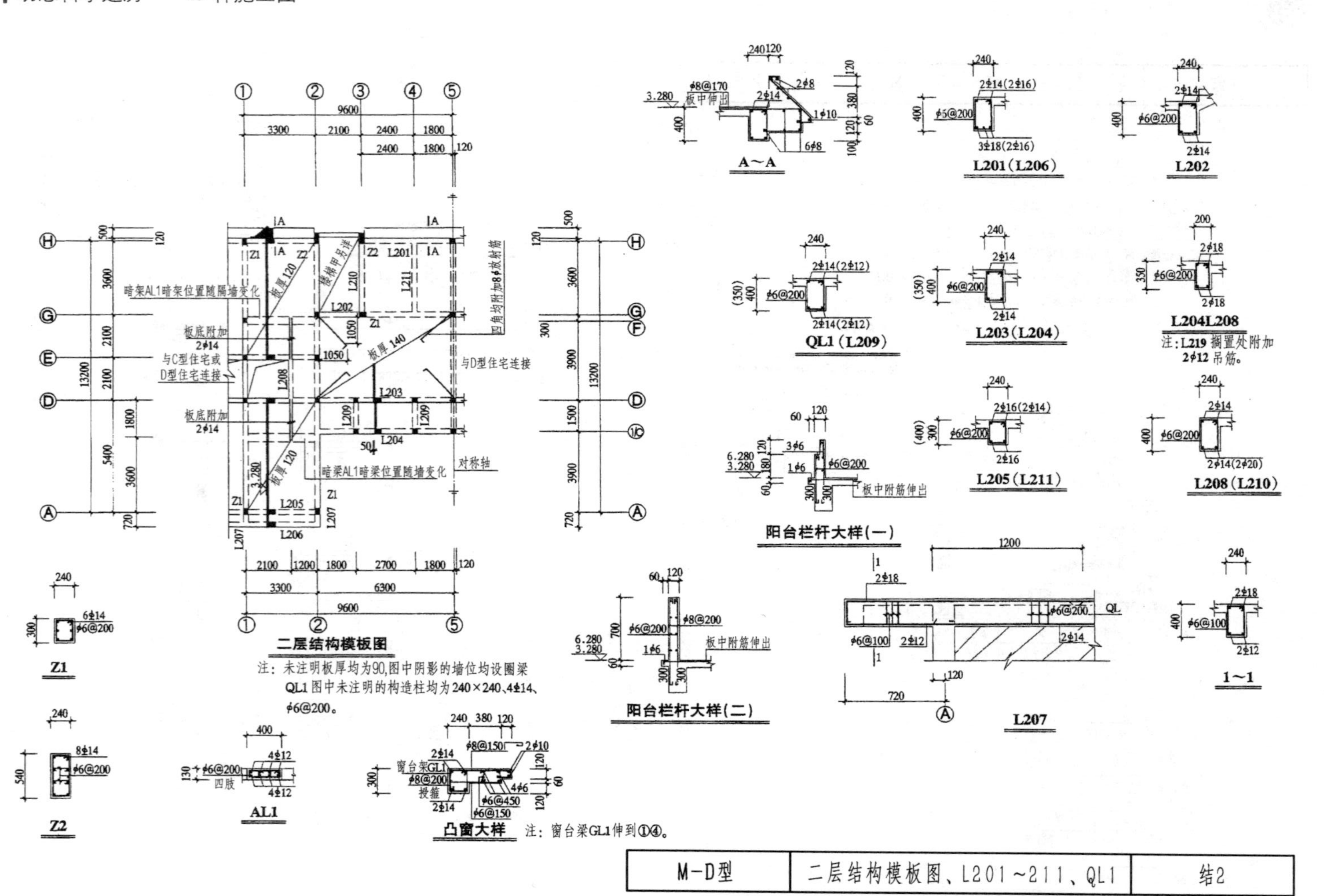
A～A
L201（L206）
L202
QL1（L209）
L203（L204）
L204L208
注：L219 搁置处附加 2ϕ12 吊筋。
L205（L211）
L208（L210）
阳台栏杆大样(一)
阳台栏杆大样(二)
L207
1～1
二层结构模板图
注：未注明板厚均为90,图中阴影的墙位均设圈梁QL1 图中未注明的构造柱均为240×240、4ϕ14、ϕ6@200。
Z1
Z2
AL1
凸窗大样
注：窗台梁GL1伸到①④。
M-D型
二层结构模板图、L201～211、QL1
结2

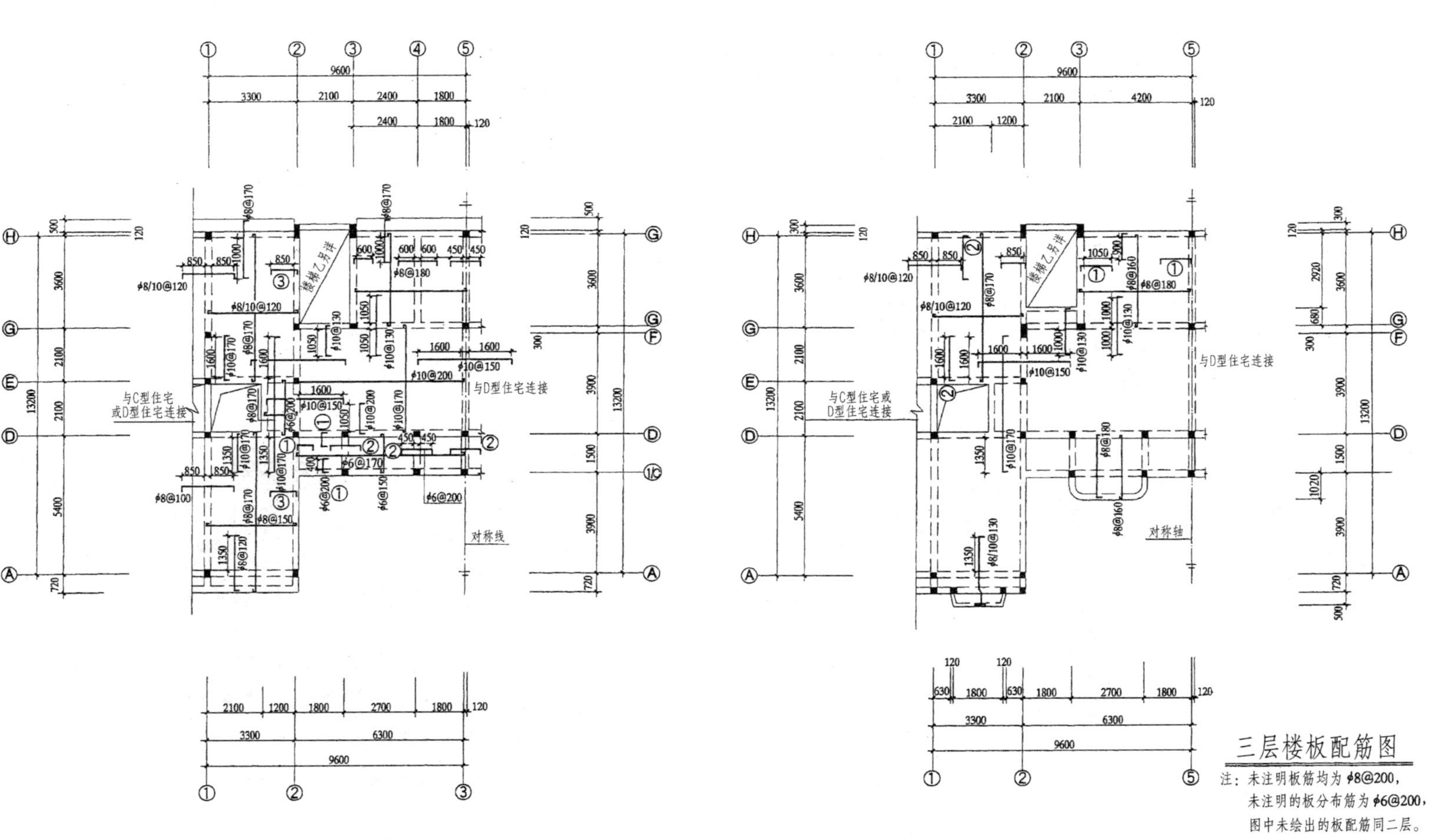

二层楼板配筋图

注：未注明板筋均为 ϕ8@200，
未注明的板分布筋均为ϕ6@200。

三层楼板配筋图

注：未注明板筋均为 ϕ8@200，
未注明的板分布筋为 ϕ6@200，
图中未绘出的板配筋同二层。

M-D型	二层楼板配筋、三层楼板配筋图	结3

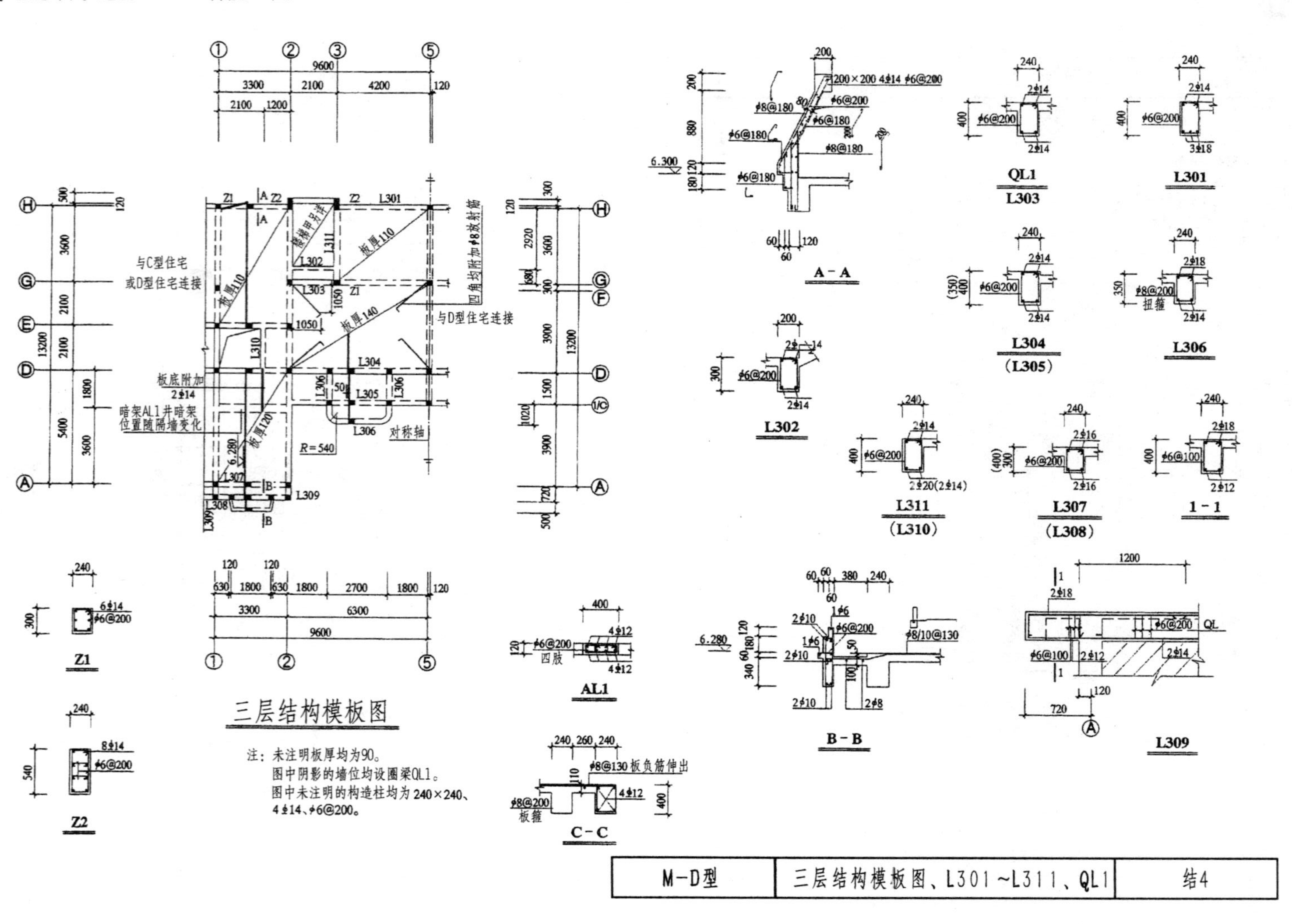

三层结构模板图
注：未注明板厚均为90。
图中阴影的墙位均设圈梁QL1。
图中未注明的构造柱均为240×240、4Φ14、Φ6@200。
与C型住宅
或D型住宅连接
与D型住宅连接
板底附加
2Φ14
暗架AL1并暗架
位置随隔墙变化
四角均附加Φ8放射筋
板厚110
板厚140
板厚120
对称轴
R=540
Z1
Z2
AL1
A－A
B－B
C－C
QL1
L301
L302
L303
L304
(L305)
L306
L307
(L308)
L309
L311
(L310)
1－1
Φ8@130 板负筋伸出
板箍
四肢
扭箍
M－D型
三层结构模板图、L301～L311、QL1
结4

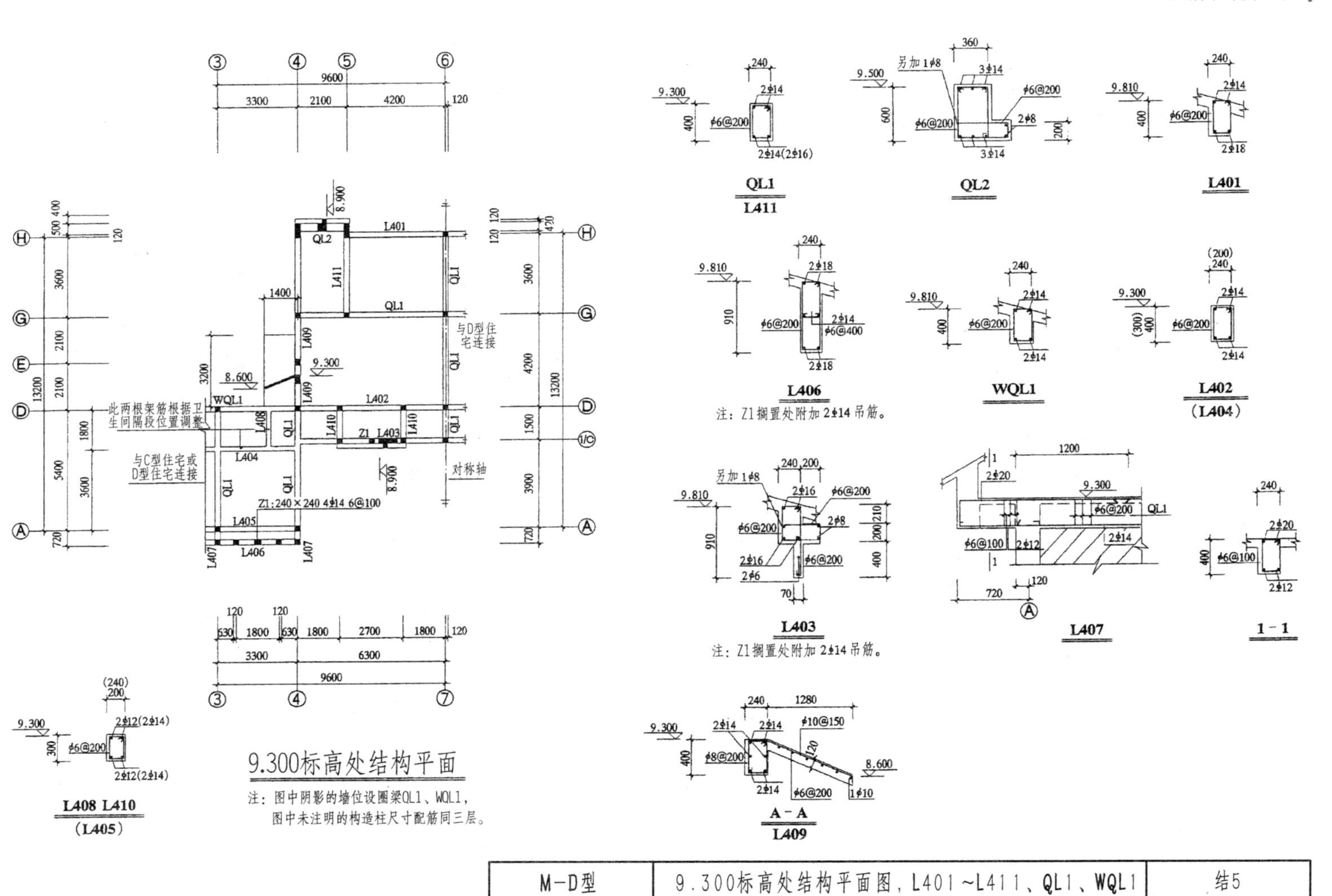

9.300标高处结构平面

注：图中阴影的墙位设圈梁QL1、WQL1，图中未注明的构造柱尺寸配筋同三层。

M-D型	9.300标高处结构平面图，L401~L411、QL1、WQL1	结5

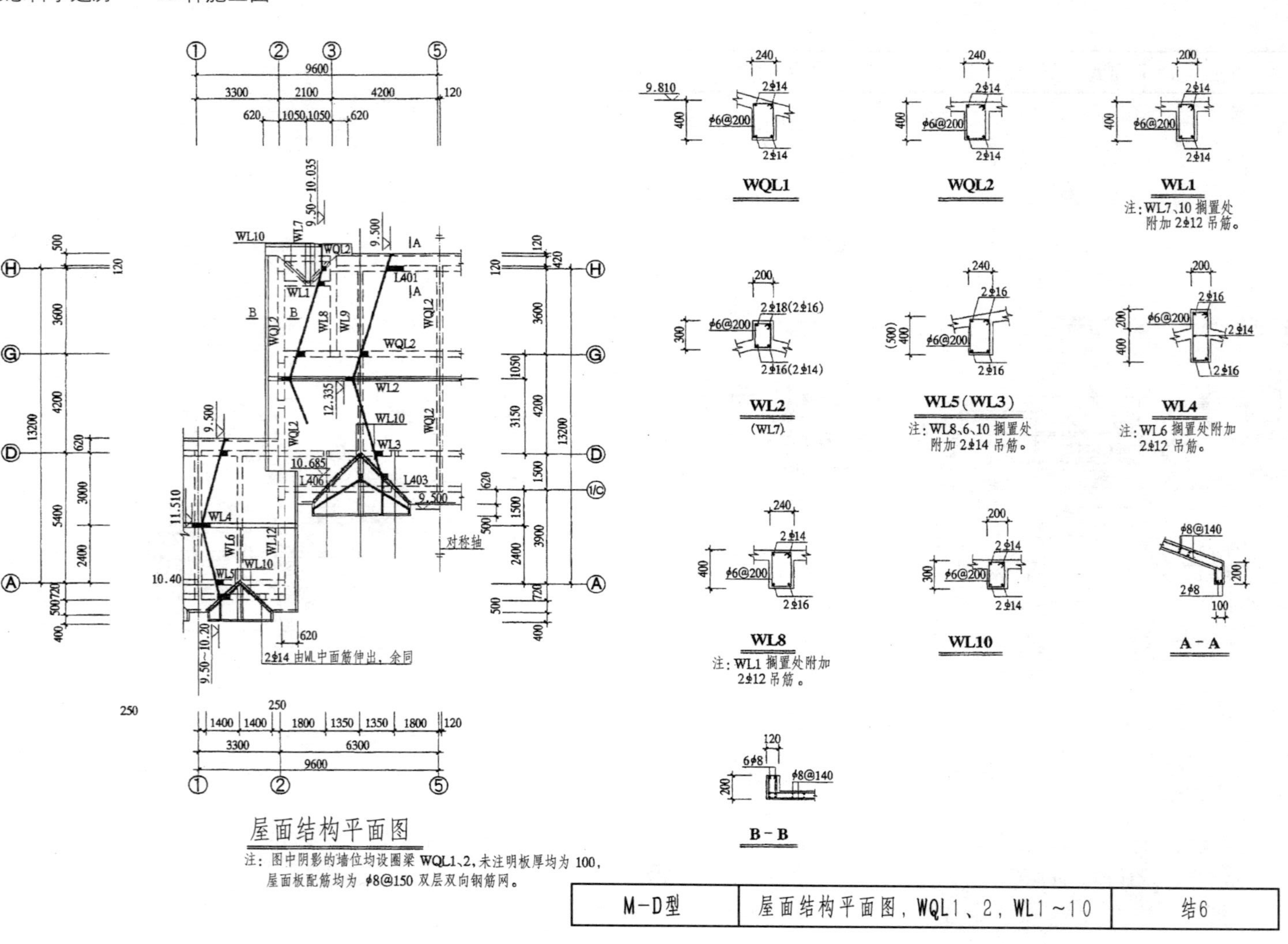
屋面结构平面图
注：图中阴影的墙位均设圈梁 WQL1、2，未注明板厚均为 100，
屋面板配筋均为 ϕ8@150 双层双向钢筋网。
2ϕ14 由WL中面筋伸出，余同
对称轴
WQL1
WQL2
WL1
注：WL7、10 搁置处附加 2ϕ12 吊筋。
WL2
(WL7)
WL5（WL3）
注：WL8、6、10 搁置处附加 2ϕ14 吊筋。
WL4
注：WL6 搁置处附加 2ϕ12 吊筋。
WL8
注：WL1 搁置处附加 2ϕ12 吊筋。
WL10
A－A
B－B
M－D型
屋面结构平面图，WQL1、2，WL1～10
结6

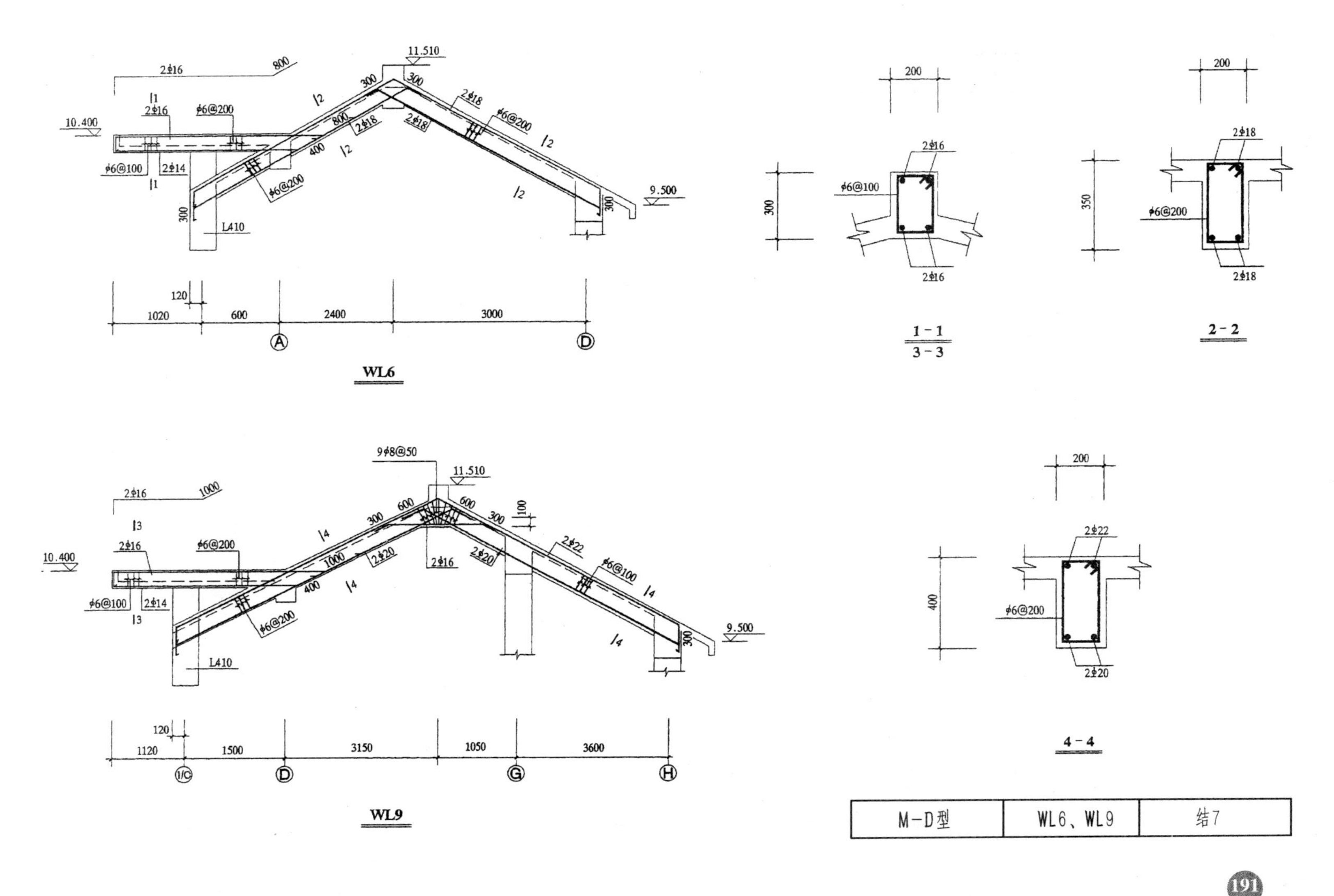

M-D型	WL6、WL9	结7

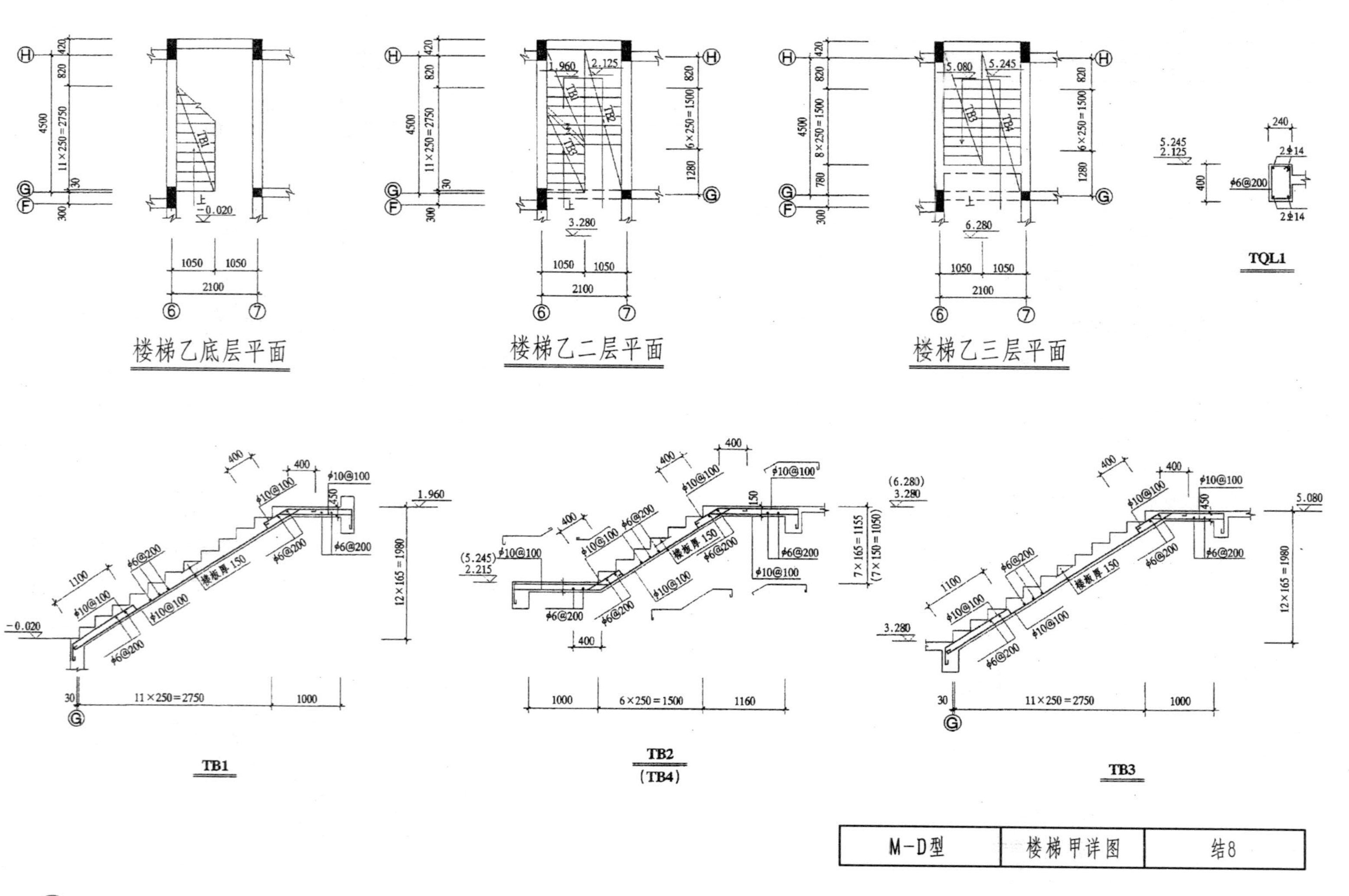

楼梯乙底层平面
楼梯乙二层平面
楼梯乙三层平面
TQL1
TB1
TB2
(TB4)
TB3
4500
11×250=2750
8×250=1500
6×250=1500
12×165=1980
7×165=1155
(7×150=1050)
1050
2100
−0.020
1.960
2.125
3.280
5.080
5.245
6.280
φ10@100
φ6@200
2⌀14
楼板厚 150

M-D型	楼梯甲详图	结8

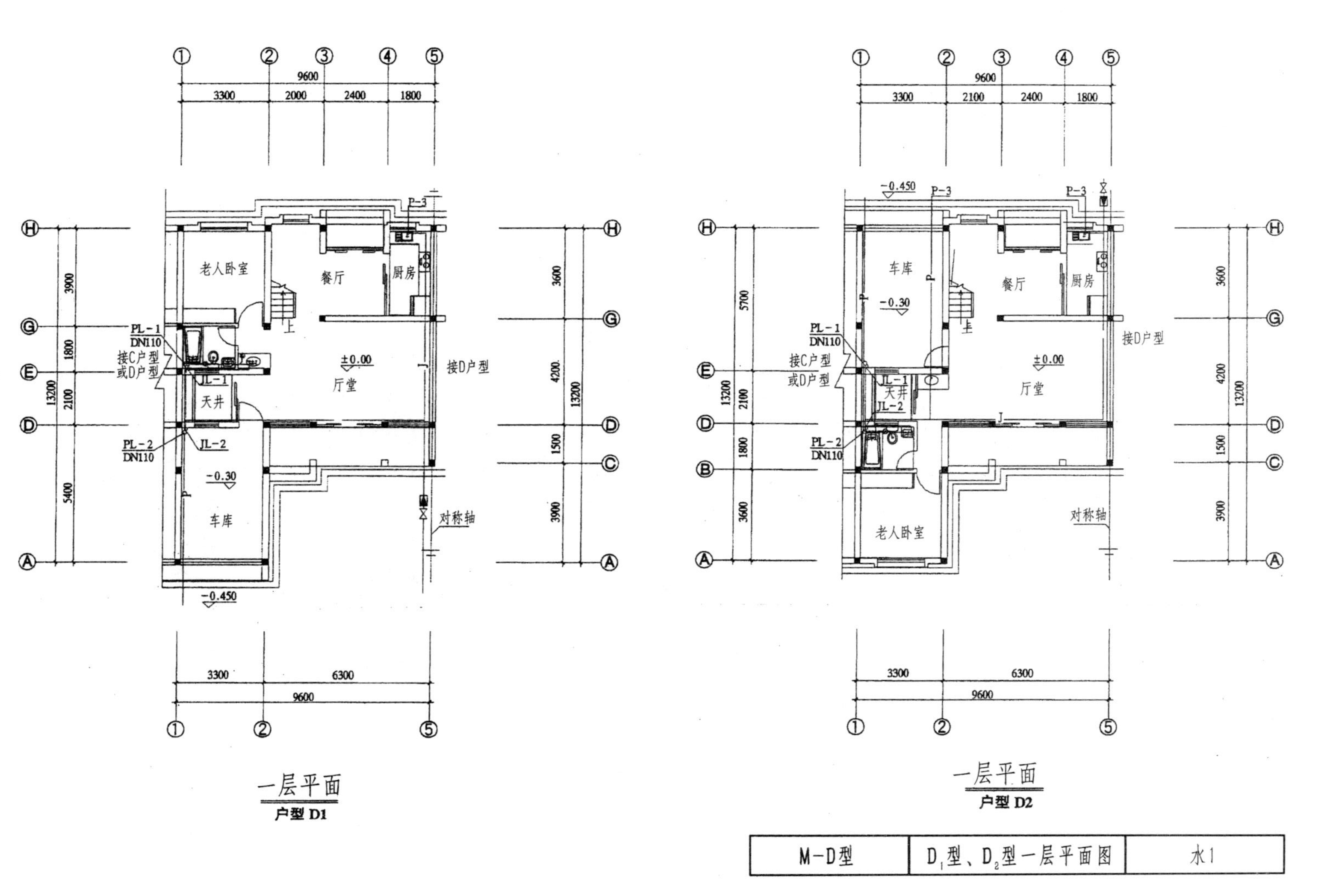

一层平面
户型 D1

一层平面
户型 D2

M-D型	D_1型、D_2型一层平面图	水1

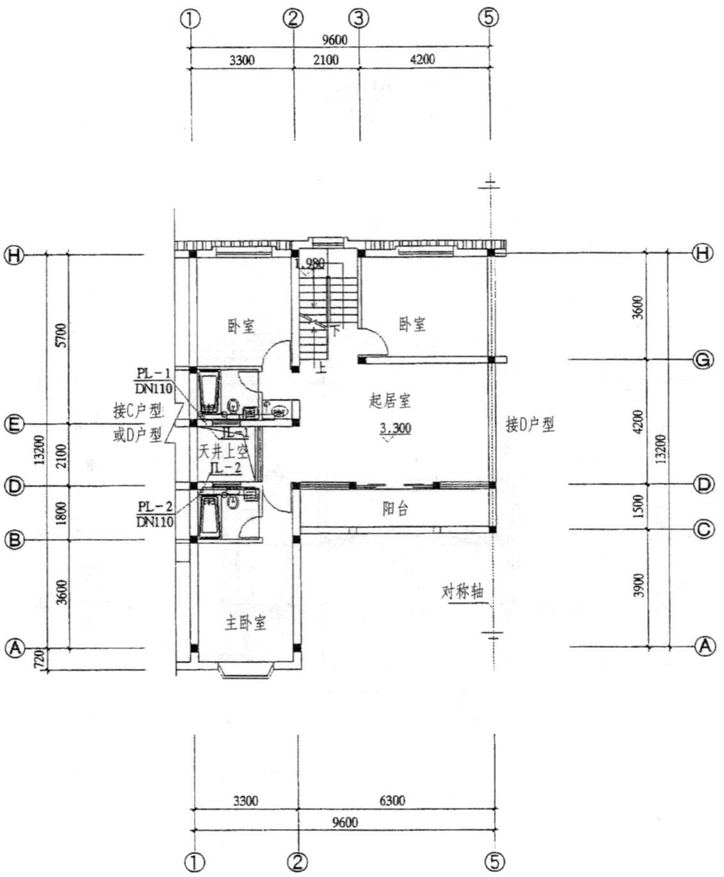

二层平面

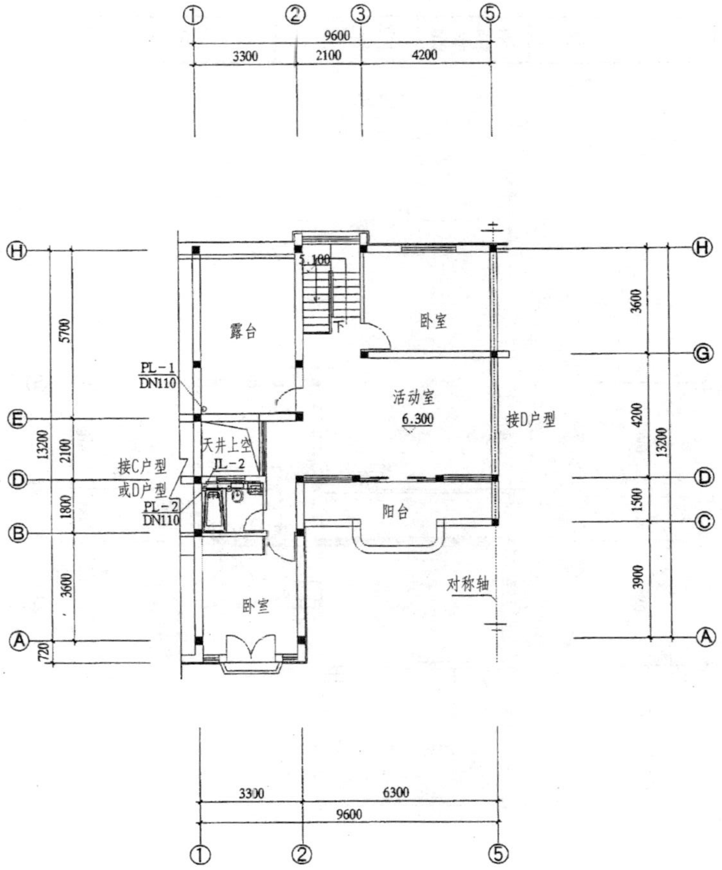

三层平面

M-D型	二层平面、三层平面图	水2

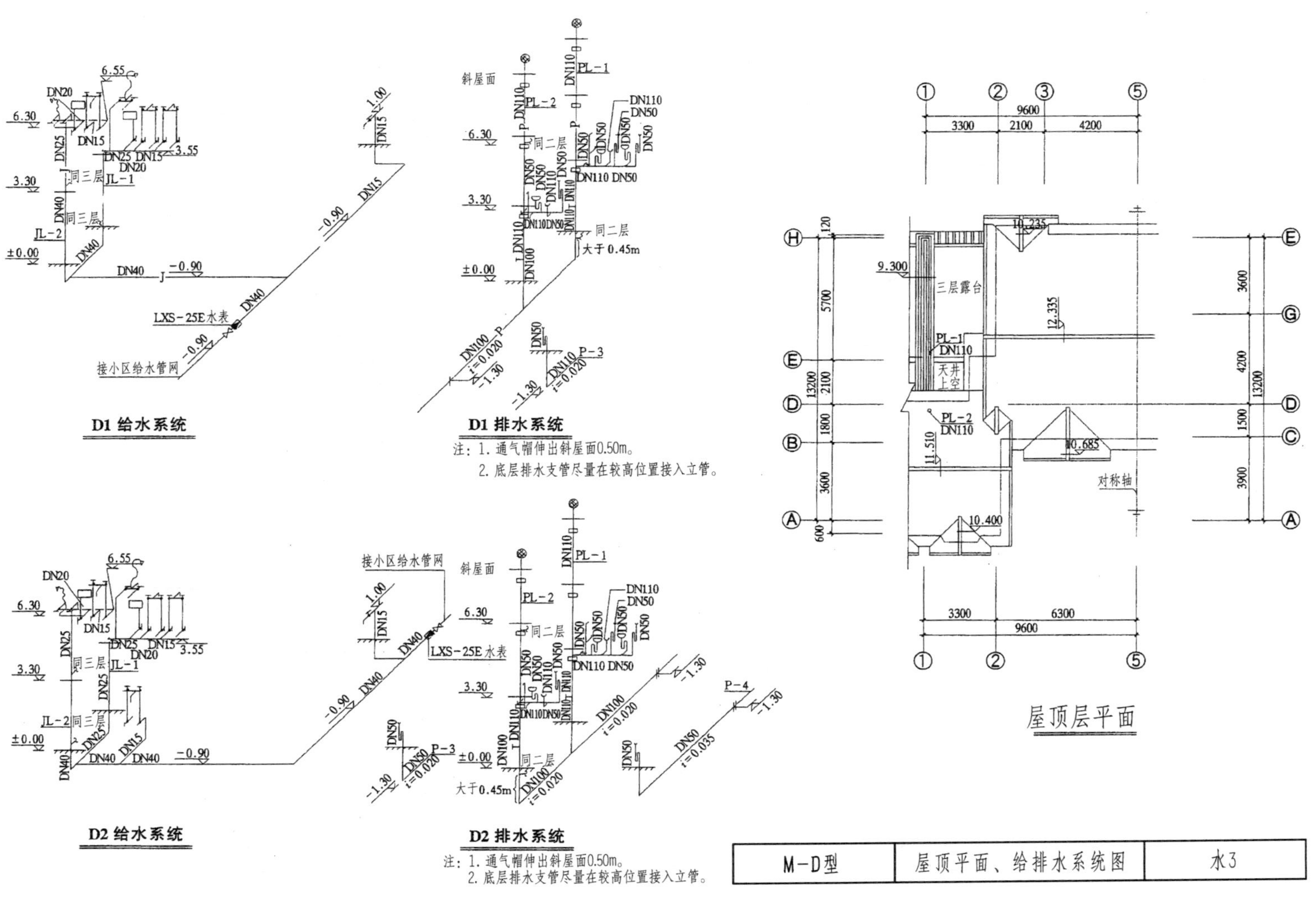

M-D型	屋顶平面、给排水系统图	水3

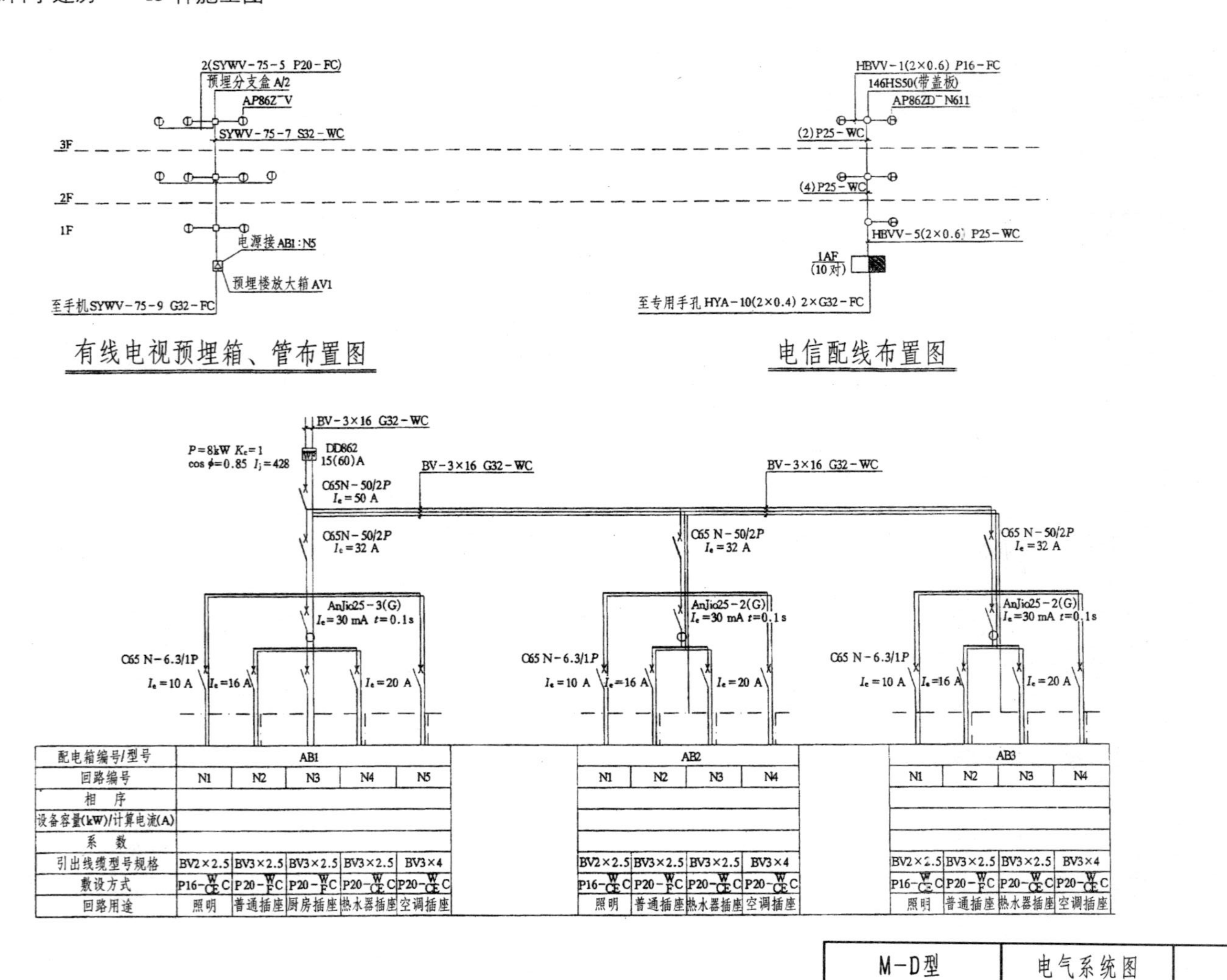

配电箱编号/型号	AB1					AB2				AB3			
回路编号	N1	N2	N3	N4	N5	N1	N2	N3	N4	N1	N2	N3	N4
相　序													
设备容量(kW)/计算电流(A)													
系　数													
引出线缆型号规格	BV2×2.5	BV3×2.5	BV3×2.5	BV3×2.5	BV3×4	BV2×2.5	BV3×2.5	BV3×2.5	BV3×4	BV2×2.5	BV3×2.5	BV3×2.5	BV3×4
敷设方式	P16-$\frac{W}{CE}$C	P20-$\frac{W}{F}$C	P20-$\frac{W}{F}$C	P20-$\frac{W}{CE}$C	P20-$\frac{W}{CE}$C	P16-$\frac{W}{CE}$C	P20-$\frac{W}{F}$C	P20-$\frac{W}{CE}$C	P20-$\frac{W}{CE}$C	P16-$\frac{W}{CE}$C	P20-$\frac{W}{F}$C	P20-$\frac{W}{CE}$C	P20-$\frac{W}{CE}$C
回路用途	照明	普通插座	厨房插座	热水器插座	空调插座	照明	普通插座	热水器插座	空调插座	照明	普通插座	热水器插座	空调插座

M-D型	电气系统图	电1

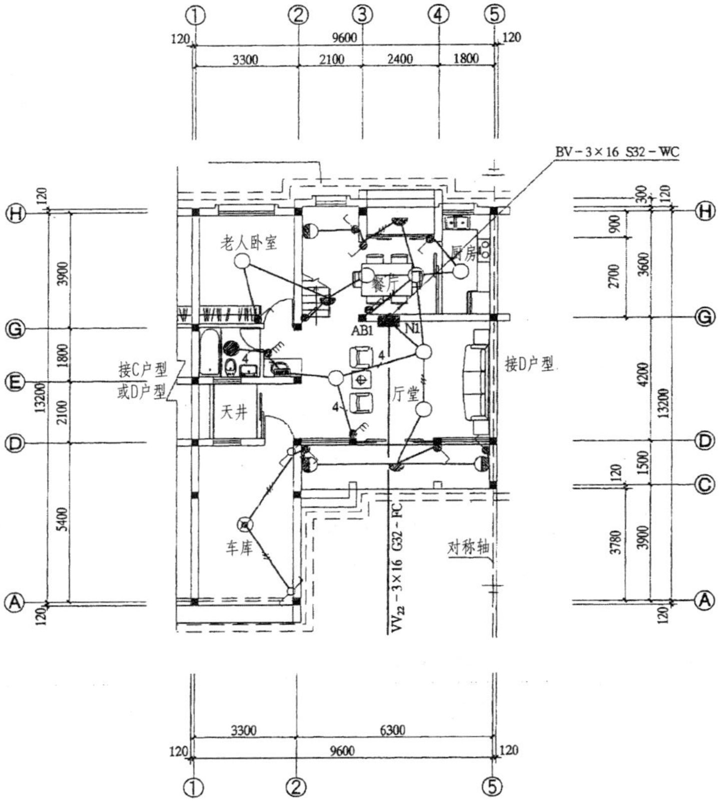

一层照明平面

户型 D1

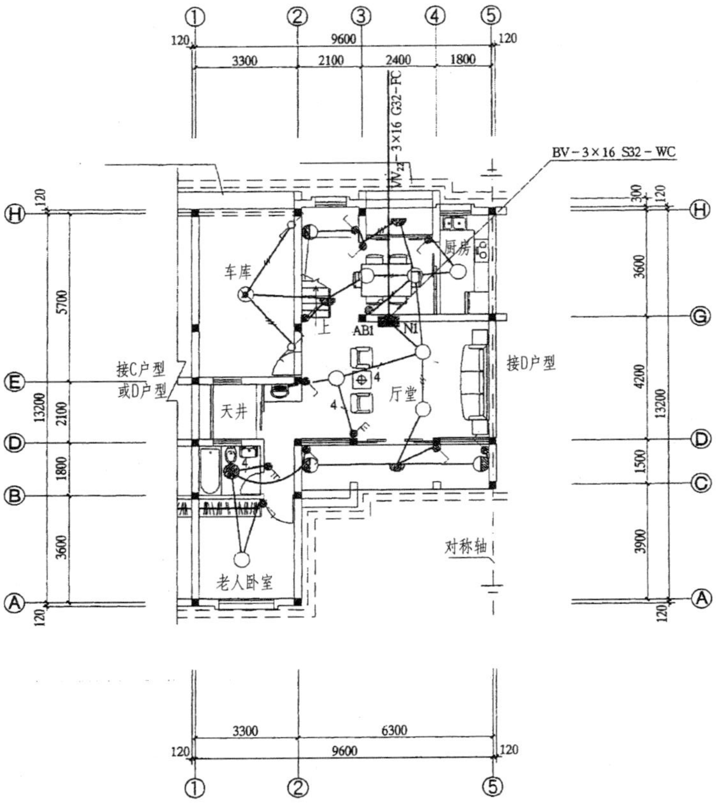

二层照明平面

户型 D2

M-D型	D_1型、D_2型一层照明平面图	电2

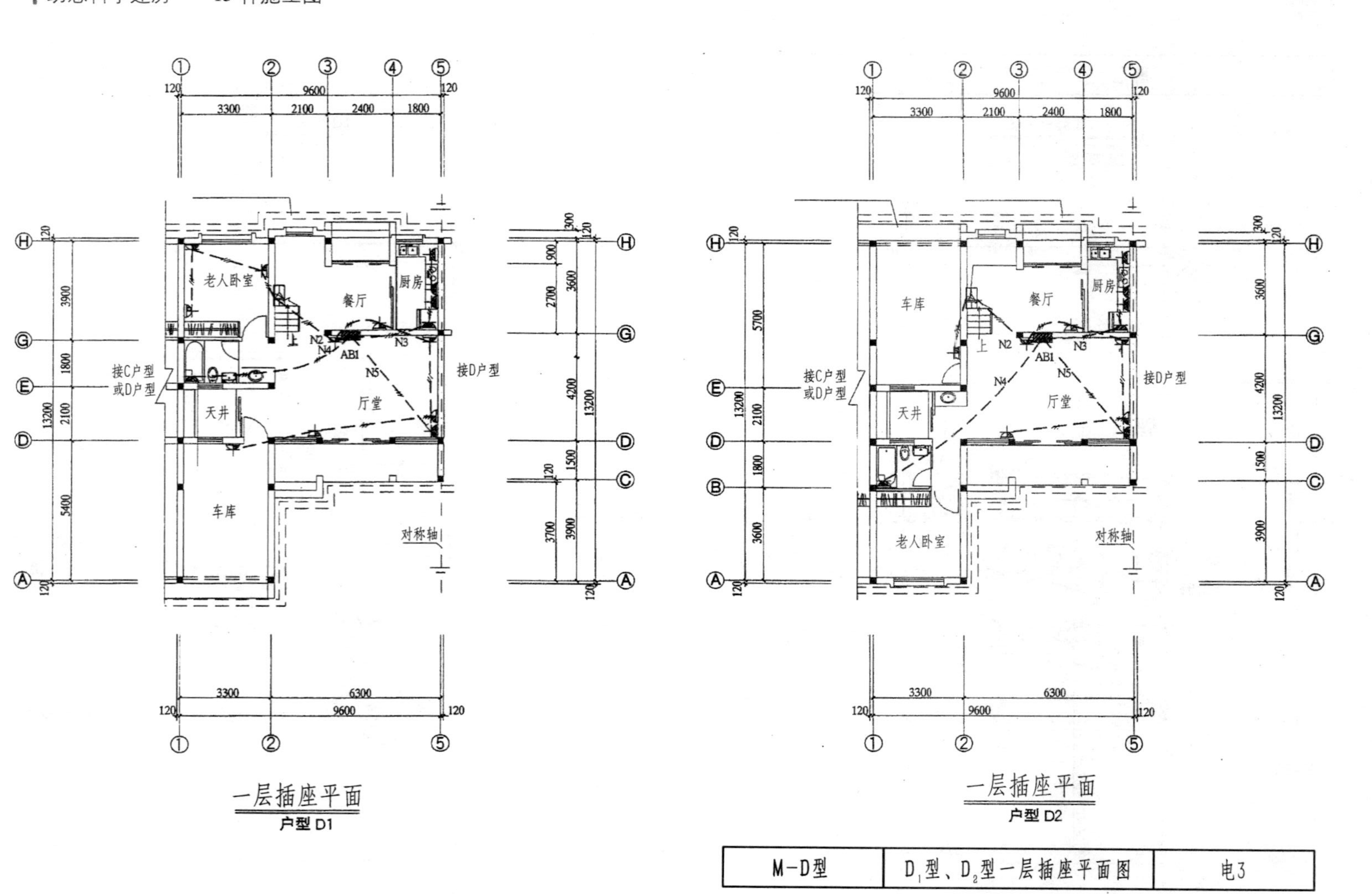

M-D型	D_1型、D_2型一层插座平面图	电3

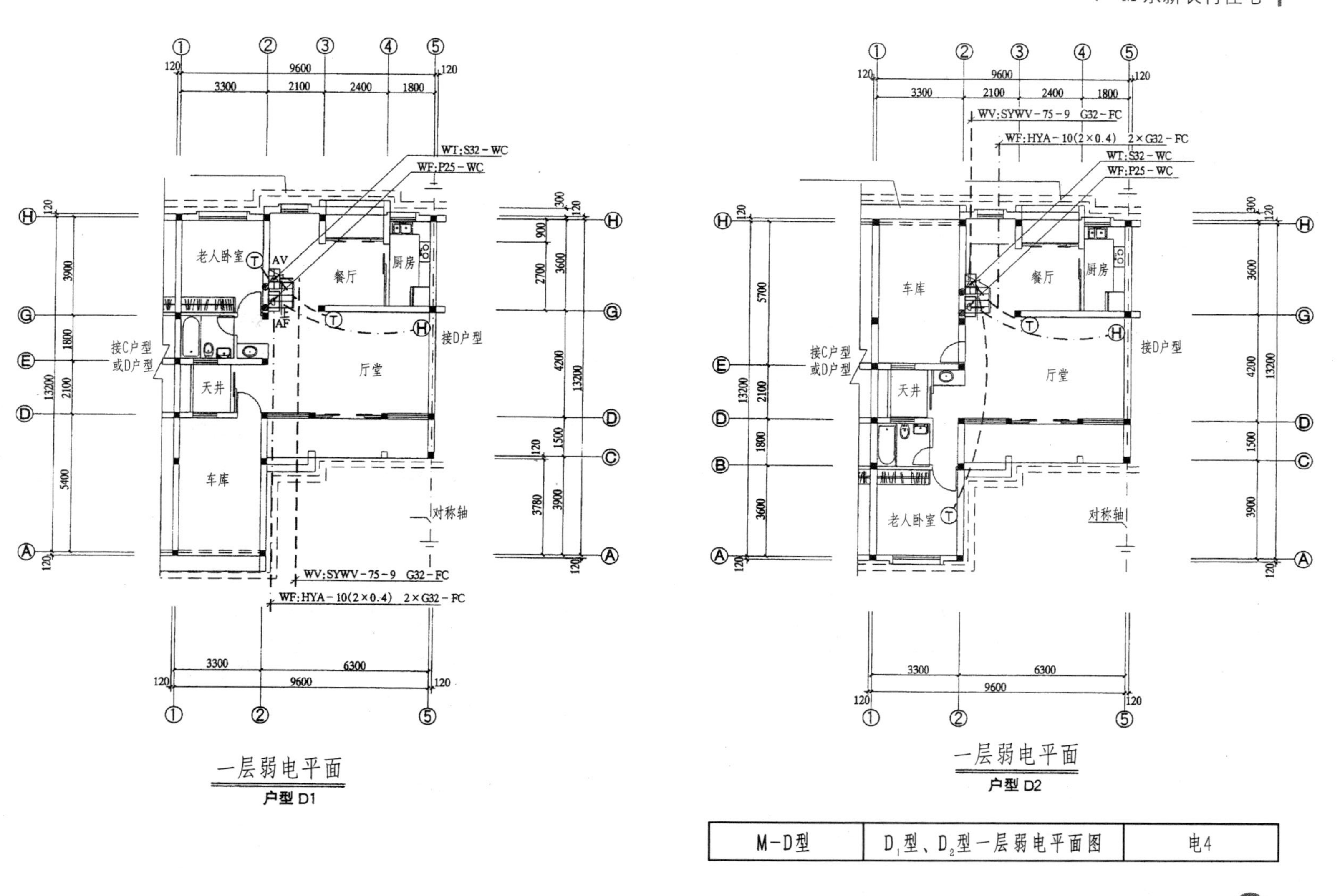

一层弱电平面

户型 D1

一层弱电平面

户型 D2

M-D型	D_1型、D_2型一层弱电平面图	电4

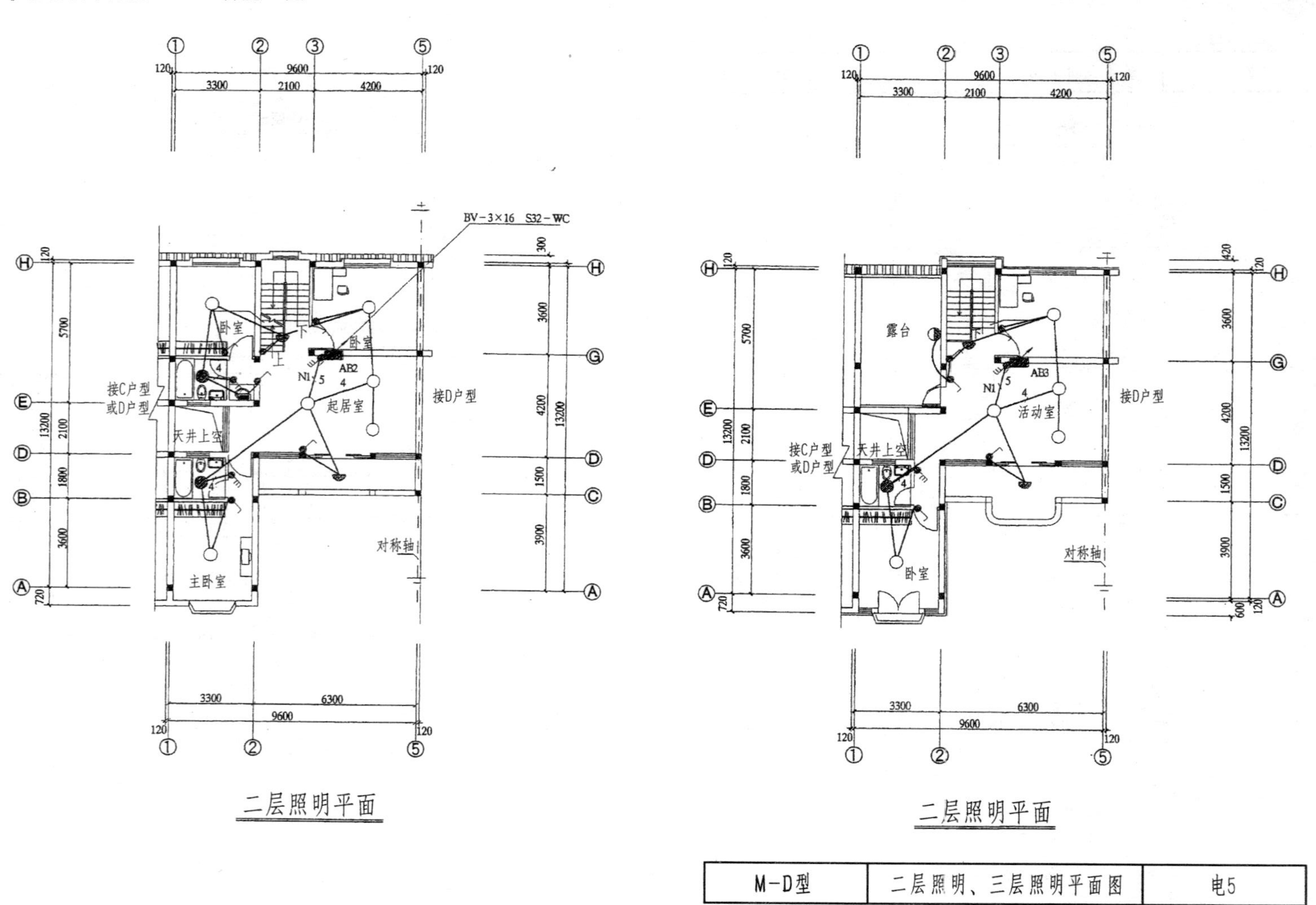

二层照明平面

二层照明平面

M-D型	二层照明、三层照明平面图	电5

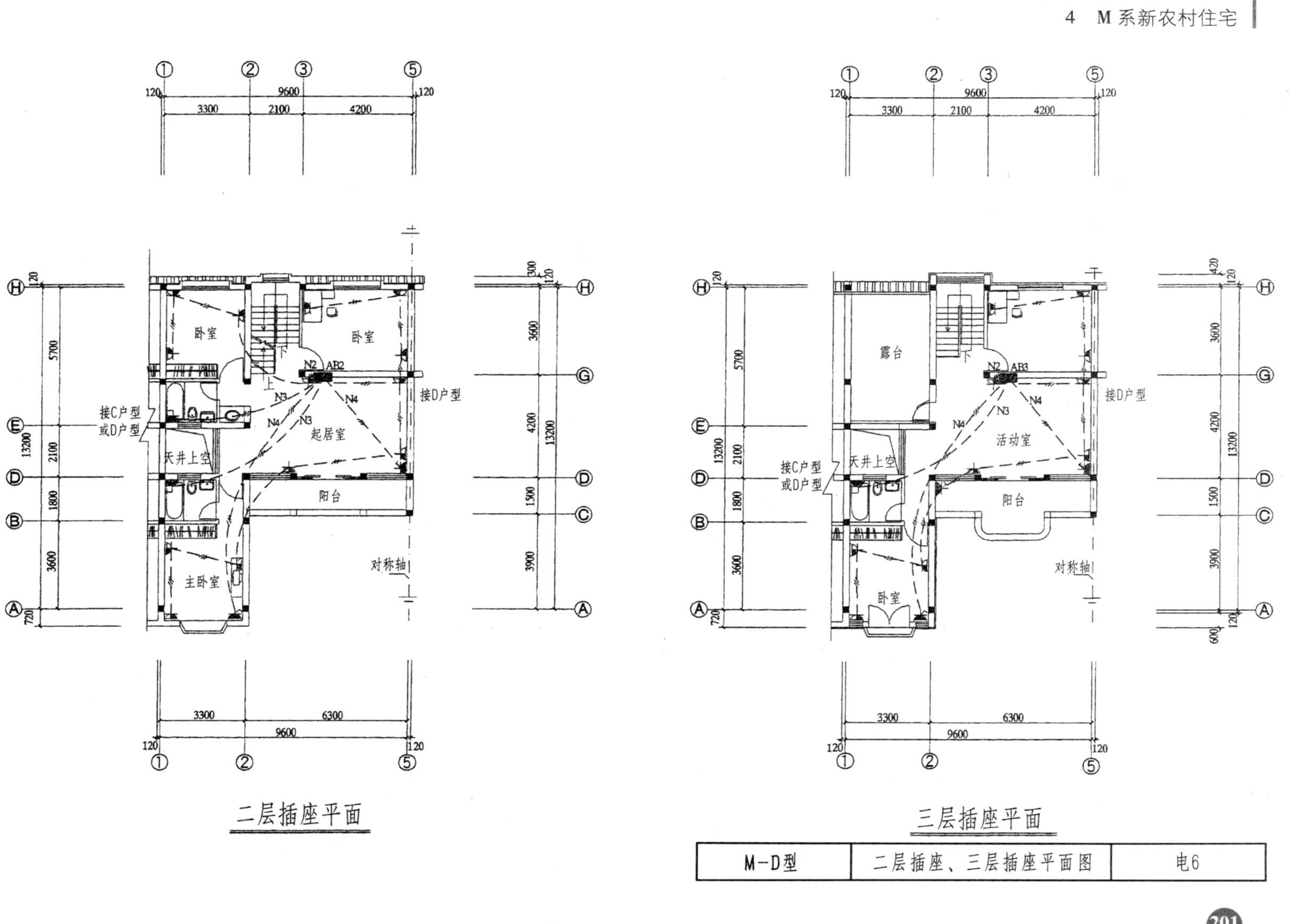

M-D型	二层插座、三层插座平面图	电6

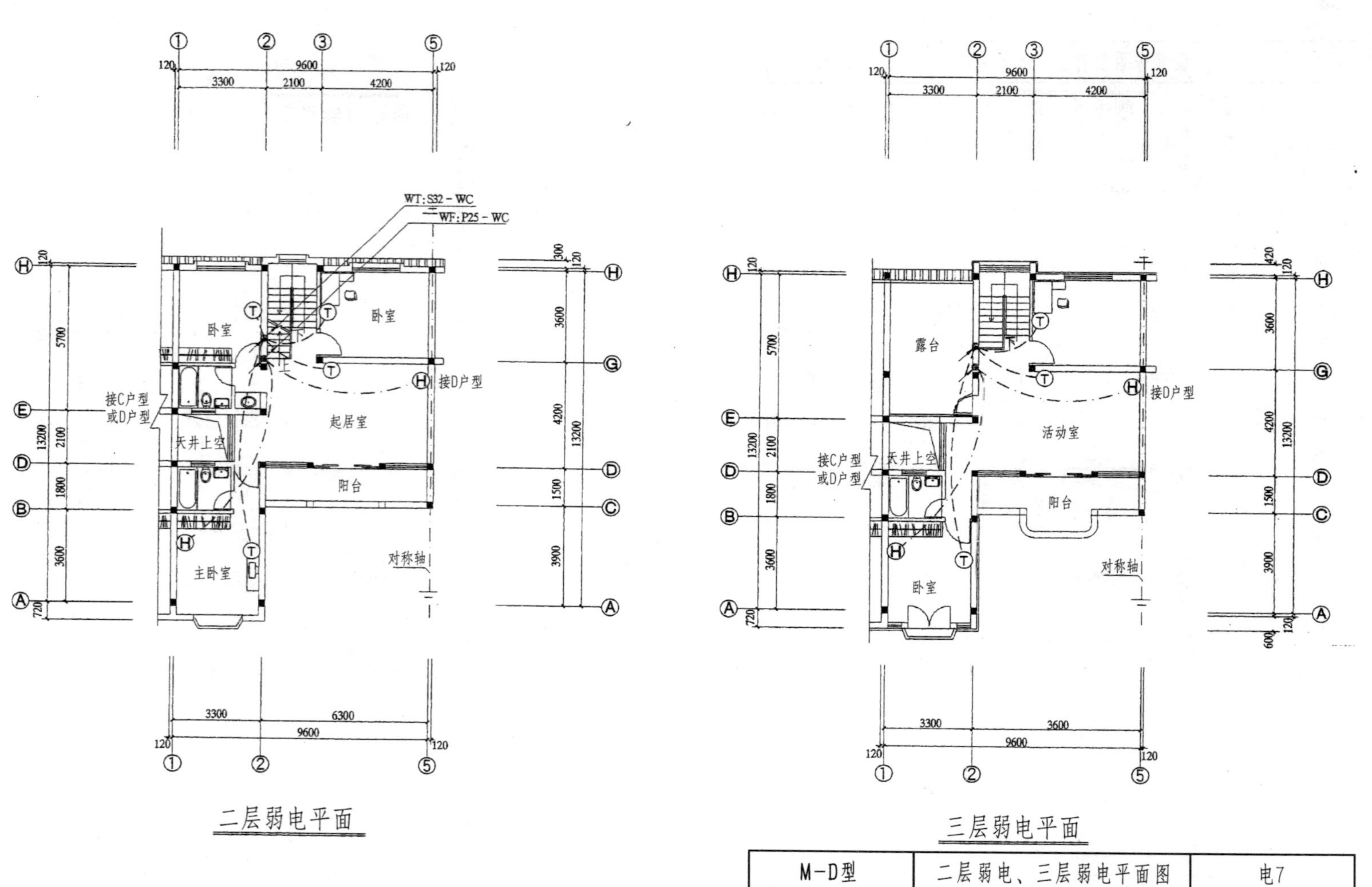

M-D型	二层弱电、三层弱电平面图	电7

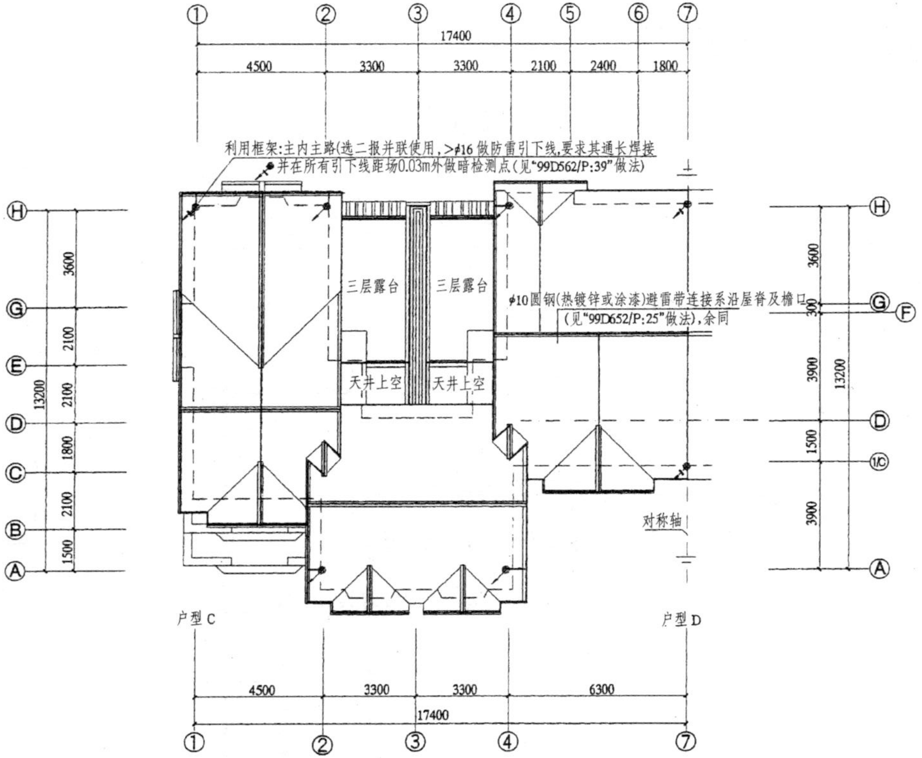

17400
4500
3300
3300
2100
2400
1800
利用框架:主内主路(选二报并联使用,>ϕ16 做防雷引下线,要求其通长焊接
并在所有引下线距场0.03m外做暗检测点(见"99D562/P:39"做法)
三层露台
三层露台
天井上空
天井上空
ϕ10圆钢(热镀锌或涂漆)避雷带连接系沿屋脊及檐口
(见"99D652/P:25"做法),余同
对称轴
13200
3600
2100
2100
1800
2100
1500
3600
300
3900
1500
3900
户型 C
户型 D
4500
3300
3300
6300
17400

屋面防雷平面图

注：凡高出屋面的金属(透气管等)均应用 ϕ10 圆钢连接条与就近避雷带相连接。

M-D型	C、D型拼联层面防雷平同图	电8

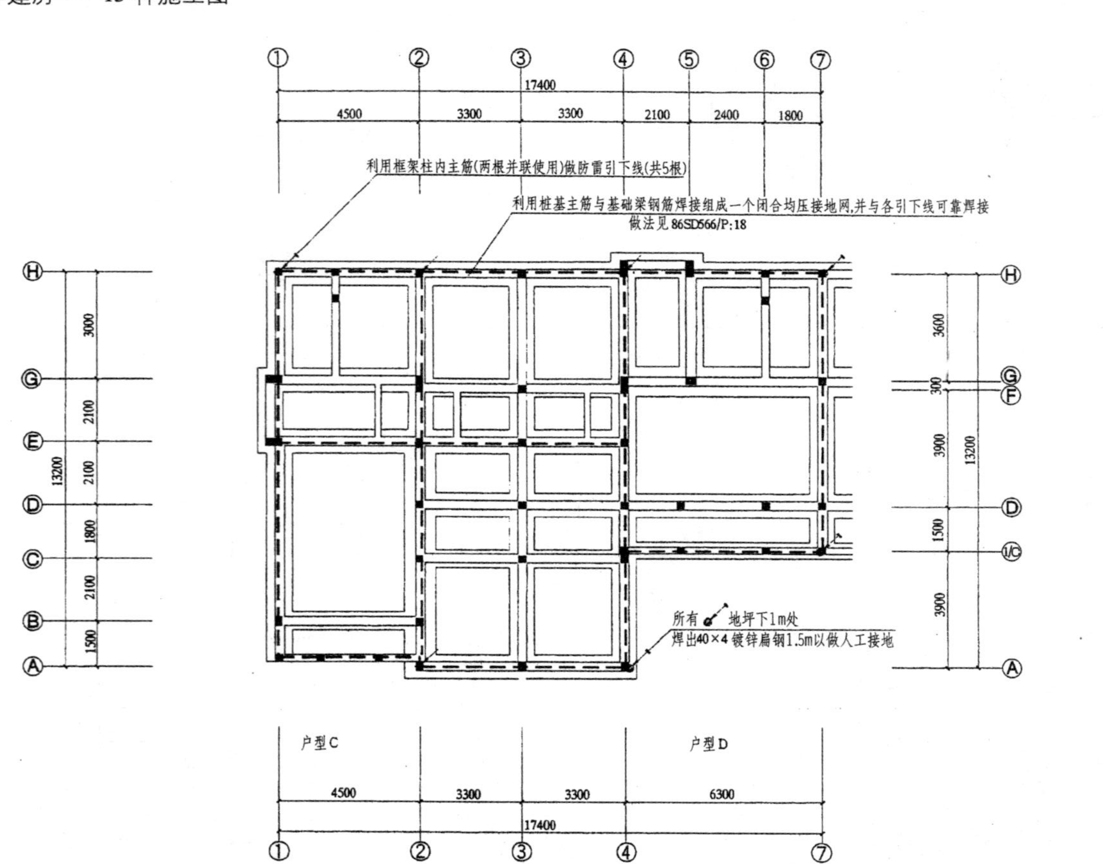

基础接地平面图

注：进户金属管道应与接地装置相连接以均衡电位。

M-D型	C、D型拼基础接地平面图	电9

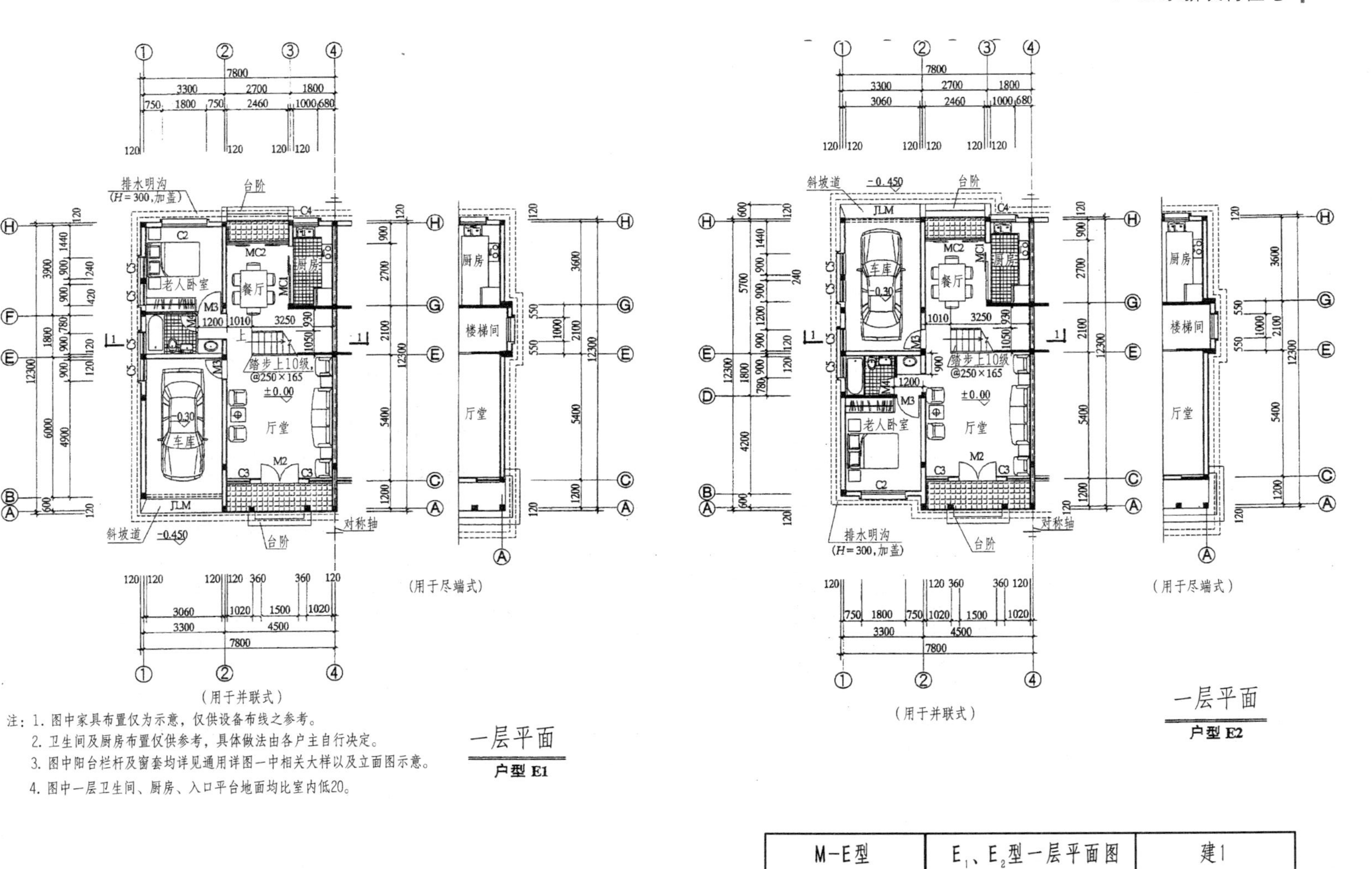

注：1. 图中家具布置仅为示意，仅供设备布线之参考。

2. 卫生间及厨房布置仅供参考，具体做法由各户主自行决定。

3. 图中阳台栏杆及窗套均详见通用详图一中相关大样以及立面图示意。

4. 图中一层卫生间、厨房、入口平台地面均比室内低20。

一层平面

户型 E1

一层平面

户型 E2

M-E型	E_1、E_2型一层平面图	建1

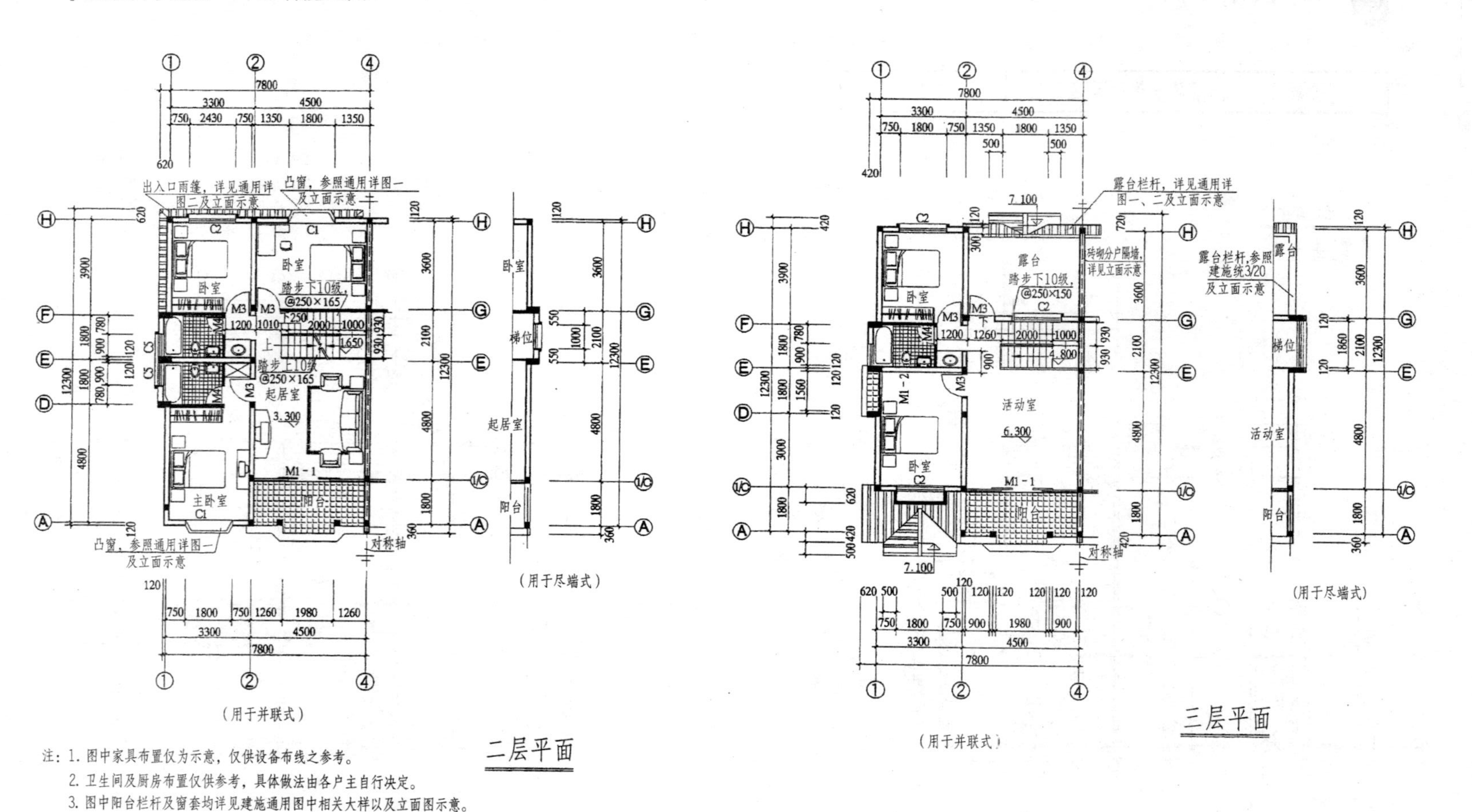

注：1. 图中家具布置仅为示意，仅供设备布线之参考。
2. 卫生间及厨房布置仅供参考，具体做法由各户主自行决定。
3. 图中阳台栏杆及窗套均详见建施通用图中相关大样以及立面图示意。
4. 图中阳台地面均比室内低20。

M-E型	E_1、E_2型二层平面、三层平面图	建2

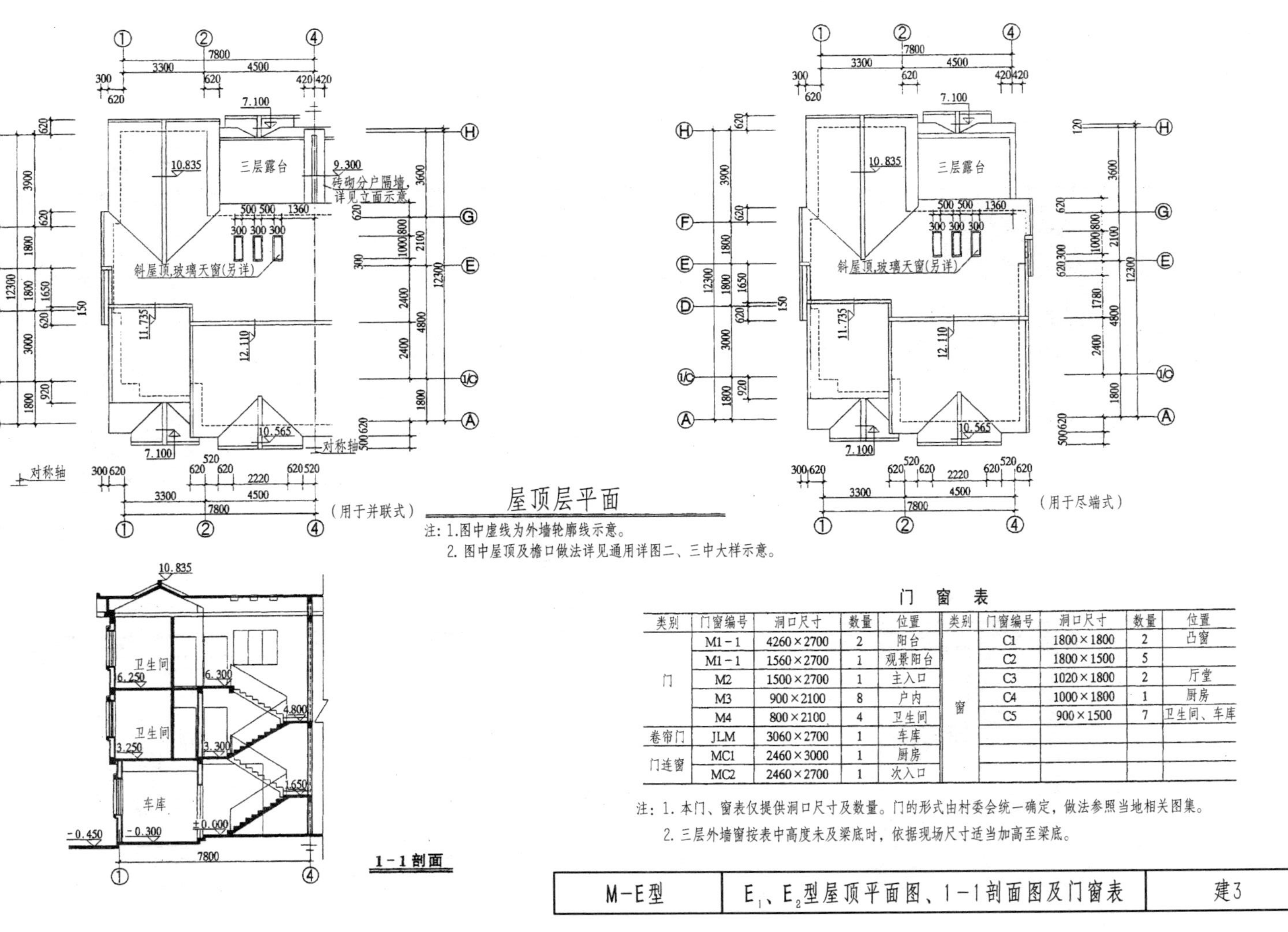

屋顶层平面

注：1.图中虚线为外墙轮廓线示意。

2. 图中屋顶及檐口做法详见通用详图二、三中大样示意。

1-1剖面

门 窗 表

类别	门窗编号	洞口尺寸	数量	位置	类别	门窗编号	洞口尺寸	数量	位置
门	M1-1	4260×2700	2	阳台	窗	C1	1800×1800	2	凸窗
	M1-1	1560×2700	1	观景阳台		C2	1800×1500	5	
	M2	1500×2700	1	主入口		C3	1020×1800	2	厅堂
	M3	900×2100	8	户内		C4	1000×1800	1	厨房
	M4	800×2100	4	卫生间		C5	900×1500	7	卫生间、车库
卷帘门	JLM	3060×2700	1	车库					
门连窗	MC1	2460×3000	1	厨房					
	MC2	2460×2700	1	次入口					

注：1. 本门、窗表仅提供洞口尺寸及数量。门的形式由村委会统一确定，做法参照当地相关图集。

2. 三层外墙窗按表中高度未及梁底时，依据现场尺寸适当加高至梁底。

M-E型	E_1、E_2型屋顶平面图、1-1剖面图及门窗表	建3

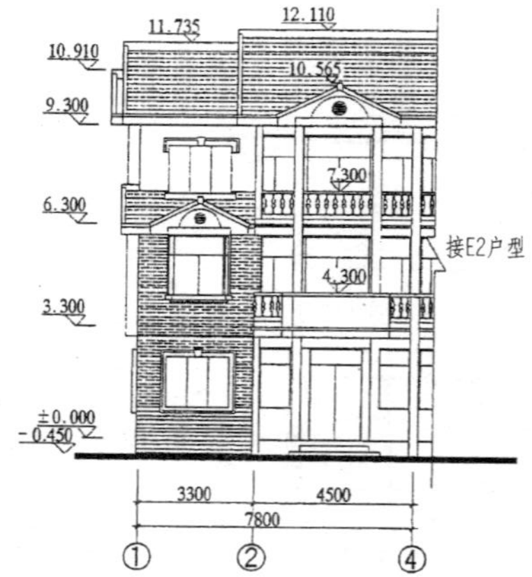

①-④立面
户型 E2

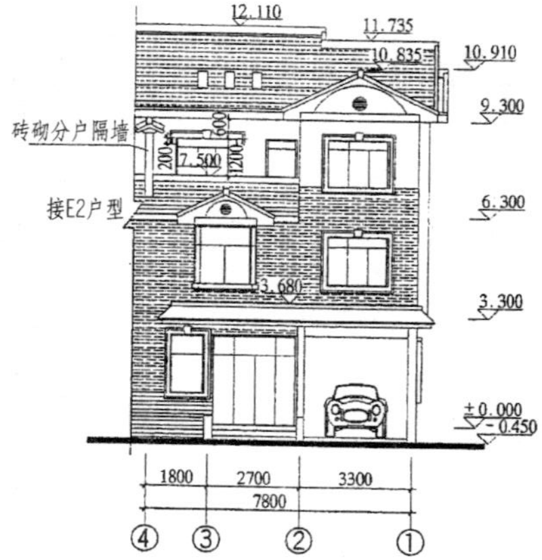

接E2户型

④-①立面
户型 E2

砖砌分户隔墙
接E2户型

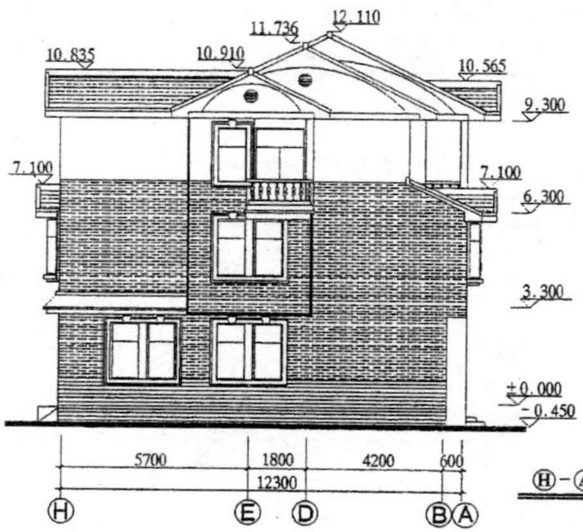

Ⓗ-Ⓐ立面

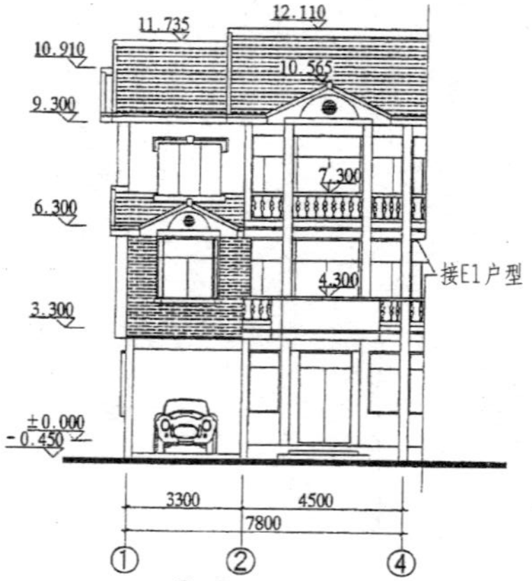

①-④立面
户型 E1

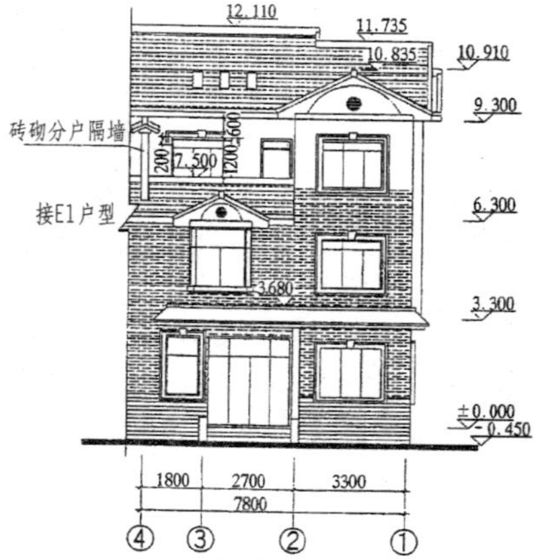

接E1户型

④-①立面
户型 E1

砖砌分户隔墙
接E1户型

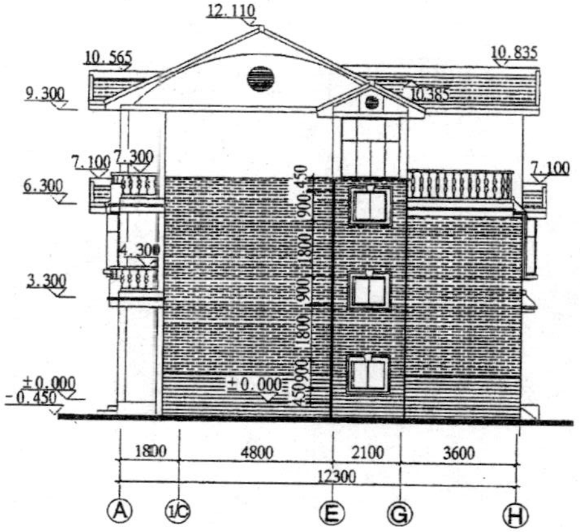

Ⓐ-Ⓗ立面
（用于尽端式）

M-E型	E_1、E_2型立面图	建4

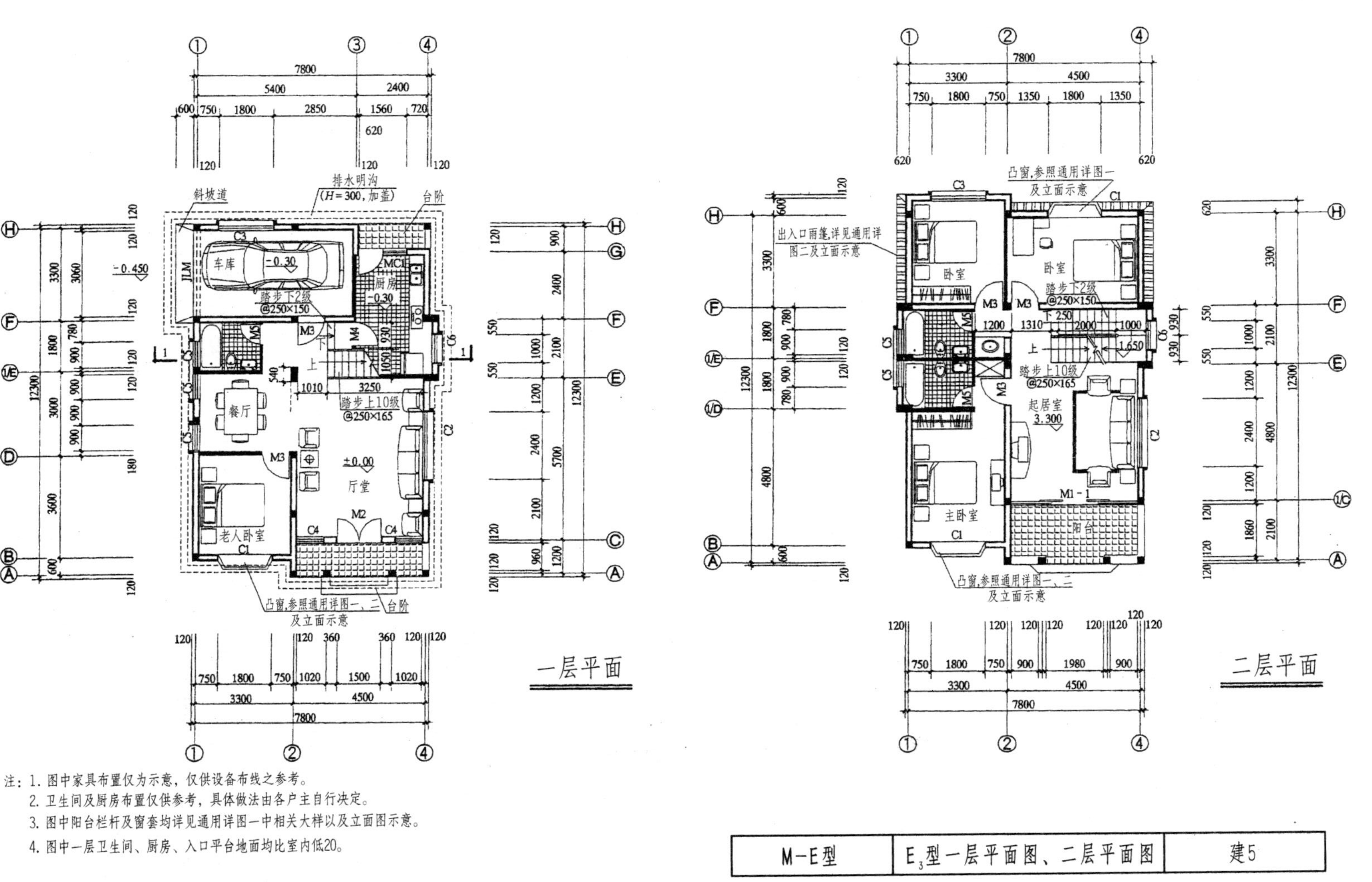

注：1. 图中家具布置仅为示意，仅供设备布线之参考。
2. 卫生间及厨房布置仅供参考，具体做法由各户主自行决定。
3. 图中阳台栏杆及窗套均详见通用详图一中相关大样以及立面图示意。
4. 图中一层卫生间、厨房、入口平台地面均比室内低20。

M−E型	E_3型一层平面图、二层平面图	建5

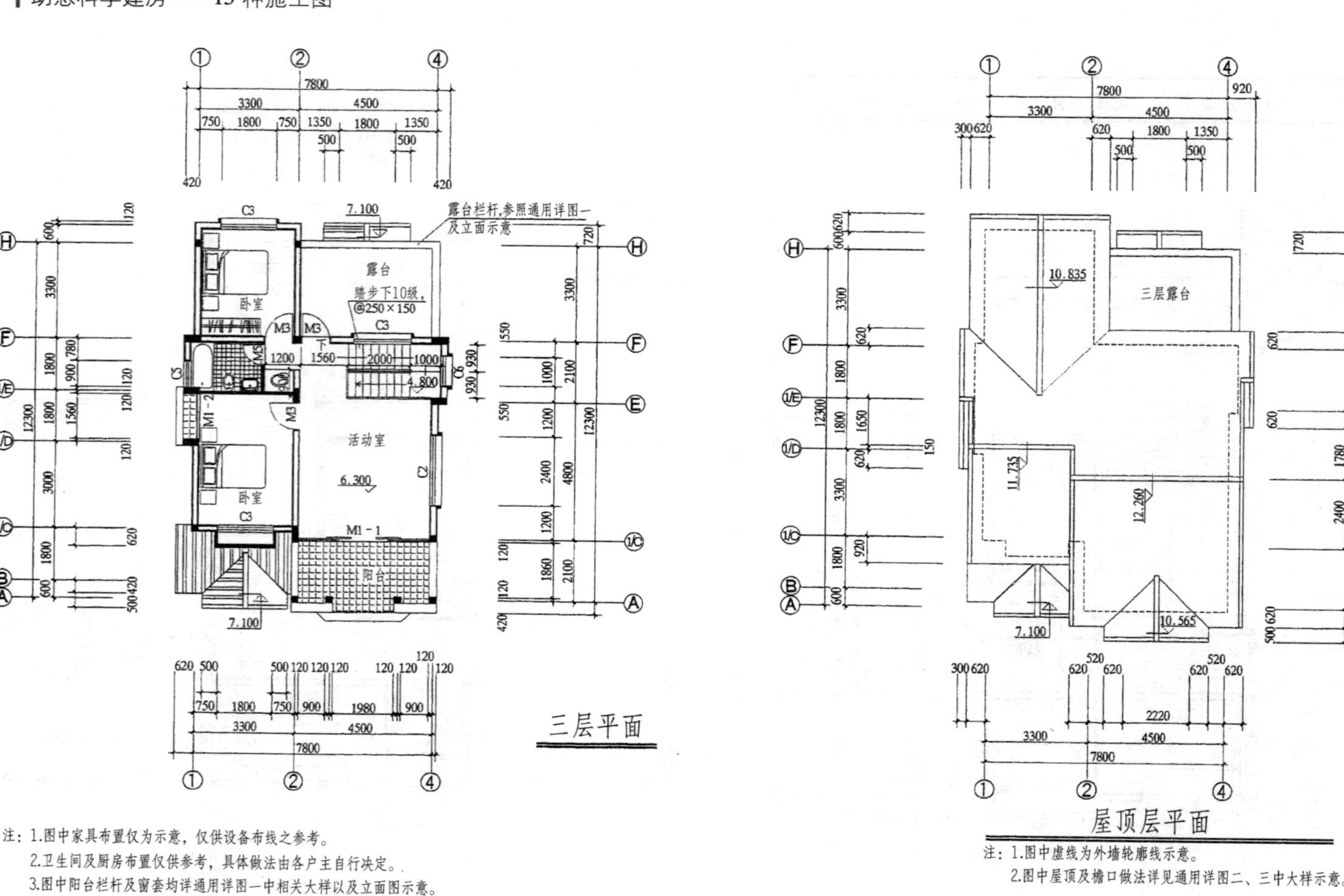

三层平面

注：1.图中家具布置仅为示意，仅供设备布线之参考。
2.卫生间及厨房布置仅供参考，具体做法由各户主自行决定。
3.图中阳台栏杆及窗套均详通用详图一中相关大样以及立面图示意。
4.图中阳台地面均比室内低20。

屋顶层平面

注：1.图中虚线为外墙轮廓线示意。
2.图中屋顶及檐口做法详见通用详图二、三中大样示意。

M-E型	E_3型三层平面、屋顶层平面图	建6

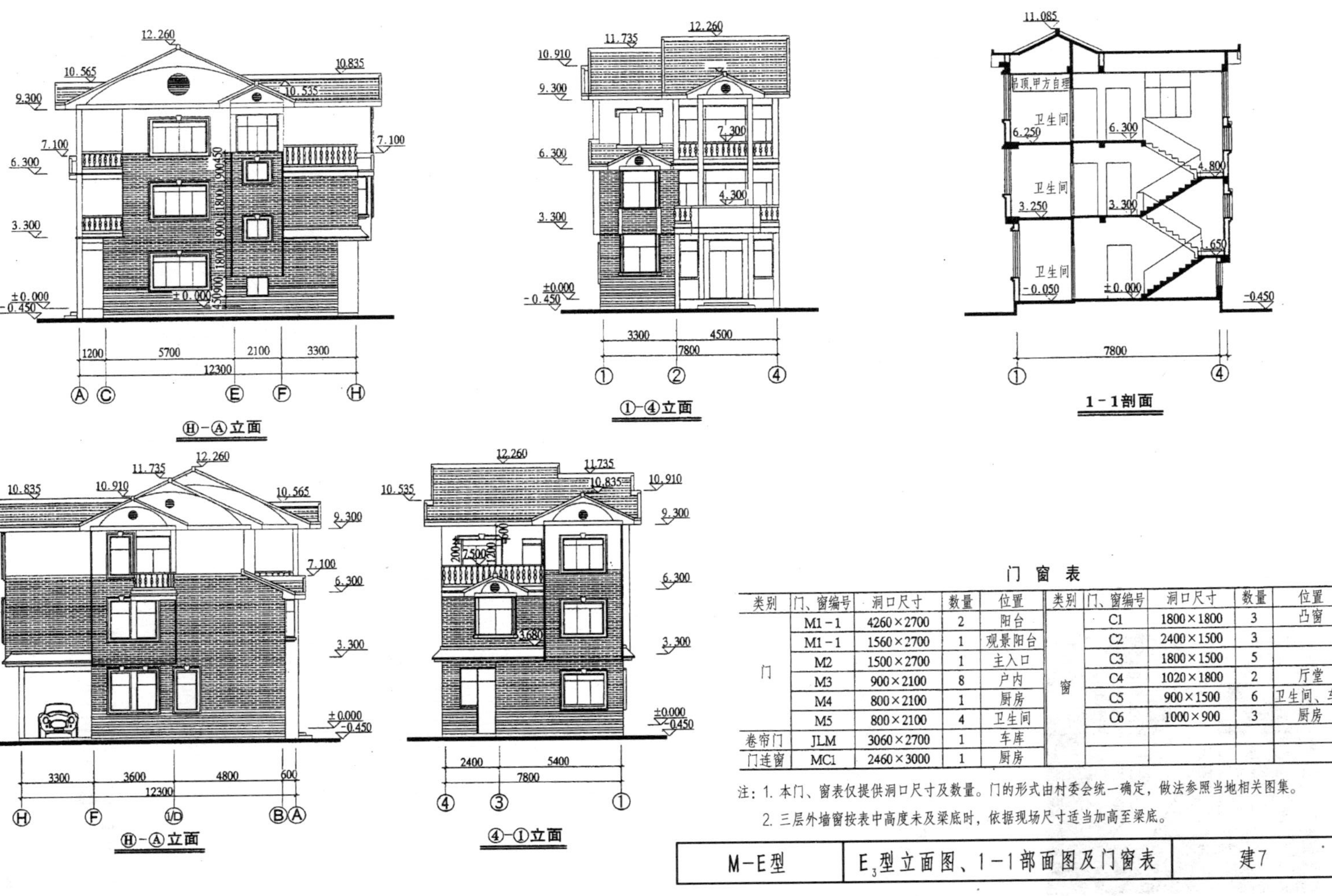

Ⓗ-Ⓐ立面

①-④立面

1-1剖面

Ⓗ-Ⓐ立面

④-①立面

门 窗 表

类别	门、窗编号	洞口尺寸	数量	位置	类别	门、窗编号	洞口尺寸	数量	位置
门	M1-1	4260×2700	2	阳台	窗	C1	1800×1800	3	凸窗
	M1-1	1560×2700	1	观景阳台		C2	2400×1500	3	
	M2	1500×2700	1	主入口		C3	1800×1500	5	
	M3	900×2100	8	户内		C4	1020×1800	2	厅堂
	M4	800×2100	1	厨房		C5	900×1500	6	卫生间、车库
	M5	800×2100	4	卫生间		C6	1000×900	3	厨房
卷帘门	JLM	3060×2700	1	车库					
门连窗	MC1	2460×3000	1	厨房					

注：1. 本门、窗表仅提供洞口尺寸及数量。门的形式由村委会统一确定，做法参照当地相关图集。

2. 三层外墙窗按表中高度未及梁底时，依据现场尺寸适当加高至梁底。

M-E型	E_3型立面图、1-1剖面图及门窗表	建7

5 N 系新农村住宅

编制单位：宁夏回族自治区建设厅

资料提供：张燕霞

N 系包括 A、B 型两种两层新农村住宅，既可为独立式，也可作拼联式。适用于我国三北和西部地区。

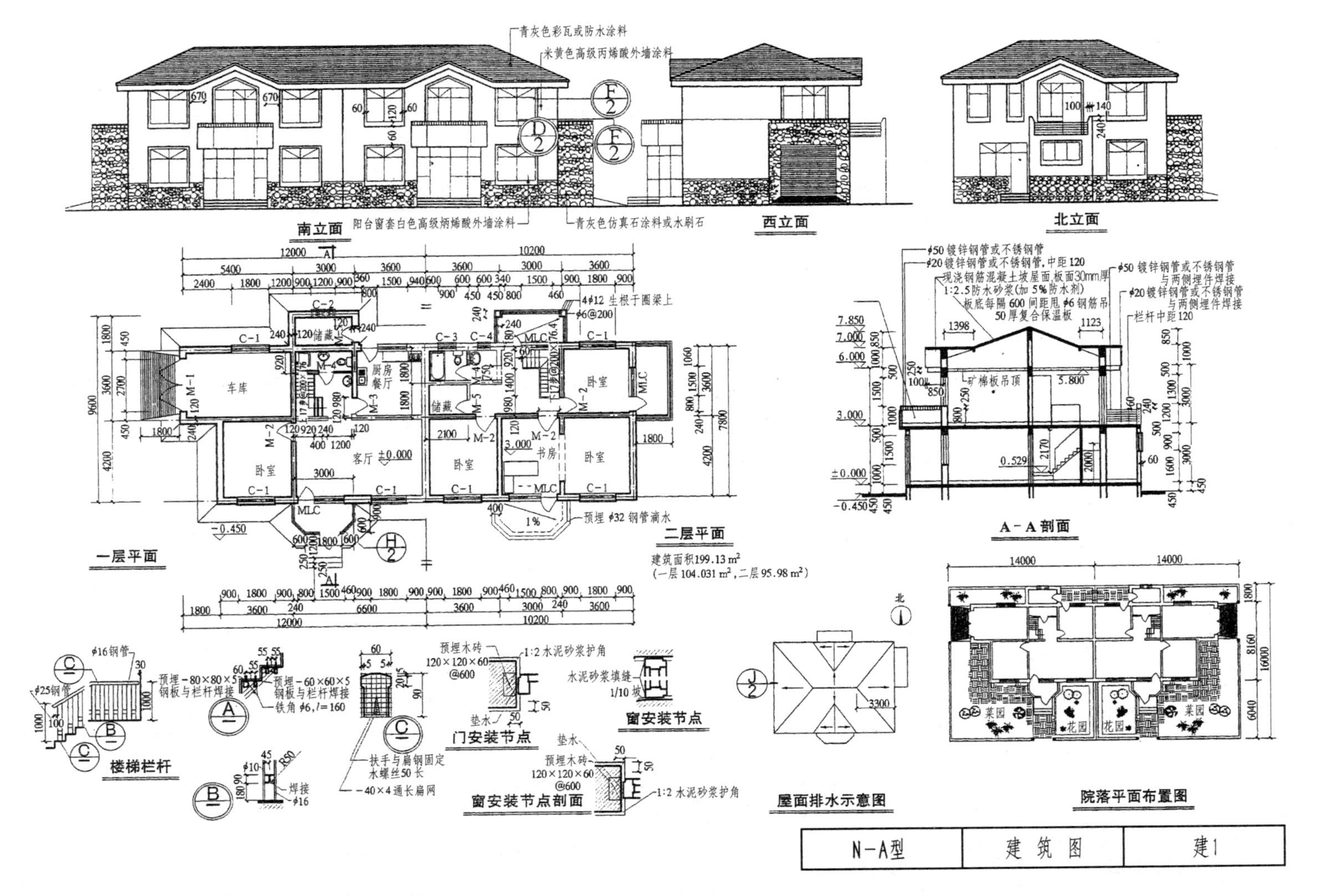
青灰色彩瓦或防水涂料
米黄色高级丙烯酸外墙涂料
阳台窗套白色高级丙烯酸外墙涂料
青灰色仿真石涂料或水刷石
南立面
西立面
北立面
一层平面
二层平面
建筑面积199.13 m²
(一层104.031 m²,二层95.98 m²)
预埋 φ32 钢管滴水
4φ12 生根于圈梁上
φ6@200
车库
储藏
厨房
餐厅
客厅 ±0.000
卧室
书房
φ50 镀锌钢管或不锈钢管
φ20 镀锌钢管或不锈钢管,中距120
现浇钢筋混凝土坡屋面,板面30mm厚
1:2.5防水砂浆(加5%防水剂)
板底每隔600间距甩φ6钢筋吊
50厚复合保温板
φ50 镀锌钢管或不锈钢管
与两侧埋件焊接
φ20 镀锌钢管或不锈钢管
与两侧埋件焊接
栏杆中距120
矿棉板吊顶
A-A 剖面
φ16钢管
φ25钢管
预埋-80×80×5
钢板与栏杆焊接
预埋-60×60×5
钢板与栏杆焊接
铁角 φ6, l=160
楼梯栏杆
扶手与扁钢固定
木螺丝50长
-40×4通长扁钢
焊接
预埋木砖
120×120×60
@600
1:2水泥砂浆护角
垫木
门安装节点
水泥砂浆填缝
1/10坡
窗安装节点
窗安装节点剖面
屋面排水示意图
菜园
花园
院落平面布置图

N-A型	建筑图	建1

水泥面砖台阶	石灰砂浆墙面（内）	水泥砂浆墙面（内）	混凝土散水	喷涂料墙面（外）	面砖墙面（外）	木材面油漆	金属面油漆
1. 20厚1:2.5水泥砂浆 2. 1:2.5水泥砂浆砌砖 3. 100厚3:7灰土 4. 素土夯实	1. 喷白色内墙涂料 2. 2厚蒲毛灰（或麻刀灰、纸筋灰） 3. 16厚1:1:6水泥石灰砂浆	1. 喷内墙涂料 2. 5厚1:2.5水泥砂浆压实赶光 3. 13厚1:3水泥砂浆打底扫毛 4. 200厚加气混凝土	1. 60厚C10混凝土一次抹光 2. 100厚3:7灰土（北向为300厚） 3. 素土夯实（宽=散水宽+300）	1. 喷涂料面层（高级丙烯酸外墙涂料） 2. 6厚1:2.5水泥砂浆罩面 3. 12厚1:3水泥砂浆打底扫毛 4. 口部位用聚合物水泥砂浆修补平整	1. 1:1水泥砂浆（细砂）勾缝 2. 8厚1:0.2:2水泥石灰膏砂浆贴面砖 3. 素水泥浆一道 4. 12厚1:3水泥砂浆划纹	1. 调和漆一道 2. 铅油一道 3. 底油一道 4. 满刮腻子	1. 调和漆一道 2. 防锈漆一道 3. 刮腻子

水泥地面	石灰砂浆顶棚	水泥砂浆顶棚	釉面砖墙裙	面砖勒脚	水泥砂浆勒脚	地砖楼面	地砖楼面
1. 150高水泥踢脚 2. 20厚1:2.5水泥砂浆 3. 50厚C10混凝土 4. 100厚3:7灰土 5. 素土夯实	1. 喷白色内墙涂料 2. 5厚1:2.5石灰砂浆 3. 10厚1:1:4水泥石灰砂浆 4. 钢筋混凝土板刷素水泥浆一道	1. 喷白色内墙涂料 2. 5厚1:2.5砂浆罩面 3. 5厚1:3水泥砂浆打底 4. 钢筋混凝土板刷素水泥浆一道 （掺水重3%～5%的107胶） 5. 钢筋混凝土板用水加10%火碱清洗	1. 白水泥擦缝 2. 贴釉面砖 3. 8厚1:0.1:2.5水泥石灰膏砂浆（内掺水重3%～5%的107胶） 4. 12厚1:3水泥砂浆打底扫毛	1. 1:1水泥砂浆（细砂）勾缝 2. 8厚1:0.2:2水泥石灰膏砂浆贴面砖釉 3. 素水泥浆一道 4. 12厚1:3水泥砂浆划纹	1. 10厚1:3水泥砂浆 2. 15厚1:3水泥砂浆	1. 10厚地磁砖，干水泥擦缝 2. 撒素水泥面（洒适量清水） 3. 20厚1:4干硬性水泥砂结合层 4. 30厚1:6水泥焦渣垫层 5. 钢筋混凝土预制楼板	1. 10厚地磁砖，干水泥擦缝 2. 撒素水泥面（洒适量清水） 3. 20厚1:4干硬性水泥砂 4. 40～50厚（最高处）1:2:4细石混凝土从门口处向地漏处找泛水，最低处不小于20厚 5. 素水泥浆结合层一道 6. 钢筋混凝土楼板

地砖楼面	加气混凝土层面
1. 10厚地磁砖，干水泥擦缝 2. 撒素水泥面（洒适量清水） 3. 20厚1:4干硬性水泥砂浆结合层 4. 素水泥砂浆结合层一道 5. 40～50厚（最高处）1:2:4细石混凝土从门口处向地漏处找泛水，最低处不小于30厚 6. 二粘三油防水层，四周卷起150高，外沾粗砂（门口处铺出300宽） 7. 20厚1:3水泥砂浆找平层，四周抹小八字角，上刷冷底子油一道 8. 素水泥浆结合层一道 9. 钢筋混凝土楼板	1. 铺20厚水泥花砖，干水泥擦缝，每3m×6×留10宽缝，填1:3石灰砂浆 2. 撒素水泥面，洒适量清水 3. 25厚107胶水泥砂浆结合层（配比1:3水泥砂浆渗水泥量15%的107胶）（以上为上人屋面做法） 4. SBS卷材防水层 5. 20厚1:3水泥砂浆找平层 6. 50厚轻质复合保温板 7. 1:6水泥焦渣最低处30厚捣实找2%坡 8. 钢筋混凝土板（平放）

说　明

1. 本图尺寸以毫米计，建设位置及室内+0.00标高现场确定。

2. 墙体材料均为黏土空心砖，除注明者外，轴线均距墙中，外墙厚360，内墙厚240，隔墙厚120。

3. 凡内墙阳角处均做1:3水泥砂浆护角，每边宽50、高2000。

4. 门、窗樘均立墙中，除注明者外，门距墙边均为120。

5. 内门及室内木活里、外均为乳白色调合漆。

6. 卧室、客厅、餐厅均设窗台板，板长=窗宽+120，板下设暖气凹槽，槽与窗洞同宽，槽深120。

7. 卫生间地面比相临地面低20，做2%坡度坡向地漏。

8. 凡室外台阶，散水均做防冻层，即在做法下增设300厚中砂防冻层。

9. 室内、外装修标准见材料做法。

10. 凡外露铁件均涂防锈漆两道，再涂中灰色油漆。

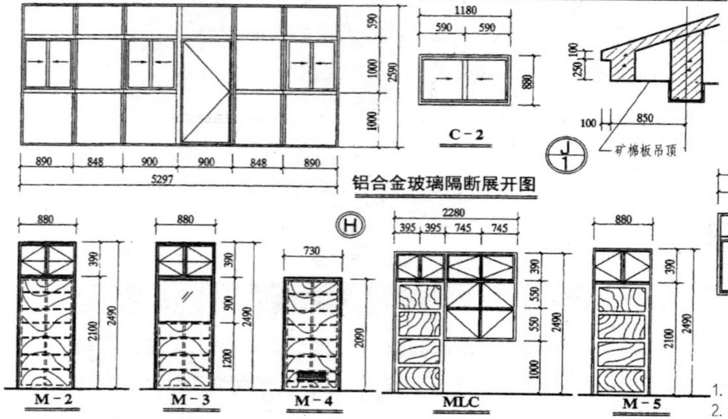

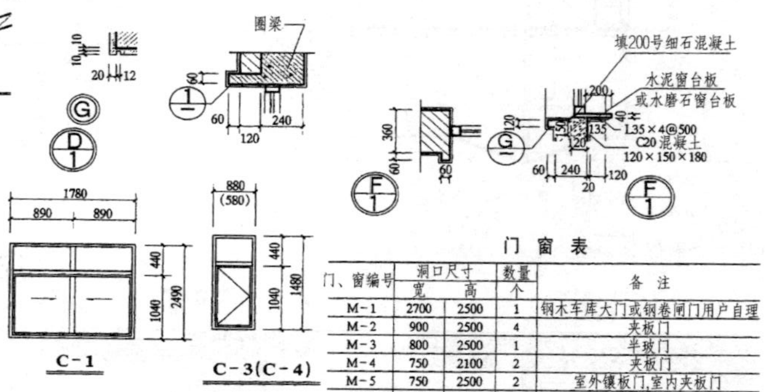

铝合金玻璃隔断展开图

C-2　C-1　C-3(C-4)　M-2　M-3　M-4　MLC　M-5

矿棉板吊顶　圈梁　填200号细石混凝土　水泥窗台板或水磨石窗台板　C20混凝土 120×150×180

门 窗 表

门、窗编号	洞口尺寸 宽	洞口尺寸 高	数量 个	备　注
M-1	2700	2500	1	钢木车库大门或钢卷闸门用户自理
M-2	900	2500	4	夹板门
M-3	800	2500	1	半玻门
M-4	750	2100	2	夹板门
M-5	750	2500	2	室外镶板门,室内夹板门
MLC	2300	2500	5	镶板门
C-1	1800	1500	6	银白色铝合金(带插槽,圆角)或塑钢窗
C-2	1200	900	1	
C-3	900	1500	1	
C-4	600	1500	1	

1. 门扇料厚度:内门40，外门45。
2. 门洞尺寸为:高=图尺寸+10,宽=图尺寸+20。
3. 窗洞尺寸:宽高=图尺寸+20。
4. 窗均为带纱扇铝合金或塑钢推拉窗。

N-A型	材料做法	建2

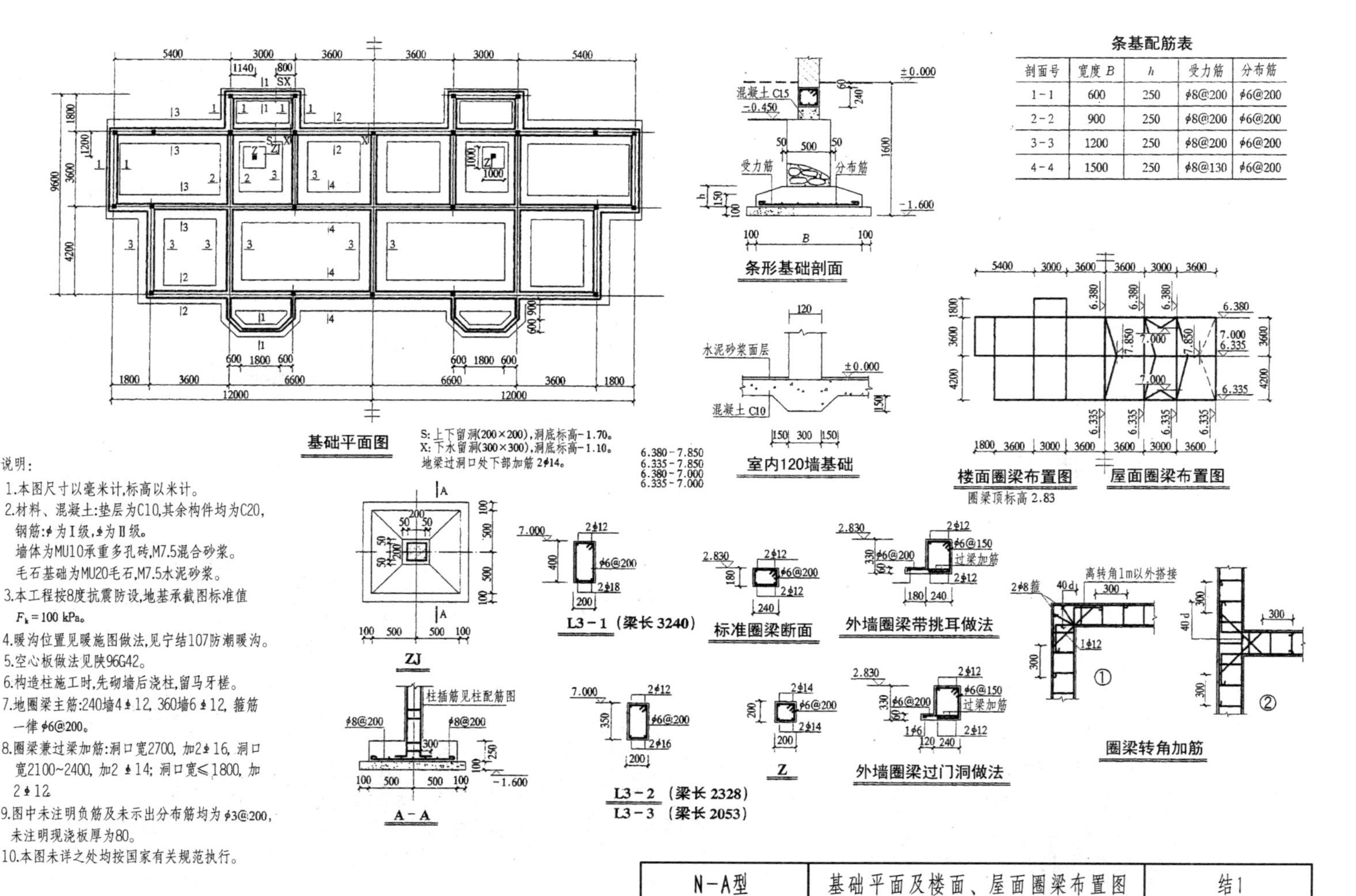

条基配筋表

剖面号	宽度 B	h	受力筋	分布筋
1 - 1	600	250	ϕ8@200	ϕ6@200
2 - 2	900	250	ϕ8@200	ϕ6@200
3 - 3	1200	250	ϕ8@200	ϕ6@200
4 - 4	1500	250	ϕ8@130	ϕ6@200

说明:

1.本图尺寸以毫米计,标高以米计。
2.材料、混凝土:垫层为C10,其余构件均为C20,
钢筋:ϕ为Ⅰ级,ϕ为Ⅱ级。
墙体为MU10承重多孔砖,M7.5混合砂浆。
毛石基础为MU20毛石,M7.5水泥砂浆。
3.本工程按8度抗震防设,地基承载图标准值
F_k = 100 kPa。
4.暖沟位置见暖施图做法,见宁结107防潮暖沟。
5.空心板做法见陕96G42。
6.构造柱施工时,先砌墙后浇柱,留马牙槎。
7.地圈梁主筋:240墙4ϕ12, 360墙6ϕ12, 箍筋一律ϕ6@200。
8.圈梁兼过梁加筋:洞口宽2700, 加2ϕ16, 洞口宽2100~2400, 加2ϕ14; 洞口宽≤1800, 加2ϕ12。
9.图中未注明负筋及未示出分布筋均为ϕ3@200,未注明现浇板厚为80。
10.本图未详之处均按国家有关规范执行。

N-A型	基础平面及楼面、屋面圈梁布置图	结1

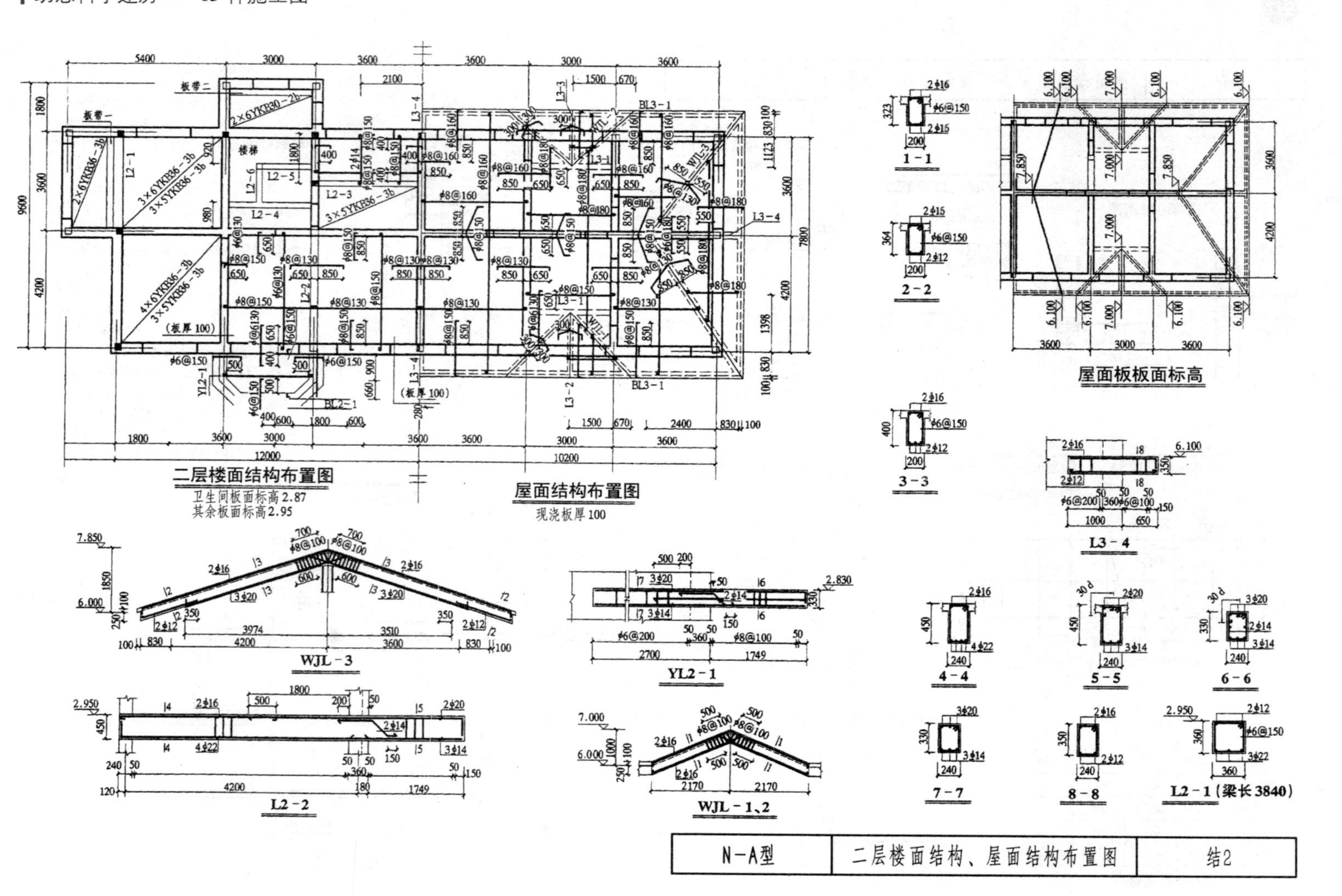
二层楼面结构布置图
卫生间板面标高 2.87
其余板面标高 2.95
屋面结构布置图
现浇板厚 100
屋面板板面标高
1-1
2-2
3-3
L3-4
WJL-3
YL2-1
L2-2
WJL-1、2
4-4
5-5
6-6
7-7
8-8
L2-1（梁长 3840）
N-A型
二层楼面结构、屋面结构布置图
结2

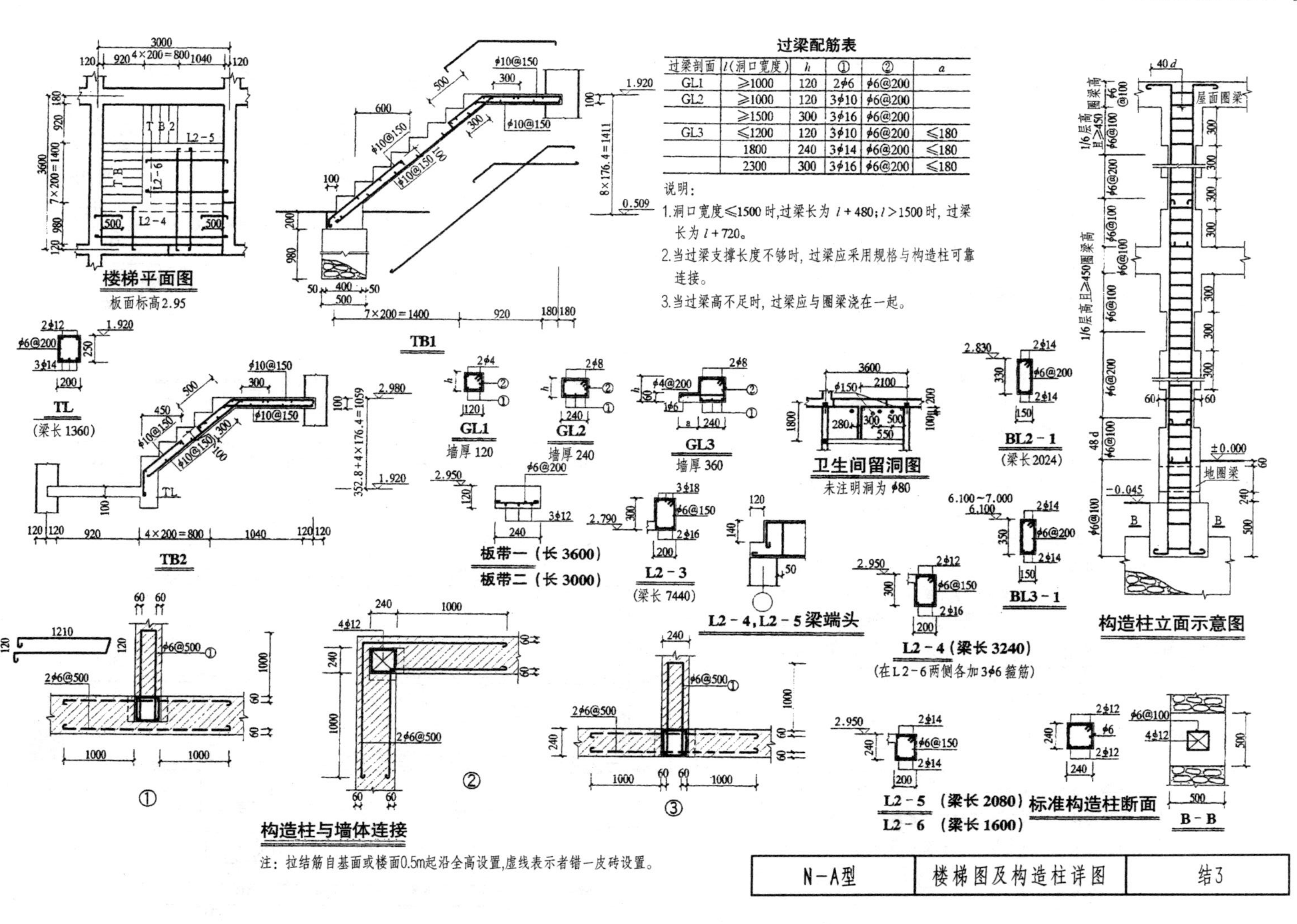

过梁配筋表

过梁剖面	l（洞口宽度）	h	①	②	a
GL1	≥1000	120	2φ6	φ6@200	
GL2	≥1000	120	3φ10	φ6@200	
	≥1500	300	3φ16	φ6@200	
GL3	≤1200	120	3φ10	φ6@200	≤180
	1800	240	3φ14	φ6@200	≤180
	2300	300	3φ16	φ6@200	≤180

说明：

1. 洞口宽度≤1500时，过梁长为 $l+480$；$l>1500$ 时，过梁长为 $l+720$。
2. 当过梁支撑长度不够时，过梁应采用规格与构造柱可靠连接。
3. 当过梁高不足时，过梁应与圈梁浇在一起。

注：拉结筋自基面或楼面0.5m起沿全高设置，虚线表示者错一皮砖设置。

N－A型	楼梯图及构造柱详图	结3

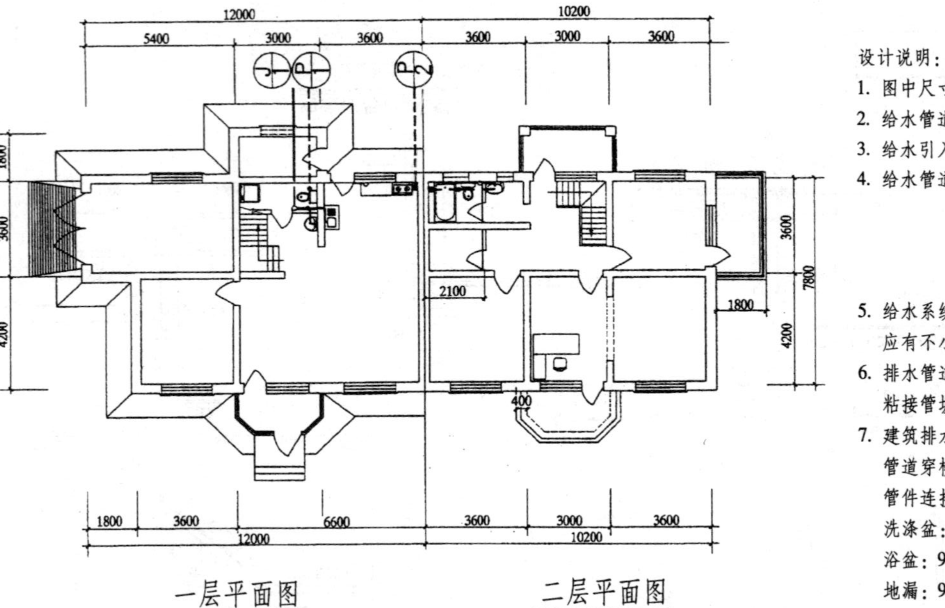

设计说明：

1. 图中尺寸单位：标高以米计，其余均以毫米计。
2. 给水管道采用铝塑复合管材或钢带复合管材及相应管件。
3. 给水引入管应有不小于 0.003 的坡度坡向室外给水阀门井或水表井。
4. 给水管道支吊架间距应不大于下表列出数。

管径(mm)		DN15	DN20	DN25
支架最大间距（m）	水平管	0.6	0.6	0.8
	立管	0.8	1.0	1.2

5. 给水系统图中，未注明的分户水表规格为 DN20，安装时，水表前、后应有不小于 300mm 的直线管段。
6. 排水管道采用 UPVC 塑料(空壁或发泡)管道，胶粘剂粘接。
   粘接管坡：DN75：$i=0.030$，DN100：$i=0.020$，DN150：$i=0.010$。
7. 建筑排水用 PVC－U 管道安装选用标准图集号：
   管道穿楼面、屋面、地下室外墙及检查井壁：96S341－13；
   管件连接：96S341－12；伸缩节：96S341－14；
   洗涤盆：96S341－11；洗脸盆：96S341－8；
   浴盆：96S341－9；坐便器及蹲便器：96S341－5；
   地漏：96S341－22；立管安装：96S341－19；
   横管伸缩节及管卡装设位置：96S341－18。
8. 卫生设备安装选用标准图集号：
   洗涤盆(冷水龙头)：90S342－6；
   洗涤盆规格尺寸及托架：90S342－21，510×360×200；
   洗脸盆：90S342－29(单眼)；
   浴盆：90S342－83；
   坐式大便器：90S342－56；
   小型方盖无水封地漏安装图(乙型)92S220－27；
   通气帽：92S220－52。
9. 施工安装及验收应严格遵守现行国家有关规范执行。

N－A型	给 排 水 图	水1

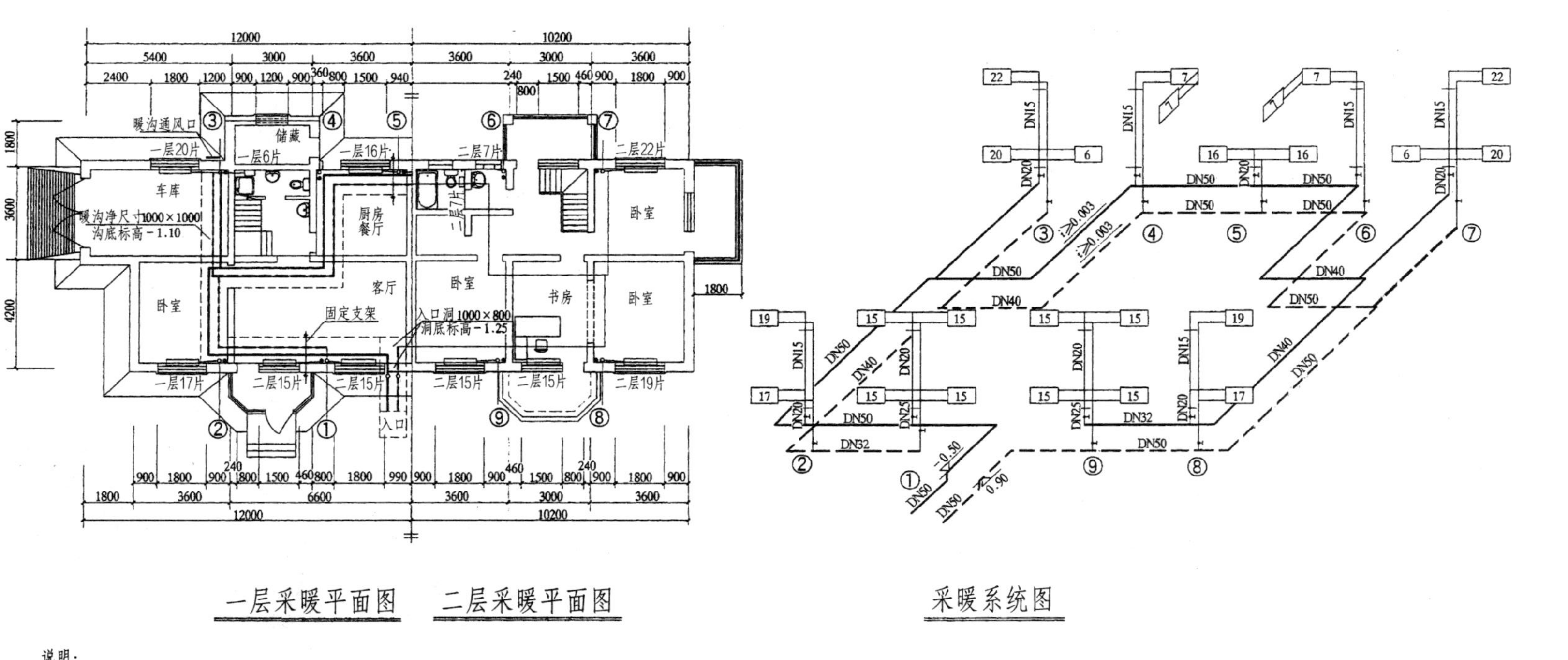

一层采暖平面图　二层采暖平面图

采暖系统图

说明：

1. 图中标高以米计，其余以毫米计，室内地坪为±0.000，管道标高以管底为准。
2. 本采暖工程为下分式同程系统，热煤为95～70℃度热水，系统耗热量为47kW。
3. 管道采用焊接钢管，散热器采用四柱760型，散热器暗装。
4. 管道连接：干管焊接，立管丝按，立管与干管连接用焊接，支管与散热器用长丝接头或活接头，管道与阀门连接用丝接或阀兰连接。
5. 系统图中，凡未注明的支管管径均为DN15，每组散热器装手动跑风一个。
6. 阀门安装：每组散热器供回水支管，供回水立管装同径阀门各一个。
7. 地沟中供回水干管靠墙一侧上、下敷设，活动支架间距为3m，固定支架位置见一层平面图，所有穿墙或穿楼地板处的管道均装设钢套管。
8. 本系统水压试验压力为0.4MPa。
9. 刷油：管道构件除锈垢后，暗装刷红丹两遍，明装刷红丹两遍，银粉两遍，散热器除锈垢后刷红丹两遍，银粉两遍。
10. 保温：地沟中管道保温材料采用50mm厚岩棉保温管，做法参见87R411－1。
11. 热力入口做法见宁夏建筑设计院“采暖补充复用详图”N－Ⅰ007Ⅰ型，取消除污器。
12. 国标及规范：

    96T922　散热器及管道安装图

    87R411－1　热力设备及管道保温岩棉制品

    GBJ242－82　采暖与卫生工程及验收规范

N－A型	采　暖　图	暖1

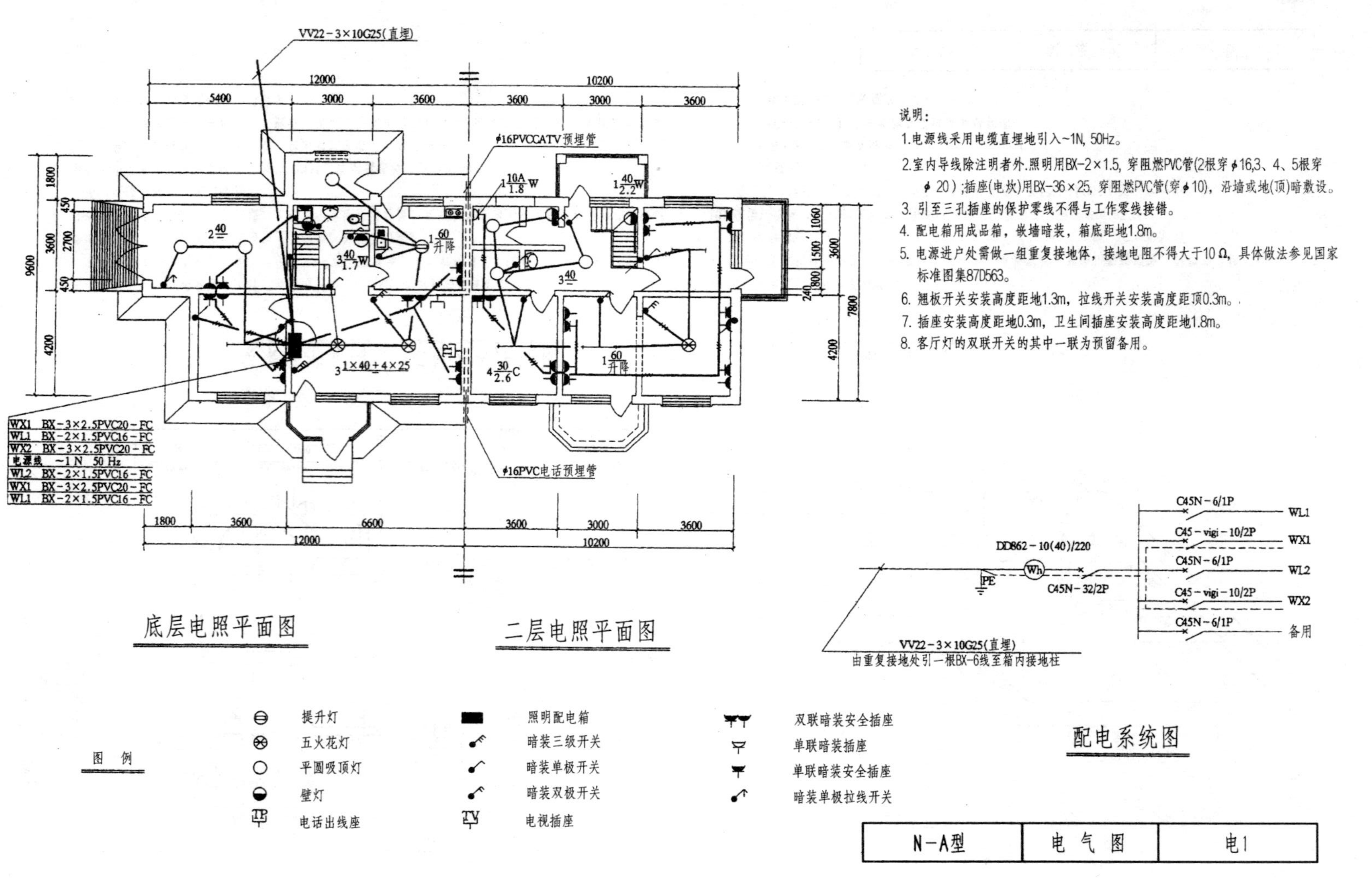

说明：

1. 电源线采用电缆直埋地引入~1N, 50Hz。
2. 室内导线除注明者外.照明用BX-2×1.5，穿阻燃PVC管(2根穿ϕ16,3、4、5根穿ϕ20)；插座(电炊)用BX-36×25，穿阻燃PVC管(穿ϕ10)，沿墙或地(顶)暗敷设。
3. 引至三孔插座的保护零线不得与工作零线接错。
4. 配电箱用成品箱，嵌墙暗装，箱底距地1.8m。
5. 电源进户处需做一组重复接地体，接地电阻不得大于10 Ω，具体做法参见国家标准图集87D563。
6. 翘板开关安装高度距地1.3m，拉线开关安装高度距顶0.3m。
7. 插座安装高度距地0.3m，卫生间插座安装高度距地1.8m。
8. 客厅灯的双联开关的其中一联为预留备用。

N-A型	电 气 图	电1

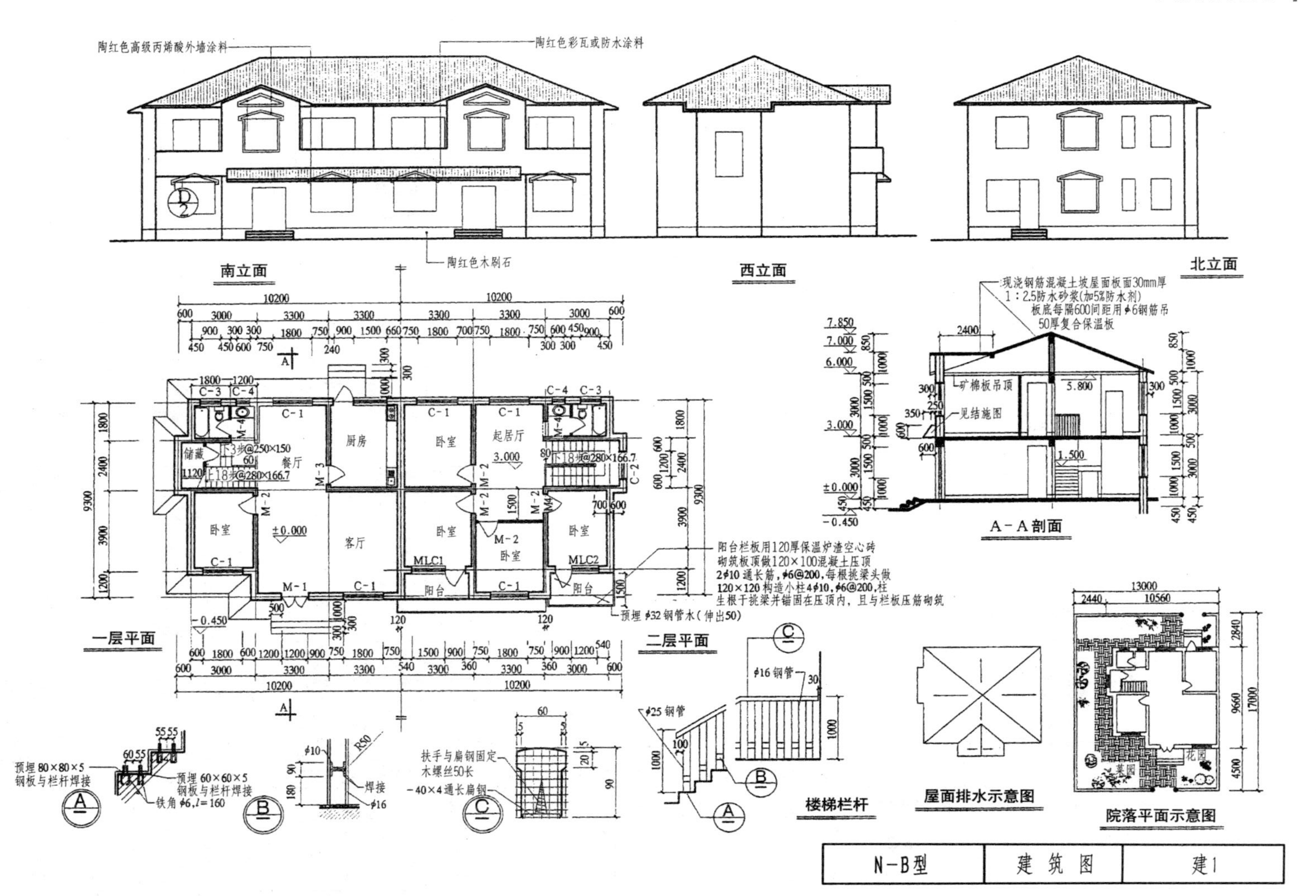

陶红色高级丙烯酸外墙涂料
陶红色彩瓦或防水涂料
陶红色木刷石
南立面
西立面
北立面
现浇钢筋混凝土坡屋面板面30mm厚
1：2.5防水砂浆(加5%防水剂)
板底每隔600间距用φ6钢筋吊
50厚复合保温板
矿棉板吊顶
见结施图
A－A剖面
一层平面
二层平面
卧室
餐厅
厨房
客厅
起居厅
储藏
阳台
阳台栏板用120厚保温炉渣空心砖
砌筑板顶做120×100混凝土压顶
2φ10通长筋，φ6@200，每根挑梁头做
120×120构造小柱4φ10，φ6@200，柱
生根于挑梁并锚固在压顶内，且与栏板压筋砌筑
预埋φ32钢管水（伸出50）
预埋80×80×5
钢板与栏杆焊接
预埋60×60×5
钢板与栏杆焊接
铁角φ6，l=160
焊接
扶手与扁钢固定
木螺丝50长
－40×4通长扁钢
φ16钢管
φ25钢管
楼梯栏杆
屋面排水示意图
院落平面示意图
花园
菜园

N－B型	建 筑 图	建1

水泥面砖台阶	石灰砂浆墙面(内)	水泥砂浆墙面(内)	混凝土散水	喷涂料墙面(外)	面砖墙面(外)	木材面油漆	金属面油漆
1. 20厚1:2.5水泥砂浆 2. 1:2.5水泥砂浆砌砖 3. 100厚3:7灰土 4. 素土夯实	1. 喷白色内墙涂料 2. 2厚蒲毛灰(或麻刀灰、纸筋灰) 3. 16厚1:1:6水泥石灰砂浆	1. 喷内墙涂料 2. 5厚1:2.5水泥砂浆压实赶光 3. 13厚1:3水泥砂浆打底扫毛 4. 200厚加气混凝土	1. 60厚C10混凝土一次抹光 2. 100厚3:7灰土(北向为300厚) 3. 素土夯实(宽=散水宽+300)	1. 喷涂料面层(高级丙烯酸外墙涂料) 2. 6厚1:2.5水泥砂浆罩面 3. 12厚1:3水泥砂浆打底扫毛 4. 口部位用聚合物水泥砂浆修补平整	1. 1:1水泥砂浆(细砂)勾缝 2. 8厚1:0.2:2水泥石灰膏砂浆贴面砖 3. 素水泥浆一道 4. 12厚1:3水泥砂浆划纹	1. 调和漆一道 2. 铅油一道 3. 底油一道 4. 满刮腻子	1. 调和漆一道 2. 防锈漆一道 3. 刮腻子

水泥地面	石灰砂浆顶棚	水泥砂浆顶棚	釉面砖墙裙	面砖勒脚	水泥砂浆勒脚	地砖楼面	地砖楼面
1. 150高水泥踢脚 1. 20厚1:2.5水泥砂浆 2. 50厚C10混凝土 3. 100厚3:7灰土 4. 素土夯实	1. 喷白色内墙涂料 2. 5厚1:2.5石灰砂浆 3. 10厚1:1:4水泥石灰砂浆 4. 钢筋混凝土板刷素水泥浆一道	1. 喷白色内墙涂料 2. 5厚1:2.5砂浆罩面 3. 5厚1:3水泥砂浆打底 4. 钢筋混凝土板刷素水泥浆一道 (掺水重3%~5%的107胶) 5. 钢筋混凝土板用水加10% NaOH清洗	1. 白水泥擦缝 2. 贴釉面砖 3. 8厚1:0.1:2.5水泥石灰膏砂浆(内掺水重3%~5%的107胶) 4. 12厚1:3水泥砂浆打底扫毛	1. 1:1水泥砂浆(细砂)勾缝 2. 8厚1:0.2:2水泥石灰膏砂浆贴面砖 3. 素水泥浆一道 4. 12厚1:3水泥砂浆划纹	1. 10厚1:3水泥砂浆 2. 15厚1:3水泥砂浆	1. 10厚地磁砖,干水泥擦缝 2. 撒素水泥面(洒适量清水) 3. 20厚1:4干硬性水泥砂结合层 4. 30厚1:6水泥焦渣垫层 5. 钢筋混凝土预制楼板	1. 10厚地磁砖,干水泥擦缝 2. 撒素水泥面(洒适量清水) 3. 20厚1:4干硬性水泥砂 4. 40~50厚(最高处)1:2:4细石混凝土从门口处向地漏处找泛水,最低处不小于20厚 5. 素水泥浆结合层一道 6. 钢筋混凝土楼板

地砖楼面	加气混凝土层面
1. 10厚地磁砖,干水泥擦缝 2. 撒素水泥面(洒适量清水) 3. 20厚1:4干硬性水泥砂浆结合层 4. 素水泥砂浆结合层一道 5. 40~50厚(最高处)1:2:4细石混凝土从门口处向地漏处找泛水,最低处不小于30厚 6. 二粘三油防水层,四周卷起150高,外沾粗砂(门口处铺出300宽) 7. 20厚1:3水泥砂浆找平层,四周抹小八字角,上刷冷底子油一道 8. 素水泥浆结合层一道 9. 钢筋混凝土楼板	1. 铺20厚水泥花砖,干水泥擦缝,每3m×6×留10宽缝,填1:3石灰砂浆 2. 撒素水泥面,洒适量清水 3. 25厚107胶水泥砂浆结合层(配比1:3水泥砂浆渗水泥量15%的107胶)(以上为上人屋面做法) 4. SBS卷材防水层 5. 20厚1:3水泥砂浆找平层 6. 50厚轻质复合保温板 7. 1:6水泥焦渣最低处30厚捣实找2%坡 8. 钢筋混凝土板(平放)

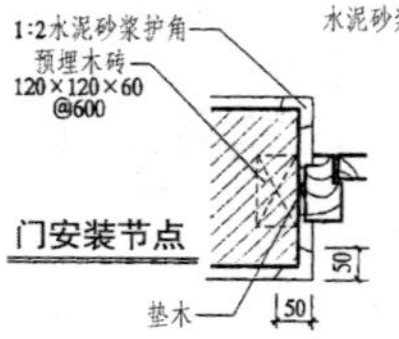

门安装节点

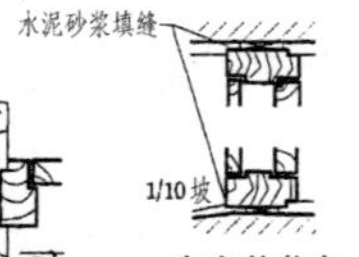

窗安装节点

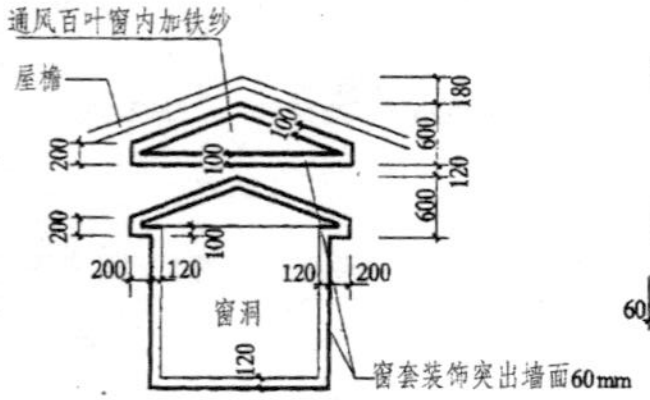

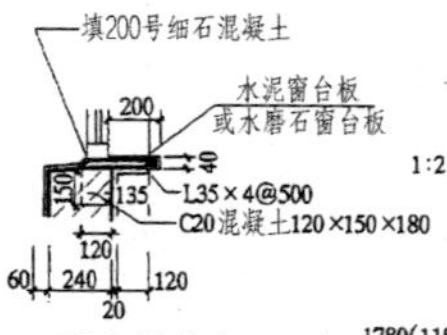

窗台板节点

窗安装节点剖面

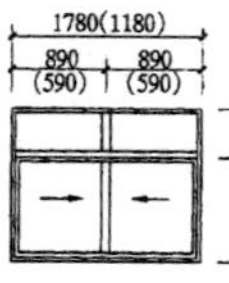

C-3　C-4　C-1(C-2)　C-5

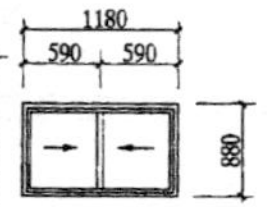

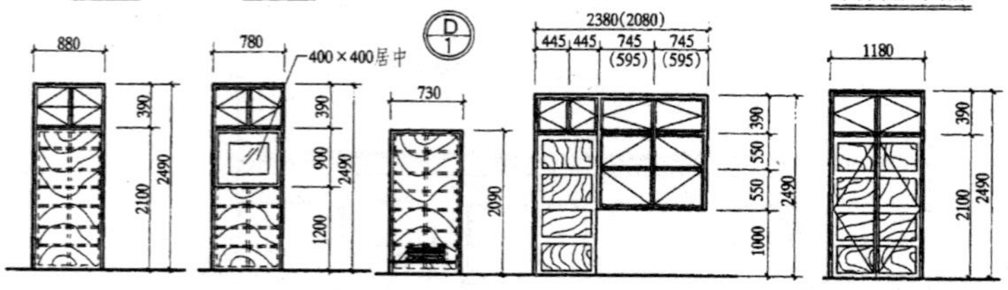

M-2　M-3　M-4　MLCI(MLC2)　M-1

说　明

1. 本图尺寸以毫米计,建设位置及室内+0.000标高现场确定。
2. 墙体材料均为黏土空心砖,除注明者外,轴线均距墙中,外墙厚360,内墙厚240,隔墙厚120。
3. 凡内墙阳角处均做1:3水砂浆护角,每边宽50、长2000。
4. 门、窗樘均立墙中,除注明者外,门距墙边均为120。
5. 内门及室内木活里、外均为乳白色调合漆。
6. 卧室、客厅、餐厅均设窗台板,板长=窗宽+120,板下设暖气凹槽,槽与窗洞同宽,槽深120。
7. 卫生间地面比相临地面低20,做2%坡度坡向地漏。
8. 凡室外台阶,散水均做防冻层,即在做法下增设300厚中砂防冻层。
9. 室内、外装修标准见材料做法。
10. 凡外露铁件均涂防锈漆两道,再涂中灰色油漆。

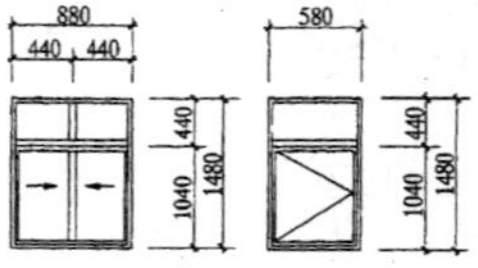

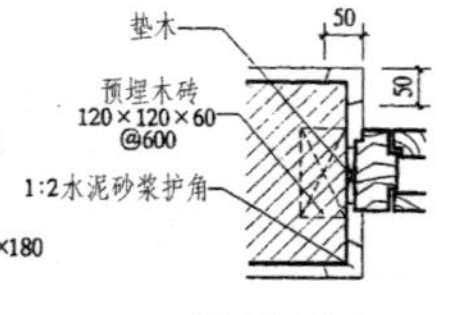

门 窗 表

门、窗编号	洞口尺寸 宽	洞口尺寸 高	数量 个	备注
M-1	1200	2500	1	镶板门
M-2	900	2500	5	夹板门
M-3	800	2500	1	半玻门
M-4	750	2100	3	夹板门
MLC1	2400	2500	1	镶板门
MLC2	2100	2500	1	镶板门
C-1	1800	1500	6	银白色铝合金(带插槽,圆角)或塑钢窗
C-2	1200	1500	1	
C-3	900	1500	2	
C-4	600	1500	2	
C-5	1200	900	1	

1. 门窗料厚度:内门40,外门45。
2. 门洞尺寸为:高=图尺寸+10,宽=图尺寸+20。
3. 窗洞尺寸:宽、高=图尺寸+20。
4. 窗均为带纱扇铝合金或塑钢推拉窗。

N-B型	材 料 做 法	建2

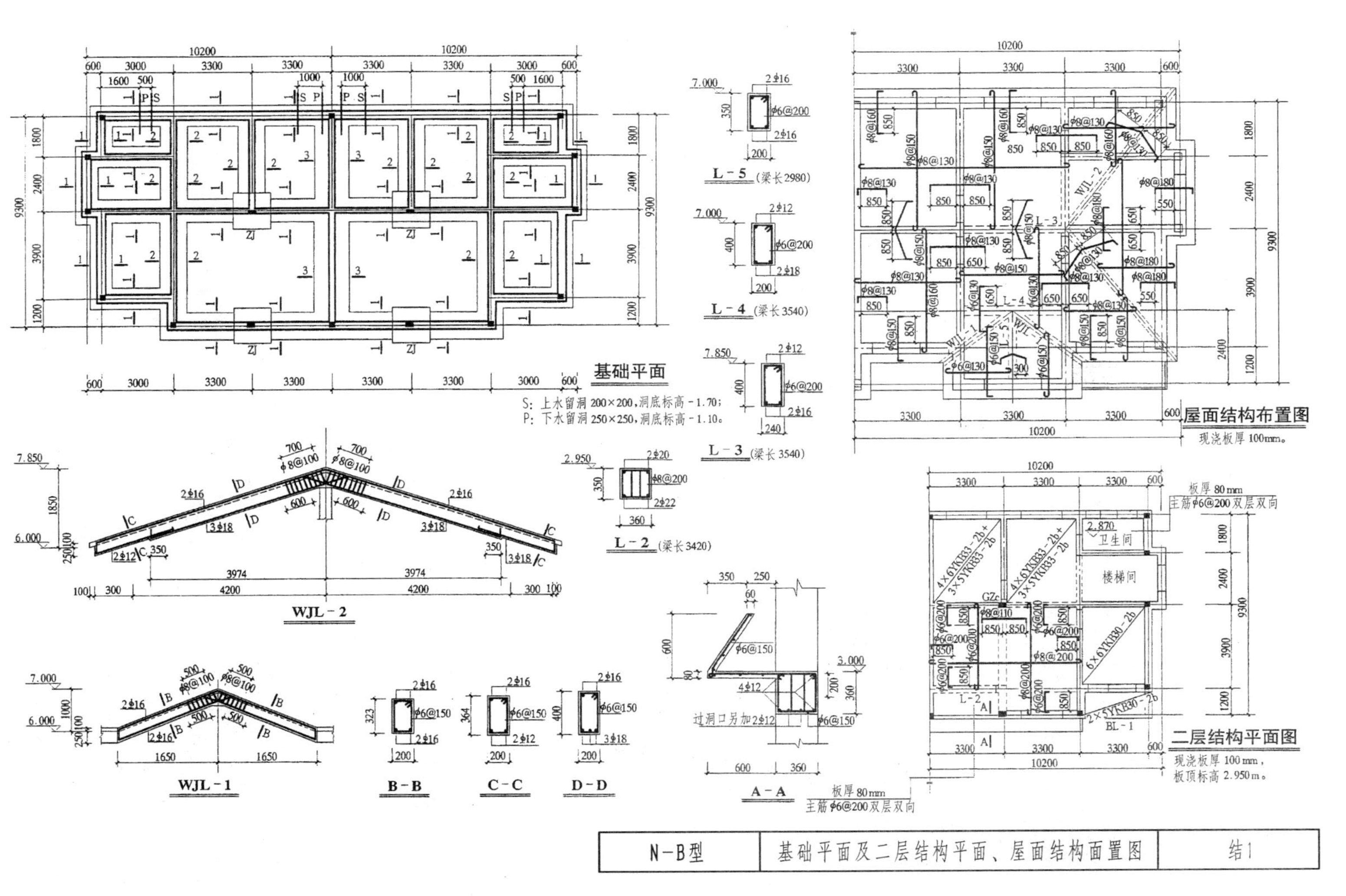

N-B型	基础平面及二层结构平面、屋面结构面置图	结1

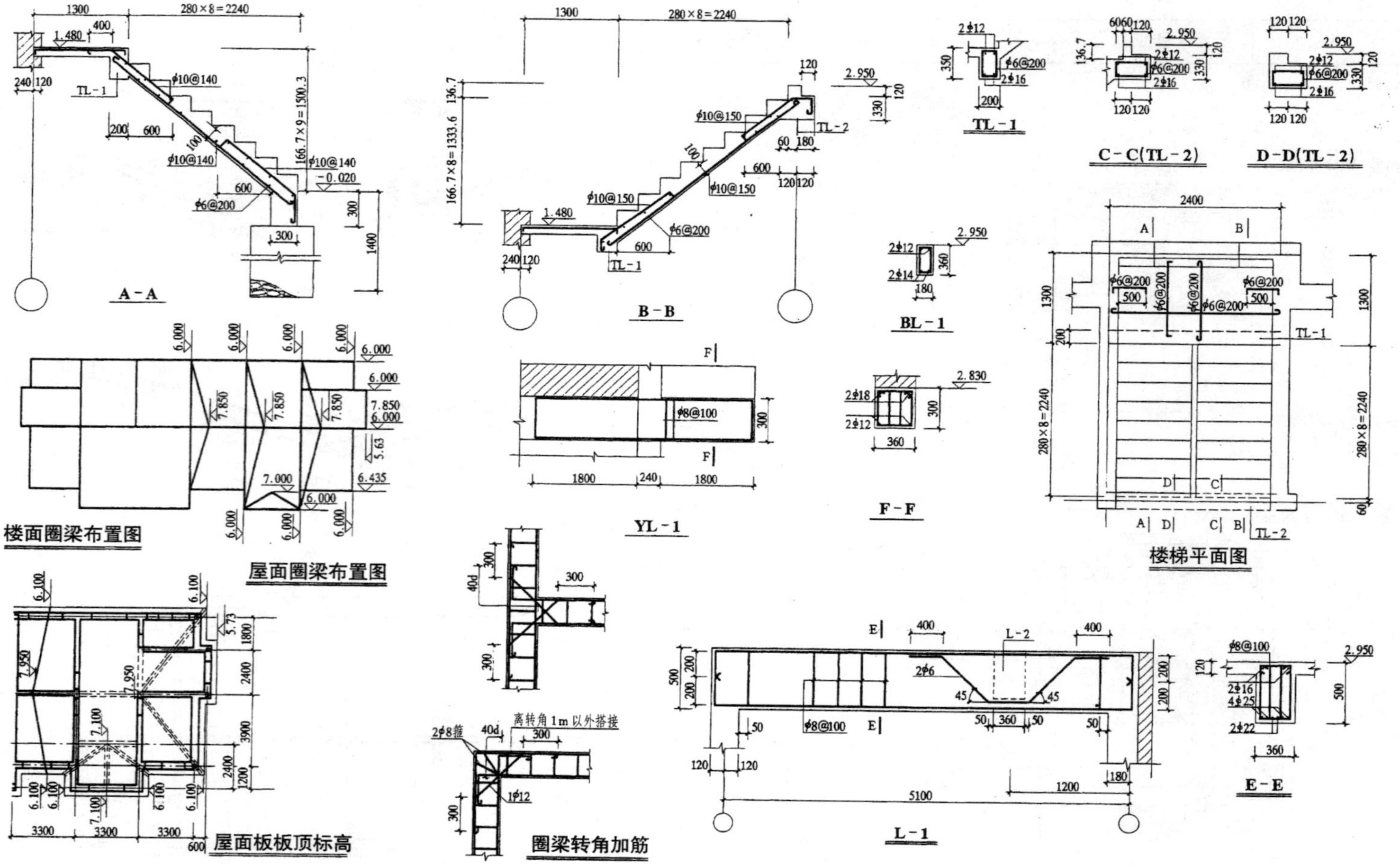

A－A

B－B

TL－1

C－C(TL－2)

D－D(TL－2)

BL－1

F－F

YL－1

楼梯平面图

楼面圈梁布置图

屋面圈梁布置图

屋面板板顶标高

圈梁转角加筋

离转角 1m 以外搭接

L－1

E－E

N－B型	楼梯图及楼面、屋面圈梁布置图	结2

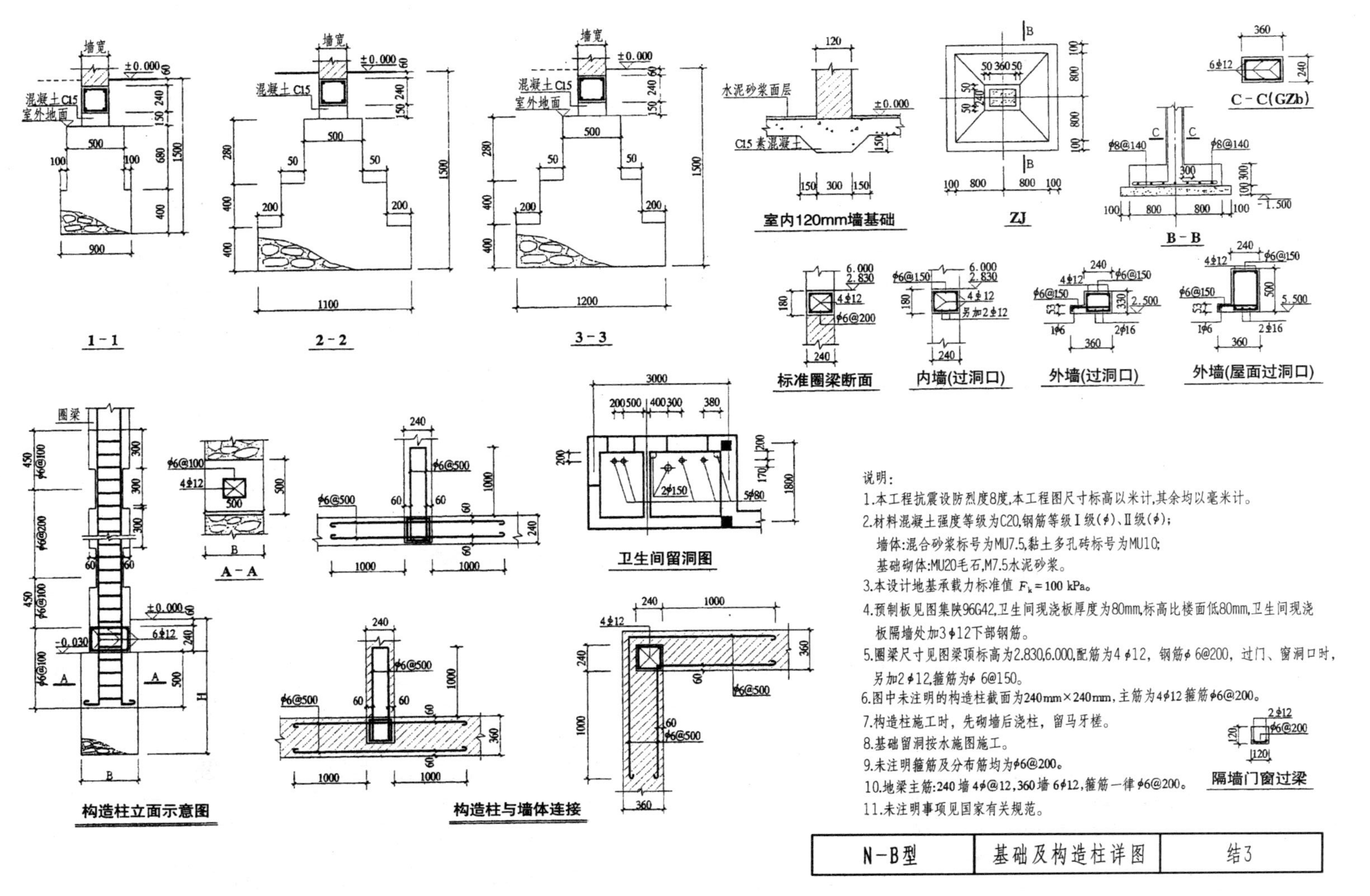

说明:

1.本工程抗震设防烈度8度,本工程图尺寸标高以米计,其余均以毫米计。

2.材料混凝土强度等级为C20,钢筋等级Ⅰ级(ϕ)、Ⅱ级(ϕ);

墙体:混合砂浆标号为MU7.5,黏土多孔砖标号为MU10;

基础砌体:MU20毛石,M7.5水泥砂浆。

3.本设计地基承载力标准值 $F_k = 100$ kPa。

4.预制板见图集陕96G42,卫生间现浇板厚度为80mm,标高比楼面低80mm,卫生间现浇板隔墙处加3ϕ12下部钢筋。

5.圈梁尺寸见图梁顶标高为2.830,6.000,配筋为4ϕ12,钢筋ϕ6@200,过门、窗洞口时,另加2ϕ12,箍筋为ϕ6@150。

6.图中未注明的构造柱截面为240mm×240mm,主筋为4ϕ12箍筋ϕ6@200。

7.构造柱施工时,先砌墙后浇柱,留马牙槎。

8.基础留洞按水施图施工。

9.未注明箍筋及分布筋均为ϕ6@200。

10.地梁主筋:240墙4ϕ@12,360墙6ϕ12,箍筋一律ϕ6@200。

11.未注明事项见国家有关规范。

N-B型	基础及构造柱详图	结3

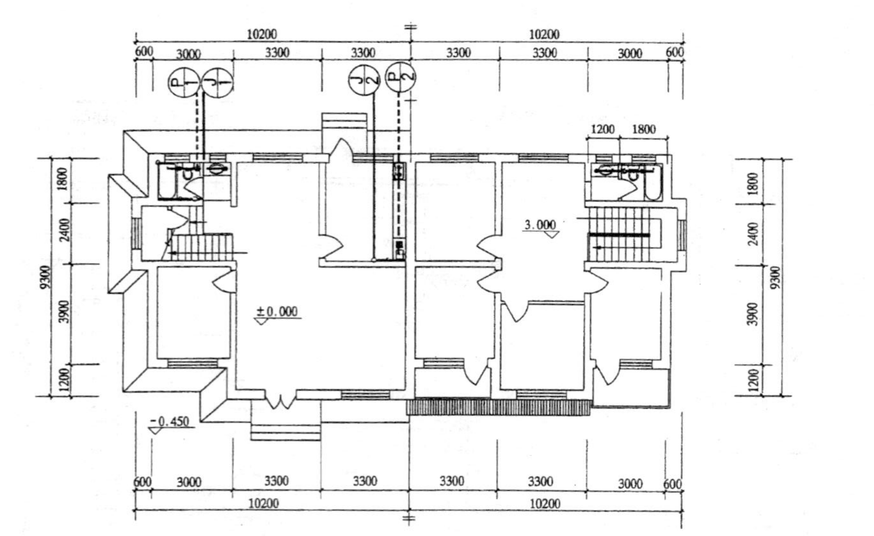

一层平面图

二层平面图

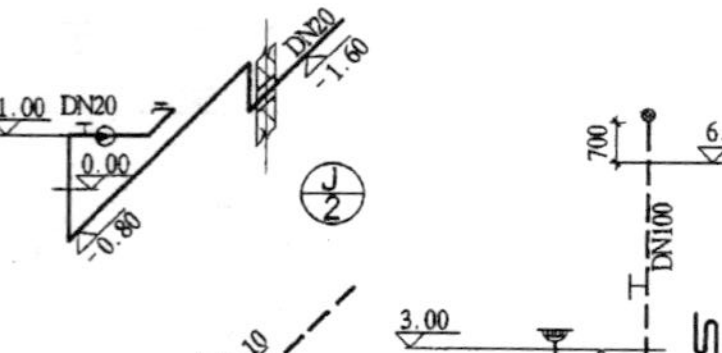

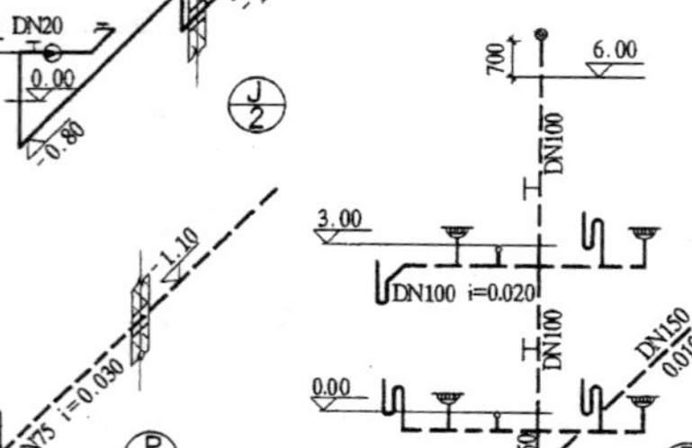

设计说明：

1. 图中尺寸单位：标高以米计，其余均以毫米计。
2. 给水管道采用铝塑复合管材或钢带复合管材及相应管件。
3. 给水引入管应有不小于0.003的坡度坡向室外给水阀门井或水表井。
4. 给水管道支架间距应不大于下表列出数。

管径(mm)		DN15	DN20	DN25
支架最大间距(m)	水平管	0.6	0.6	0.8
	立管	0.8	1.0	1.2

5. 给水系统图中，未注明的分户水表规格为DN20，安装时，水表前、后应有不小于300mm的直线管段。
6. 排水管道采用UPVC塑料(空壁或发泡)管道，胶粘剂粘接。
   粘接管坡：DN75：$i=0.030$，DN100：$i=0.020$，DN150：$i=0.010$。
7. 建筑排水用PVC－U管道安装选用标准图集号：
   管道穿楼面、屋面、地下室外墙及检查井壁：96S341－13；
   管件连接：96S341－12；伸缩节：96S341－14；
   洗涤盆：96S341－11；洗脸盆：96S341－8；
   浴盆：96S341－9；坐便器及蹲便器：96S341－5；
   地漏：96S341－22；立管安装：96S341－19；
   横管伸缩节及管卡装设位置：96S341－18。
8. 卫生设备安装选用标准图集号：
   洗涤盆(冷水龙头)：90S342－6；
   洗涤盆规格尺寸及托架：90S342－21，510×360×200；
   洗脸盆：90S342－29(单眼)；
   浴盆90S342－83；
   坐式大便器：90S342－56；
   小型方盖无水封地漏安装图(乙型)92S220－27；
   通气帽：92S220－52。
9. 施工安装及验收应严格遵守现行国家有关规范执行。

N－B型	给水排图	水1

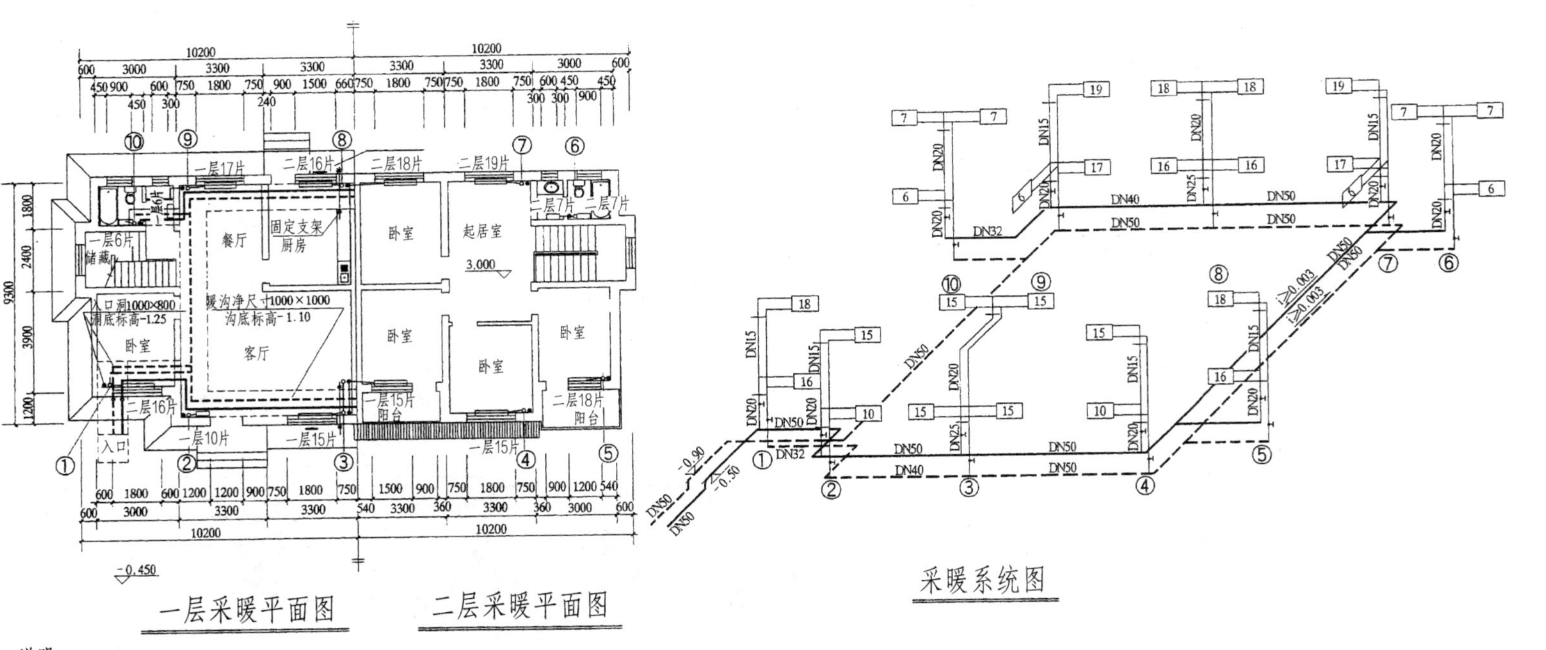

一层采暖平面图　　二层采暖平面图

采暖系统图

说明：

1. 图中标高以米计，其余以毫米计，室内地坪为 ±0.000，管道标高以管底为准。
2. 本采暖工程为下分式同程系统，热煤为 95～70℃度热水，系统耗热量为 49kW。
3. 管道采用焊接钢管，散热器采用四柱 760 型，散热器暗装。
4. 管道连接：干管焊接，立管丝接，立管与干管连接用焊接，支管与散热器用长丝接头或活接头，管道与阀门连接用丝接或阀兰连接。
5. 系统图中凡未注明的支管管径均为 DN15，每组散热器装手动跑风一个。
6. 阀门安装：每组散热器供回水支管，供回水立管装同径阀门各一个。
7. 地沟中供回水干管靠墙一侧上下敷设，活动支架间距为 3m，固定支架位置见一层平面图，所有穿墙或穿楼地板处的管道均装设钢套管。
8. 本系统水压试验压力为 0.7MPa。
9. 刷油：管道及构件除锈垢后，暗装刷红丹两遍，明装刷红丹两遍，银粉两遍，散热器除锈垢后，刷红丹两遍，银粉两遍。
10. 保温：地沟中管道保温材料采用 50mm 厚岩棉保温管，做法参见 87R411－1。
11. 热力入口做法见宁夏建筑设计院“采暖补充复用详图”N－Ⅰ007Ⅰ型，取消除污器。
12. 国标及规范：

    96T922　散热器及管道安装图

    87R411－1　热力设备及管道保温岩棉制品

    GBJ242－82　采暖与卫生工程及验收规范

N－B型	采　暖　图	暖1

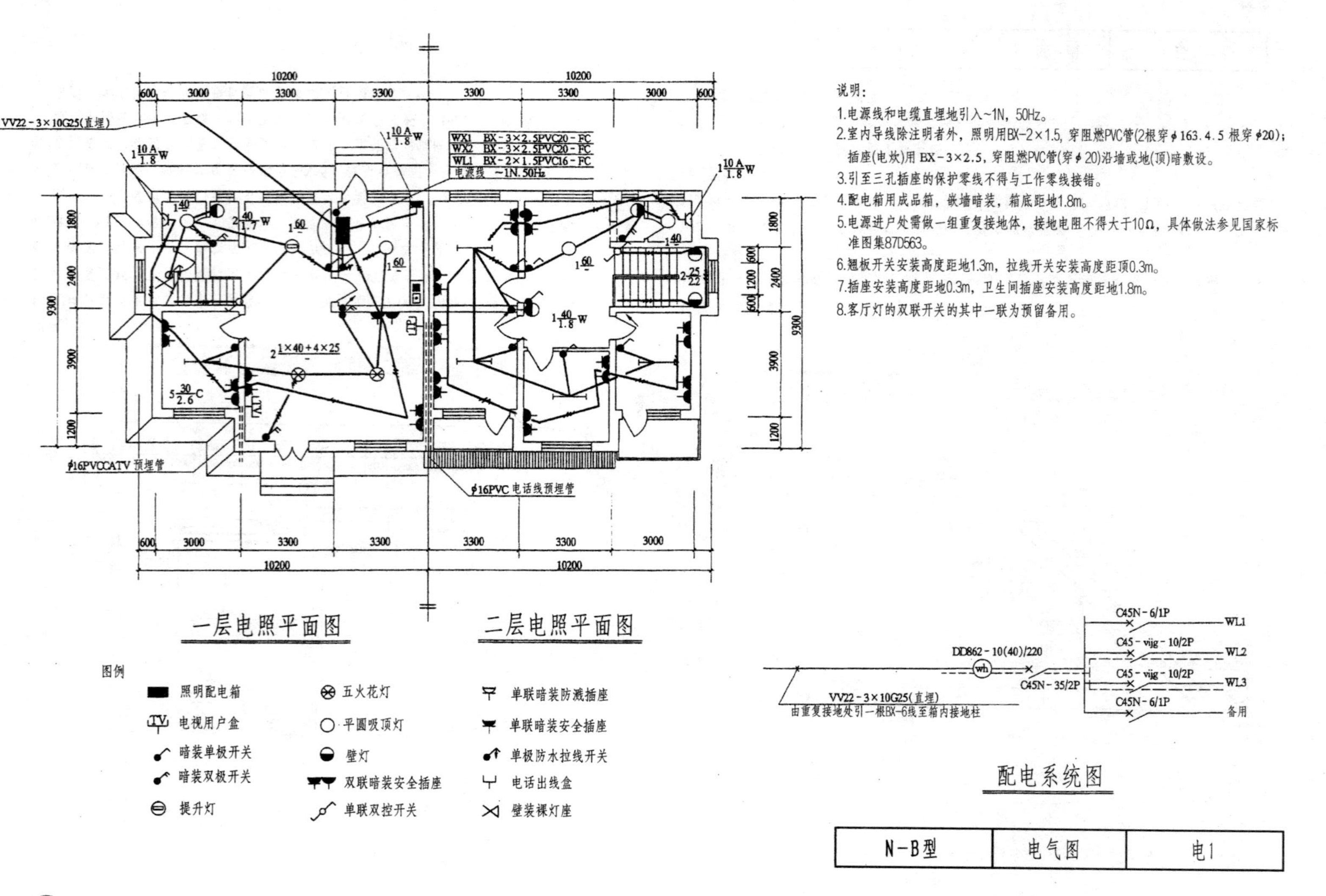
说明：
1.电源线和电缆直埋地引入~1N，50Hz。
2.室内导线除注明者外，照明用BX-2×1.5，穿阻燃PVC管(2根穿φ163.4.5根穿φ20)；插座(电炊)用BX-3×2.5，穿阻燃PVC管(穿φ20)沿墙或地(顶)暗敷设。
3.引至三孔插座的保护零线不得与工作零线接错。
4.配电箱用成品箱，嵌墙暗装，箱底距地1.8m。
5.电源进户处需做一组重复接地体，接地电阻不得大于10Ω，具体做法参见国家标准图集87D563。
6.翘板开关安装高度距地1.3m，拉线开关安装高度距顶0.3m。
7.插座安装高度距地0.3m，卫生间插座安装高度距地1.8m。
8.客厅灯的双联开关的其中一联为预留备用。
VV22-3×10G25(直埋)
WX1 BX-3×2.5PVC20-FC
WX2 BX-3×2.5PVC20-FC
WL1 BX-2×1.5PVC16-FC
电源线 ~1N.50Hz
φ16PVCCATV 预埋管
φ16PVC 电话线预埋管
一层电照平面图
二层电照平面图
图例
照明配电箱
电视用户盒
暗装单极开关
暗装双极开关
提升灯
五火花灯
平圆吸顶灯
壁灯
双联暗装安全插座
单联双控开关
单联暗装防溅插座
单联暗装安全插座
单极防水拉线开关
电话出线盒
壁装裸灯座
DD862-10(40)/220
C45N-35/2P
C45N-6/1P
C45-vijg-10/2P
WL1
WL2
WL3
备用
VV22-3×10G25(直埋)
由重复接地处引一根BX-6线至箱内接地柱
配电系统图
N-B型
电气图
电1

6 S系新农村住宅

设计单位：江苏省扬州市建筑设计研究院有限公司　潘长海、华华、缪小春、季文彬等

资料提供：江苏省姜堰市沈高镇河横村村委会　张吉韬

本设计已在荣获“全球生态500佳”和“中国农业公园”称号的江苏省姜堰市沈高镇河横村建成。适用于我国东南、西南和中部地区。

门 窗 表

编号	洞口尺寸		采用标准图集及编号		樘数	备 注
	宽	高	图集号	编号		
M1	1200	2200			2	木板门
M2	900	2000	参见苏 J73－2		5	三合板门 门庭高地 300
M3	800	2000	参见苏 J73－2		3	三合板门 门庭高地 300
M4	1400	2000			1	木板门
C1	1500	1800	参见苏 J002－2000		5	塑钢窗
C2	1800	1800	参见苏 J002－2000		1	塑钢窗
C3	1200	1500	参见苏 J002－2000		6	塑钢窗
C4	1500	1500	参见苏 J002－2000		1	塑钢窗

注：1. 除标明外，所有外门窗均为塑钢门窗。
2. 门窗防盗设施均由甲方自理。

图 纸 目 录

序号	图 名	图号
1	门窗表 图纸目录	建施 1/8
2	建筑设计说明	建施 2/8
3	总平面图	建施 3/8
4	一层平面图 二层平面图	建施 4/8
5	屋顶平面图 南立面图	建施 5/8
6	东立面图 西立面图	建施 6/8
7	北立面图 1－1 剖面图	建施 7/8
8	详图	建施 8/8
	标准图集	
1	江苏省建筑配件通用图集	苏 J 系列
2	苏 J73－2	

特别说明：本工程严格按国家有关强制性标准设计，请业主、承包商、监理三方认真阅读图纸，发现问题及时与本单位联系解决以免造成损失。

S－建筑	图纸目录及门窗表	建1

建筑设计说明

一、设计依据
1. 设计委托合同书。
2. 计委关于本项目的立项文件。
3. 市规划局对本工程规划方案的批复文件、有关主管部门对本工程初步设计的批复文件。
4. 甲方对建筑单体平面的认可签定。
5.《中华人民共和国规划法》。
6.《城市居住区规划设计规范》《建筑设计防火规范》《民用建筑设计通则》《住宅设计规范》《江苏省城市规划管理技术规定》《江苏省住宅设计标准》。
7. 国家及(姜堰)市规划、环保、抗震、消防等部门现行的有关规定。
8. 甲方提供的基地范围的地质勘察报告。
二、建筑概况
1. 建设单位：姜堰市沈高镇镇政府。
2. 建设地点：姜堰市。
3. 建筑名称：生态小区别墅。
4. 建筑面积及建筑占地面积：建筑面积：168m²；建筑占地面积96m²。
5. 建筑等级及建筑层数：2级，2层。
6. 抗震设防烈度：7度(0.15g)。
7. 主要结构类型：砖混结构。
8. 耐火等级：2级。
9. 工程合理使用年限：50年。
三、标高及定位
1. 本工程设计标高±0.000相当于地质报告中的450mm(甲方提供不了黄海高程)。
2. 建筑平面位置见总平面图。
3. 建筑标高以米计，其他以毫米计。
四、用料说明
1. 墙身
墙体为240厚承重实心砖墙，上部为多孔砖。
墙身采用砂浆为水泥砂浆和混合砂浆砌，详见结构说明。
墙身厚度除图上注明者外，内外墙为240厚。
除表面贴面材者外所有墙柱阳角均做水泥砂浆护角线做法详见苏J9501-30/5。
东西山墙防水：采用12厚防水砂浆打底(水:原液=1:3 JYQ=1:1)。
2. 楼地面
住宅部分
地面为水泥地面做法参见苏J9501-2/2。
楼面为水泥楼面做法参见苏J9501-1/3。
公共部分及楼梯间地面做法参见苏J9501-16/2。
公共部分及楼梯间楼面做法参见苏J9501-14/2。
卫生间及不封闭的阳台楼地面找平层为防水砂浆。
卫生间及厨房均比邻近房间楼地面低20，并找坡1%坡向地漏或泄水孔。
其楼地面与墙结合部位上卷240×100，素混凝土，并与楼板一次浇捣，不留施工缝，穿越楼板的管线应预埋塞管，在两管之间用20厚防水油管封堵。
3. 屋面
防水等级为Ⅰ级。
平屋面做法(上人屋面)详见苏J9801-2/5(建筑找被)保温板厚25mm。
坡屋面做法详见苏J10-2003-7/7。
平屋面女儿墙面水口详见苏J9801-3/12，泛水详见苏J9801-4/12。
高屋面排水至低屋面时水落管下口如设混凝土簸箕。
4. 外墙
东西墙为25厚挤塑板保温墙，保温做法见苏J9802-/6。
涂料外墙做法见苏J9501-4/6。
面砖外墙做法见苏J9501-12/6。
具体色彩与周围建筑要协调，屋顶用深灰色水泥瓦，外墙用浅灰色涂料。
色彩及用料需先做小样，经有关方面及设计院共同商定后方可大面施工。
图中所示虚线隔断由用户结合装修自理。
5. 内墙
内墙面做法详见苏J9501-5/5。
楼梯间墙面做法详见苏J9501-5/5。
厨房及卫生间内墙面做法详见苏J9501-4/5。
6. 平顶
平顶做法见苏J9501-5/8(取消刷乳胶漆)。
楼梯间平顶做法见苏J9501-5/8。
阁楼坡屋顶下部吊顶由用户自理，但须符合建筑耐火等级的要求。
7. 门窗
外门选用木板门，外窗选用塑钢窗。
门窗表中所注尺寸均为洞口尺寸，加工制作时，应扣除粉刷面层厚度。
窗位置位于墙厚之正中，门的开启方面墙面平。
所有门窗墙洞高度均应以楼地面面层算起。
凡与门窗连接的架、柱、墙均应按有关的门窗图纸预埋木砖或铁件。
8. 油漆
凡露明金属构件均刷红丹二道，防锈漆二道。
不露明的铁件均刷红丹二道，凡埋入墙内之木构件均满刷沥青二道。
9. 其他
混凝土做水见苏J9508-4/39，宽800。
坡道(花岗石面层)，坡道做法见苏J9508-/41。
室外暗步(花岗石面层)，暗步做法见苏J9508-2/40。
内墙变形缝见J9509-1，2/51。
平顶变形缝见J9509-5，6/51。
外墙变形缝见苏J9509-3，4/46。
楼梯栏杆详见苏J9505-2/8。
所有窗台高度小于900的窗必须加设防护栏杆，参见苏J9505-4/21。
(栏杆高度1200，竖向构件净距小于110)
临空栏杆下做100高挡栏。
外挑槽及窗台下口均做滴水线。
五、施工要求
1. 本工程设计包括土建设计和一般装修设计(不含二次装修)。
2. 凡有预留，预埋件及安装管线设备等请各专业施工单位密切配合施工，不得临时开凿，钢筋混凝土墙板上设备预留孔以结构图为准，砖墙上设备预留以建筑图为准。
3. 装修设计应在本工程图纸提供的技术条件下进行，凡对本工程设计有修改及调整之处，应及时与设计人协调配合。重点装饰材料、所有油漆、涂料粉刷均应预先做好样板，经设计人员和甲方共同认定后方可施工。
4. 所有门窗须待校对实际洞口无误后，方可制作。
5. 除本说明及个体工程要求外，均应按国内现行有关工程施工及验收规范进行施工及验收。
六、消防设计
1. 概况
本建筑使用性质为独立式别墅，
建筑层数为2层，
建筑耐火等级为2级。
2. 设计依据
《建筑设计防火规范》。
3. 建筑的防火间距
与四周建筑之间的防火间距均大于3.5mm。
4. 在楼板处用相当于楼板耐火报警的非燃烧材料堵塞，墙面所有孔洞在管道安装完毕后都必须用与墙面同标号的材料填实，以防火灾蔓延，所有玻璃幕墙、复合铝板幕墙之间及楼面间缝隙、吊顶内防火分区处、管道四周缝隙处，必须用防火材料严密填实。
5. 凡现浇板上须开洞时不得断断原有配箱。
6. 房间与房间，房间与走道之间的隔墙不论有无吊顶，均须砌到楼板底部。
7. 本工程所选用防火门及有关防火构件均须采用消防部门认可产品。
七、建筑节能
1. 设计依据
《民用建筑热工设计规范》GB50176-93。
《夏热冬冷地区居住建筑节能设计标准》JGJ134-2001。
《江苏省民用建筑热环境与节能设计标准》DB32/478-2001。
《民用建筑节能管理规定》建筑部令第76号。
2. 屋面保温隔热：挤塑聚苯乙烯保温隔热板厚度25。
墙体保温隔热：挤塑聚苯乙烯保温隔热板厚度25。外墙均粉20厚JNS保温砂浆。
3. 冷桥：除外墙粉保湿砂浆外，凡圈梁构造柱等易产生冷桥的混凝土构件，其与室内空气接触的部分粉20厚JNS保温砂浆。
4. 建筑门窗的气密性均不低于GB7107规定Ⅲ级。
5. 建筑遮阳：固定与活动遮阳相结合，水平遮阳面积达到80%。
活动遮阳拟采用提升式塑料活动百叶遮阳帘，成品，安装于室内，甲方自理。
七、图纸说明
1. 图中所注标高除注明者外均为建筑标高。
2. 设计代号
门窗代号：门：M- 窗：C- 防火门：FHM-
3. 各种管井代号及专业代号
S：水管井；水专业 F：风井；暖道专业 D：电专业管道井。
4. 设计图例标准
GB/T50001-2001 房屋建筑制图统一标准。
GB/T50104-2001 建筑制图标准。

S－建筑	建筑设计说明	建2

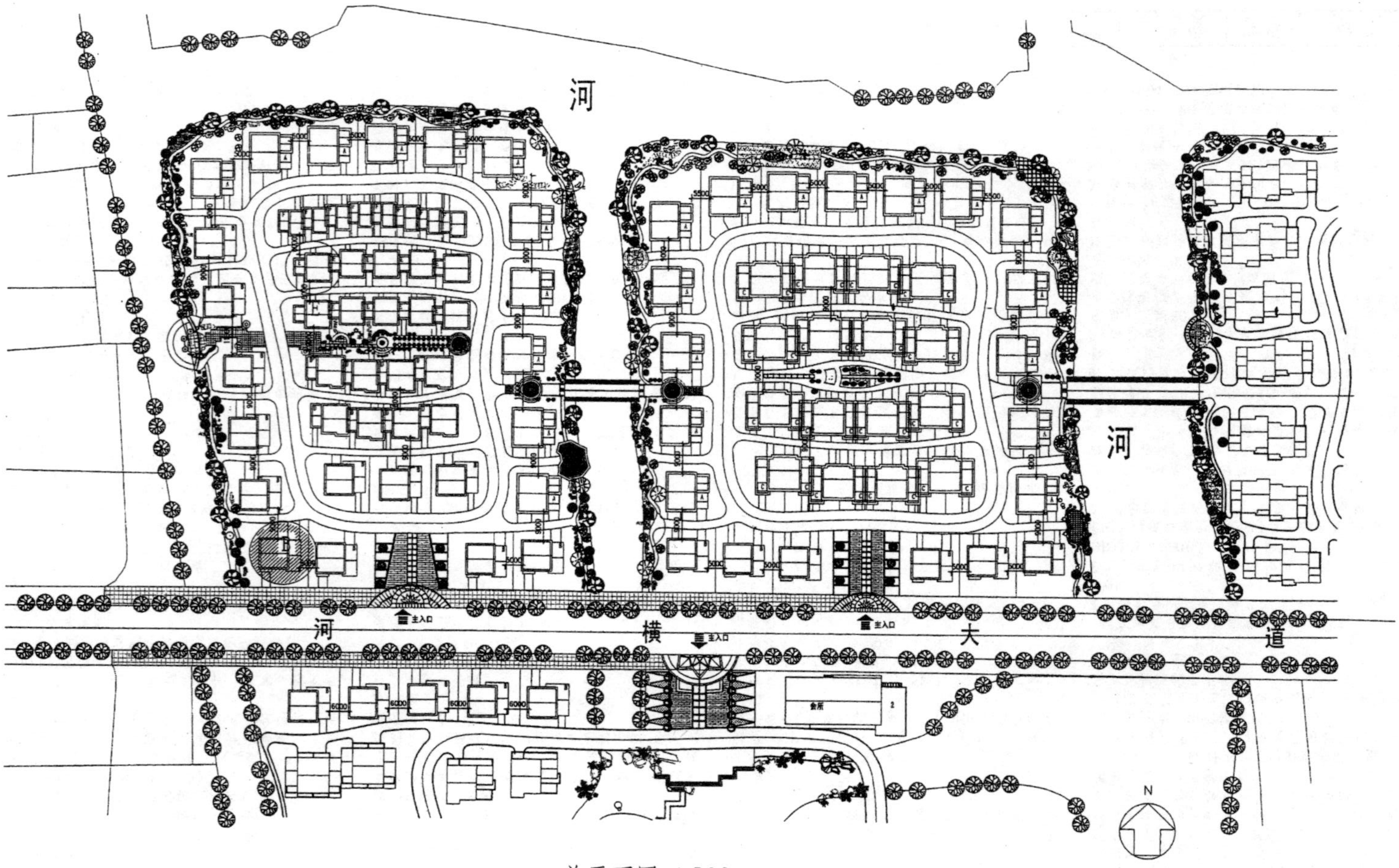

总平面图 1:800

S-建筑	总 平 面 图	建3

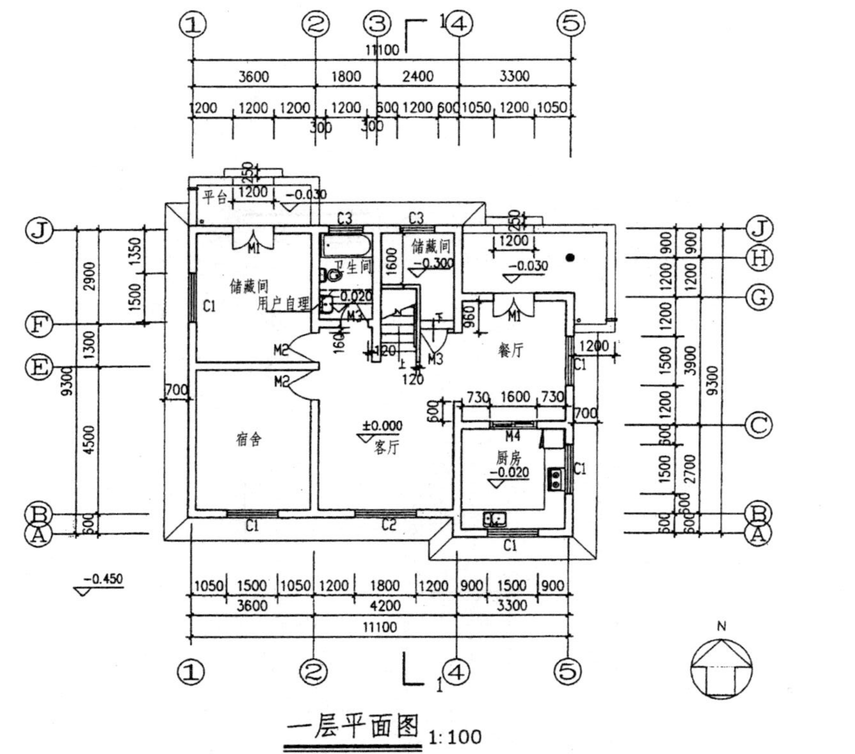

一层平面图 1:100

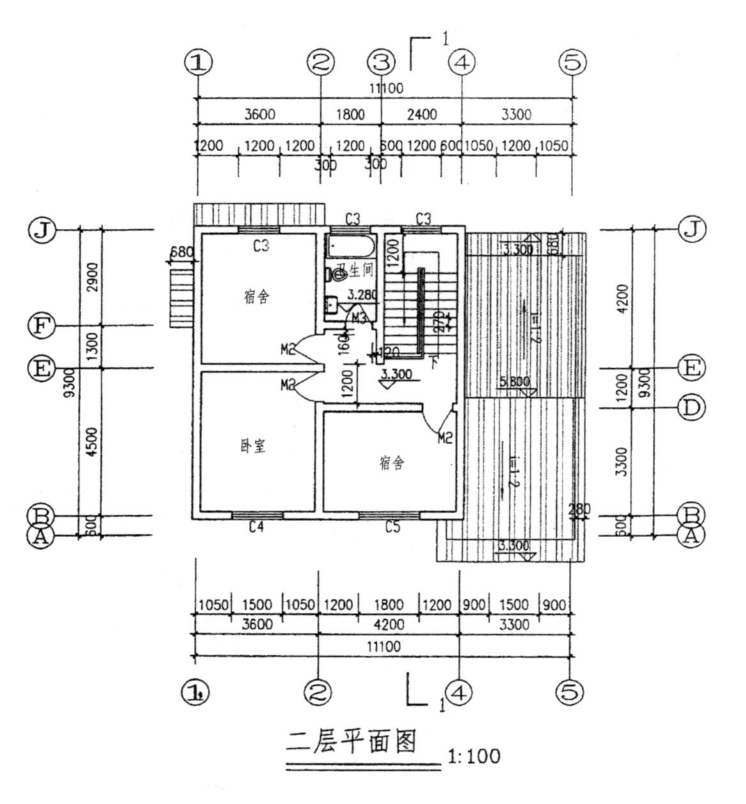

二层平面图 1:100

S-建筑	一、二层平面图	建4

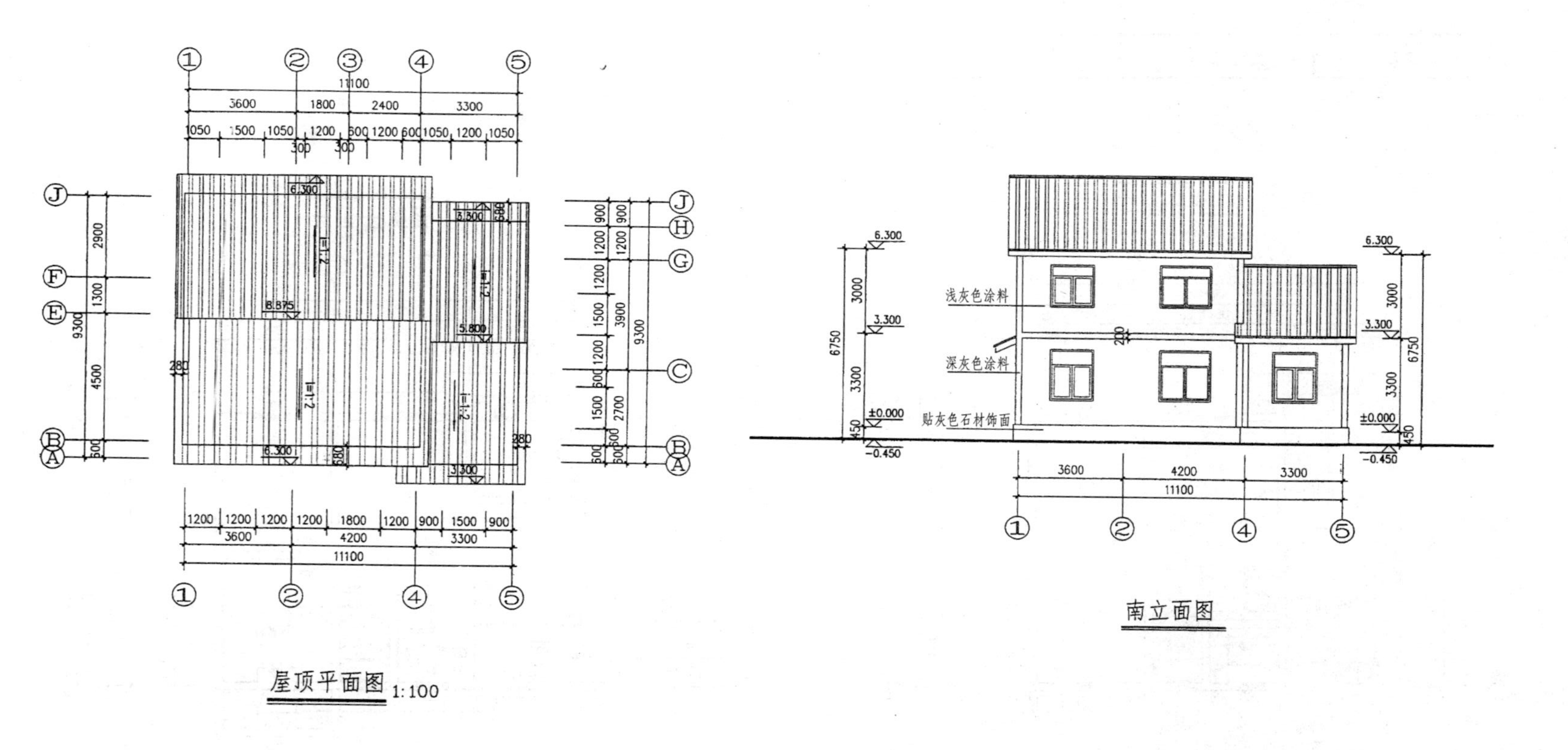

屋顶平面图 1:100

南立面图

S-建筑	屋顶平面及南立面图	建5

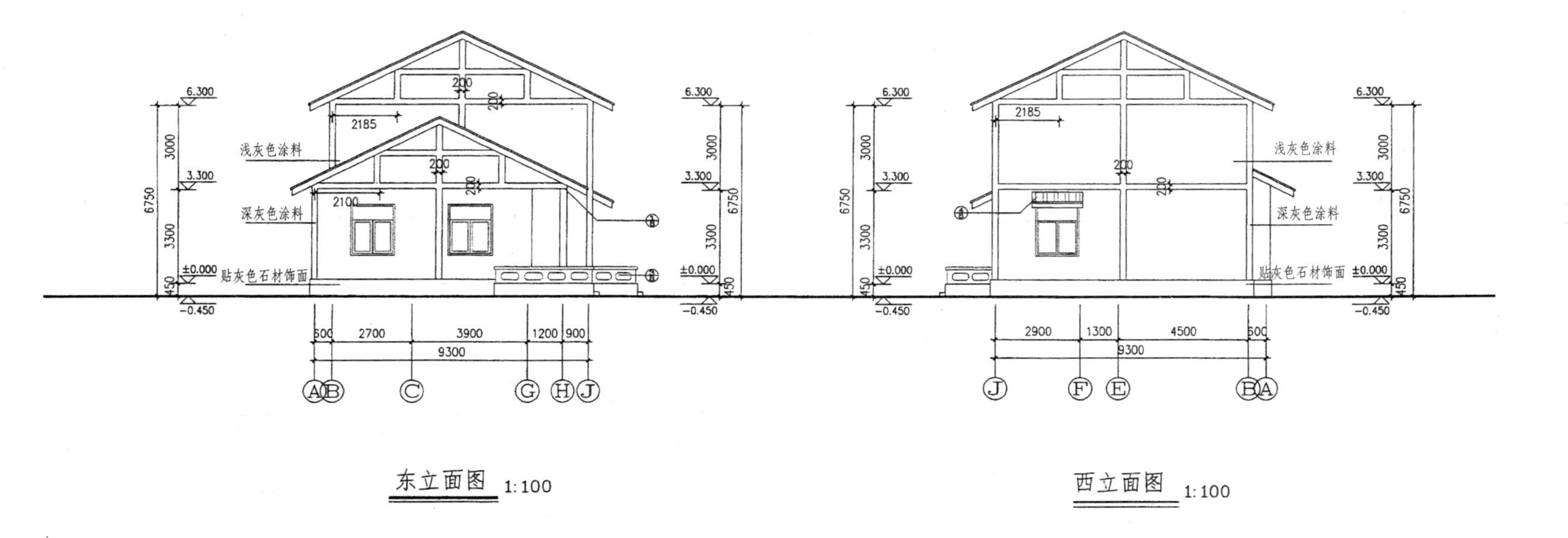

东立面图 1:100

西立面图 1:100

S-建筑	东、西立面图	建6

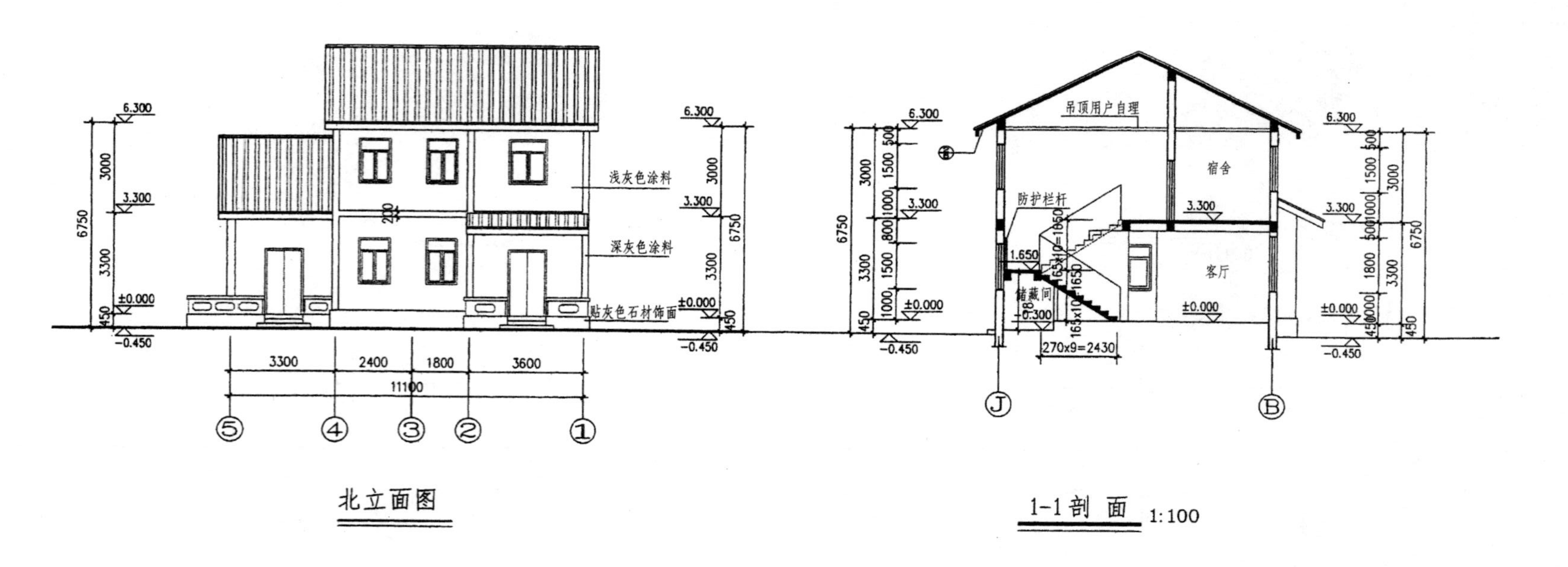

北立面图

1-1剖 面 1:100

S-建筑	北立面及1-1剖面图	建7

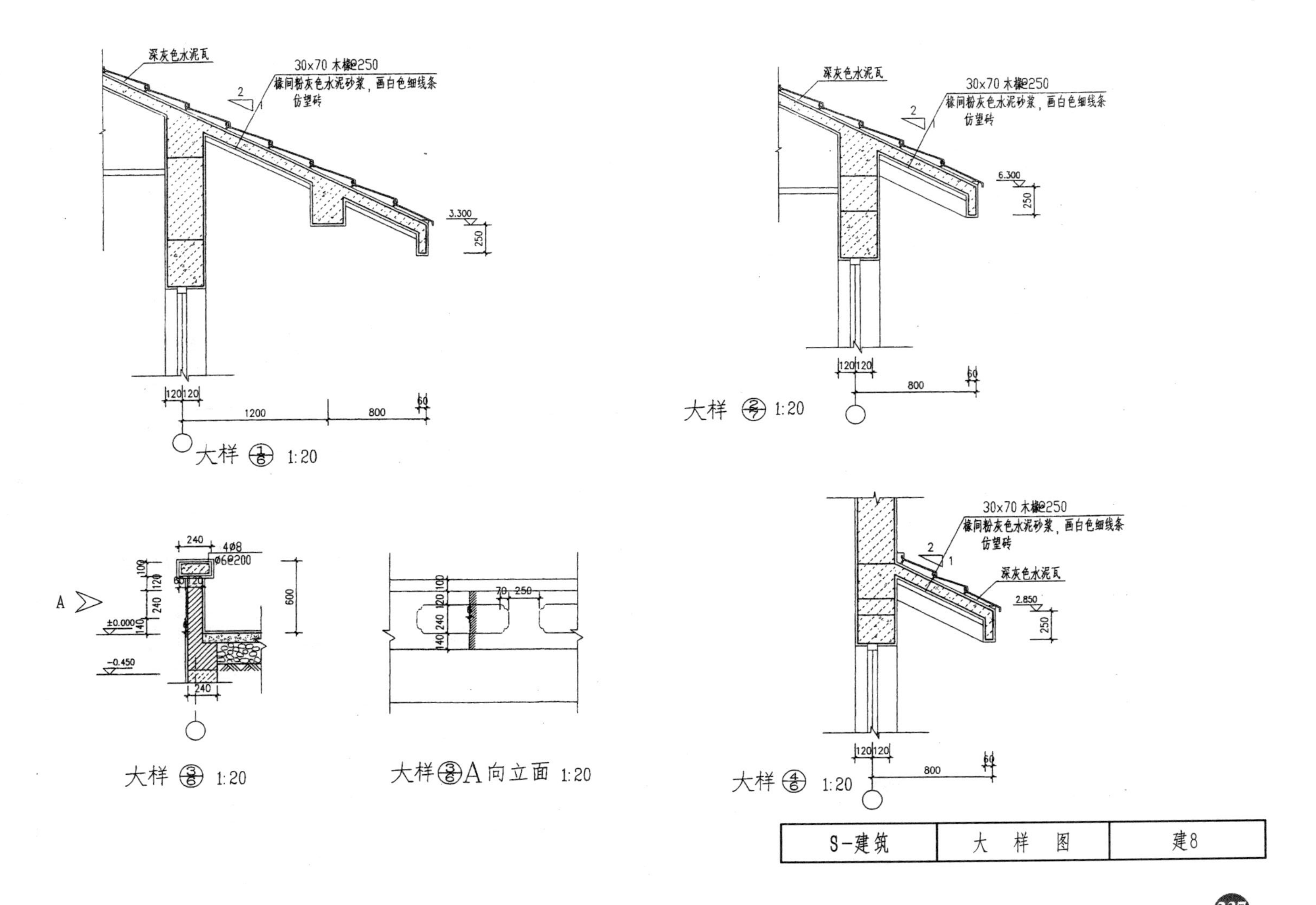

深灰色水泥瓦
30x70 木椽@250
椽间粉灰色水泥砂浆，画白色细线条
仿望砖
2
1
3.300
250
120
120
1200
800
60
大样 1/6 1:20
6.300
大样 2/7 1:20
240
4φ8
φ6@200
100
120
240
140
60
600
±0.000
-0.450
A
大样 3/6 1:20
70
250
大样 3/6 A向立面 1:20
2.850
大样 4/6 1:20
S-建筑
大样图
建8

结构设计总说明

一、设计概要

1. 本工程设计 ±0.000 相当于勘探报告中假设标高 0.4500。
2. 本工程标高以米(m)为单位，其余以毫米(mm)为单位；标高均为建筑标高减去面层。
3. 本工程应按建筑图中注明的功能使用，未经设计许可，不得改变结构的用途和使用环境。
4. 本工程除特别注明外，均以本总说明为准未详尽处，应遵照现行国家有关规范与规程施工。
5. 本程结构设计使用年限为 50 年，砌体施工质量控制等级为 B 级及以上等级。

二、设计依据

1. 采用中华人民共和国国家标准规范和堆积进行设计，主要有
建筑结构荷载规范 GB50009、混凝土结构设计规范 GB50010、
建筑抗震设计规范 GB50011、建筑地基基础设计规范 GB50007、
砌体结构设计规范 GB50003、多孔砖砌体结构技术规范 JGJ137、
钢筋焊接及验收规程 JGJ18-96、砌体工程施工质量验收规范 GB50203。

2. 屋面和楼面均布活荷载准值

楼面用途	不上人屋面	雪载	客厅	餐厅	厨房	卫生间	卧室	宿舍
活荷 kN/m²	0.5	0.35	2.0	2.0	2.0	4.0	2.0	2.0

a. 屋面活荷载不包括花园土石等材料自重；卫生间活载不包括卫生间垫高部分的荷载。

b. 楼层房间应按照建筑图中注明内容使用，未经设计单位同意不得任意更改使用用途不得在楼层梁和板上增设建筑图中未标注的隔墙。

3. 风载：50 年一遇的基本风压为 0.40kN/m²，地面粗糙度为 B 类，风载体型系数为 1.3。

4. 混凝土结构的环境类型

位置	屋面	其他一般部位	基础柱，梁（上部，两侧）	基础底板，基础梁底
环境类别	二类	一类	二类	特定

5. 安全等级：本工程建筑结构安全等级为二级；地基基础设计等级为丙级。
6. 抗震设防：本工程抗震设防类别为丙类，抗震设防烈度为 7 度，基本地震加速度 0.10g，地震分组为第一组；场地类别为Ⅲ类；抗震构造措施按 7 度。
7. 工程地质：本工程由泰州市金煜岩土工程勘察有限公司提供岩土工程勘察报告，勘察编号为 2006J013，建筑场地为不液化场地，基础设计说明详见结施 02。

三、主要结构材料

（一）钢筋及钢材

1. 钢筋

Φ表示 HPB235 钢筋（fy = 210N/mm²）——焊条 E43 × × 型。

Φ表示 HPB335 钢筋（fy = 300N/mm²）——焊条 E50 × × 型。

注：用于结构抗震构件梁柱内受力钢筋的抗拉强度实测值与屈服强度实测值的比值不小于 1.25；钢筋的屈服强度实测值与强度标准值的比值不大于 1.3；抗震构件为圆梁构造柱，配筋砌体。

2. 钢材：钢板和型钢采用 Q235 等级 B 的碳素结构或 Q345 等级 B 的低合金高强度结构钢。
3. 预埋件：预埋件的钢筋应采用 HPB235，HRB335，HRB400 级，严禁使用冷加工钢筋制作。
4. 吊环：吊环应采用 HPB235 钢筋制作，严禁使用冷加工钢筋；吊环埋入混凝土的深度不应小于 30d，并应焊接或绑扎在钢筋骨架上。
5. 焊条：焊条其性能应符合现行国家标准（碳钢焊条）GB5117 或（低合金钢焊条）GB5118 的规定。
6. 其他：所有外露铁件均应除锈涂红丹两道，刷防锈漆两度，面色见建筑图。

（二）混凝土

1. 各层梁板混凝土强度等级

强度等级	基础部分			上部结构			
	垫层	梁板	墙柱	位置	标高	梁板	墙柱
	C10	C25	C25	基础梁面～屋面		C25	C25

2. 结构混凝土耐久性的基本要求（设计年限为 50 年）详见苏 G01-2003 图集第 29 页。
3. 构造柱，过梁，压顶梁，栏板等，除结构施工图中特别注明者外均采用 C20。
4. 除了施工单位提供试块实验报告外，设计单位依据工程具体要求，可采用随机无损检验等方法，以确认混凝土的施工质量及强度等级是否满足设计要求。

（三）砌体

1. 各层砌体，砂浆强度等级见表

层次	-0.06 以下		一～二层	
项目	实心砖	水泥砂浆	多孔砖	混合砂浆
强度等级	MU15	M10	MU10	M7.5

注：KP1 多孔砖孔洞率不大于 30%
确定砂浆强度等级时应采用同类块体为砂浆强度试块底模。

2. 本工程地面以下的墙体，采用 MU15 标准实心砖（240 × 115 × 53），M7 水泥砂浆砌筑。
3. 地面以上墙体采用 240 × 115 × 90 的 KP1 多孔砖，混合砂浆砌筑；有关要求详见苏 J901 图集。

四、钢筋构造

（一）受力钢筋的混凝土净保护层厚度

1. 纵向受力钢筋的混凝土保护层厚度（从钢筋外边缘到混凝土外边缘的距离），根据混凝土的强度及环境类别按苏 G01-2003 图集第 2 页采用；并根据工程的实际情况结合附注的有关要求施工。
2. 基础：基础板底，梁底纵向受力钢筋的保护层厚度为 40mm，当无垫层时为 70mm。
基础板顶，梁顶，梁侧及柱纵向受力钢筋的保护层厚度均为 40mm。
3. 梁柱：梁、柱中箍筋和构造钢筋的保护层厚度不应小于 15mm；当梁柱相平时，该梁侧保护层为 50，当主次梁相交时，主梁上皮的保护层为 50，次梁上皮为 25。

（二）受拉钢筋的最小锚固长度 La

1. 非抗震及抗震结构构件纵向受拉钢筋的最小锚固长度 La，Lae 按 03G101-1 图集第 33～35 采用；并根据工程的实际情况结合附注的有关要求施工。
2. 在任何情况下，受拉钢长的筋锚固度不应小于 250，光面钢筋两端必须加弯钩。
3. 本工程抗震构件为：框架柱、梁、圆梁、构造柱；非抗震构件为：次梁，现浇板。
4. 工程中如采用机构锚固其构造详见 03G101-1 第 35 页。

（三）钢筋混凝土过梁

1. 砌体墙中的门，窗洞及设备预留孔洞洞顶需设过梁；过梁除另有注明外，统一按图 7.3 处理。
2. 当后砌非承重墙洞边为混凝土柱时，须在过梁标高处的柱内预埋过梁钢筋，待施工过梁钢筋时，将过梁底筋及架立筋与之焊接。
3. 当洞顶与结构梁（或板）底的距离小于上述各类过梁高度时，过梁顶与结构梁（或板）浇成整体梁宽同墙厚；过梁两端各伸入支座砌体内的长度 > 墙厚且 > 24 见图 7.4。

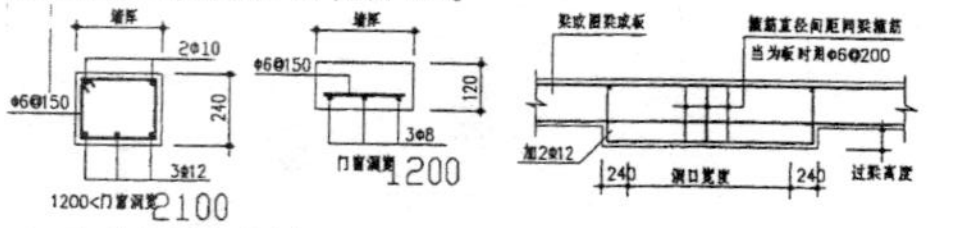

五、钢筋混凝土现浇板

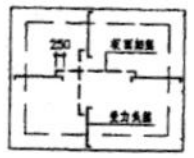

1. 板底钢筋：一般楼板短向筋放于下层，长向筋放于短向筋之上，伸入支座的长度 > 5d 且不小于 120，详见苏 G01 图集第 16 页。
2. 板面负筋：板的支座负筋一律采用直钩，其锚固长度及高低节点的做法详见苏 G01 图集第 15 页；支座负筋应每隔 1000 加设 ϕ10 骑马凳。
3. 板面加筋：现浇板其跨中上层来设置钢筋者按图 5.2 设置双向 ϕ6@200 双向钢筋网与其四周受力负筋的分布筋绑扎，该钢筋网支座负弯矩钢筋搭接 300mm。
4. 其他要求

a. 板内预埋电管，管外径不得大于板厚的 1/3，交差处管边至上下板边的净距不小于 25；电管加强按苏 G01-2002 图集第 15 页施工。

b. 本工程现浇通长沿口（雨棚）须每隔 10～12m 设 10～12mm 伸缩缝，阴阳角均需设置附加筋，除特别注明按苏 G01-2003 图集第 17 页施工。

图纸目录

序号	图　名	图号
1	结构设计总说明　图纸目录	结施 01
2	基础结构平面布置图	结施 02
3	3.250 结构平面布置图	结施 03
4	屋面结构平面布置图	结施 04
	标准图集	
1	建筑物结构常用节点图集	苏 G01-2003
2	建筑物抗震构造详图	苏 G02-2004

特别说明：本工程严格按国家有关强制性标准设计请业主、承包商、监理三方认真阅读图纸发现问题及时与本单位联系解决以免造成损失。

S-结构	结构设计总说明及图纸目录	结1

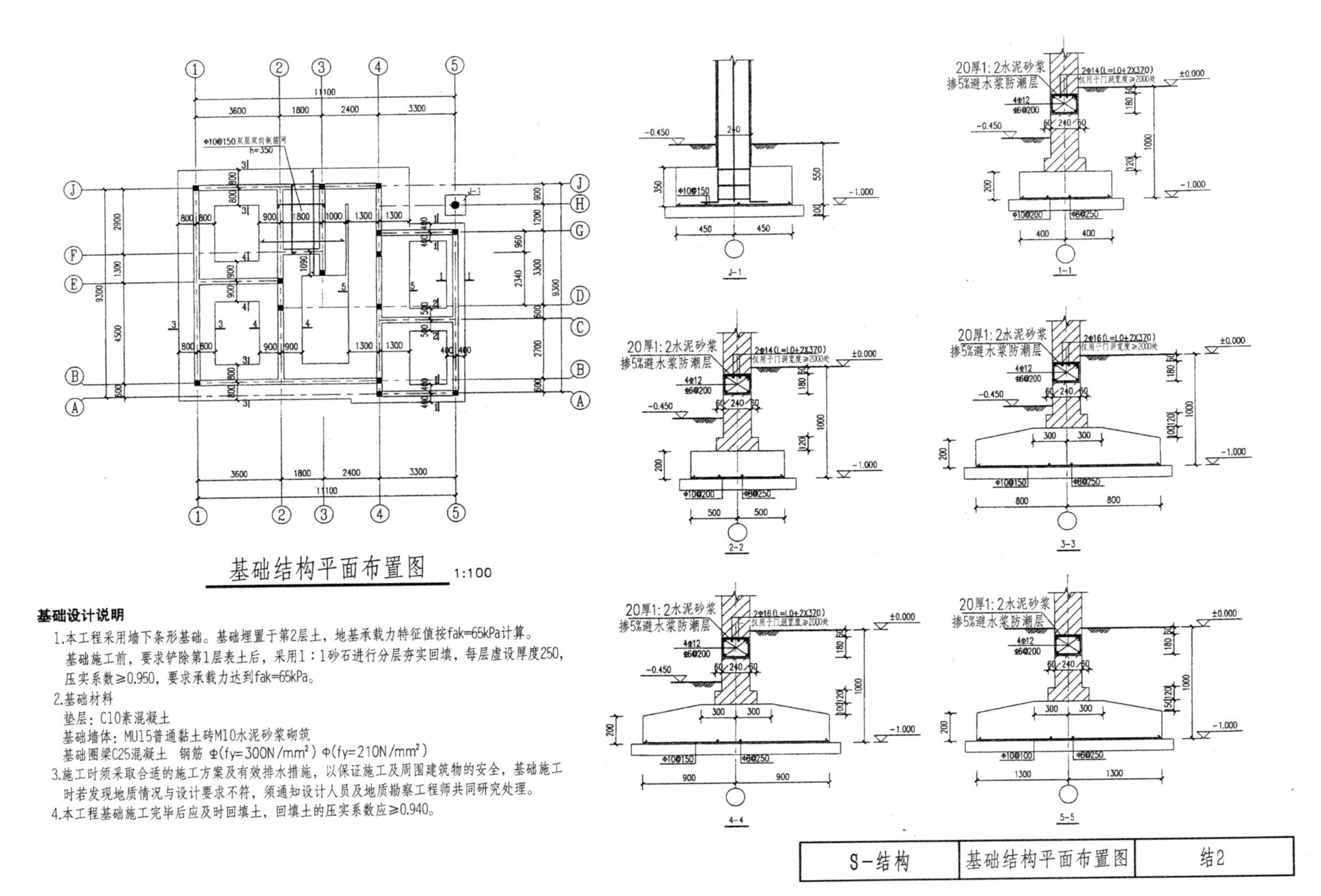

基础结构平面布置图 1:100

基础设计说明

1.本工程采用墙下条形基础。基础埋置于第2层土，地基承载力特征值按fak=65kPa计算。基础施工前，要求铲除第1层表土后，采用1：1砂石进行分层夯实回填，每层虚设厚度250，压实系数≥0.950，要求承载力达到fak=65kPa。

2.基础材料

垫层：C10素混凝土

基础墙体：MU15普通黏土砖M10水泥砂浆砌筑

基础圈梁C25混凝土　钢筋 Φ(fy=300N/mm²) Φ(fy=210N/mm²)

3.施工时须采取合适的施工方案及有效排水措施，以保证施工及周围建筑物的安全，基础施工时若发现地质情况与设计要求不符，须通知设计人员及地质勘察工程师共同研究处理。

4.本工程基础施工完毕后应及时回填土，回填土的压实系数应≥0.940。

S-结构	基础结构平面布置图	结2

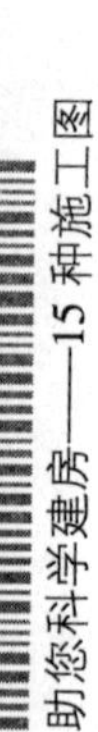

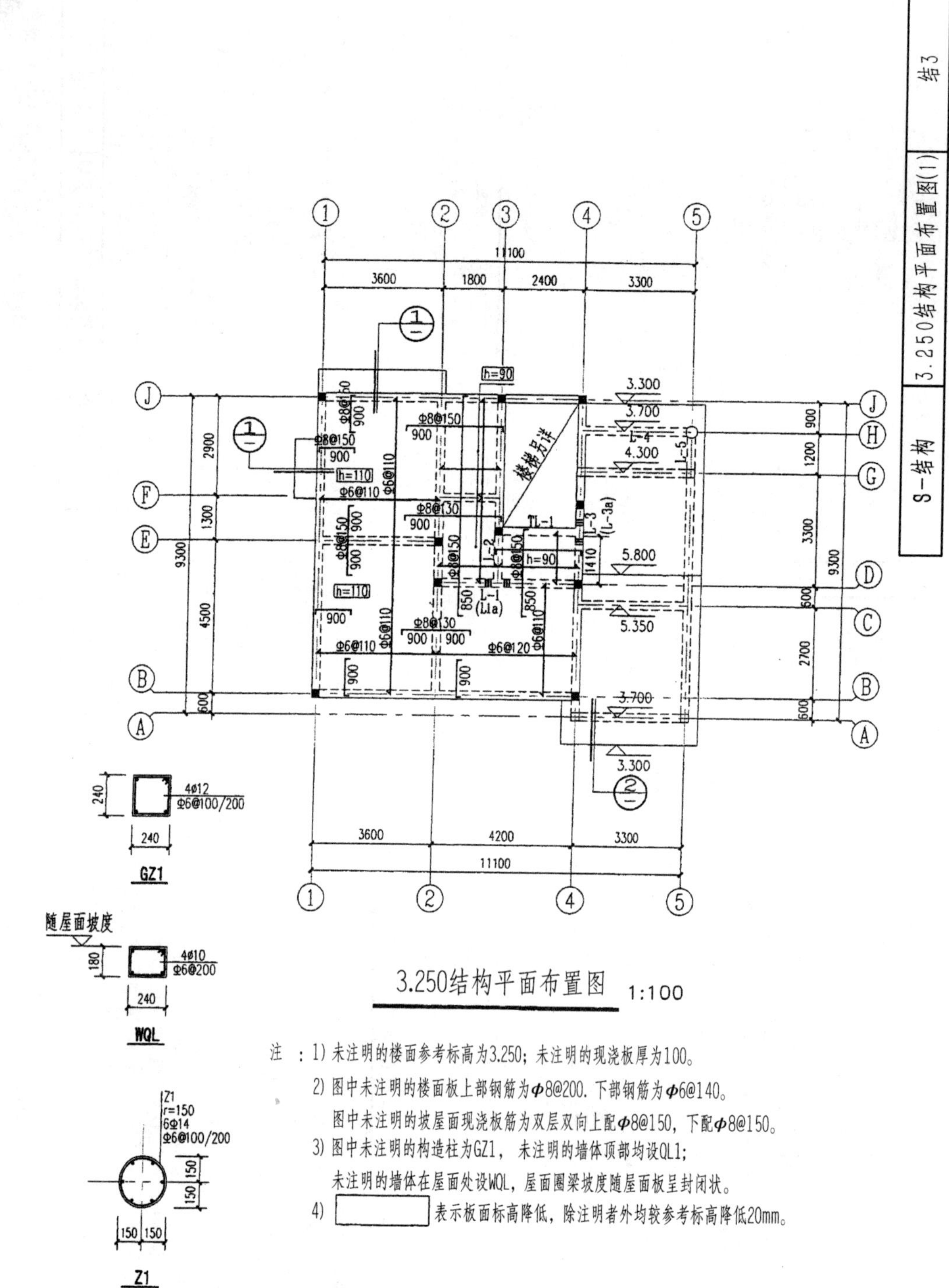

3.250结构平面布置图 1:100

注：1）未注明的楼面参考标高为3.250；未注明的现浇板厚为100。

2）图中未注明的楼面板上部钢筋为ϕ8@200. 下部钢筋为ϕ6@140。

图中未注明的坡屋面现浇板筋为双层双向上配ϕ8@150，下配ϕ8@150。

3）图中未注明的构造柱为GZ1， 未注明的墙体顶部均设QL1；

未注明的墙体在屋面处设WQL，屋面圈梁坡度随屋面板呈封闭状。

4）[ ] 表示板面标高降低，除注明者外均较参考标高降低20mm。

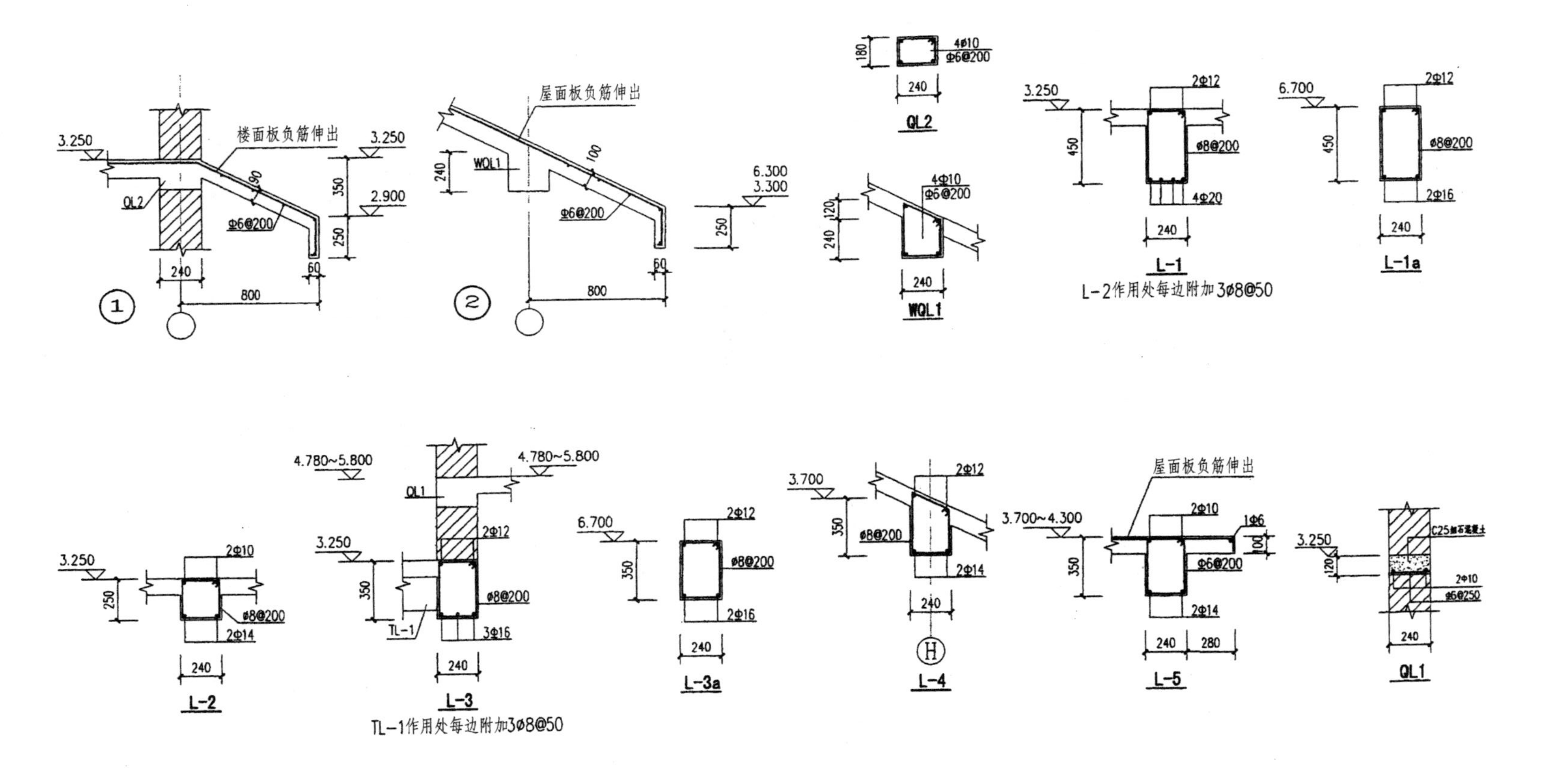

S-结构	3.250结构平面布置图(2)	结3

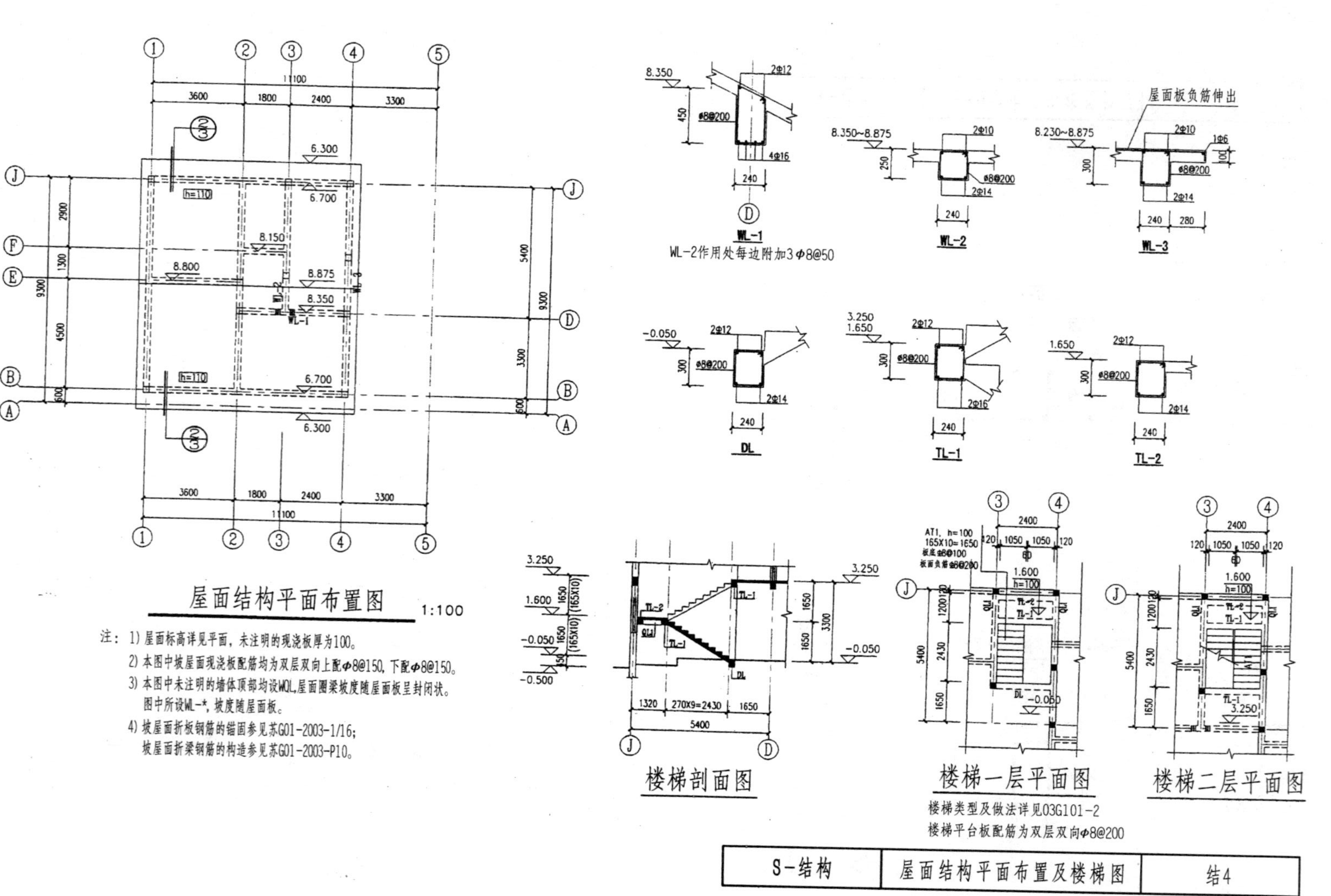

屋面结构平面布置图 1:100
注：1）屋面标高详见平面，未注明的现浇板厚为100。
2）本图中坡屋面现浇板配筋均为双层双向上配Φ8@150，下配Φ8@150。
3）本图中未注明的墙体顶部均设WQL，屋面圈梁坡度随屋面板呈封闭状。
图中所设WL-*，坡度随屋面板。
4）坡屋面折板钢筋的锚固参见苏G01-2003-1/16；
坡屋面折梁钢筋的构造参见苏G01-2003-P10。
WL-1
WL-2作用处每边附加3Φ8@50
WL-2
WL-3
屋面板负筋伸出
DL
TL-1
TL-2
楼梯剖面图
楼梯一层平面图
楼梯二层平面图
楼梯类型及做法详见03G101-2
楼梯平台板配筋为双层双向Φ8@200
S-结构
屋面结构平面布置及楼梯图
结4

7 Z系新农村住宅

编制单位：浙江省富阳市建设局

资料提供：施金标

Z系包括A、B、C三种两或三层新农村住宅。既可为独立式，也可为拼联式。适用于我国东南地区。

设计说明

设计单位：浙江省富阳市建设局　编制

一、建筑设计

本设计包括A、B、C三种独立式小住宅的建筑设计和结构设计。

（一）图中尺寸

除标高以米为单位，其余均以毫米为单位。

（二）防潮层

墙身防潮层均用20厚1:2防水水泥砂浆，设在底层室内地坪以下50处，如结构有特殊要求时，按结构设计说明。

（三）地面

1. 水泥砂浆地面：20厚1:2水泥砂浆面层，70厚C10混凝土，80厚碎石垫层，素土夯实。

2. 地砖地面：防滑地砖面层，1:1水泥砂浆填缝，5厚1:1水泥砂浆结合层，20厚1:3水泥砂浆找平，80厚C10混凝土，厚碎石（碎砖）垫层，素土夯实（饰面材料．也可选用马赛克，预制水磨石面等）。

3. 木地板地面：20厚企口板，50×60木搁栅，中距400（涂沥青），Φ6、$L=160$钢筋固定@1000，刷冷底子油二度，20厚1:3水泥砂浆找平，70厚C10混凝土，80厚碎石（碎砖）垫层，素土夯实。

（四）楼面

1. 水泥砂浆楼面：20厚1:2水泥砂浆面层，现浇钢筋混凝土楼板。

2. 细石混凝土楼面：30厚C20细石混凝土加纯水泥砂浆（随捣随抹），预制钢筋混凝土楼板。

3. 地砖楼面：防滑地砖面层，1:1水泥砂浆填缝，20厚1:1水泥砂浆结合层，15厚1:3水泥砂浆找平，现浇钢筋混凝土楼板。

4. 地砖楼面：防滑地砖面层，1:1水泥砂浆填缝，20厚1:1水泥砂浆结合层，15厚1:3水泥砂浆找平，30厚C20细石混凝土，预制钢筋混凝土楼板。

5. 木地板楼面：20厚企口板，50×60木搁栅，400中距，Φ6，$L=160$钢筋固定@1000（基层均与现浇楼板或预制钢筋混凝土楼板楼面相同）。

注：因选用面层材料的厚度不同，楼板结构层标高在施工时应根据面层材料，做相应调整。

（五）屋面

1. 上人平屋面：防滑地砖面层，1:1水泥砂浆填缝，5厚1:1水泥砂浆结合层，15厚1:3水泥砂浆找平，40厚C20细石混凝土（内配Φ4@200双向），每间设分仓缝，3厚纸筋灰，17厚1:4石灰砂浆隔离层、屋面板，板底水泥纸筋灰粉平，涂料刷面。

2. 非上人平屋面：500×500×30，C20细石混凝土预制隔热板，板底配双向Φ4@150，240×120×180，高砖墩500×500间距，40厚细石混凝土面层（内配Φ4@200双向），3厚纸筋灰，17厚1:4石灰砂浆隔离层、屋面板，板底水泥纸筋灰粉平，涂料刷面。

3. 坡屋面：在钢筋混凝土现浇屋面板上刷纵、横各一道纯水泥浆，再用20厚水泥砂浆（加5%防水剂），粘贴装饰瓦，采用机制平瓦则需在钢筋混凝土现浇板上铺设20×30挂瓦条和6×30顺水条。屋面坡度超过45°或铺设琉璃筒瓦，则需预埋Φ6、长150弯钩，水平距500，横筋18号双股铁丝绑扎挂瓦。

（六）外墙饰面

1. 面砖饰面：15厚1:3水泥砂浆分层找平，6~8厚1:2水泥砂浆粘贴层（可掺粘结剂或掺少量石灰膏），1:1水泥砂浆勾缝。

2. 彩色涂料饰面：15厚1:3水泥砂浆分层找平，6~8厚1:1，水泥砂浆光面，彩色涂料二度。檐口、坡屋顶封檐板。外墙勒脚和窗台等均用1:2.5水泥砂浆粉面。

（七）内墙粉刷

18厚、1:1:6混合砂浆底，2厚细纸筋灰光面，所有门、窗洞口及内墙的阳角处均做1800高、1:2水泥砂浆护角线。

（八）油漆

外木门，内漆乳白色调合漆，外漆深咖啡色调合漆；内木门均漆乳白色、浅咖啡色调合漆漆面，所有外露铁件均红丹底，银粉漆二度。

Z-说明	设计说明	明1

（九）屋顶通风洞的设置

坡屋顶均应在阁顶设置带有百页窗（内加铁丝网）的通风洞，可布置在双坡顶的山墙上（尺寸详见单体设计）或四坡顶的檐口下（300×300，每开间一个），阁顶内的所有隔墙均应设置700×1100（宽×高）的过人孔。

（十）其他

1. 落水管：Φ100 UPVC落水管，上装滤水口。

2. 天棚粉刷：1:1:4水泥纸筋灰底，细纸筋灰面。

3. 所有外露部位均做滴水线。

二、结构设计

（一）抗震

抗震设防烈度为6度，结构的有关构造要求均按相应的抗震规范执行。

（二）荷载

风荷载：基本风压为0.4kN/m^2。

活荷载：居室，2.0kN/m^2；阳台，2.5kN/m^2；储藏室，4.0kN/m^2。

卫生间、厨房，2.5kN/m^2；上人平屋面，3.0kN/m^2；不上人平屋面，0.7kN/m^2。

（三）基础

基础埋深为自室内地面以下1.20m，基底如有不太厚的软弱土时，应挖除干净，用石渣回填至基底标高，需分层夯实（每层200mm）。砖基础及±0.000以下墙体采用MU10标准黏土砖，砌筑水泥砂浆强度等级不低于M5。

（四）墙体

±0.000以上墙体选用KP1型烧结黏土多孔砖。构造按《浙江省建筑标准图集》（浙J20－95）。

（五）地圈梁

当地基承载力标准值为80kN/m^2时，墙体防潮层采用30厚1:2水泥砂浆，内配3Φ6纵向钢筋，Φ6@250横向分布筋，设在底层室内地面以下50mm处。

（六）楼面

预制板采用浙江省结构标准图集96浙G11《预应力混凝土圆孔板》。现浇柱梁、圈梁、板的混凝土等级均为C20钢筋，采用Ⅰ级钢（Φ），冷拔低碳钢丝（Φ）。梁、柱主筋净保护层厚度为25箍筋，板钢筋净保护层厚度为15mm。

（七）圈梁、钢筋混凝土柱

圈梁截面宽为240mm，高为80mm，内配4Φ10纵向钢筋。

箍筋。圈梁做法按《浙江省建筑标准图集》（浙J20－95）。

构造柱纵向主筋按四层房屋的要求选用。

注：施工应严格按照设计图及有关标准图施工，遵守国家施工规范、规程。

Z－说明	设计说明	明2

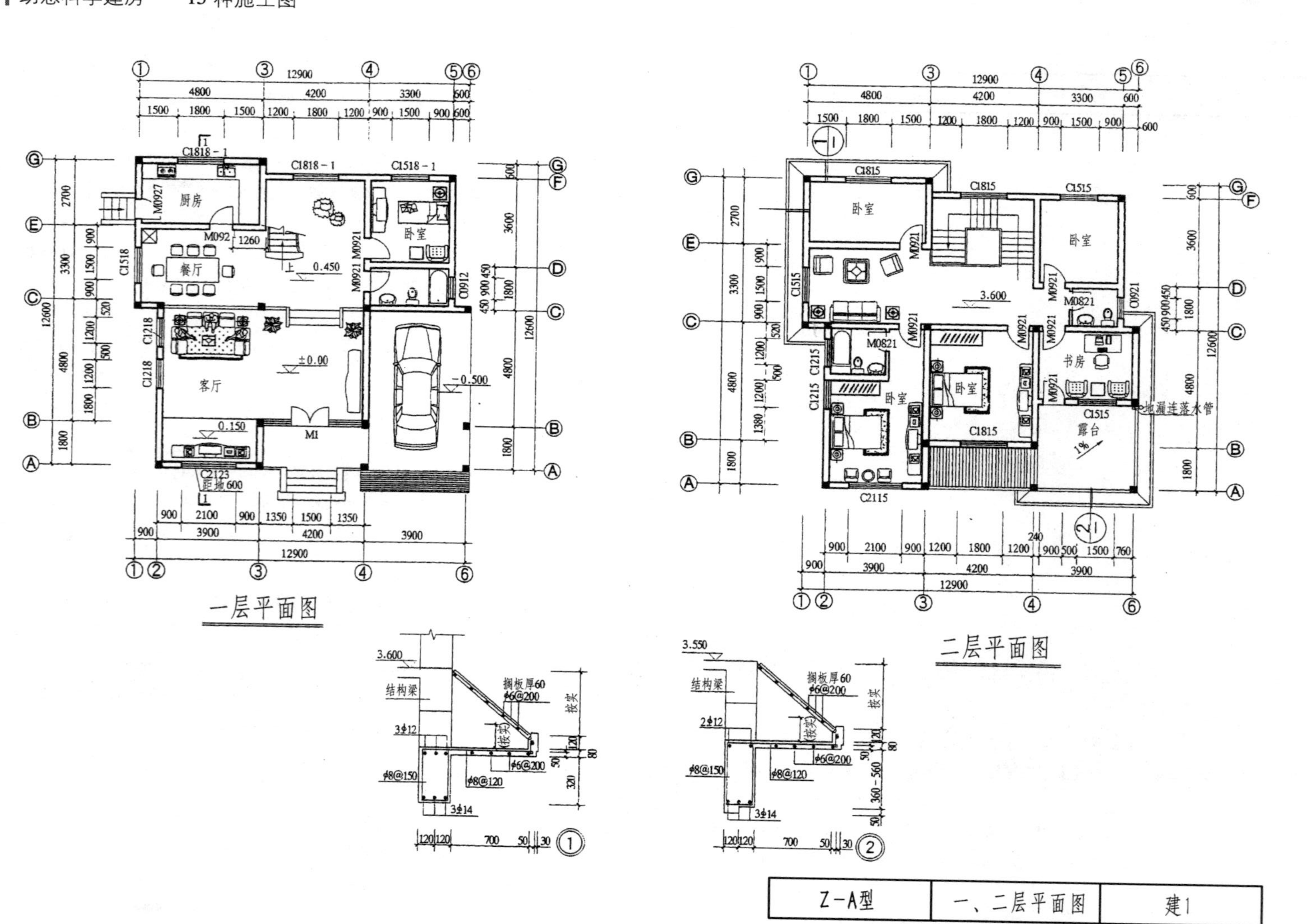
一层平面图
厨房
餐厅
卧室
客厅
M0927
M092
M0921
C1818－1
C1518－1
C1518
C1218
C0912
C2123
距地 600
M1
0.450
±0.00
－0.500
0.150
二层平面图
卧室
书房
露台
3.600
M0921
M0821
C1815
C1515
C1215
C2115
C0921
地漏连落水管
3.600
3.550
结构梁
搁板厚60
ϕ6@200
ϕ8@150
ϕ8@120
3ϕ14
3ϕ12
2ϕ12
按实
Z－A型
一、二层平面图
建1

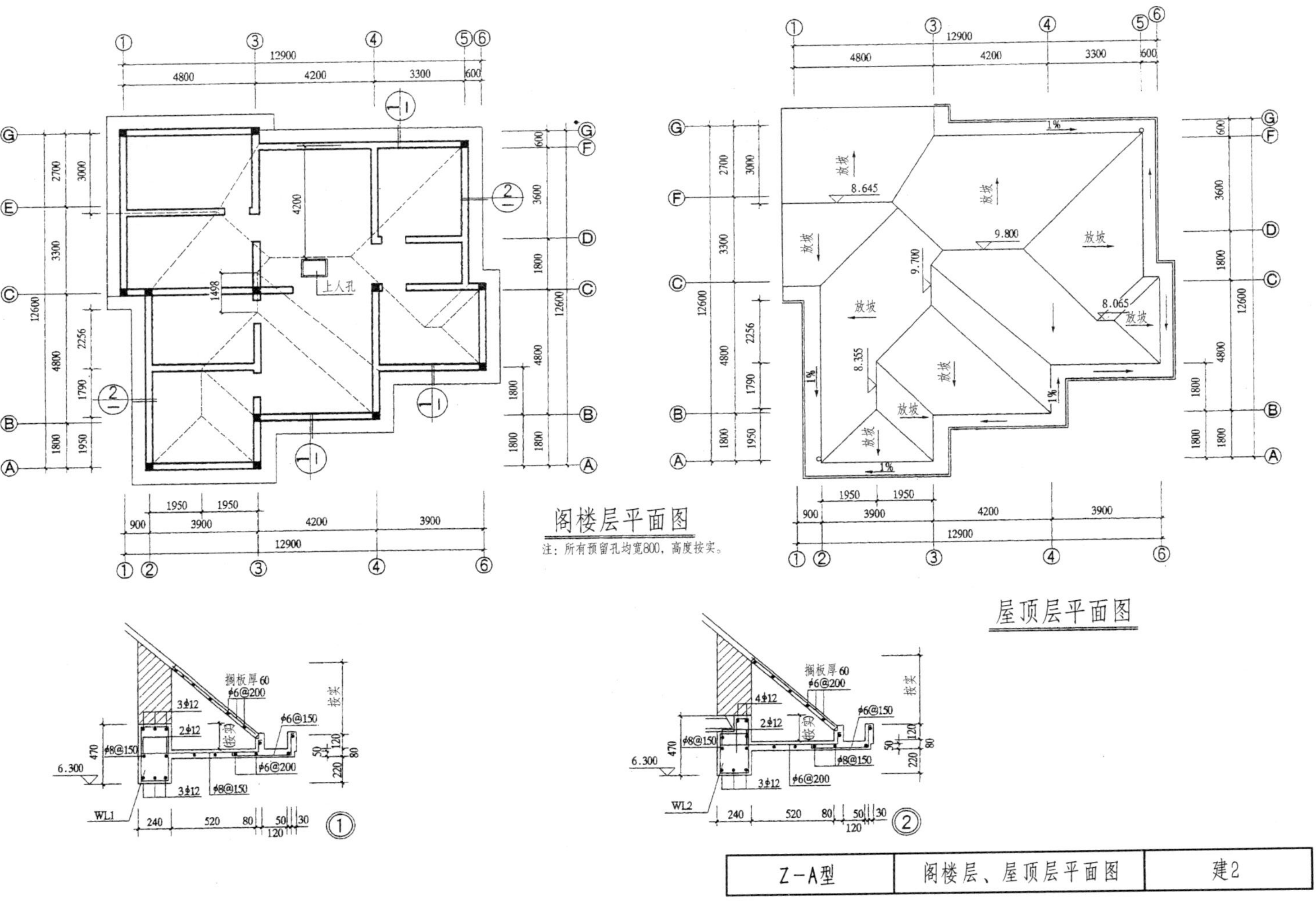

Z-A型	阁楼层、屋顶层平面图	建2

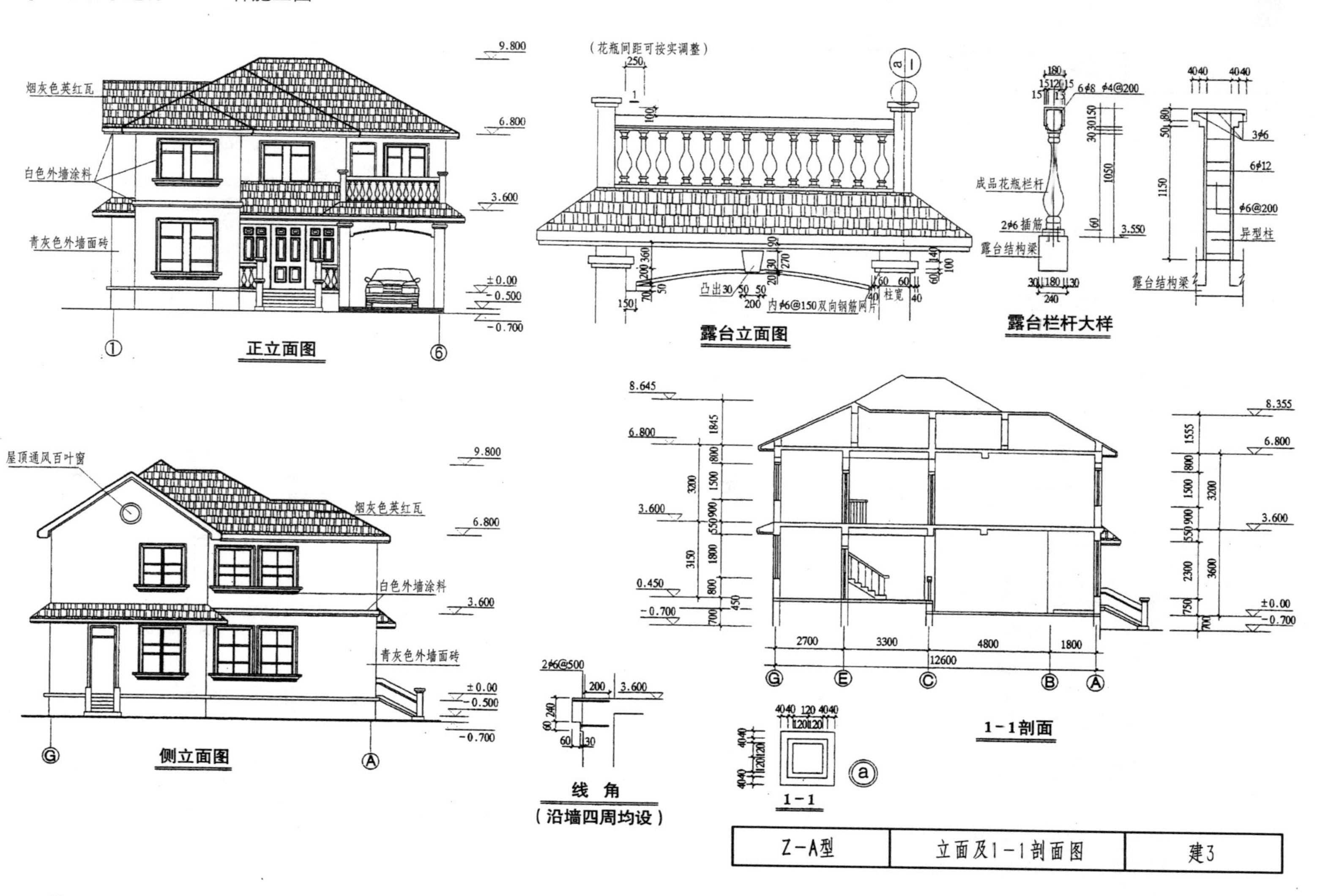
烟灰色英红瓦
白色外墙涂料
青灰色外墙面砖
9.800
6.800
3.600
±0.00
-0.500
-0.700
正立面图
(花瓶间距可按实调整)
露台立面图
凸出30
内ϕ6@150双向钢筋网片
柱宽
成品花瓶栏杆
2ϕ6 插筋
露台结构梁
6ϕ8
ϕ4@200
3.550
3ϕ6
6ϕ12
ϕ6@200
异型柱
露台栏杆大样
屋顶通风百叶窗
侧立面图
2ϕ6@500
线 角
(沿墙四周均设)
8.645
0.450
8.355
12600
1-1剖面
1-1
Z-A型
立面及1-1剖面图
建3

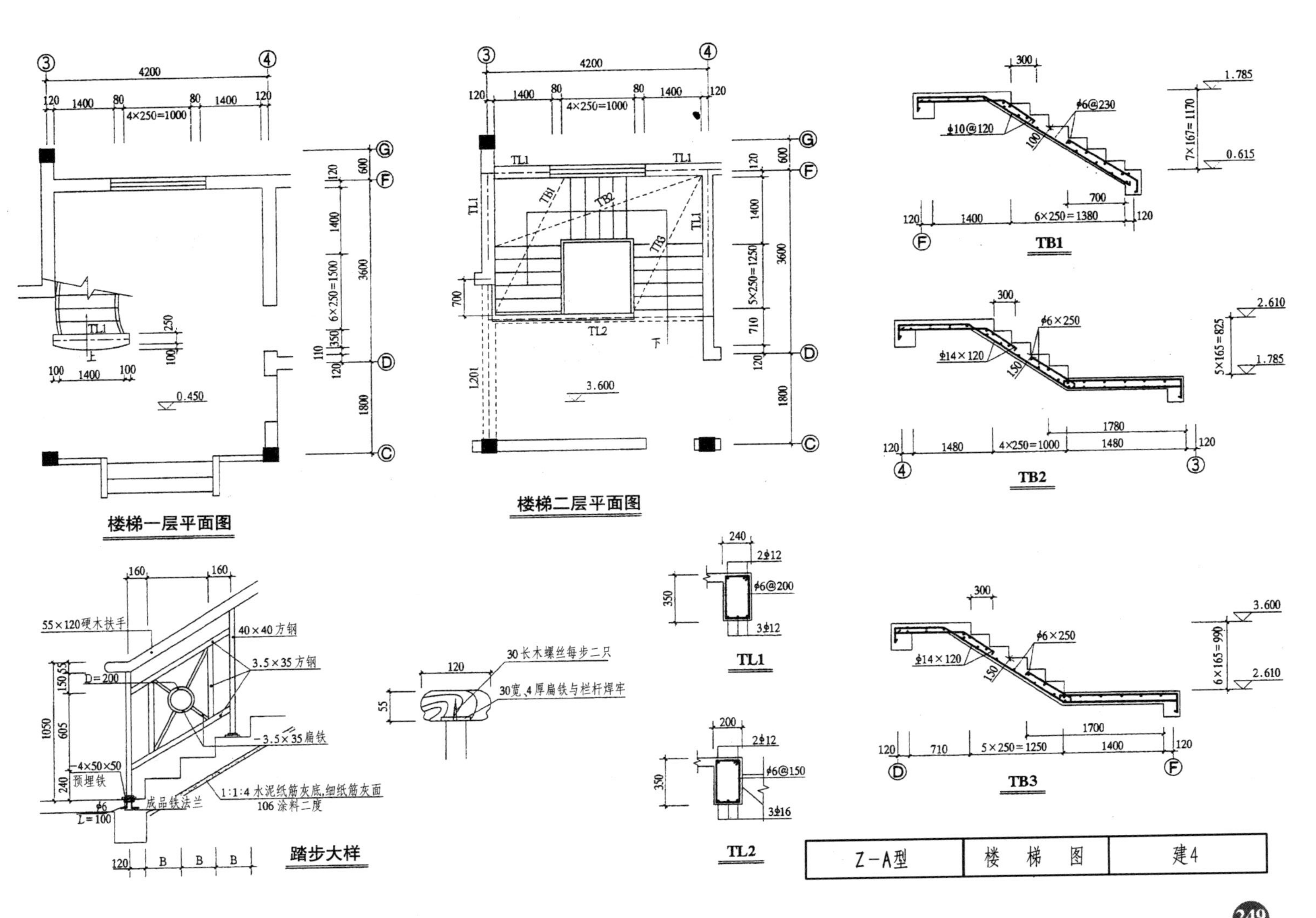
楼梯一层平面图
楼梯二层平面图
TB1
TB2
TB3
TL1
TL2
踏步大样
55×120硬木扶手
40×40方钢
3.5×35方钢
-3.5×35扁铁
-4×50×50
预埋铁
成品铁法兰
1:1:4 水泥纸筋灰底,细纸筋灰面
106 涂料二度
30长木螺丝每步二只
30宽,4厚扁铁与栏杆焊牢
Z-A型
楼梯图
建4

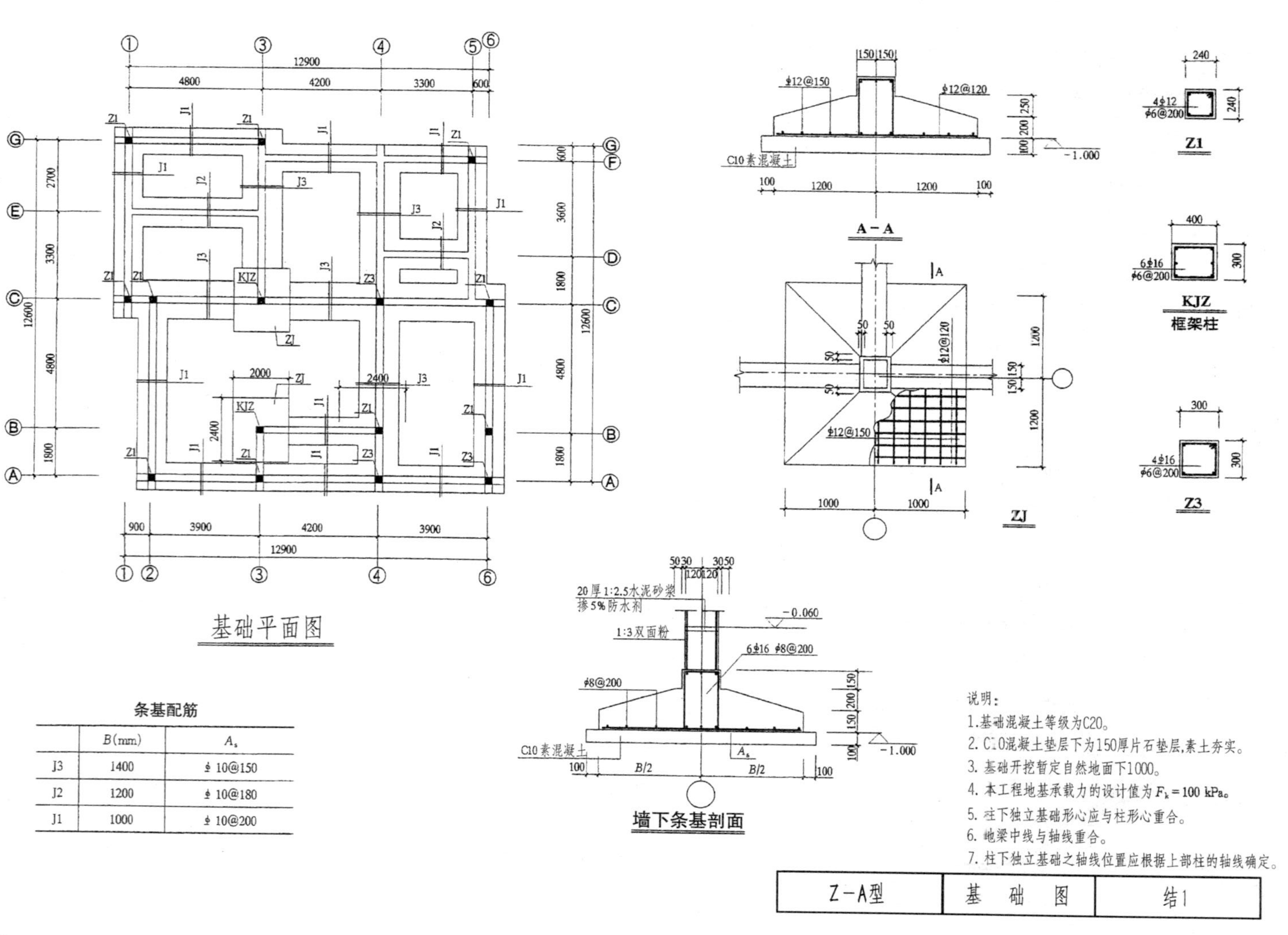

条基配筋

	B(mm)	A_s
J3	1400	⌀ 10@150
J2	1200	⌀ 10@180
J1	1000	⌀ 10@200

说明：

1. 基础混凝土等级为C20。
2. C10混凝土垫层下为150厚片石垫层，素土夯实。
3. 基础开挖暂定自然地面下1000。
4. 本工程地基承载力的设计值为 $F_k = 100$ kPa。
5. 柱下独立基础形心应与柱形心重合。
6. 地梁中线与轴线重合。
7. 柱下独立基础之轴线位置应根据上部柱的轴线确定。

Z－A型	基　础　图	结1

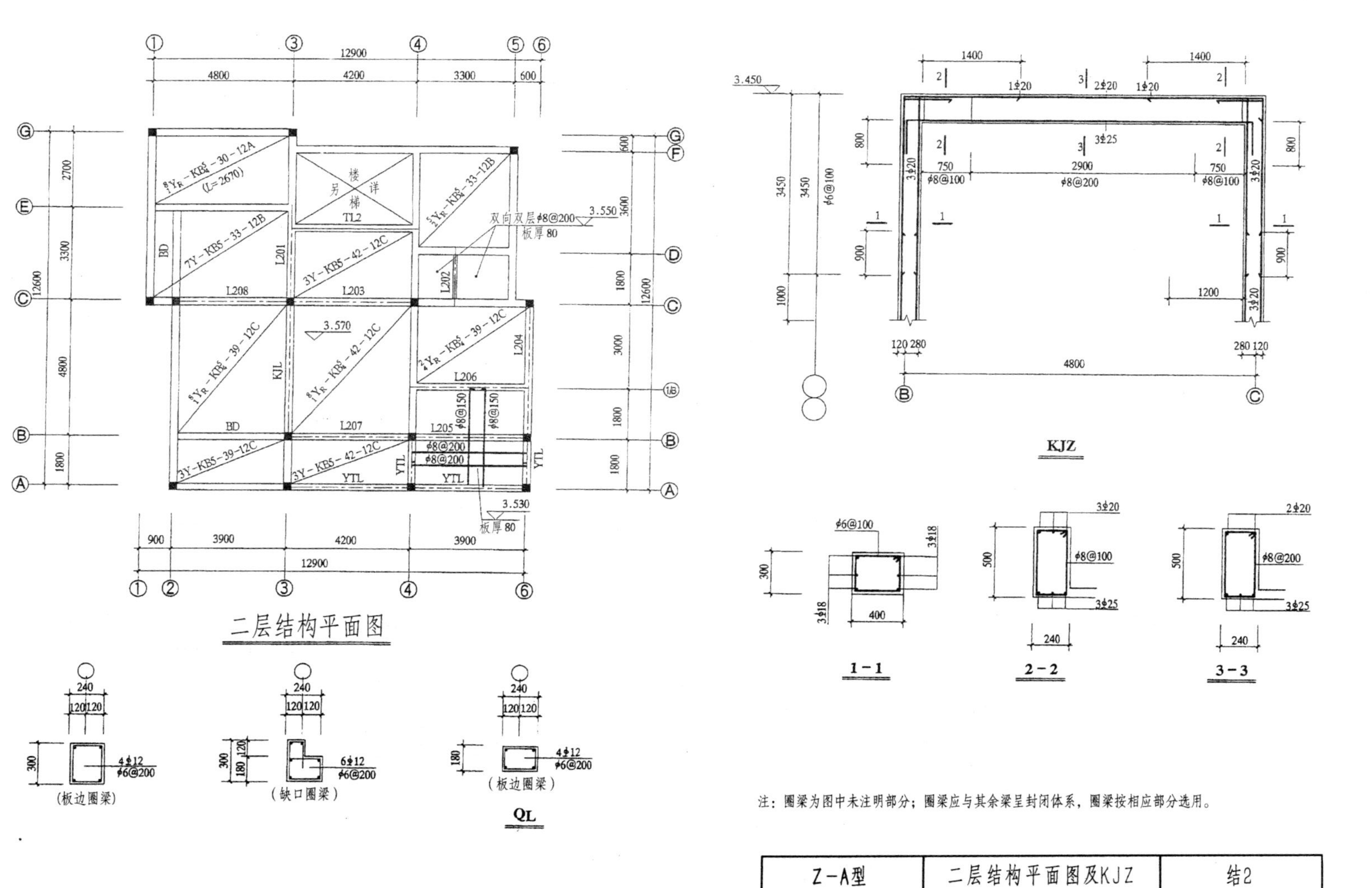

注：圈梁为图中未注明部分；圈梁应与其余梁呈封闭体系，圈梁按相应部分选用。

Z-A型	二层结构平面图及KJZ	结2

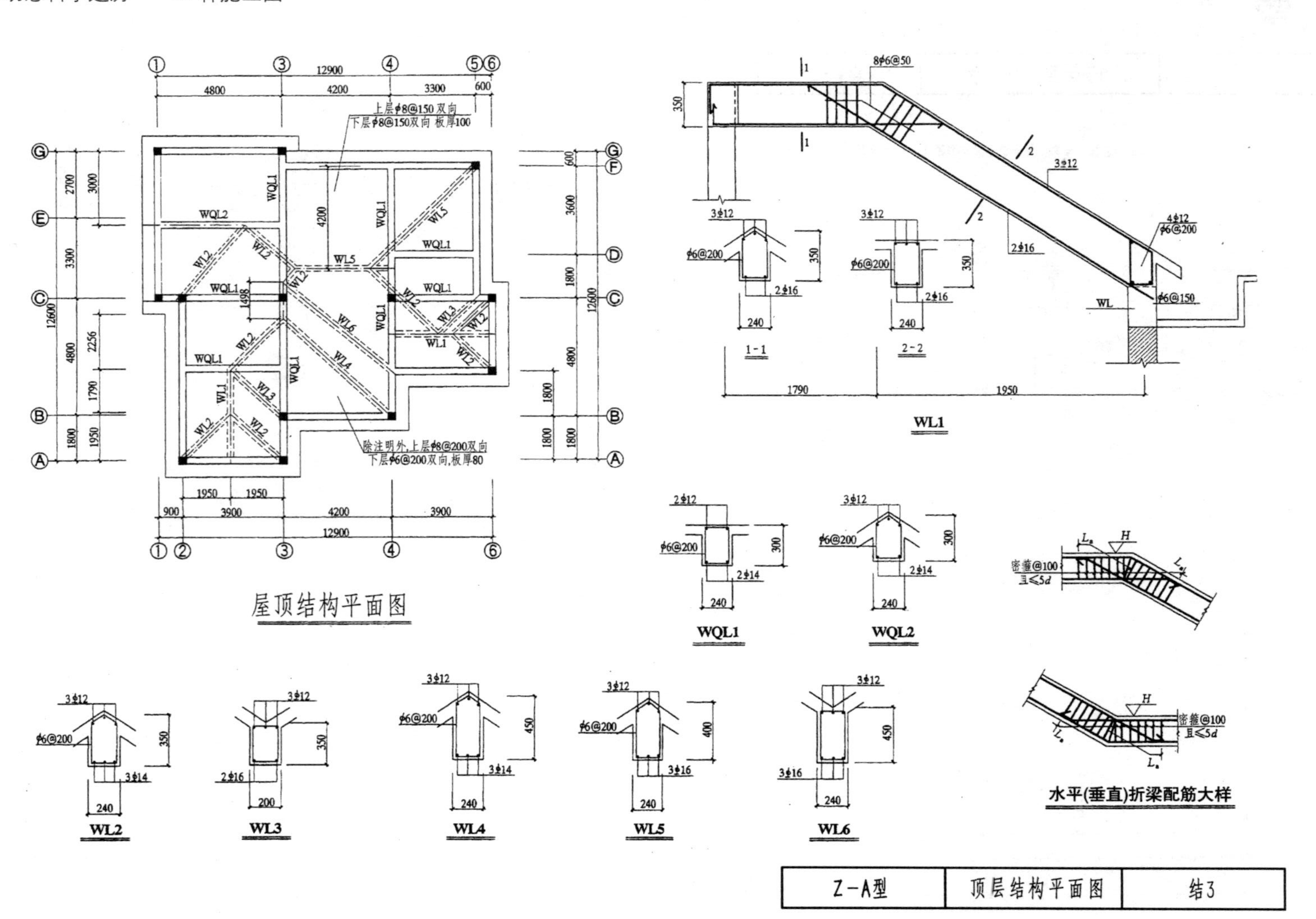

屋顶结构平面图
上层φ8@150 双向
下层φ8@150双向 板厚100
除注明外,上层φ8@200双向
下层φ6@200双向,板厚80
WL1
1-1
2-2
8φ6@50
3φ12
2φ16
4φ12
φ6@200
φ6@150
WQL1
WQL2
WL2
WL3
WL4
WL5
WL6
水平(垂直)折梁配筋大样
密箍@100
且≤5d
Z-A型
顶层结构平面图
结3

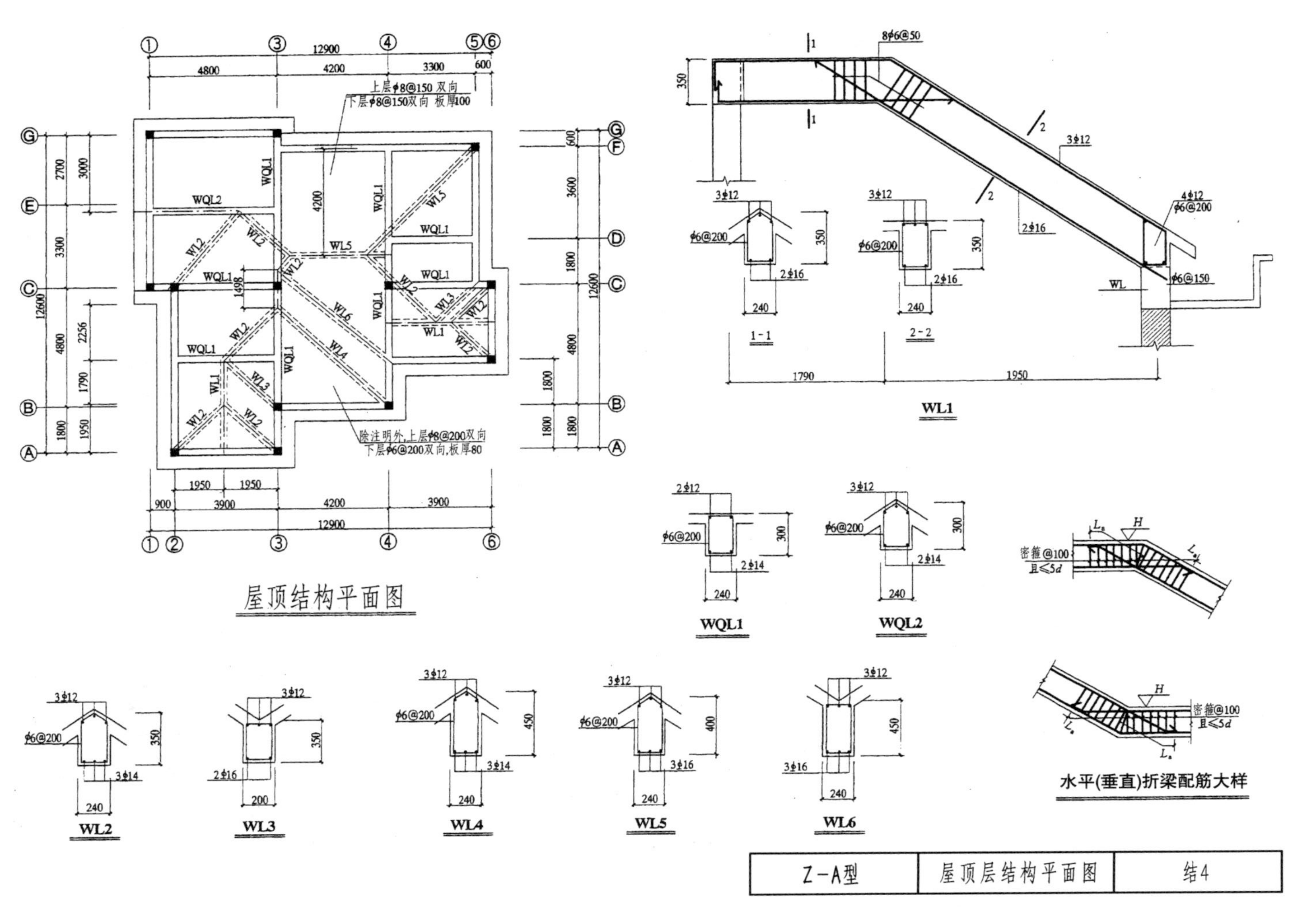

Z-A型	屋顶层结构平面图	结4

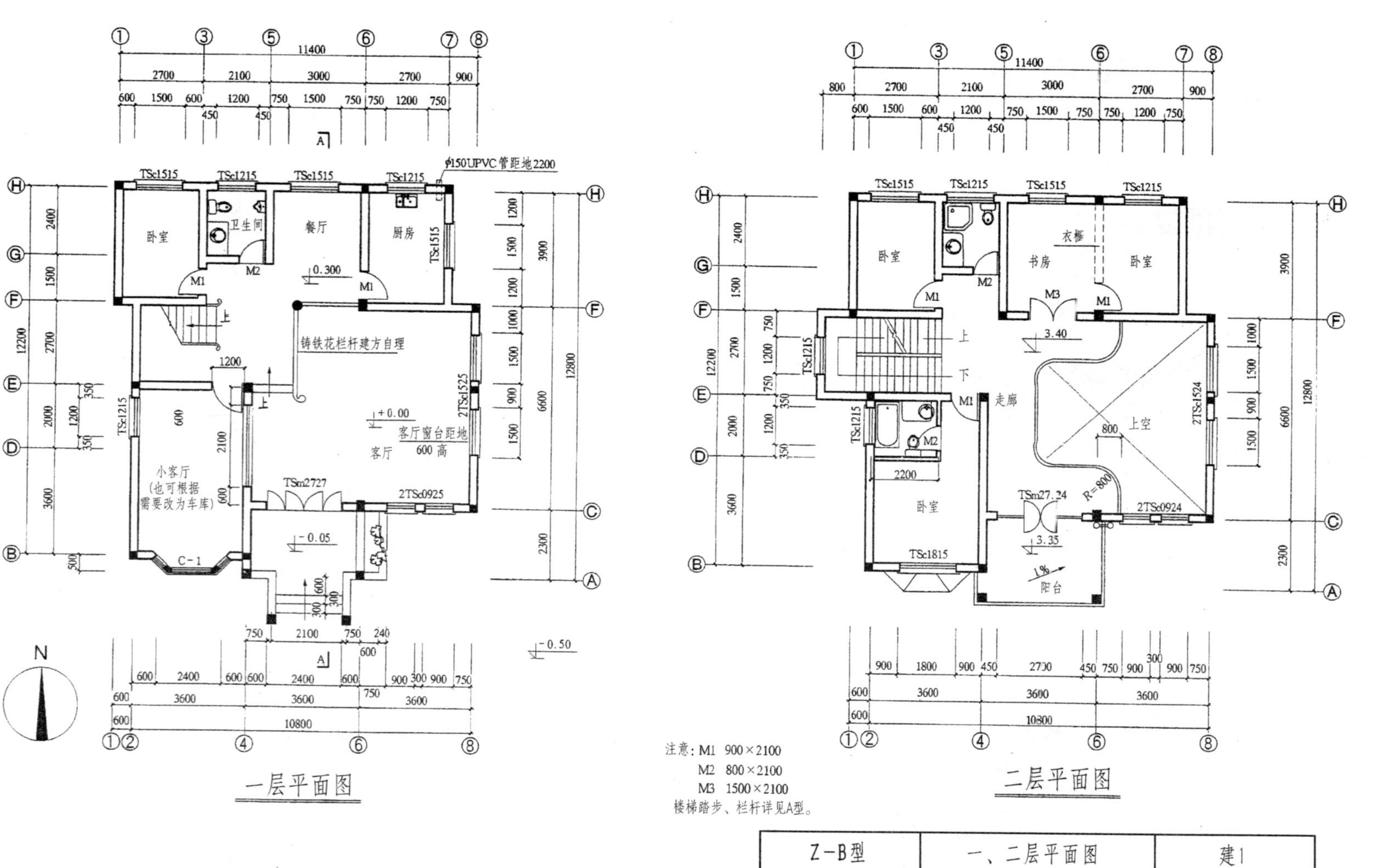

一层平面图

二层平面图

注意：M1 900×2100
M2 800×2100
M3 1500×2100
楼梯踏步、栏杆详见A型。

Z-B型	一、二层平面图	建1

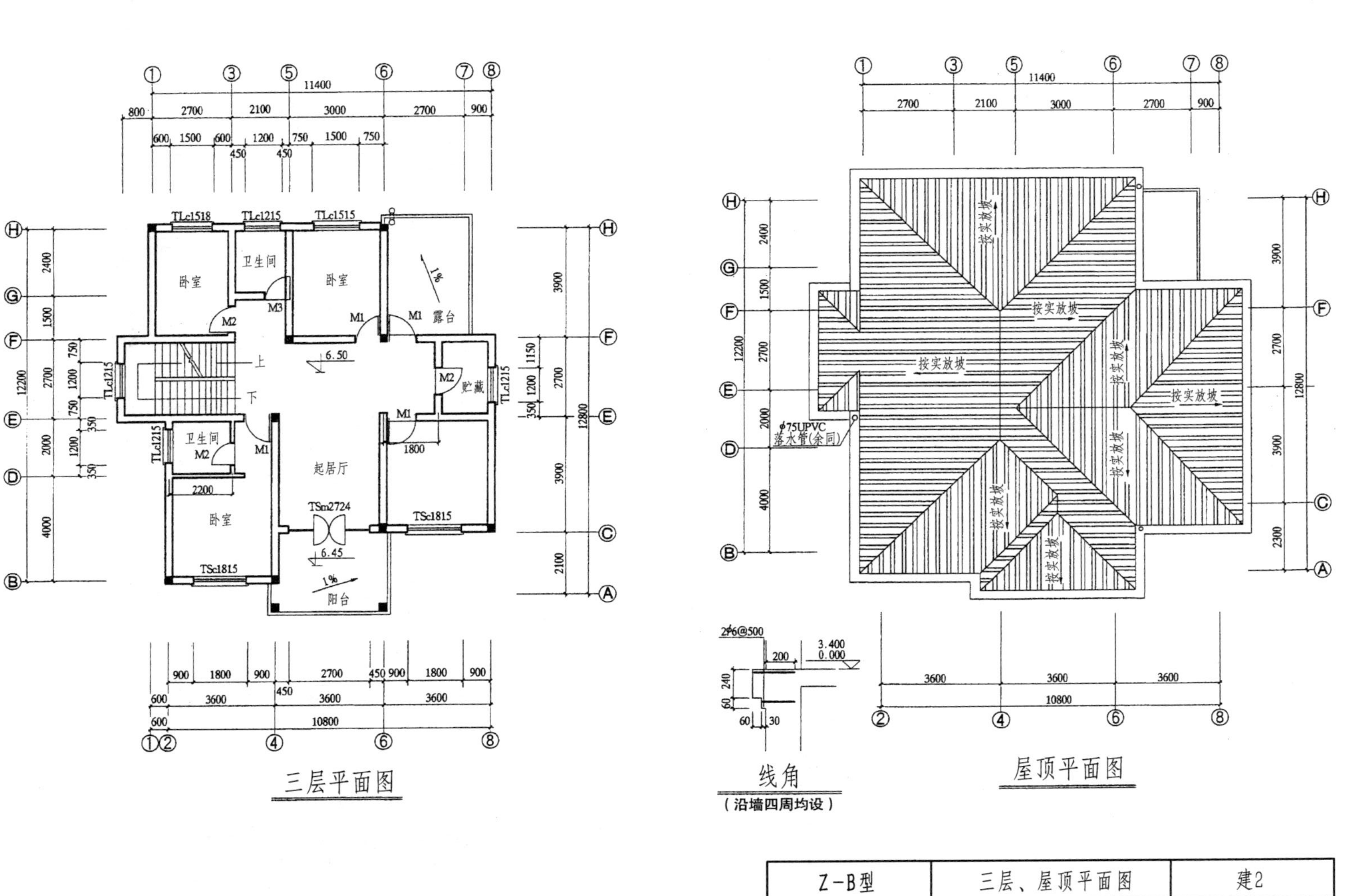

三层平面图

线角
（沿墙四周均设）

屋顶平面图

Z-B型	三层、屋顶平面图	建2

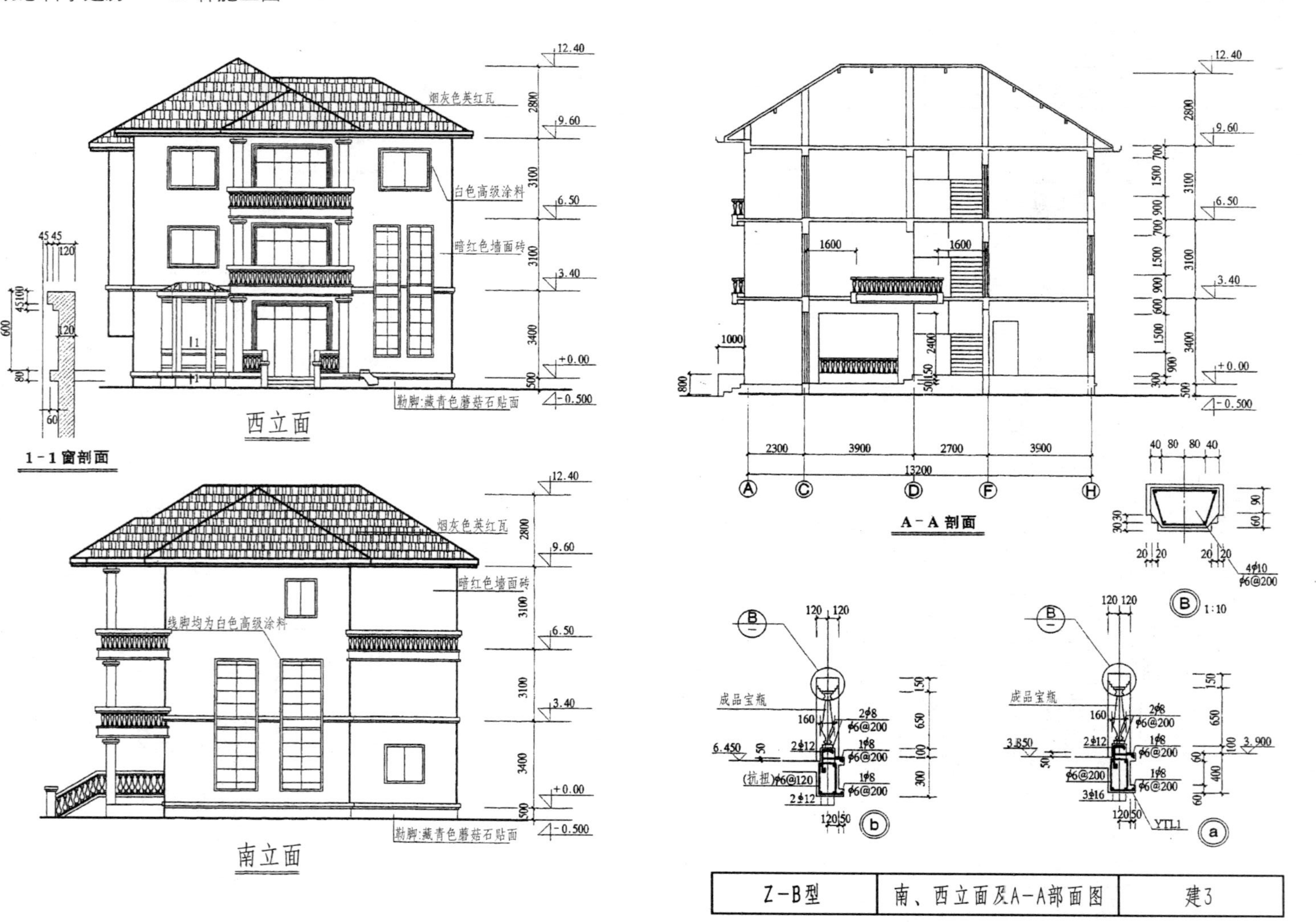

Z-B型	南、西立面及A-A部面图	建3

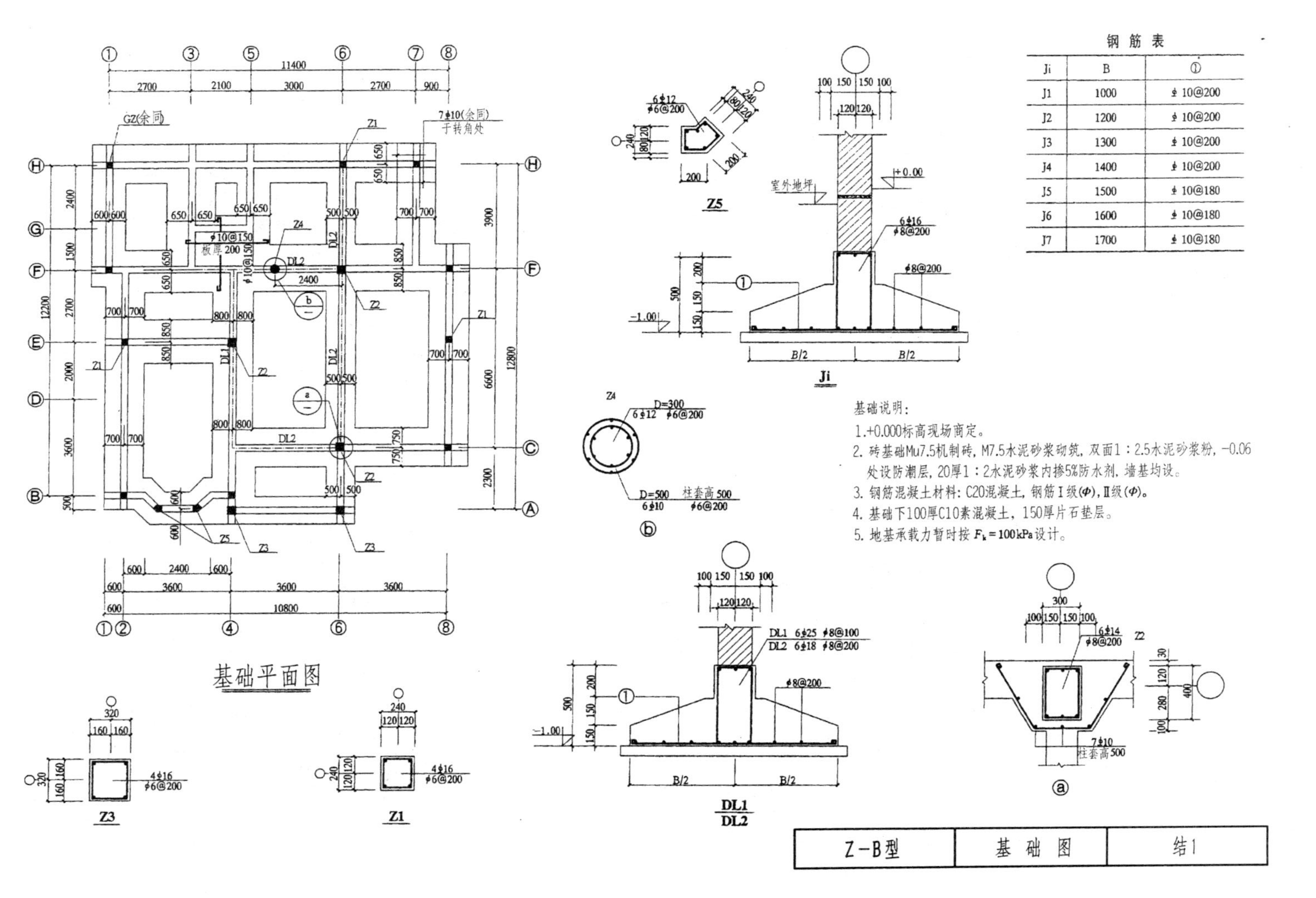

钢筋表

Ji	B	①
J1	1000	ϕ10@200
J2	1200	ϕ10@200
J3	1300	ϕ10@200
J4	1400	ϕ10@200
J5	1500	ϕ10@180
J6	1600	ϕ10@180
J7	1700	ϕ10@180

基础说明：

1. +0.000标高现场商定。
2. 砖基础Mu7.5机制砖，M7.5水泥砂浆砌筑，双面1：2.5水泥砂浆粉，-0.06处设防潮层，20厚1：2水泥砂浆内掺5%防水剂，墙基均设。
3. 钢筋混凝土材料：C20混凝土，钢筋Ⅰ级(Φ)，Ⅱ级(Φ)。
4. 基础下100厚C10素混凝土，150厚片石垫层。
5. 地基承载力暂时按 $F_k = 100\text{kPa}$ 设计。

Z-B型	基 础 图	结1

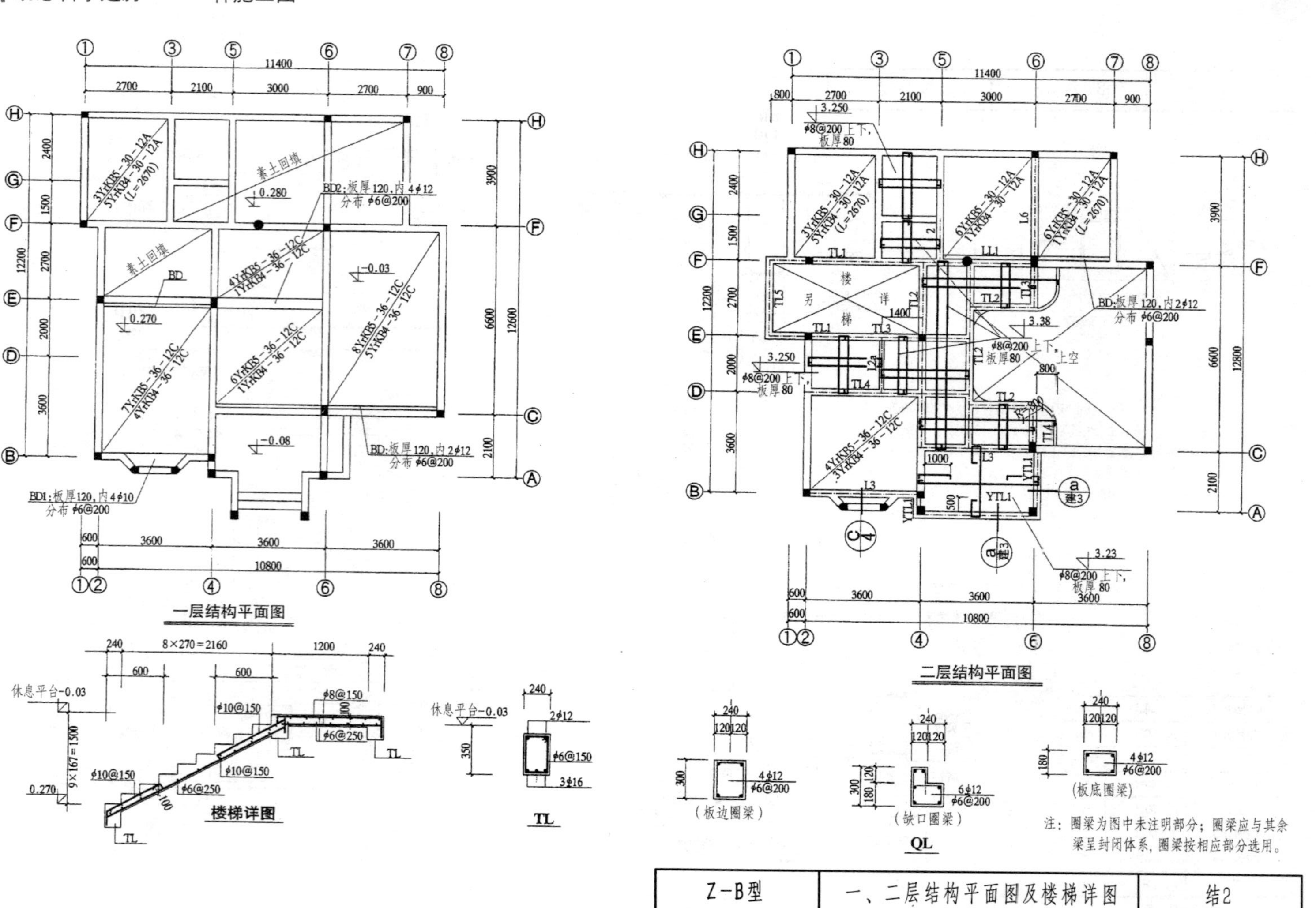

Z-B型	一、二层结构平面图及楼梯详图	结2

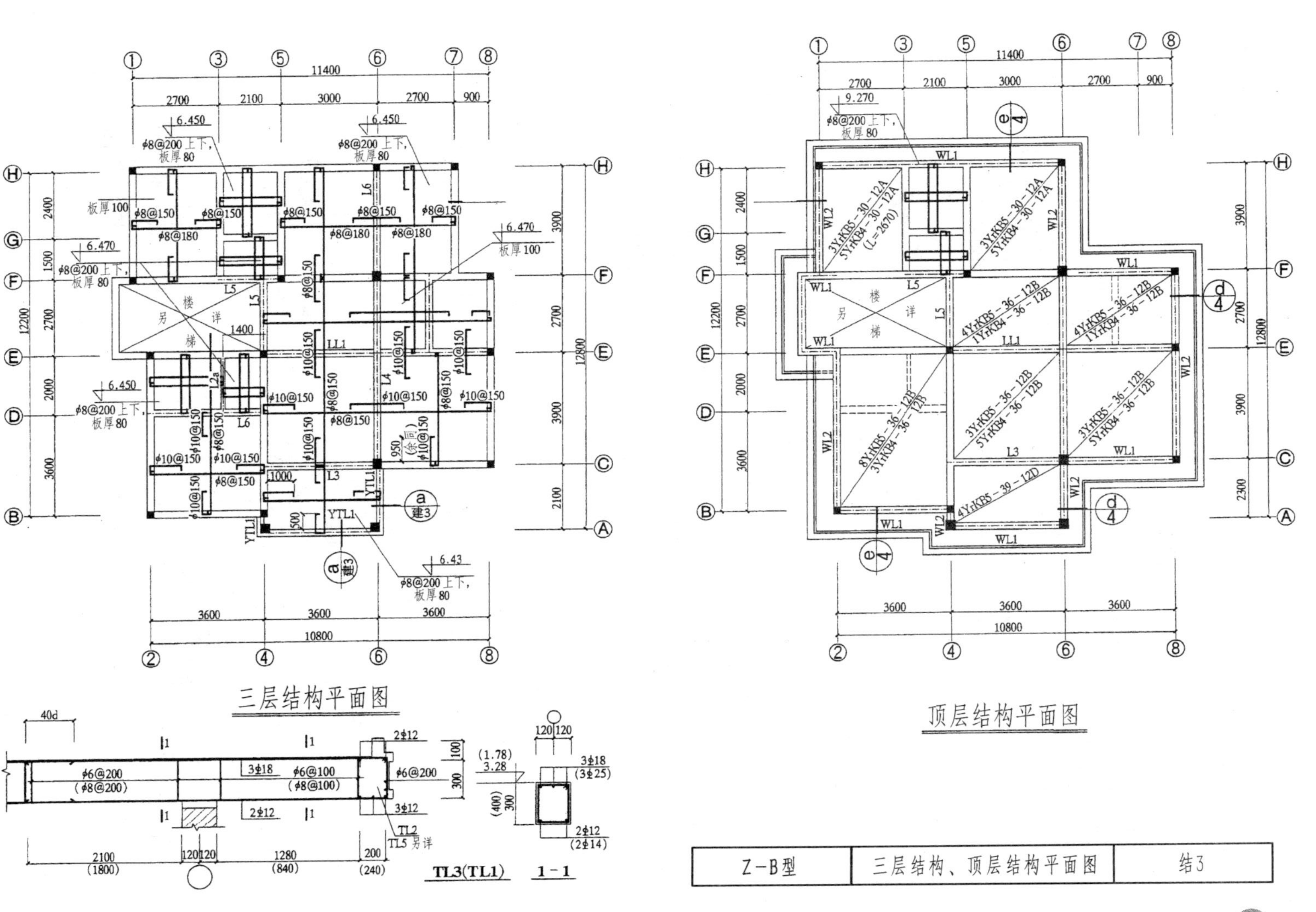

Z-B型	三层结构、顶层结构平面图	结3

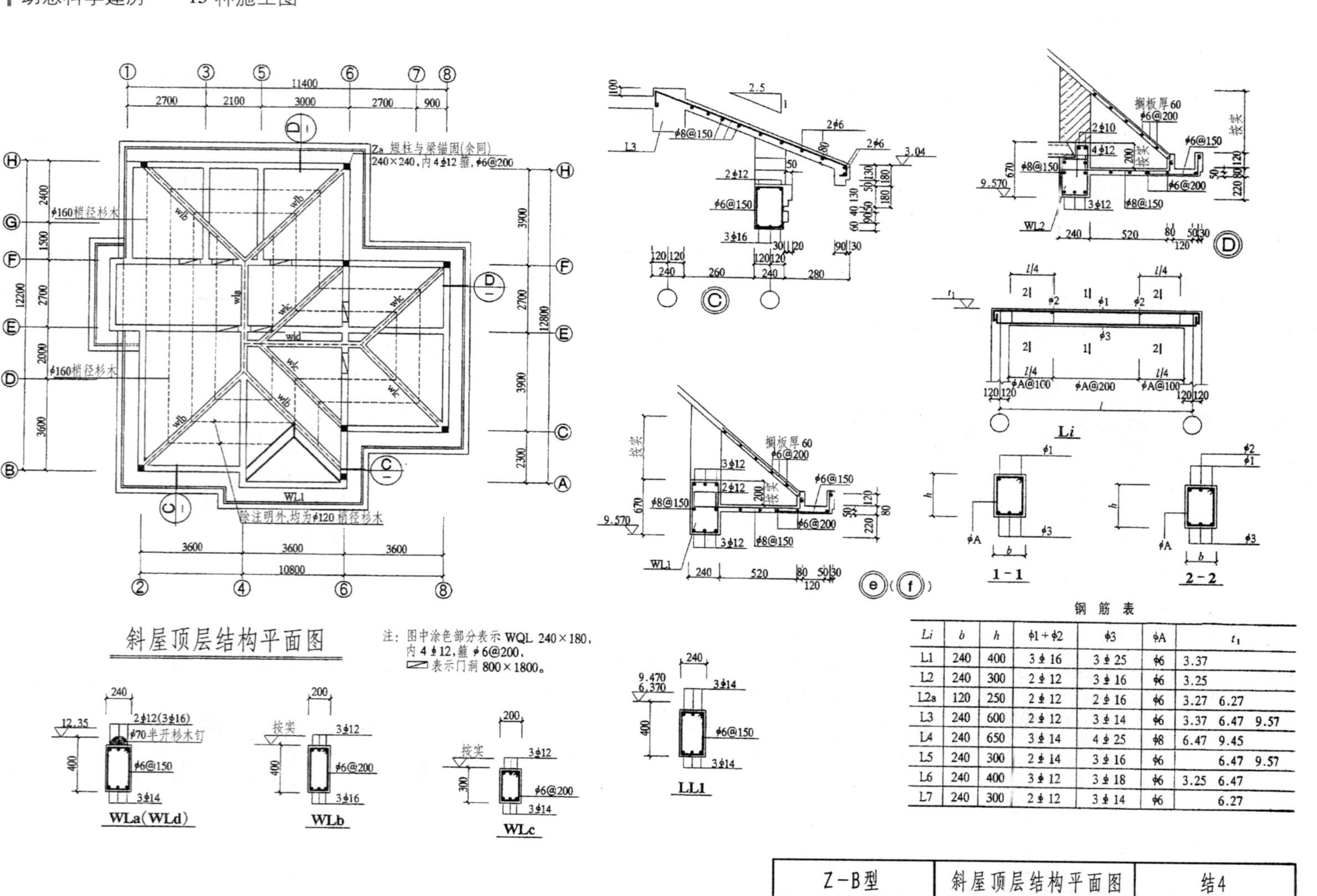

钢 筋 表

Li	b	h	φ1+φ2	φ3	φA	t_1
L1	240	400	3φ16	3φ25	φ6	3.37
L2	240	300	2φ12	3φ16	φ6	3.25
L2a	120	250	2φ12	2φ16	φ6	3.27 6.27
L3	240	600	2φ12	3φ14	φ6	3.37 6.47 9.57
L4	240	650	3φ14	4φ25	φ8	6.47 9.45
L5	240	300	2φ14	3φ16	φ6	6.47 9.57
L6	240	400	3φ12	3φ18	φ6	3.25 6.47
L7	240	300	2φ12	3φ14	φ6	6.27

Z-B型	斜屋顶层结构平面图	结4

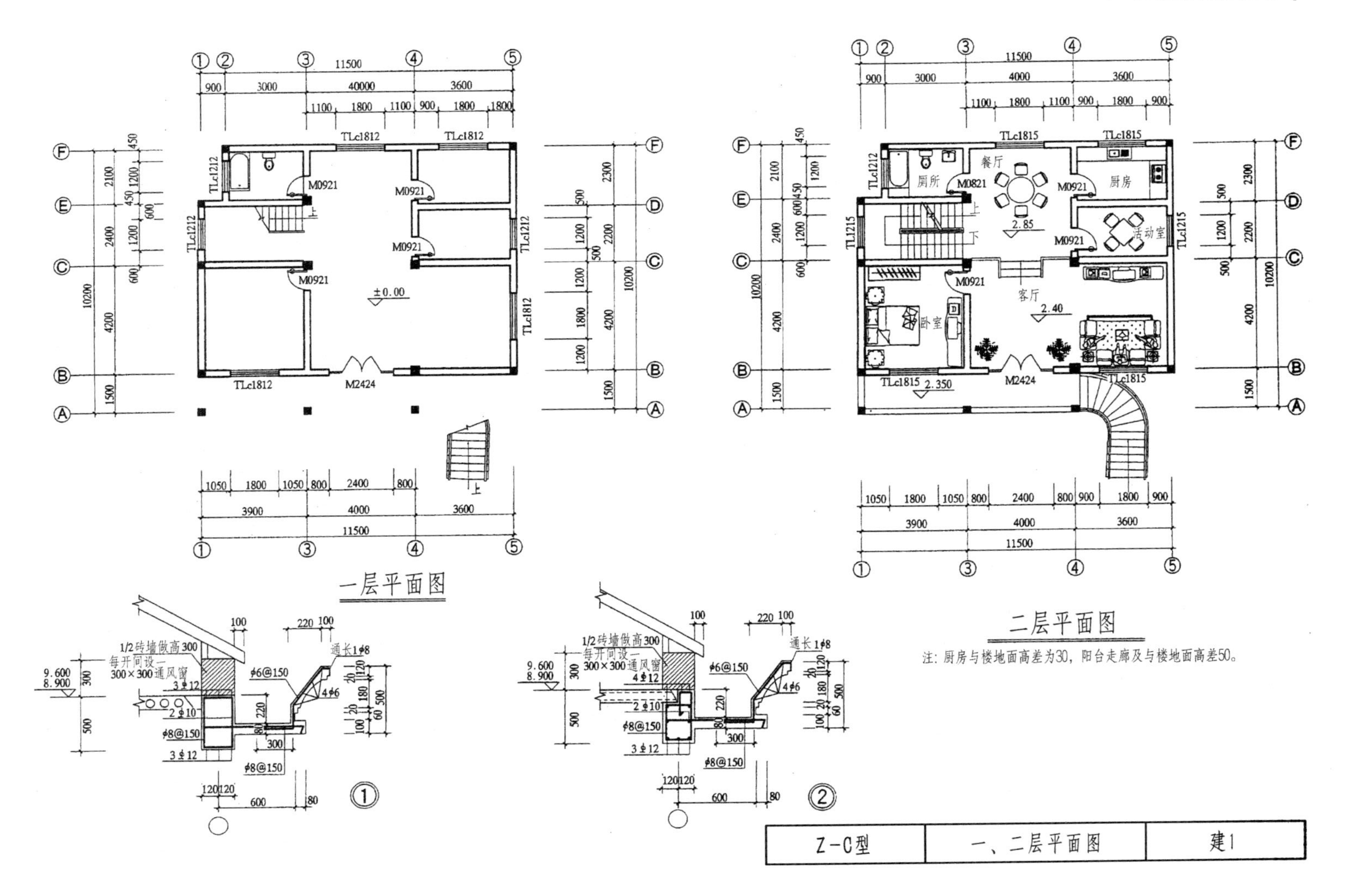

注：厨房与楼地面高差为30，阳台走廊及与楼地面高差50。

Z-C型	一、二层平面图	建1

三层平面图

厕所　起居室 6.00　书房　卧室　卧室

M0821　M0921　TLc1815　TLc1212　TLc1215　TLc1515　2TLc0926

纱窗高1400,宽900,顶标高8.500

5.950

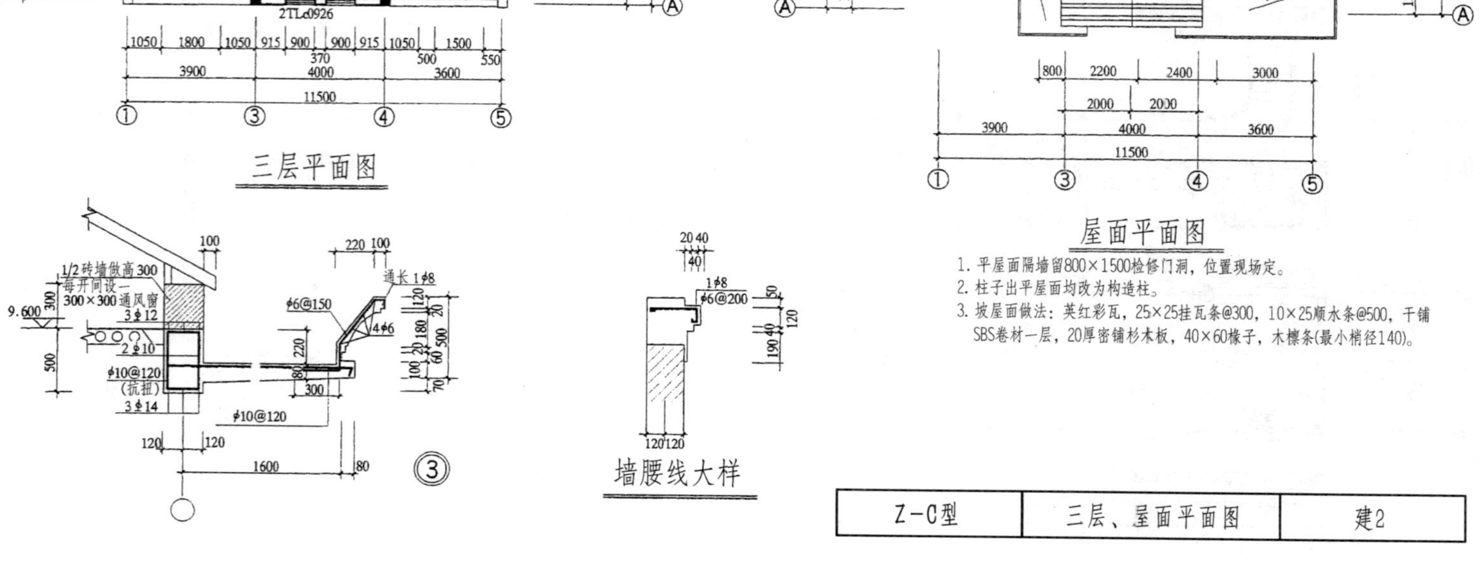

屋面平面图

1. 平屋面隔墙留800×1500检修门洞，位置现场定。
2. 柱子出平屋面均改为构造柱。
3. 坡屋面做法：英红彩瓦，25×25挂瓦条@300，10×25顺水条@500，干铺SBS卷材一层，20厚密铺杉木板，40×60椽子，木檩条(最小梢径140)。

1/2砖墙做高300 每开间设一300×300通风窗

9.600　3φ12　2φ10　φ10@120(抗扭)　3φ14　φ6@150　通长1φ8　4φ6　φ10@120

③

墙腰线大样

1φ8　φ6@200

Z-C型	三层、屋面平面图	建2

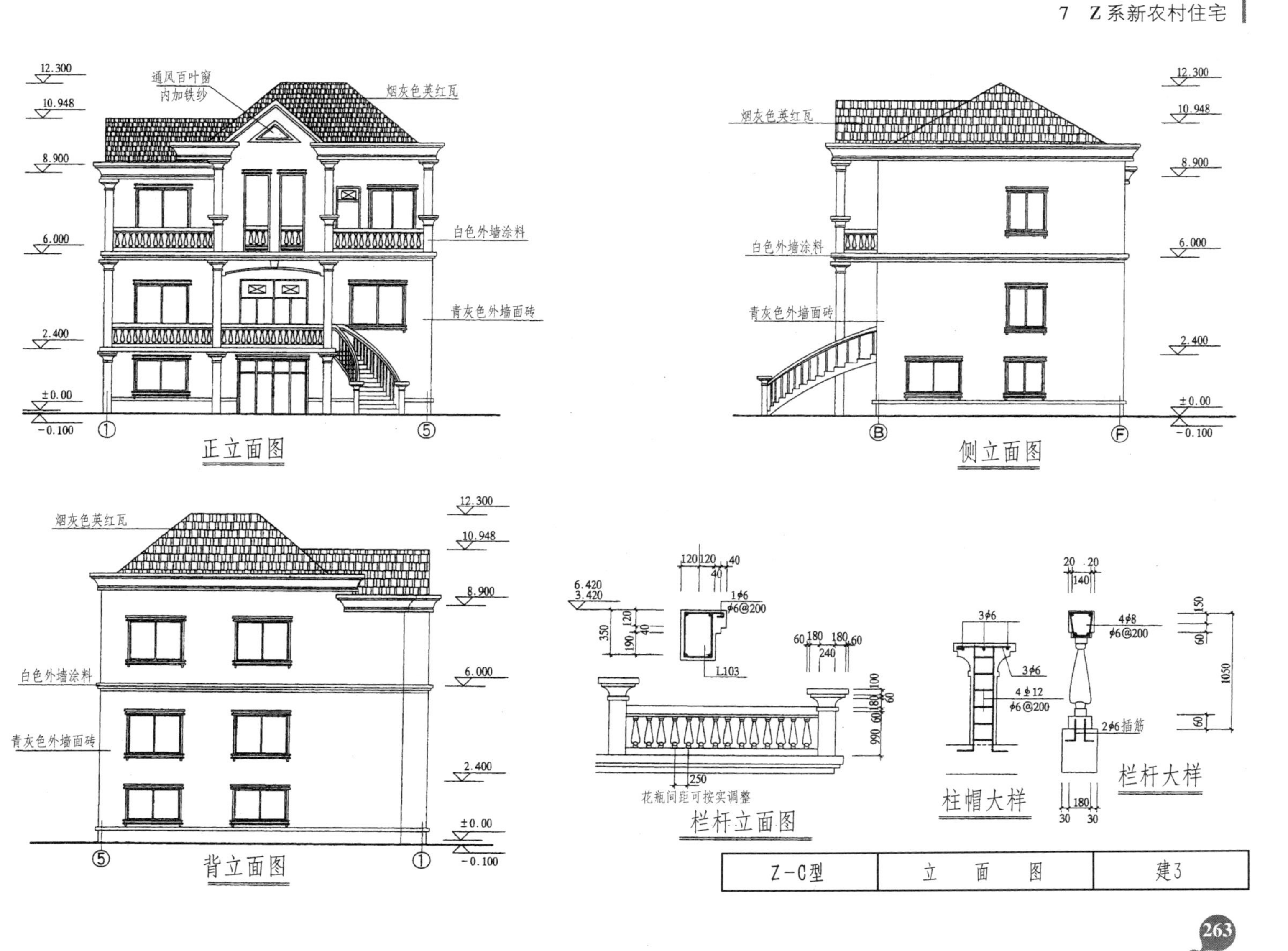
12.300
10.948
8.900
6.000
2.400
±0.00
-0.100
通风百叶窗
内加铁纱
烟灰色英红瓦
白色外墙涂料
青灰色外墙面砖
正立面图
侧立面图
背立面图
6.420
3.420
1φ6
φ6@200
L103
花瓶间距可按实调整
栏杆立面图
3φ6
4φ12
柱帽大样
4φ8
2φ6插筋
栏杆大样
Z-C型
立 面 图
建3

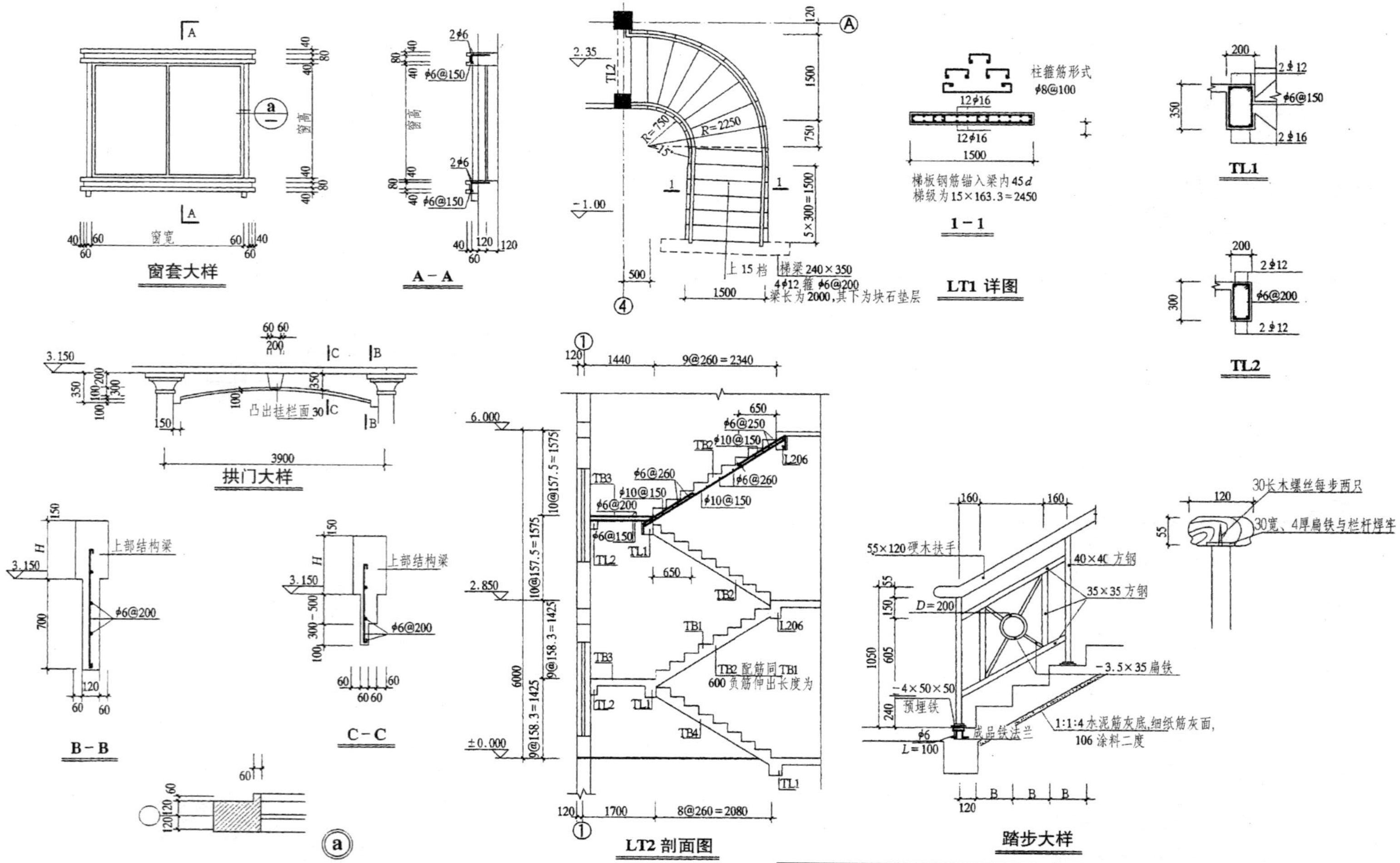

窗套大样

A－A

梯板钢筋锚入梁内45d
梯级为15×163.3＝2450

1－1

柱箍筋形式 ϕ8@100

LT1 详图

上 15 档

梯梁 240×350
4ϕ12 箍 ϕ6@200
梁长为2000,其下为块石垫层

TL1

TL2

凸出挂栏面 30

拱门大样

上部结构梁

B－B

C－C

TB2 配筋同 TB1
600 负筋伸出长度为

LT2 剖面图

55×120 硬木扶手

40×4C 方钢

35×35 方钢

－3.5×35 扁铁

－4×50×50 预埋铁

成品铁法兰

1:1:4 水泥筋灰底,细纸筋灰面,
106 涂料二度

30长木螺丝每步两只

30宽、4厚扁铁与栏杆焊牢

踏步大样

Z－C型	拱门、窗套及LT_1、LT_2详图	建4

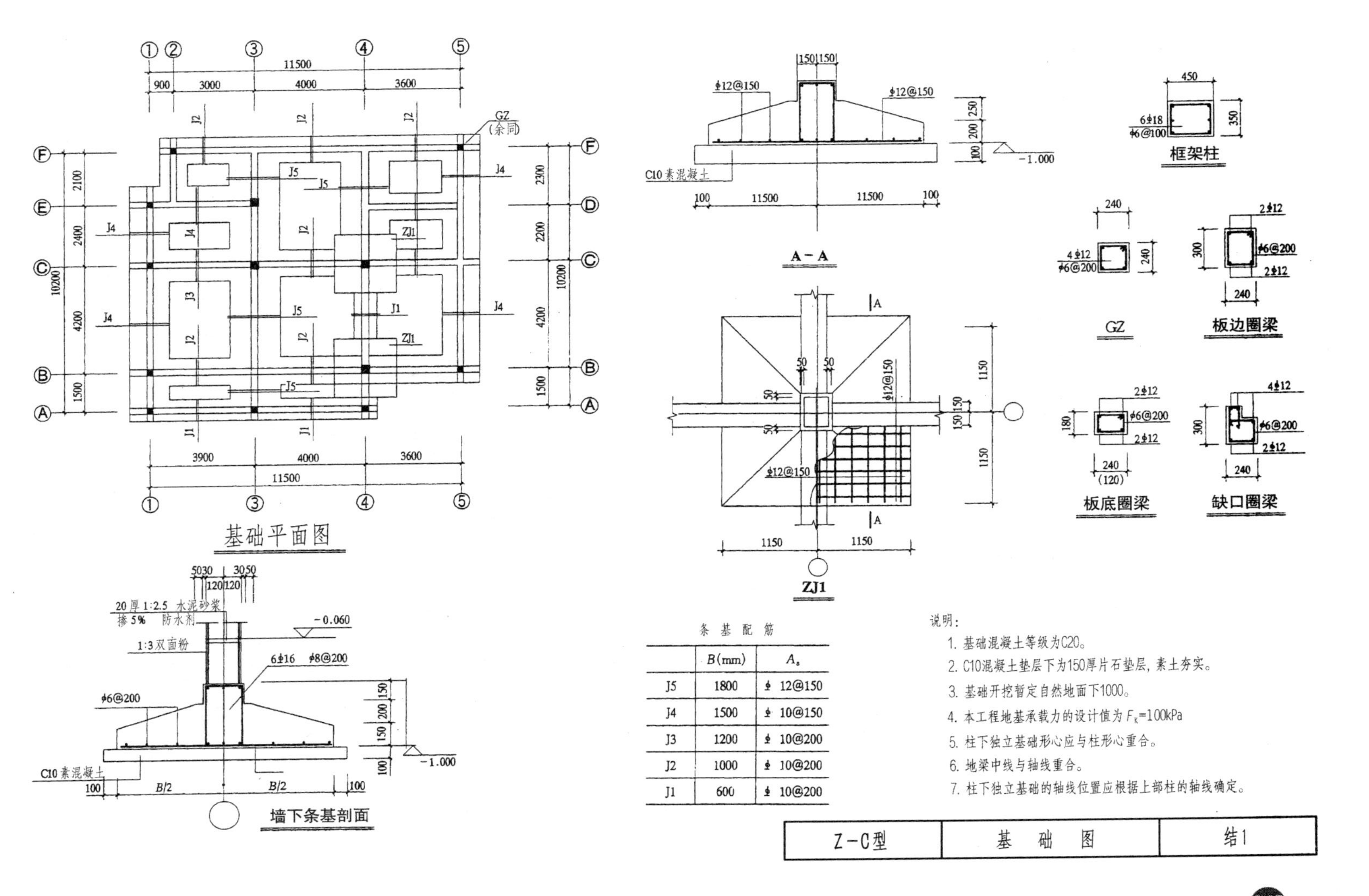

条基配筋

	B(mm)	A_s
J5	1800	⌀ 12@150
J4	1500	⌀ 10@150
J3	1200	⌀ 10@200
J2	1000	⌀ 10@200
J1	600	⌀ 10@200

说明:

1. 基础混凝土等级为C20。
2. C10混凝土垫层下为150厚片石垫层，素土夯实。
3. 基础开挖暂定自然地面下1000。
4. 本工程地基承载力的设计值为 F_K=100kPa
5. 柱下独立基础形心应与柱形心重合。
6. 地梁中线与轴线重合。
7. 柱下独立基础的轴线位置应根据上部柱的轴线确定。

Z－C型	基 础 图	结1

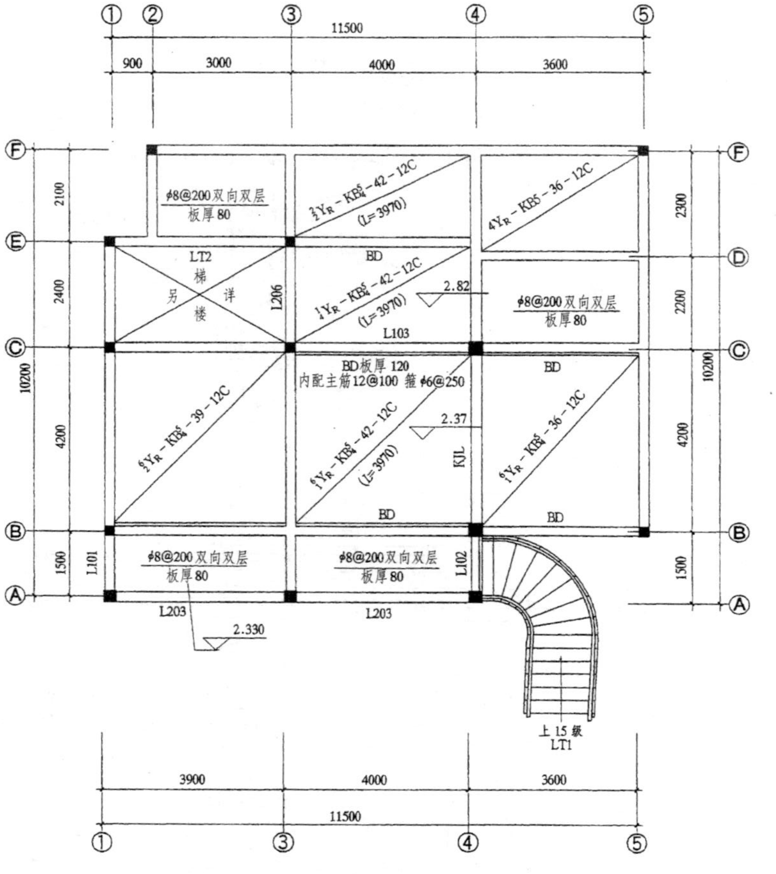

二层结构平面图

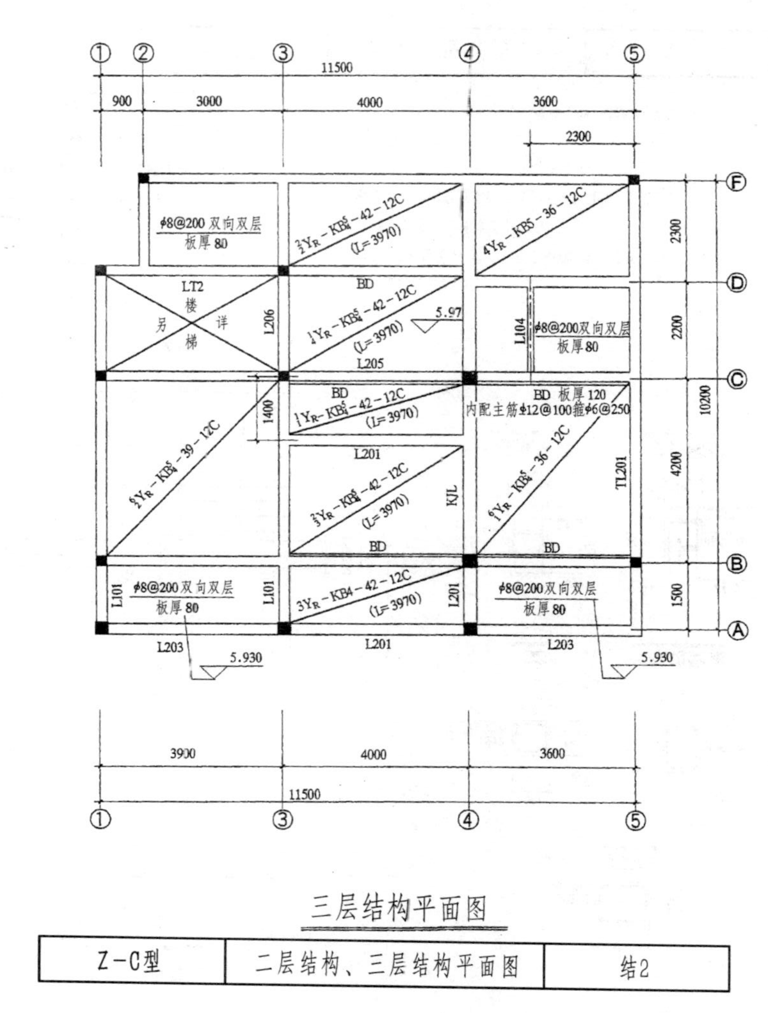

三层结构平面图

Z-C型	二层结构、三层结构平面图	结2

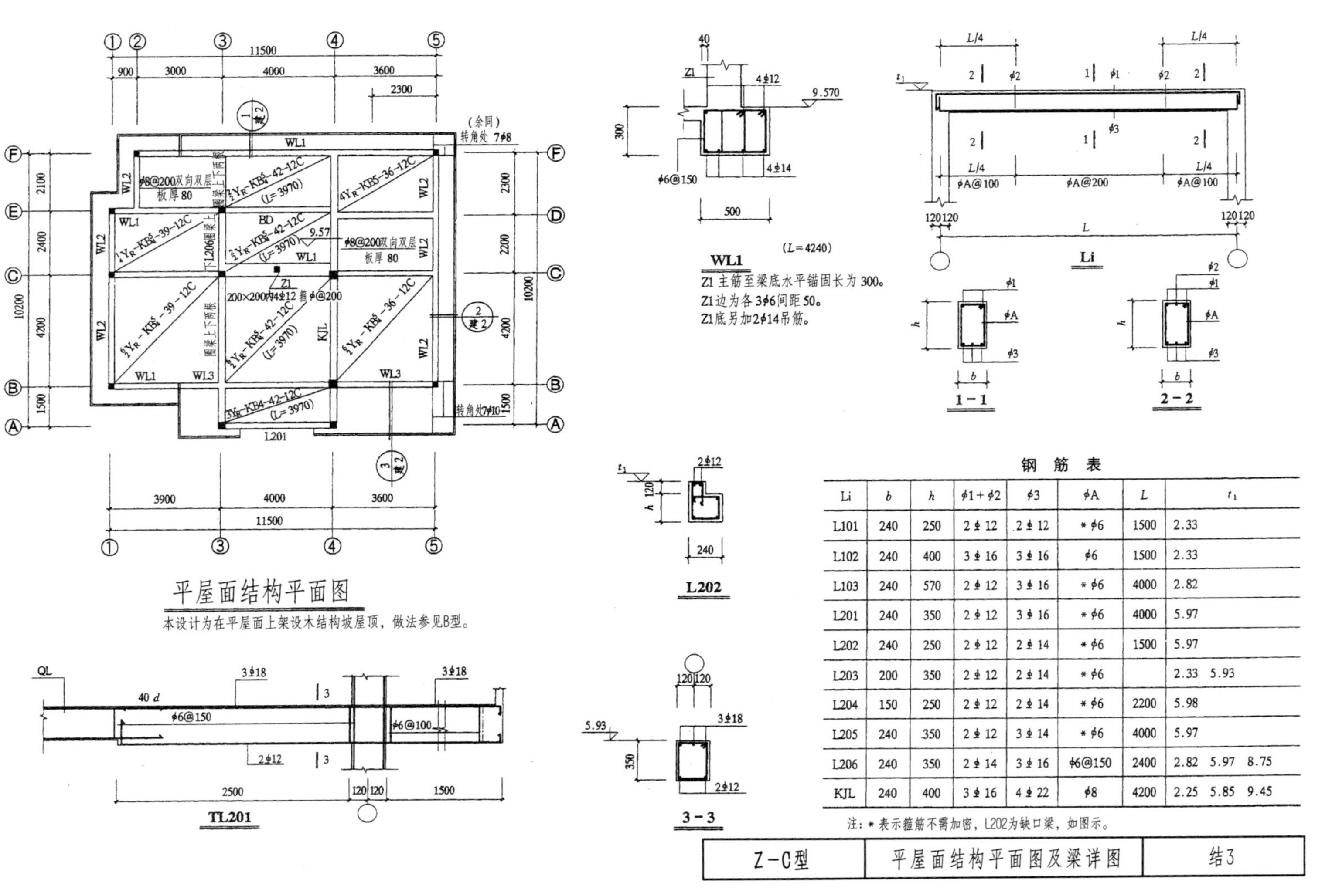

钢 筋 表

Li	b	h	ϕ1+ϕ2	ϕ3	ϕA	L	t_1
L101	240	250	2ϕ12	2ϕ12	*ϕ6	1500	2.33
L102	240	400	3ϕ16	3ϕ16	ϕ6	1500	2.33
L103	240	570	2ϕ12	3ϕ16	*ϕ6	4000	2.82
L201	240	350	2ϕ12	3ϕ16	*ϕ6	4000	5.97
L202	240	250	2ϕ12	2ϕ14	*ϕ6	1500	5.97
L203	200	350	2ϕ12	2ϕ14	*ϕ6		2.33 5.93
L204	150	250	2ϕ12	2ϕ14	*ϕ6	2200	5.98
L205	240	350	2ϕ12	3ϕ14	*ϕ6	4000	5.97
L206	240	350	2ϕ14	3ϕ16	ϕ6@150	2400	2.82 5.97 8.75
KJL	240	400	3ϕ16	4ϕ22	ϕ8	4200	2.25 5.85 9.45

注：*表示箍筋不需加密，L202为缺口梁，如图示。

Z-C型	平屋面结构平面图及梁详图	结3